7

Schlüssel zur Mathematik

Sekundarschule
Sachsen-Anhalt

Berater
Dr. Lothar Flade, Halle
Kathrin Knopf, Jävenitz
Jörg Meyer, Harsleben
Michael Sommer, Magdeburg

Cornelsen

Teile dieses Unterrichtswerkes basieren auf Inhalten bereits erschienener Lehrwerke. Diese wurden herausgegeben von Reinhold Koullen† und Udo Wennekers sowie erarbeitet von:
Ilona Gabriel, Ines Knospe, Martina Verhoeven, Udo Wennekers

Beraten durch Dr. Lothar Flade (Halle), Kathrin Knopf (Jävenitz), Jörg Meyer (Harsleben), Michael Sommer (Magdeburg)

Redaktion: Grit Weber

Bildrecherche: Peter Hartmann

Illustration: Roland Beier

Grafik: Ulrich Sengebusch †, Grit Weber

Umschlaggestaltung: Syberg, Berlin

Layout und technische Umsetzung: CMS – Cross Media Solutions GmbH

www.cornelsen.de
www.vwv.de

Unter der folgenden Adresse befinden sich multimediale Zusatzangebote für die Arbeit mit dem Schülerbuch:
www.cornelsen.de/schluessel-zur-mathematik
Die Buchkennung ist **MSL004546**.

1. Auflage, 7. Druck 2021

Alle Drucke dieser Auflage sind inhaltlich unverändert und können im Unterricht nebeneinander verwendet werden.

Druck und Bindung: Livonia Print, Riga

ISBN 978-3-06-004546-4

PEFC/12-31-006

PEFC zertifiziert
Dieses Produkt stammt aus nachhaltig bewirtschafteten Wäldern und kontrollierten Quellen.

www.pefc.de

Inhalt

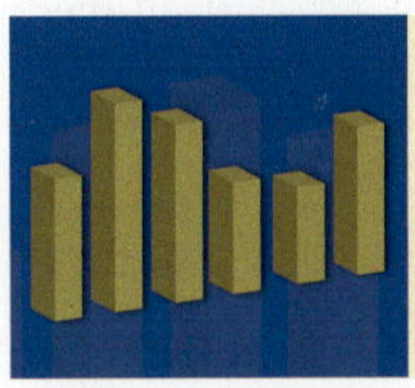

121 Lineare Gleichungen

151 Prismen

179 Aufgabenpraktikum

191 Anhang

Rationale Zahlen

In der Tiefgarage ist jemand in den Fahrstuhl eingestiegen.
Er fährt bis in den vierten Stock.
An wie vielen Stockwerken ist er dann
insgesamt vorbeigefahren?

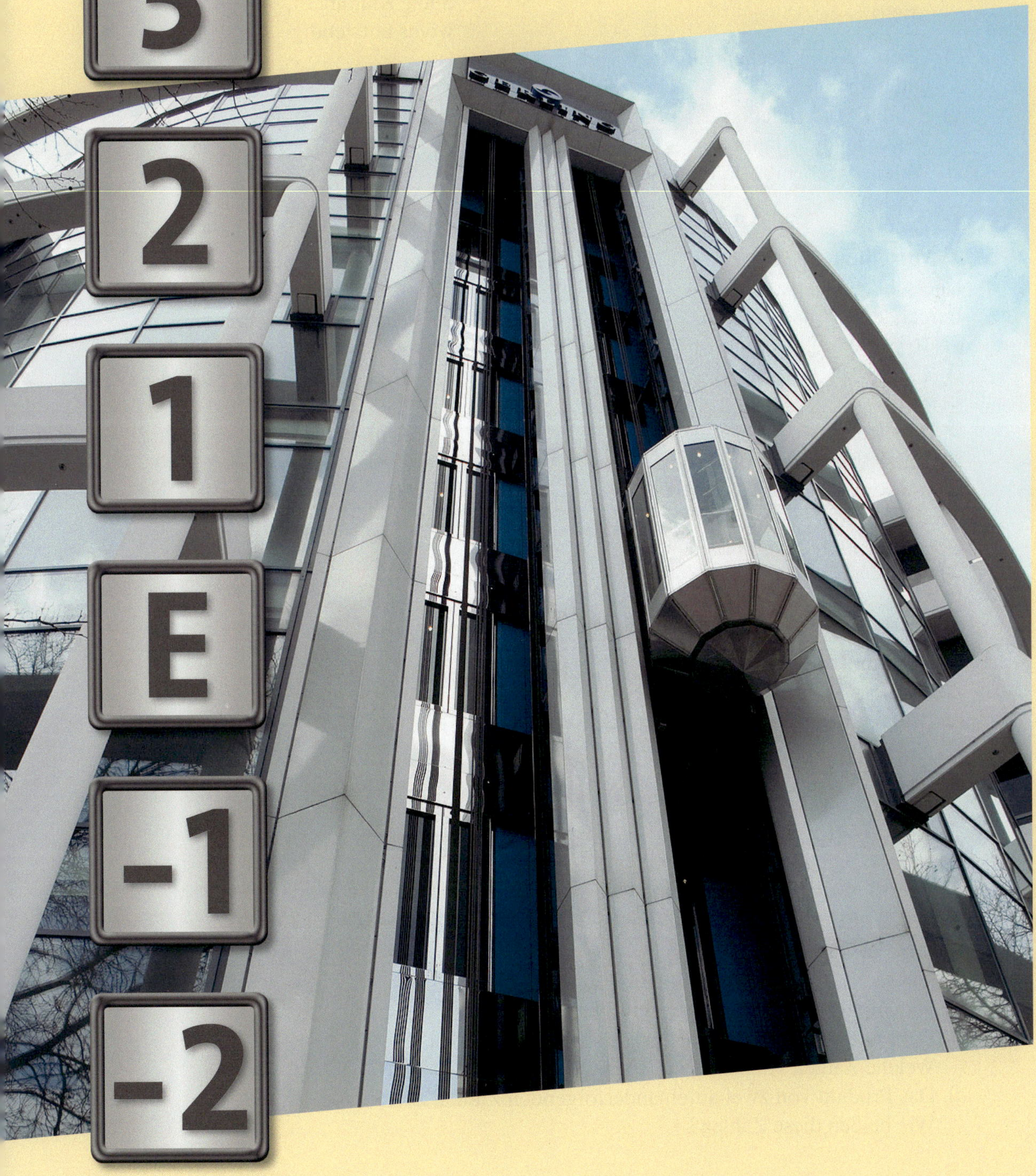

Noch fit?

Einstieg

1 Rechenbäume

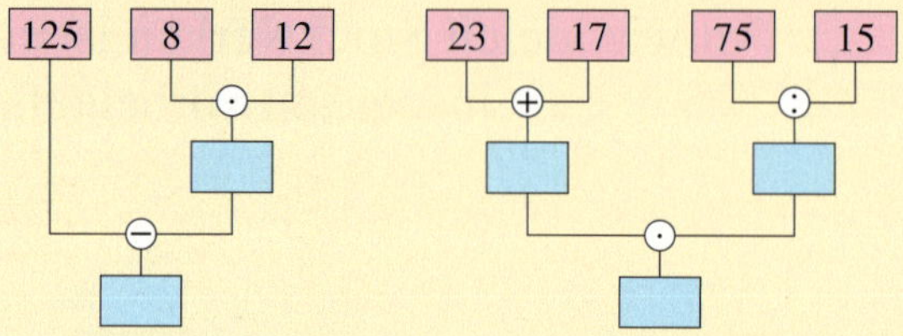

a) Übertrage die Rechenbäume ins Heft und berechne sie.
b) Schreibe die zugehörige Aufgabe auf. Denke an die Klammern.
c) Welche Rechenregeln müssen beachtet werden?

2 Vorteilhaft rechnen

Überschlage zuerst.
Berechne dann das Ergebnis.

a) $16 \cdot 4 \cdot 25$ b) $13 \cdot 20 \cdot 5$
c) $2 \cdot 49 \cdot 50$ d) $25 \cdot 100 \cdot 4$

3 Der Zahlenstrahl

Welche Zahlen sind hier markiert?

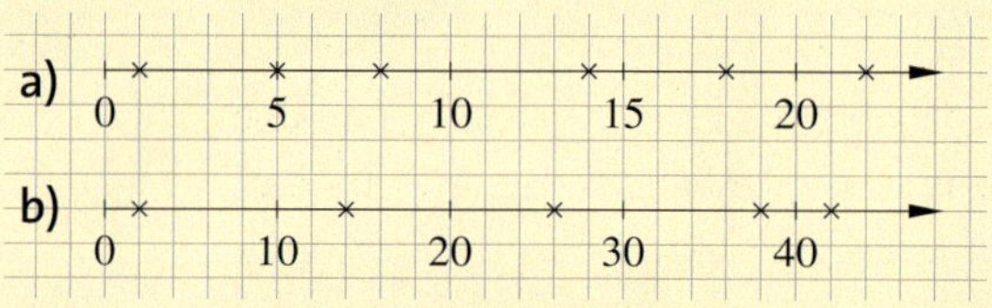

4 Das Koordinatensystem

Zeichne ein Koordinatensystem wie im Bild rechts und trage die Punkte ein.

a) $A(2|2)$, $B(4|4)$, $C(7|7)$, $D(9|9)$
b) $E(3|0)$, $F(0|5)$, $G(8|0)$, $H(0|9)$
c) $I(3|1)$, $J(1|3)$, $K(2|7)$, $L(7|2)$
d) $M(2|5)$, $N(5|2)$, $P(8|4)$, $Q(4|8)$
e) $R(3|9)$, $S(1|6)$, $T(3|7)$, $U(6|1)$
f) $V(2|8)$, $X(0|8)$, $Y(0|0)$, $Z(8|5)$

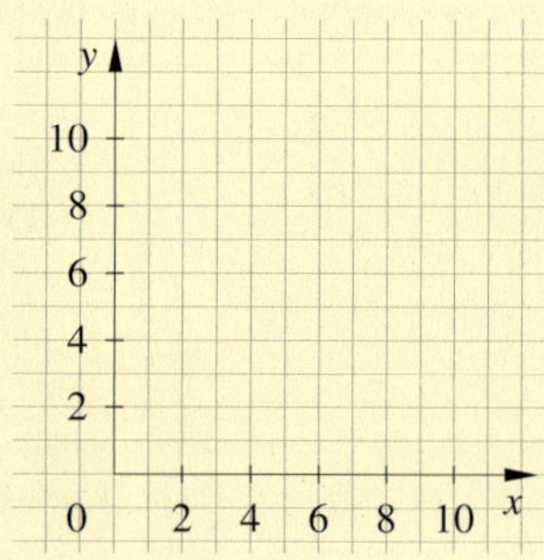

5 Kurz und knapp

a) Das Ergebnis einer Multiplikationsaufgabe heißt … .
b) Die Zahl, durch die dividiert wird, heißt … .
c) Der Quotient von zwei Zahlen zwischen 1 und 20 ist 8. Welche Zahlen könnten dividiert worden sein?
d) Das Produkt von zwei aufeinanderfolgenden Zahlen ist 156. Wie heißen diese Zahlen?

Aufstieg

1 Rechenbäume

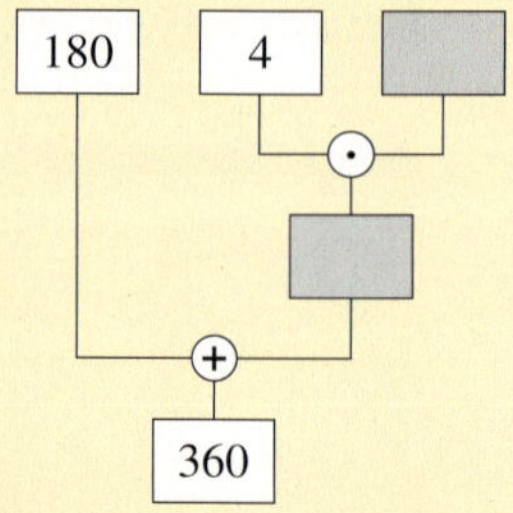

a) Fülle den Rechenbaum im Heft aus. Schreibe dazu die Rechenaufgabe. Setze Klammern, wo es notwendig ist.
b) Zeichne zu folgenden Aufgaben Rechenbäume und berechne sie.
① $460 + (112 - 52) \cdot 8$
② $(12 + 18) \cdot (26 + 34)$
③ $200 - (45 + 3 \cdot 17)$

2 Vorteilhaft rechnen

Überschlage zuerst.
Berechne dann das Ergebnis.

a) $250 \cdot 97 \cdot 4$ b) $200 \cdot 17 \cdot 50$
c) $125 \cdot 23 \cdot 8 \cdot 2$ d) $80 \cdot 25 \cdot 125 \cdot 40$

3 Der Zahlenstrahl

Welche Zahlen sind hier markiert?

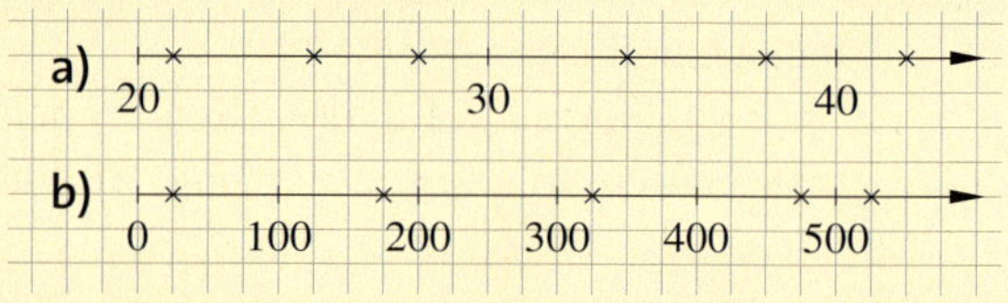

$\frac{x+y}{2}$

Positive und negative Zahlen

Erforschen und Entdecken

1 Die Zeitzonen der Erde

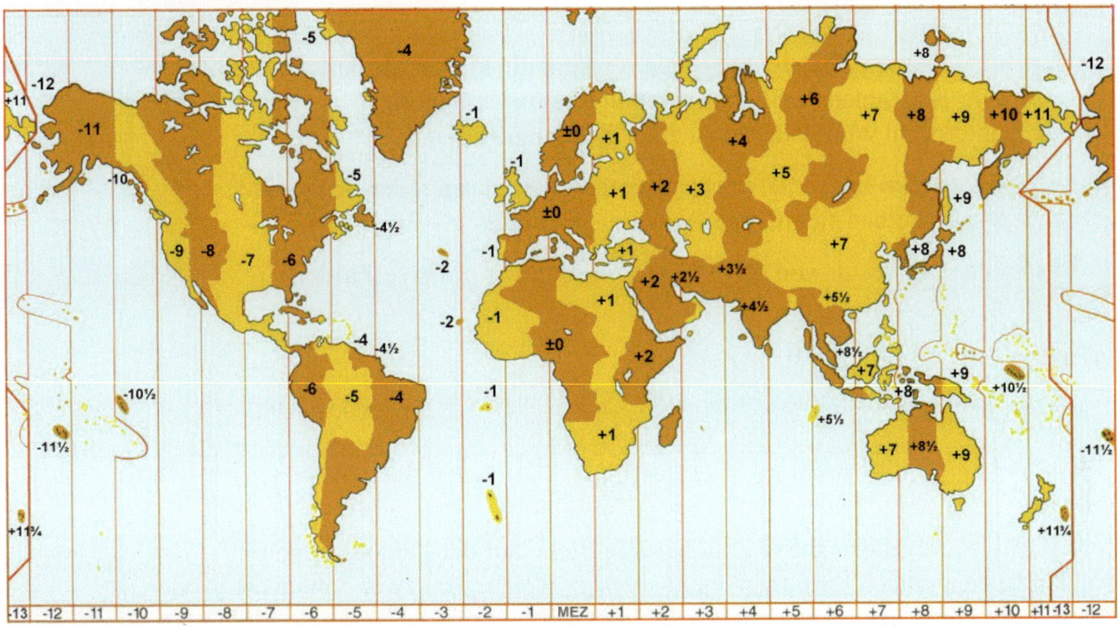

a) Was bedeuten die Zahlen unten am Rand der Karte?

b) Julia behauptet: „Je weiter Städte voneinander entfernt sind, desto größer ist der Zeitunterschied.“ Hat sie Recht?

c) In Deutschland ist es 11 : 30 Uhr.
Wie spät ist es dann in London (San Francisco, Tokio, New York, Sydney, Moskau)?

d) Schreibe auf eine Karteikarte eigene Aufgaben und auf die Rückseite die Lösung. Tauscht die Karteikarten untereinander aus und bearbeitet sie.

SCHON GEWUSST?
Die Zeitzonen sind Bereiche auf der Erde, auf denen jeweils eine gemeinsame Uhrzeit gilt.

HINWEIS
MEZ bedeutet Mitteleuropäische Zeit.

2 Die Karte zeigt die Temperaturen in Europa an einem Tag im Februar.

a) Zeichne eine Temperaturskala, auf der du die Angaben eintragen kannst.

b) Bestimme den Unterschied zwischen der höchsten und der niedrigsten Temperatur auf der Karte.

c) Die höchste je in Deutschland gemessene Temperatur liegt bei 40 °C, die tiefste bei −38 °C.
Gib den größten Temperaturunterschied für Deutschland an.

d) Die weltweit höchste Temperatur wurde mit 58 °C in Libyen gemessen, die tiefste in der Antarktis mit −89 °C.
Berechne den größten Temperaturunterschied auf der Erde.

Lesen und Verstehen

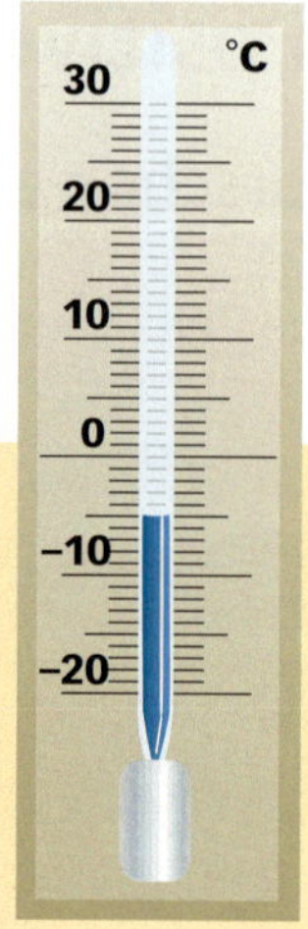

In Europa wird die Temperatur in Grad Celsius (°C) angegeben.
Dabei ist 0 °C die Temperatur, bei der Wasser zu Eis wird.
Um niedrigere Temperaturen anzugeben, benötigt man negative Zahlen.

HINWEIS
+ und – werden als Rechenzeichen und als Vorzeichen verwendet. Als Vorzeichen geben sie an, ob die Zahl größer oder kleiner als null ist. Positive Zahlen kann man mit dem Vorzeichen „plus" oder ohne Vorzeichen schreiben: +4 oder 4.

Manchmal müssen Zahlen angegeben werden, die kleiner als null sind.
Dazu wird der Zahlenstrahl über die Null hinaus verlängert.
Der Zahlenstrahl wird dadurch zu einer **Zahlengeraden**.

Negative Zahlen liegen auf der waagerechten Zahlengeraden links von der 0. Wir schreiben sie mit dem Vorzeichen „minus": -3; $-\frac{1}{2}$; $-4{,}5$.

Die Zahlen, die rechts von der 0 liegen, nennen wir **positive Zahlen**.

BEISPIEL 1

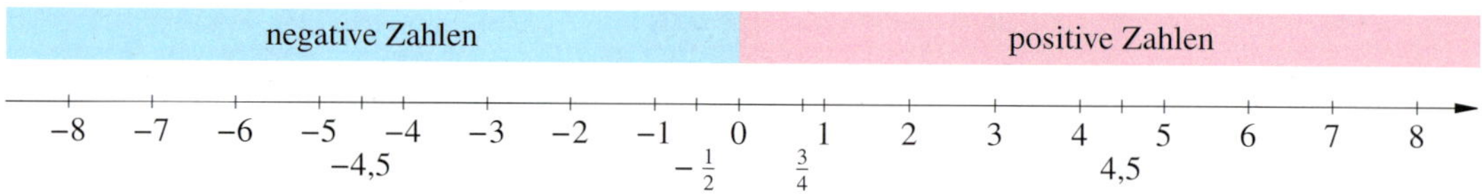

■

Jede positive und jede negative Zahl hat ihre Stelle auf der Zahlengeraden.
An der Zahlengeraden kann man leicht ablesen, welche von zwei Zahlen die größere ist.

HINWEIS
Eine negative Zahl ist also stets kleiner als eine positive Zahl.

Je weiter links eine Zahl auf der Zahlengeraden liegt, desto kleiner ist sie.

Anders gesagt: Von zwei Zahlen ist diejenige kleiner, die auf der Zahlengeraden weiter links liegt.

BEISPIEL 2

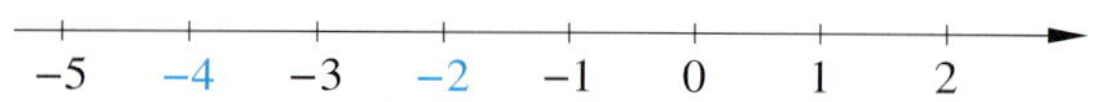

$-4 < -2$, denn -4 liegt auf der Zahlengeraden weiter links als -2. ■

Die Zahlengerade ist symmetrisch zur Null: Zu jeder Zahl auf der einen Seite gibt es eine Zahl auf der anderen Seite, die den gleichen Abstand zur Null hat.

BEACHTE
$|-3| = 3$
$|+3| = 3$
$|3| = 3$
$|0| = 0$

Zahlen, die den gleichen Abstand zur Null haben, nennt man zueinander **entgegengesetzte Zahlen**.

Der Abstand zur Null wird **Betrag** genannt.

Man schreibt: $|-4| = 4$
Man spricht: Der Betrag von -4 ist 4.

BEISPIEL 3

$+3$ und -3 sind zueinander entgegengesetzte Zahlen.
Sie haben den gleichen Abstand zur Null.
Sie haben den gleichen Betrag:
$|-3| = |+3| = 3$ ■

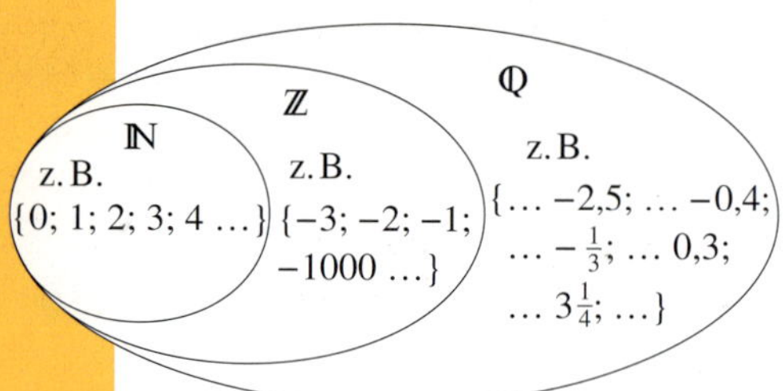

Die Menge der natürlichen Zahlen $\mathbb{N}$ bildet zusammen mit ihren entgegengesetzten Zahlen den Zahlbereich der **ganzen Zahlen $\mathbb{Z}$**.
Die Menge der gebrochenen Zahlen $\mathbb{Q}^+$ bilden zusammen mit ihren entgegengesetzten Zahlen den Zahlenbereich der **rationalen Zahlen $\mathbb{Q}$**.

Basisübungen

1 Welche Werte kannst du hier ablesen?

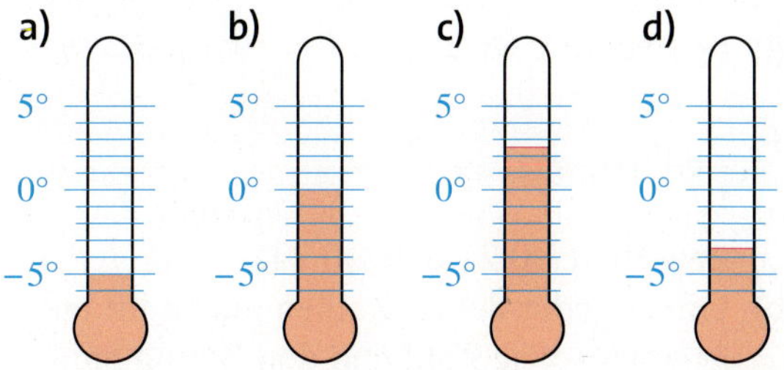

1 Welche Werte kannst du hier ablesen?

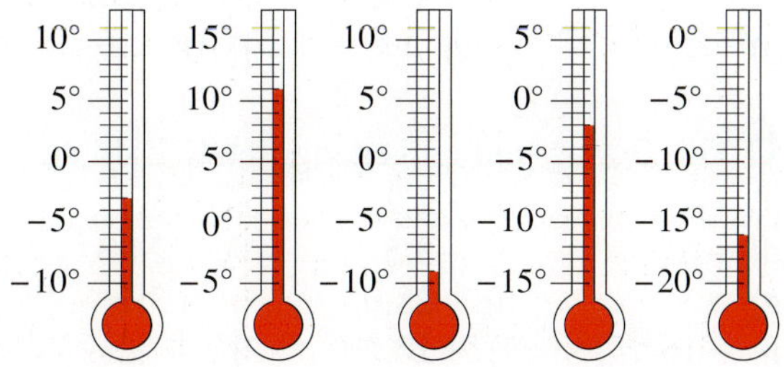

2 Welche Zahlen sind auf der Zahlengeraden rot markiert?

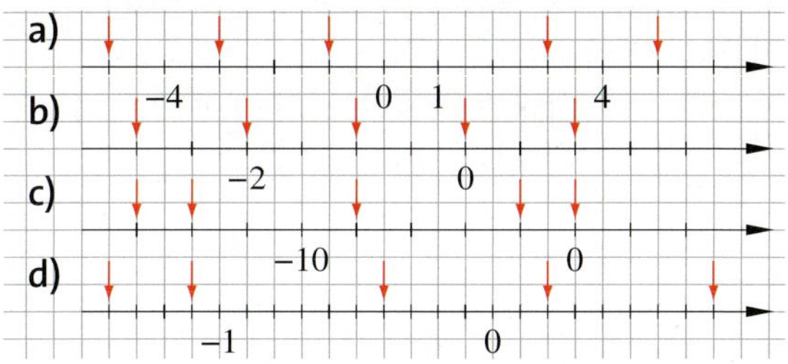

2 Welche Zahlen sind auf der Zahlengeraden rot markiert?

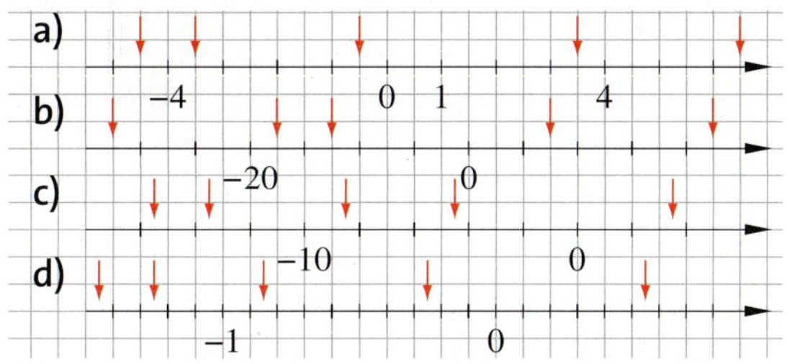

3 Zeichne eine Zahlengerade von −8 bis 4. Wähle pro Einheit zwei Kästchen. Markiere folgende Zahlen: −6; 3; 0; −2,5.

3 Markiere folgende Zahlen auf einer Zahlengeraden:
$-6;\ 0;\ 3{,}5;\ -3\frac{1}{2};\ \frac{14}{2};\ -\frac{7}{7}$

4 Die Karte zeigt Temperaturen in großen europäischen Städten an einem Januartag.

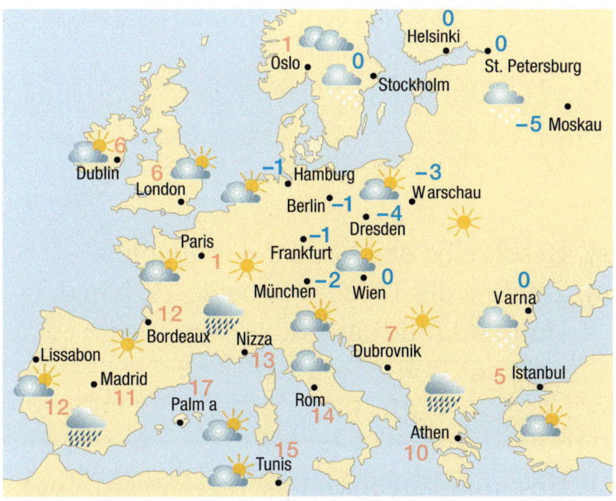

a) Zeichne eine Temperaturskala von −10 °C bis 20 °C.
Wähle jeweils 1 Kästchen für 1 °C.
b) Markiere auf der Zahlengeraden die Temperaturen aus der Wetterkarte.
c) In welchen Städten musste an diesem Tag mit Straßenglätte gerechnet werden?

4 Angegeben sind monatliche Durchschnittstemperaturen im Jahresverlauf.

① Jokkmokk (Schweden)

J	F	M	A	M	J
−14,4	−13,4	−7,9	−1,5	5	11,3
J	**A**	**S**	**O**	**N**	**D**
14,8	12,3	6,8	−0,5	−7,1	−11,1

② Nowosibirsk (Russland)

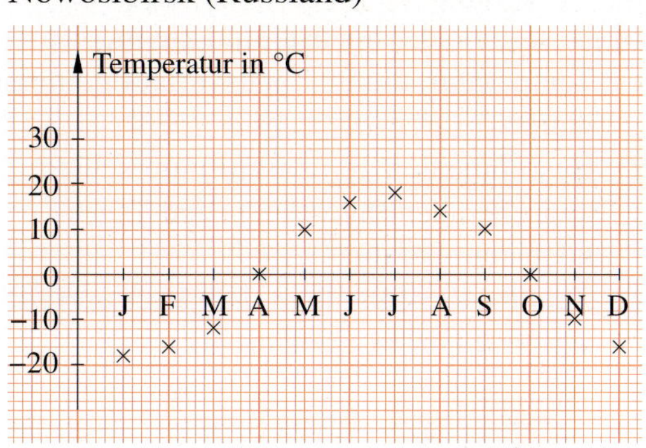

a) Zeichne für Jokkmokk ein Diagramm.
b) Erstelle für Novosibirsk eine passende Tabelle.

SCHON GEWUSST?
*Alle Messwerte sind **Näherungswerte**, weil man immer nur mit einer bestimmten Genauigkeit ablesen kann.*

AUFGABE
Informiere dich über die durchschnittlichen Monatstemperaturen in deiner Wohngegend und erstelle ein Temperaturverlaufsdiagramm wie in Aufgabe 4.

HINWEIS

010-1

Unter dem Webcode 010-1 kannst du das Ordnen von rationalen Zahlen üben.

NACHGEDACHT

Welche ganzen Zahlen liegen zwischen
a) −3 und 3?
b) −1 und 8?
c) 19 und 18?
d) −13 und −18?
e) −26 und −25?
f) −7 und 7?
g) −8 und 12?
h) −96 und −98?

BEACHTE

Beim Ablesen in Skalen oder Diagrammen können die Werte nur näherungsweise abgelesen werden. Die abgelesenen Näherungswerte können von den genauen Werten abweichen.

5 Welche von beiden Zahlen ist kleiner als die andere Zahl?

a) 5; 8 b) −5; 8 c) −5; −8
d) −7; 0 e) 6; −8 f) 1; −4,5

6 Gib Betrag und entgegengesetzte Zahl an.

a) −4 b) +1,2 c) +5,7
d) −6 e) −3,5 f) −24,3
g) +3 h) −28,9 i) +3,7
j) −15 k) +20,2 l) −7,2

7 Übertrage die Zahlen ins Heft und vergleiche sie. Trage <, > oder = ein.

a) −2 □ 6 b) 3 □ −4
c) 0 □ −8 d) −7 □ 7
e) 0,5 □ 0,6 f) −0,5 □ −0,6
g) −0,75 □ 0,75 h) 3,6 □ 3,6

8 Das Diagramm zeigt die Temperaturen, die an einem Februartag an einer Wetterstation in Dessau gemessen wurden.

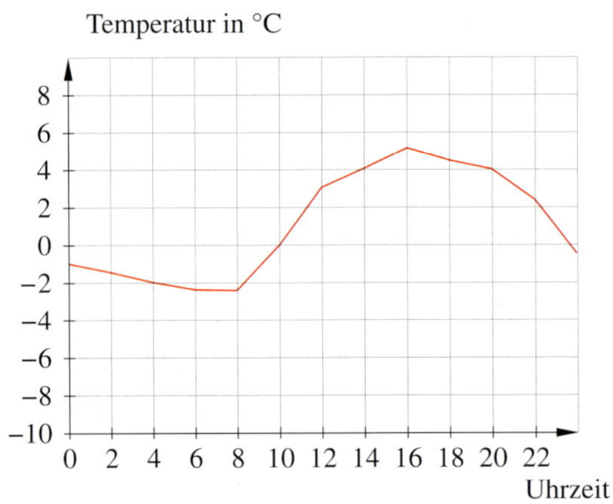

a) Beschreibe den Verlauf des Graphen.
b) Bestimme die höchste und die niedrigste Temperatur, die im Tagesverlauf gemessen wurde.
c) Bestimme den Temperaturunterschied zwischen der Tagestiefst- und Tageshöchsttemperatur.
d) Zeichne die Tabelle in dein Heft und fülle sie für 0 Uhr bis 24 Uhr aus.

Uhrzeit	0	2	4	…	24
Temp. (in °C)	−1				

e) Ergänze: Zwischen 11 Uhr und 16 Uhr stieg die Temperatur um … .

5 Welche von beiden Zahlen ist kleiner als die andere Zahl?

a) $\frac{1}{2}$; −3 b) −9; −6 c) −14; −15
d) 0; 12 e) $-3\frac{1}{2}$; $\frac{14}{2}$ f) 85; −36

6 Zahlentrio

a) Wähle fünf verschiedene rationale Zahlen zwischen −0,21 und −0,24.
b) Gib zu jeder deiner Zahlen die zu ihr entgegengesetzte Zahl und den Betrag an.

7 Ordne. Beginne mit der kleinsten Zahl. Zahlenkärtchen können dir dabei helfen.

a) −1; 0; 13; −3; −6; −4; 9; −5; 17
b) 0,5; −7; 3; 5; −2; −8; 7; −12; 12
c) −0,5; 3; $\frac{7}{10}$; $-\frac{2}{5}$; 5,5; 13; −3,75; $-\frac{7}{9}$
d) $\frac{1}{2}$; $-\frac{1}{3}$; $\frac{1}{4}$; $-\frac{1}{5}$; $-\frac{1}{6}$; $\frac{1}{7}$; $-\frac{1}{8}$; $\frac{1}{9}$

8 Das Diagramm zeigt den Temperaturverlauf an zwei Dezembertagen am Flughafen in Berlin-Schönefeld.

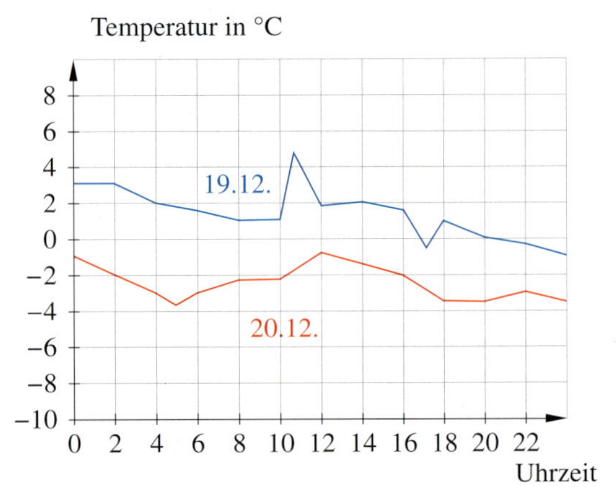

a) Beschreibe den Verlauf des Graphen.
b) Zeichne die Tabelle für beide Tage in dein Heft und fülle sie aus.

Uhrzeit	0	2	4	…	24
Temp. (in °C)	−1				

c) Bestimme die jeweilige Tageshöchst- und Tagestiefsttemperatur.
d) In welchem Zeitraum schien am 19.12. offensichtlich kurzzeitig die Sonne?
e) Marc meint: „Die Datumsangaben sind nicht nötig. Es ist doch klar, dass der obere Graph der des ersten dargestellten Tages sein muss.“ Hat Marc Recht?

Das Koordinatensystem

Erforschen und Entdecken

1 Übertrage das Koordinatensystem und das Dreieck ABC in dein Heft.

a) Welche Koordinaten haben die Eckpunkte des Dreiecks?

b) Spiegele das Dreieck ABC an der y-Achse. Bezeichne das Bild mit $A_1B_1C_1$. Gib die Koordinaten der Bildpunkte an.

c) Zeichne in ein neues Koordinatensystem das Drachenviereck $E(2|0)$, $F(3|2)$, $G(2|3)$, $H(1|2)$. Spiegele es an der y-Achse. Gib die Koordinaten der Eckpunkte des gespiegelten Drachenvierecks an.

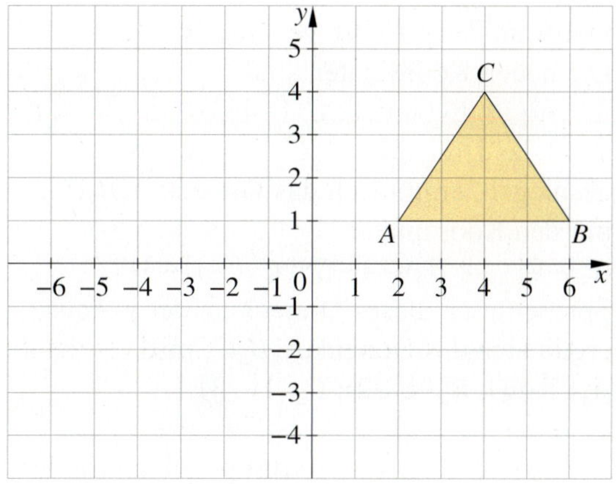

ERINNERE DICH
Die Koordinaten eines Punktes werden so angegeben: Zuerst der Wert auf der x-Achse, dann der Wert auf der y-Achse. Beispiel: A(2|1)

2 Gib die Koordinaten der Eckpunkte aller eingezeichneten Figuren an.

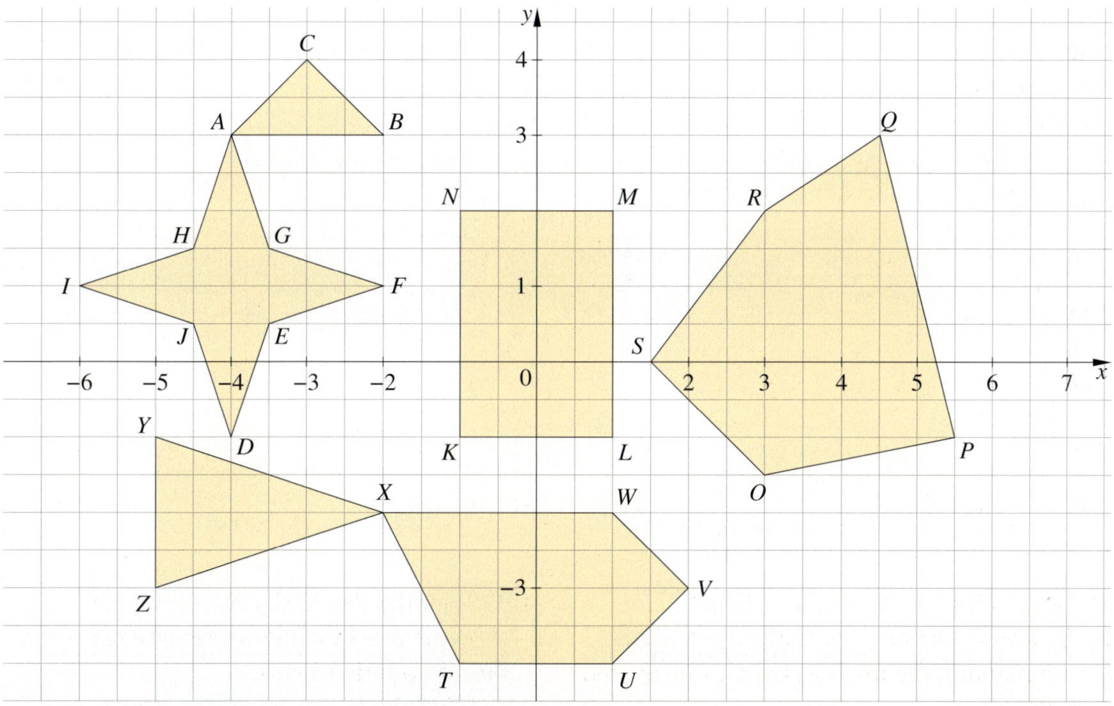

3 Zeichne ein Koordinatensystem wie in Aufgabe 2. Zeichne mit dem Zirkel um $M(0|0)$ einen Kreis mit einem Radius von 3 cm.

a) Gib die Koordinaten der Punkte an, in denen der Kreis die x-Achse und die y-Achse schneidet.

b) In welchen Punkten würde ein Kreis um $M(0|0)$ mit dem Radius 5 cm die x-Achse schneiden?

c) Wie wäre es bei einem Kreis um $M(0|0)$ mit einem Radius von 1,5 cm?

Lesen und Verstehen

Das Dreieck ABC mit den Koordinaten
$A_1(2|1)$; $B_1(4|2)$; $C_1(1|3)$
wurde an der y-Achse gespiegelt.
Die neuen Koordinaten sind
$A_2(-2|1)$; $B_2(-4|2)$; $C_2(-1|3)$.
Wird das Dreieck $A_2B_2C_2$ an der x-Achse gespiegelt, ergibt sich das Dreieck $A_3B_3C_3$ mit den Koordinaten
$A_3(-2|-1)$; $B_3(-4|-2)$; $C_3(-1|-3)$.
Spiegelt man dieses Dreieck an der y-Achse, ergibt sich das Dreieck $A_4B_4C_4$ mit
$A_4(2|-1)$; $B_4(4|-2)$; $C_4(1|-3)$.

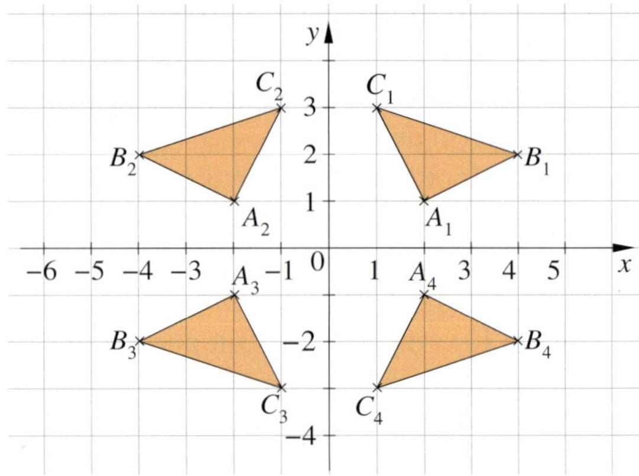

BEACHTE
P(0|0) heißt Koordinatenursprung oder Nullpunkt.

Das Koordinatensystem mit positiven Zahlen kennst du bereits.
Um auch Punkte mit negativen Koordinaten eintragen zu können, wird die x-Achse nach links und die y-Achse nach unten verlängert.

Wie bisher ist die erste Koordinate eines Punktes der x-Wert, die zweite Koordinate des Punktes ist der y-Wert.

BEISPIEL
$A(3|1)$; $B(-3|1)$; $C(-3|-1)$; $D(3|-1)$; $E(0|-1)$

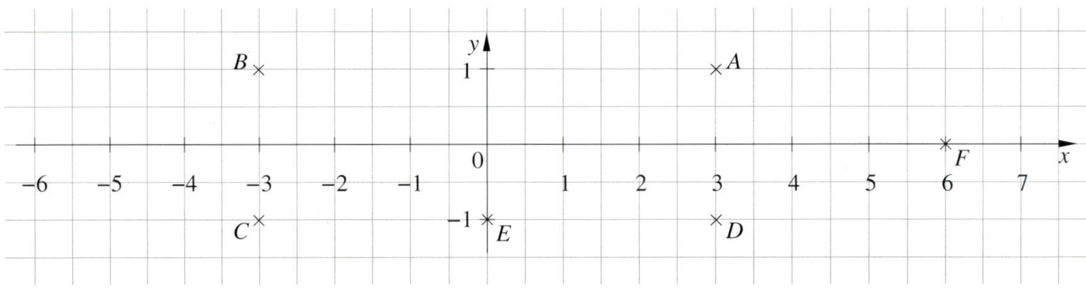

HINWEIS
Die Nummerierung der Quadranten erfolgt gegen den Uhrzeigersinn.

Die x-Achse und die y-Achse teilen die Zahlenebene in vier gleich große Bereiche.
Diese Bereiche werden **Quadranten** genannt.

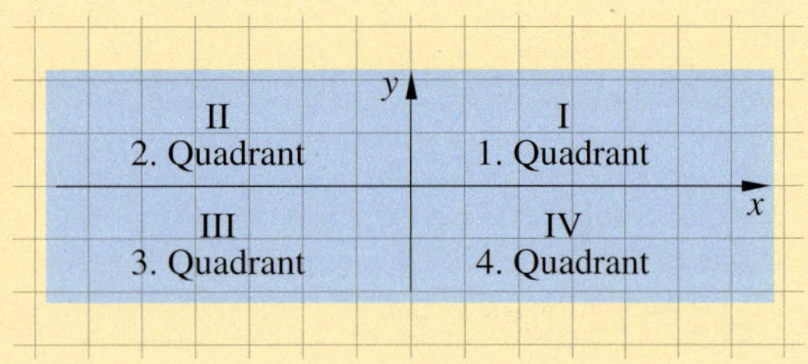

Für die x-Achse und die y-Achse gibt es Fachbegriffe.

Die x-Achse nennt man auch **Abszissenachse**.
Die y-Achse wird auch als **Ordinatenachse** bezeichnet.

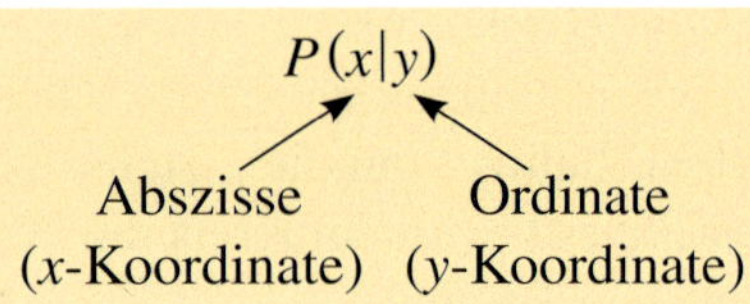

Basisübungen

1 Gib die Koordinaten der Eckpunkte des Fünfecks an.

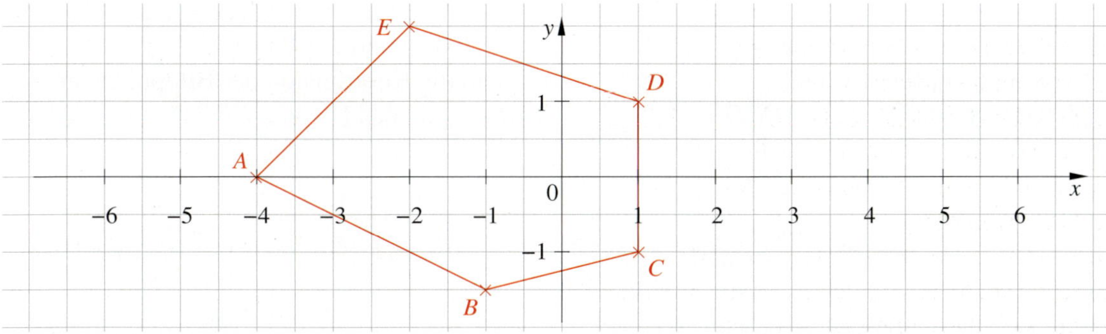

2 Schreibe die Koordinaten der Punkte auf.

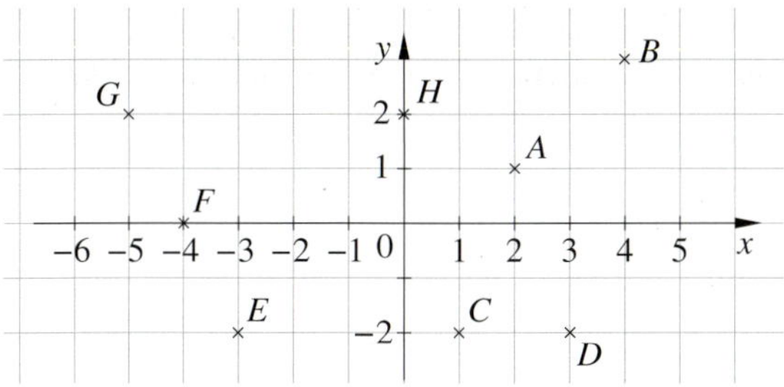

3 Zeichne ein Koordinatensystem mit x- und y-Werten von -4 bis $+4$.
Trage die folgenden Punkte in das Koordinatensystem ein.

a) $A(2|3)$; $B(1|-2)$; $C(2|-3)$; $D(-2|3)$
b) $E(-1|1)$; $F(-2|-2)$; $G(1|1)$; $H(-1|0)$
c) $I(1|-1)$; $J(-1|-1)$; $K(-3|-2)$; $L(0|-2)$
d) $M(3|-2)$; $N(0|-1)$; $O(2{,}5|-2)$; $P(-2|0)$

4 In welchem Quadranten liegen die Punkte?

a) $A(-2|1)$; $B(-5|-6)$; $C(-1|-4)$; $D(3|8)$
b) $E(-2|-5)$; $F(6|-5)$; $G(3|-5)$; $H(6|4)$
c) Nenne Beispiele für Punkte, die im II. bzw. im III. Quadranten liegen.

2 Das Viereck $ABCD$ mit den Koordinaten $A(1|3)$; $B(3|2)$; $C(4|4)$; $D(2|4)$ soll gespiegelt werden.

a) Gib ohne zu zeichnen an, welche Koordinaten der Bildpunkte sich bei Spiegelung an der x-Achse ergeben.
b) Gib ebenfalls ohne zu zeichnen an, welche Koordinaten der Bildpunkte sich bei Spiegelung an der y-Achse ergeben.

3 Zeichne ein Koordinatensystem.

a) Trage die folgenden Punkte ein:
$P_1(3{,}5|0)$; $P_2(-1|0)$; $P_3(0|4)$; $P_4(0|-5{,}5)$
Beschreibe, wie du vorgehst.
b) Verbinde die Punkte $A(2|1)$, $B(-1|1)$, $C(-1|-2)$, $D(0|-1)$, $E(4|-4)$, $F(5|-3)$, $G(1|0)$ und A.
Welche Figur ist entstanden?

4 In das Koordinatensystem sind verschiedene Punkte eingetragen.

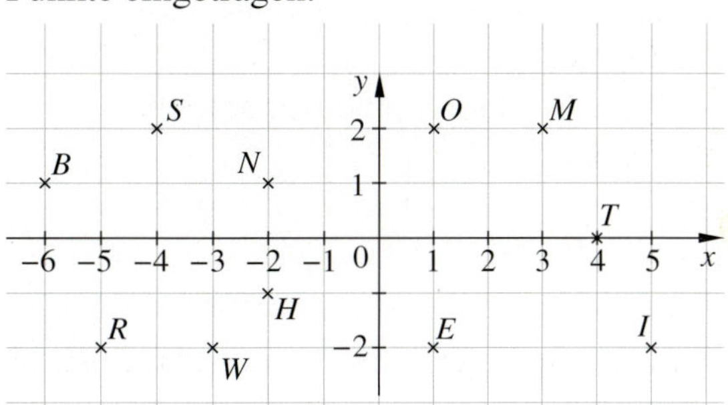

Lies die Buchstaben zu den folgenden Koordinaten hintereinander:
$(-3|-2)$; $(5|-2)$; $(-2|1)$;
$(4|0)$; $(1|-2)$; $(-5|-2)$
Es ergibt sich ein Lösungswort.

NACHGEDACHT
In welchem Quadranten liegt ein Punkt, bei dem beide Koordinaten negativ sind?

TIPP
Wenn du Koordinatensysteme mit einem Abstand von 1 cm zwischen den ganzen Zahlen zeichnest, so hast du genügend Platz, um Zeichnungen einzutragen.

ERINNERE DICH
Bei einer Verschiebung wird jeder Punkt gleich weit in die gleiche Richtung verschoben.

5 Zeichne ein Koordinatensystem.

a) Übertrage das Viereck $ABCD$ wie im folgenden Bild.
b) Zeichne einen Verschiebungspfeil $\overrightarrow{AA'}$ von $A(2|1)$ nach $A'(2|-3)$.
c) Verschiebe das Viereck $ABCD$.
d) Gib die Koordinaten der Bildpunkte an.

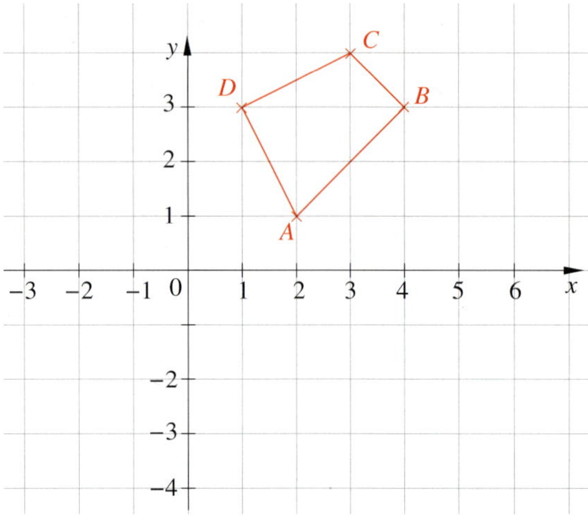

6 Zeichne folgende Punkte in ein Koordinatensystem und ergänze einen Punkt D so, dass ein Quadrat entsteht.

a) $A(-4|-4)$; $B(1|-4)$; $C(1|1)$
b) $A(-4|-2)$; $B(-2|-4)$; $C(0|-2)$
c) $A(0|-1)$; $B(1|1)$; $C(-1|2)$

7 Welche Koordinaten haben die Eckpunkte der Sechsecke?
Wie kann man die Symmetrie der Figuren an den Koordinaten ablesen?

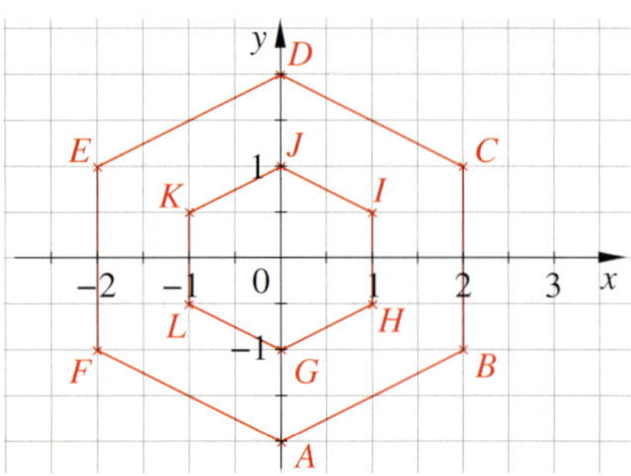

5 Zeichne ein Koordinatensystem.

a) Übertrage das Dreieck EFG und verschiebe es entlang des Verschiebungspfeil $\overrightarrow{GG'}$ mit $G(6|-2)$ und $G'(4|1)$.
Gib die Koordinaten der Bildpunkte an.
b) Spiegele das Dreieck EFG an der y-Achse. Wo liegen die Bildpunkte?

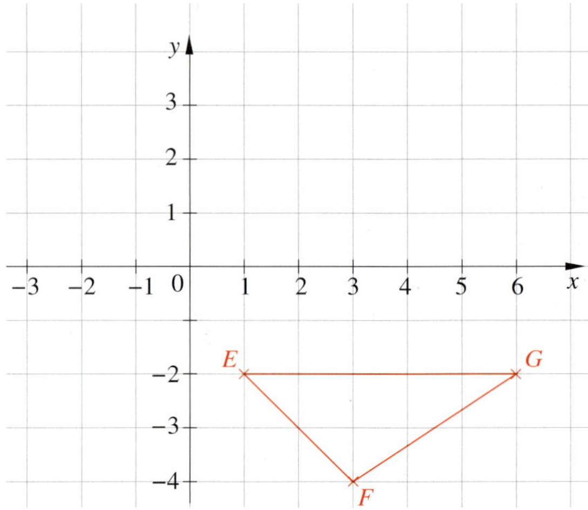

6 Zeichne die Punkte in ein Koordinatensystem. Ergänze einen Punkt D so, dass sich ein Rechteck ergibt.

a) $A(-4{,}5|1{,}5)$; $B(2{,}5|1{,}5)$; $C(2{,}5|3)$
b) $A(-2{,}5|0)$; $B(1|-1{,}5)$; $C(2|1)$
c) $A(3{,}5|0{,}5)$; $B(2|2)$; $C(-0{,}5|-0{,}5)$

7 Zeichne ein Koordinatensystem mit x- und y-Werten jeweils von -5 bis $+5$.

a) Trage folgende Punkte in das Koordinatensystem ein und verbinde sie.
$A(-3|-3)$; $B(-3|-2)$; $C(-2|-2)$; $D(-2|-1)$; $E(-1|-1)$; $F(-1|0)$.
b) Die Verbindung der Punkte ergibt ein Muster. Führe es nach oben und nach unten weiter und gib jeweils die Koordinaten der nächsten drei Punkte an.
c) Spiegele das Muster einmal an der x-Achse und einmal an der y-Achse.
Was stellst du fest?

8 Spielt zu zweit „Schiffeversenken“:
Jeder zeichnet ein Koordinatensystem mit x- und y-Werten jeweils von -3 bis $+3$.
Jeder markiert 10 Lagepunkte seiner Schiffe auf ganzzahligen Koordinaten, z. B. $A(-2|1)$.
Jetzt dürft ihr abwechselnd auf die Schiffe des anderen zielen.
Wer zuerst alle Schiffe des anderen getroffen hat, gewinnt.

Rationale Zahlen addieren und subtrahieren

Erforschen und Entdecken

Spiele mindestens eines der Spiele und versuche im Anschluss an das Spiel (bzw. die Spiele) Rechenregeln für die Addition und Subtraktion negativer Zahlen zu formulieren.

1 „Im Fahrstuhl“

Beklebe einen Würfel, sodass die Seiten mit gerader Augenzahl ein „+“ zeigen und die Seiten mit ungerader Augenzahl ein „–“.
Ein weiterer Würfel wird so beklebt, dass die Seiten 1 und 6 eine „1“ zeigen, die Seiten 2 und 5 eine „2“ und die Seiten 3 und 4 eine „3“.
Zu Beginn des Spiels stehen alle Spielfiguren im Erdgeschoss auf der 0 (siehe Randspalte).
Es wird mit beiden Würfeln gewürfelt. Wirft man „+“ und „2“, fährt der Fahrstuhl zwei Stockwerke nach oben. Würfelt man „–“, fährt der Fahrstuhl nach unten.
Gewonnen hat, wer nach drei Spielrunden dem Erdgeschoss am nächsten steht.
Schreibe jeden Zug als Rechnung in dein Heft.

BEISPIEL

altes Stockwerk	Würfelergebnis	neues Stockwerk	Rechnung
0	-2	-2	$0-2=-2$
-2	$+2$	1	$-2+3=1$
1	-2	...	

9
8
7
6
5
4
3
2
1
Erdgeschoss 0
-1
-2
-3
-4
-5
-6
-7
-8
-9

2 „Schulden und Guthaben“

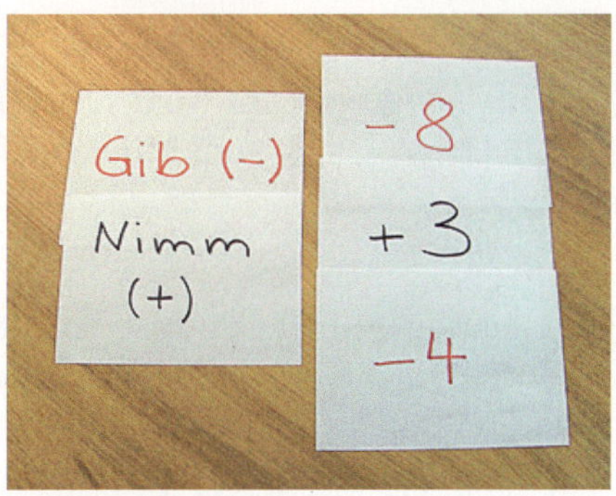

Fertige je fünf Karteikarten mit den Begriffen „Gib (–)“ und „Nimm (+)“ an.
Fertige je eine Karteikarte mit den rot geschriebenen Zahlen $-10, -9, -8, \ldots, -1$ und je eine Karteikarte mit den schwarz geschriebenen Zahlen $+1, +2, \ldots, +10$ an.
Insgesamt entstehen zehn Begriffs- und zwanzig Zahlenkarten.
Die negativen Zahlen zeigen Schulden an, die der Mitspieler hat, die postivien Zahlen Guthaben.
Lege die zwei Kartenstapel gut gemischt auf den Tisch.
Zu Beginn des Spiels zieht jeder Mitspieler drei Karten mit Zahlen und legt diese offen vor sich auf den Tisch. Der jüngste Spieler zieht nun eine Begriffskarte. Zieht er eine „Gib“-Karte, muss er eine Karte seiner Wahl einem Mitspieler geben. Zieht er eine „Nimm“-Karte, muss er vom Stapel mit den Zahlenkarten eine Karte ziehen. Dann ist der nächste Spieler dran.
Jeder Spieler schreibt bei jeder Veränderung seinen neuen Spielstand auf.

BEISPIEL

Aktion	Karten auf der Hand	Rechnung	(neuer) Kontostand
Startkarten	$(-3), (-4), (+5)$	$(-3)+(-4)+(+5)=-2$	-2
Gib (-4)	$(-3); (+5)$	$(-2)-(-4)=2$	$+2$
Nimm $(+3)$	$(-3); (+5); (+3)$	$(+2)+(+3)=5$	$+5$

Wer nach drei Spielrunden den höchsten Kontostand aufweist, gewinnt das Spiel.

HINWEIS

015-1

Unter dem Webcode 015-1 findest du Karteikarten zum Ausschneiden für das Spiel „Schulden und Guthaben“.

BEACHTE

+ und – können als Rechenzeichen oder als Vorzeichen verwendet werden. Rechenzeichen und Vorzeichen werden zur besseren Lesbarkeit durch eine Klammer getrennt.

$-5-(-4)=-1$

$8+(-5)=3$

$-7+3=-5$

Lesen und Verstehen

Die Addition und die Subtraktion von rationalen Zahlen kann man sich gut an der Zahlengeraden verdeutlichen. Hierzu werden vier Fälle unterschieden:

1. Fall:

Eine positive Zahl wird addiert.
Man bewegt sich vom ersten Summanden aus nach rechts.

BEISPIEL 1
Ich habe 4 € Schulden und bekomme 6 €.
$(-4) + (+6) = (+2)$

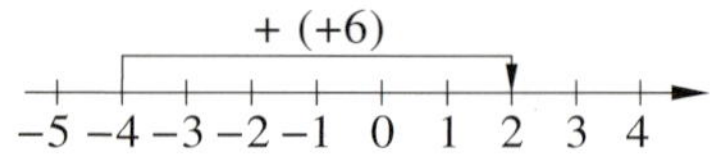

2. Fall:

Eine positive Zahl wird subtrahiert.
Man bewegt sich vom Minuenden aus nach links.

BEISPIEL 2
Ich habe 2 € Guthaben und gebe 7 € aus.
$(+2) - (+7) = (-5)$

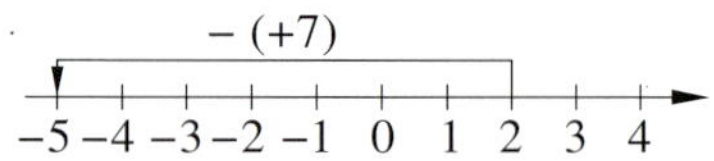

3. Fall:

Eine negative Zahl wird addiert.
Man bewegt sich vom ersten Summanden aus nach links.

BEISPIEL 3
Ich habe 4 €. Es kommen 6 € Schulden hinzu.
$(+4) + (-6) = (-2)$

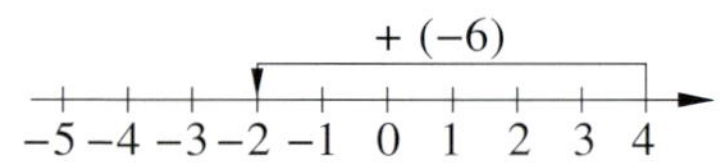

4. Fall:

Eine negative Zahl wird subtrahiert.
Man bewegt sich vom Minuenden aus nach rechts.

BEISPIEL 4
Von 5 € Schulden werden 4 € Schulden erlassen. $(-5) - (-4) = (-1)$

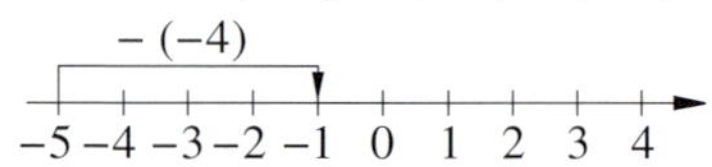

Im 1. und im 4. Fall geht man von der ersten Zahl aus nach rechts.
Im 2. und im 3. Fall geht man von der ersten Zahl aus nach links.

Eine Subtraktionsaufgabe kann man in eine Additionsaufgabe umwandeln:
Man muss dazu die entgegengesetzte Zahl des Subtrahenden addieren.

BEISPIEL 5
$(-5) - (-4)$ ergibt das Gleiche wie $(-5) + (+4)$, nämlich (-1).
$(-5) - (+4)$ ergibt das Gleiche wie $(-5) + (-4)$, nämlich (-9).

Das Addieren und Subtrahieren funktioniert bei den rationalen Zahlen ganz ähnlich wie bei den natürlichen Zahlen. Auch die Rechengesetze für die Addition natürlicher Zahlen gelten ebenfalls für die rationalen Zahlen.

Kommutativgesetz der Addition:
Zwei rationale Summanden dürfen vertauscht werden. (kurz: $a + b = b + a$)

Assoziativgesetz der Addition:
Rationale Summanden dürfen zusammengefasst werden. (kurz: $a + (b + c) = (a + b) + c$)

BEACHTE
Das „+“ als Vorzeichen einer positiven Zahl wird meistens weggelassen. Dann entfallen auch die Klammern.
$(+5) = 5$
Die Klammern um Zahlen, die an erster Stelle einer Aufgabe stehen, werden ebenfalls meistens weggelassen.
Statt $(-7) + (+5) = (-2)$ *schreibt man kurz* $-7 + 5 = -2$

HINWEIS
Im Gegensatz zu den natürlichen Zahlen können wir bei den rationalen Zahlen jede Zahl von jeder anderen Zahl abziehen.
Zum Beispiel war die Aufgabe $3 - 5$ *bei den natürlichen Zahlen nicht lösbar, aber bei den rationalen Zahlen ergibt sich* $3 - 5 = -2$.

$\frac{x+y}{2}$

Basisübungen

1 Notiere Aufgaben und Ergebnisse.

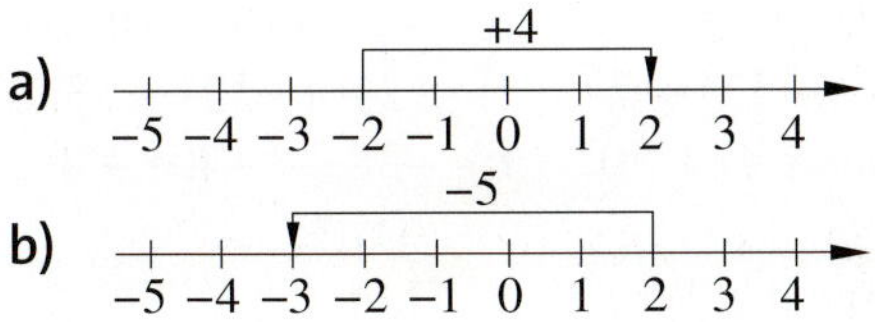

2 Berechne.

a) −3 + (+4) b) −3 + (−4) c) 3 + (−4)
d) −2 + (+5) e) −2 + (−5) f) 2 + (−5)
g) −7 + (+3) h) −7 + (−3) i) 7 + (−3)
j) −9 + (+9) k) −9 + (−9) l) 9 + (−9)

3 Ergänze die Tabelle im Heft.

alte Temperatur	Temperaturänderung	neue Temperatur
2 °C	4 Grad kälter	
−7 °C	8 Grad wärmer	
−3 °C	6 Grad kälter	
6 °C	4 Grad wärmer	

4 Ergänze die Additionsmauern im Heft.

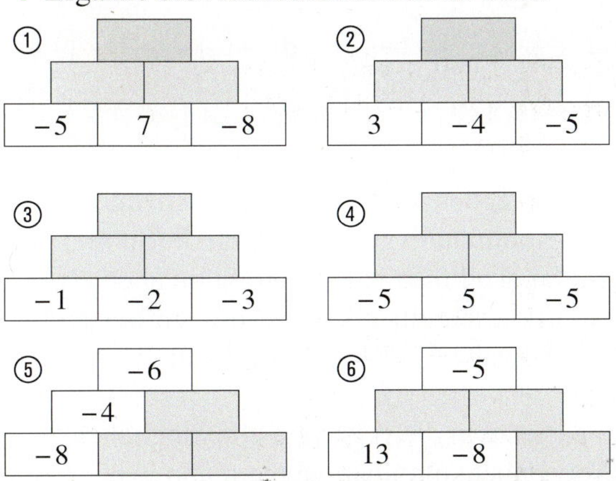

5 Ergänze die Tabelle im Heft.

+	−50	−5	0		50	500
−2				18		
					70	
−200						

6 Subtrahiere auf jedem Feld 3.
Welches Ergebnis hat der Wurm im Kopf?

1 Löse mithilfe einer Zahlengeraden, die von −10 bis +10 reicht.

a) −3 + 5 b) −2 − 3
c) −5 + 2 d) −9 + 3
e) −3 + 5 f) 5 − 7
g) 10 − 9 h) −4 − 4

2 Berechne. Überlege zuvor, ob das Ergebnis negativ oder positiv ist.

a) −7 + 6 b) 17 − 21 c) −922 + 23
d) −9 + 12 e) −12 − 4 f) 237 − 1000
g) 12 − 13 h) −17 − 13 i) −777 − 777

3 Ergänze die Tabelle im Heft.

alte Temperatur	Temperaturänderung	neue Temperatur
2 °C		4 °C
	8 Grad wärmer	3 °C
−7 °C		−20 °C
	6 Grad wärmer	−1 °C

4 Vervollständige die Additionsmauern – sofern möglich – in deinem Heft.

a) Findest du mehrere Lösungen?
b) Begründe gegebenenfalls, warum die Additionsmauer nicht lösbar ist.

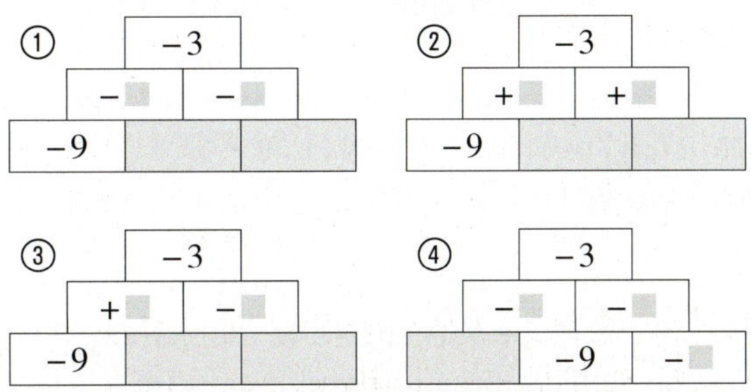

5 Erfinde eine Additionsmauer …

a) an deren Spitze die Zahl −87 steht.
b) mit genau zwei Nullen.
c) mit genau einer positiven Zahl.
d) mit genau zwei negativen Zahlen.
e) an deren Spitze die Zahl −43 steht.

6 Welche Rolle spielt die Null?
Erfinde für die Addition und Subtraktion rationaler Zahlen mehrere Aufgaben, wo die Null an den verschiedenen Positionen steht, z. B. (−5) + 0 = −5.

HINWEIS

www 017-1

Unter diesem Webcode findest du eine interaktive Übung zur Addition und Subtraktion negativer Zahlen.

NACHGEDACHT

Wie viel Schulden/Guthaben hat Lisa?
Lisa hat 5 € Schulden und …
a) gibt 3 € aus.
b) verschenkt 1 €.
c) bekommt 6 €.
d) findet 10 €.

NACHGEDACHT

Additionsmauern zum Knobeln:

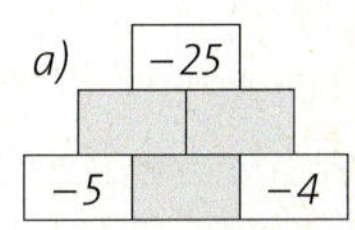

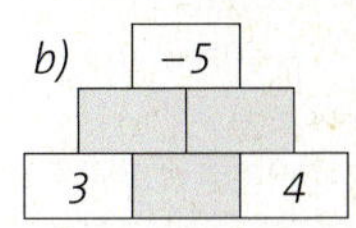

7 Welche Aufgabe hat das kleinste Ergebnis, welche das größte?

a) $-3+5$ b) $-9+3$ c) $-11-2$
d) $7-12$ e) $-100+2$ f) $1-1-1$
g) $-2+100$ h) $-3+99$ i) $4-98$

8 Übertrage ins Heft und ergänze die Lücken. Die Lösungen stehen in den Luftballons in der Randspalte.

a) $-17+$ ▢ $=-25$ b) $-17+$ ▢ $=-9$
c) $-17+$ ▢ $=5$ d) $-17-$ ▢ $=-17$
e) $-17-$ ▢ $=-16$ f) $-17-$ ▢ $=-11$
g) $-17-$ ▢ $=-6$ h) $-17+$ ▢ $=-19$

9 Schreibe in Kurzform und berechne.

a) $0{,}8-(-0{,}5)$ b) $-0{,}5+0{,}7$
c) $-1{,}4-0{,}6$ d) $2{,}1+(-3{,}6)$
e) $3{,}5-1{,}5$ f) $-2{,}4-(-2{,}1)$
g) $-21{,}6+(-3{,}9)$ h) $1{,}05-(-15{,}5)$

10 Berechne.

a) $\frac{3}{7}+\frac{5}{7}$ b) $\frac{3}{7}-\frac{5}{7}$ c) $\frac{3}{7}+\left(-\frac{5}{7}\right)$
d) $\frac{3}{7}-\left(-\frac{5}{7}\right)$ e) $\frac{2}{3}+\frac{3}{4}$ f) $\frac{2}{3}-\frac{3}{4}$
g) $\frac{2}{3}+\left(-\frac{3}{4}\right)$ h) $\frac{2}{3}-\left(-\frac{3}{4}\right)$ i) $\frac{3}{4}-\frac{7}{8}$

11 Rechne vorteilhaft.

BEISPIEL
$43-9-13=43-13-9=30-9=11$ ■

a) $47-28-37$ b) $-56+104+26$
c) $89-231-19$ d) $-68+134+18$
e) $-32+84+12$ f) $-13+21-7+29$

12 Setze in die Kästchen alle möglichen Vorzeichenkombinationen ein und löse die jeweils entstehenden vier Aufgaben. Was fällt dir auf?

a) (▢3) + (▢7) b) (▢3) − (▢7)
c) (▢9) + (▢9) d) (▢57) + (▢34)
e) (▢68) + (▢97) f) (▢46) − (▢85)
g) (▢19) − (▢73) h) (▢39) + (▢45)

13 Bilde fünf Additions- und fünf Subtraktionsaufgaben mit jeweils einer Zahl aus dem linken und einer Zahl aus dem rechten Kästchen.
Löse die Aufgaben mit dem Taschenrechner.

7 Rechne im Kopf.

a) $10-80-(-20)$ b) $75-100-(-75)$
c) $13-20-13$ d) $-10-(-28)+10$
e) $-27-(-17)+7$ f) $17-(-33)-33$
g) $-250-150+50$ h) $-38-(-40)-2$

8 Ergänze die Tabelle im Heft.

+	7	−2,1		−5,6	1,05	−210
13						
−9						
5,4			7,3			
−3,4						
	−0,9					
4,5						

9 Schreibe in Kurzform und berechne.

a) $2{,}64+3{,}49$ b) $2{,}81-3{,}72$
c) $4{,}03-(-5{,}72)$ d) $-7{,}39-5{,}41$
e) $-9{,}08-(-9{,}08)$ f) $6{,}55-(-7{,}45)$

10 Berechne.

a) $-\frac{3}{8}+\left(-\frac{1}{6}\right)-\frac{1}{4}$ b) $\frac{7}{10}-\left(-\frac{4}{5}\right)-\frac{3}{10}$
c) $-\frac{7}{8}+\left(-\frac{5}{6}\right)-\left(-\frac{1}{2}\right)$ d) $-\left(\frac{2}{7}\right)-\left(-\frac{2}{5}\right)-\left(-\frac{2}{7}\right)$
e) $-\frac{3}{8}+1\frac{1}{2}-\frac{3}{8}$ f) $4\frac{1}{4}+\left(-6\frac{1}{2}\right)-\frac{3}{4}$

11 Paula behauptet, dass das Assoziativ- und Kommutativgesetz auch für die Subtraktion gelten, weil man jede Subtraktion auch als Addition schreiben kann. Prüfe am Beispiel der Aufgabe 6 − 24 − 16, ob Paula Recht hat.

12 Setze in die Kästchen alle möglichen Vorzeichenkombinationen ein und löse die jeweils entstehenden acht Aufgaben. Was fällt dir auf?

a) (▢3) + (▢5) + (▢8)
b) (▢3) + (▢5) − (▢8)
c) (▢3) − (▢5) + (▢8)
d) (▢3) − (▢5) − (▢8)

Linkes Kästchen: −6, −9, −10, −18, −3,6, −7,7, 1,5, 4,4, 8,9, 71

Rechtes Kästchen: −8, −1,7, −2,3, −35, −6,9, −7,2, 2,6, 51, 9,4, 60

SCHON GEWUSST?
Die meisten Taschenrechner haben eine Vorzeichenwechseltaste, damit kann man leichter negative Zahlen eingeben.

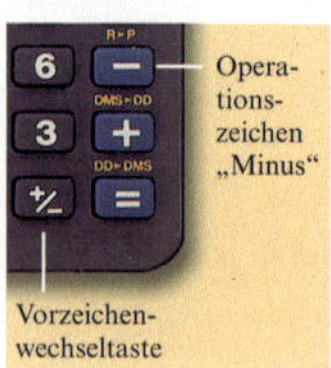

Rationale Zahlen multiplizieren und dividieren

Erforschen und Entdecken

1 Julian hat eine Aufgabe gerechnet.

a) Vollziehe seinen Rechenweg nach.

b) Schreibe die Aufgaben wie Julian jeweils als Multiplikationsaufgabe und berechne sie.
① $(-8)+(-8)$ ② $(-2)+(-2)+(-2)$
③ $(-5)+(-5)+(-5)$ ④ $(-3)+(-3)+(-3)+(-3)$
⑤ $(-7)+(-7)+(-7)+(-7)+(-7)+(-7)$
⑥ $(-4)+(-4)+(-4)+(-4)+(-4)+(-4)+(-4)+(-4)$

c) Wie wird das Produkt aus einer positiven und einer negativen Zahl gebildet? Formuliere deine Beobachtungen.
Vergleiche dein Ergebnis mit dem deines Nachbarn oder deiner Nachbarin.

2 Löse die folgenden Aufgaben. Was fällt dir auf? Setze die Zahlenreihen fort.

a)
$4 \cdot (-2) = -8$
$3 \cdot (-2) = -6$
$2 \cdot (-2) =$
$1 \cdot (-2) =$
$0 \cdot (-2) =$
$(-1) \cdot (-2) =$
$(-2) \cdot (-2) =$
$(-3) \cdot (-2) = 6$

b)
$(-3) \cdot 4 = -12$
$(-3) \cdot 3 = -9$
$(-3) \cdot 2 =$
$(-3) \cdot 1 =$
$(-3) \cdot 0 =$
$(-3) \cdot (-1) =$
$(-3) \cdot (-2) =$
$(-3) \cdot (-3) = 9$

c)
$(-2) \cdot (-2)$
$(-2) \cdot (-2) \cdot (-2)$
$(-2) \cdot (-2) \cdot (-2) \cdot (-2)$

Wie wird das Produkt aus zwei negativen Zahlen gebildet? Formuliere deine Beobachtung. Vergleicht eure Ergebnisse.

NACHGEDACHT
Kannst du Merksätze formulieren zur Multiplikation mit 0, 1 und −1? Beginne jeweils so: Wenn man eine rationale Zahl mit ■ multipliziert, dann …

3 In Winterberg gab es in der ersten Januarwoche folgende Tagesdurchschnittstemperaturen:

Mo	Di	Mi	Do	Fr	Sa	So
−2 °C	−1 °C	−3 °C	−4 °C	−6 °C	−5 °C	−2 °C

Wie könnte man aus diesen Angaben die Durchschnittstemperatur der ersten Januarwoche berechnen?
Arbeitet zu zweit oder in kleinen Gruppen.

4 Zu jeder Multiplikationsaufgabe lassen sich zwei Umkehraufgaben formulieren.
BEISPIEL: $4 \cdot 9 = 36$, Umkehraufgaben: $36 : 4 = 9$ und $36 : 9 = 4$ ■

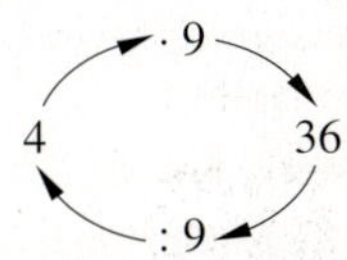

a) Löse die folgenden Multiplikationsaufgaben mithilfe deiner Beobachtungen aus den Aufgaben 1 und 2. Gib jeweils die Umkehraufgaben an:
① $3 \cdot 6$ ② $(-5) \cdot 7$ ③ $(-8) \cdot (-3)$ ④ $6 \cdot (-3)$ ⑤ $8 \cdot \frac{1}{4}$ ⑥ $6 \cdot \frac{1}{2}$

b) Sortiere die entstandenen Divisionsaufgaben, indem du gleichartige zusammenstellst. Überlege dir Regeln zur Division rationaler Zahlen.
Vergleiche mit deinen Nachbarn.

c) Ergänze die Sätze:
Der Wert des Quotienten ist positiv, wenn …
Der Wert des Quotienten ist negativ, wenn …

Lesen und Verstehen

Auf dem Flohmarkt werden die CDs von Güvens Lieblingsrapper für nur 2 € verkauft.
Leider hat Güven sein monatliches Taschengeld schon ausgegeben.
Daher leiht er sich das Geld für drei CDs bei seinem großen Bruder.
Güven hat nun bei seinem Bruder 6 € Schulden, denn $3 \cdot (-2\,€) = -6\,€$.

> Bei der **Multiplikation von rationalen Zahlen** kann man so vorgehen:
> ① Multipliziere die Beträge beider Zahlen.
> ② Bestimme das Vorzeichen:
> – Das Vorzeichen ist negativ (–), wenn beide Zahlen verschiedene Vorzeichen haben.
> – Das Vorzeichen ist positiv (+), wenn beide Zahlen gleiche Vorzeichen haben.

BEISPIELE

$-7 \cdot 12 = -84$, da $7 \cdot 12 = 84$ und Vorzeichen verschieden, also „–“ im Ergebnis.
$-6 \cdot (-9) = 54$, da $6 \cdot 9 = 54$ und Vorzeichen gleich, also „+“ im Ergebnis. ■

> Bei der **Division von rationalen Zahlen** kann man so vorgehen:
> ① Dividiere die Beträge beider Zahlen.
> ② Bestimme das Vorzeichen:
> – Das Vorzeichen ist negativ (–), wenn beide Zahlen verschiedene Vorzeichen haben.
> – Das Vorzeichen ist positiv (+), wenn beide Zahlen gleiche Vorzeichen haben.

BEISPIELE

$54 : (-6) = -9$, da $54 : 6 = 9$ und Vorzeichen verschieden, also „–“ im Ergebnis.
$-84 : (-7) = 12$, da $84 : 7 = 12$ und Vorzeichen gleich, also „+“ im Ergebnis. ■

Die Rechengesetze, die wir schon von den natürlichen Zahlen kennen, gelten auch für die rationalen Zahlen.

> Bei den rationalen Zahlen gelten das **Kommutativ-** und das **Assoziativgesetz** der Multiplikation.
> Daher darf man Faktoren beliebig vertauschen und zusammenfassen.

BEISPIEL

$(-4) \cdot [(-7) \cdot (-25)] =$
$(-4) \cdot [(-25) \cdot (-7)] =$
$[(-4) \cdot (-25)] \cdot (-7) =$
$100 \cdot (-7) = -700$ ■

> Für die rationalen Zahlen gilt das **Distributivgesetz**:
> Man multipliziert eine Summe mit einer Zahl, indem man jeden Summanden mit der Zahl multipliziert.

BEISPIEL

$(-5 + 3) \cdot 2 = (-5) \cdot 2 + 3 \cdot 2$
$= -10 + 6 = -4$ ■

> Auch für rationale Zahlen gelten die **Vorrangregeln**:
> Klammern werden zuerst ausgerechnet.
> Punktrechnung geht vor Strichrechnung.

BEISPIEL

$(3 - 5) \cdot 2 = -2 \cdot 2 = -4$
$3 - 5 \cdot 2 = 3 - 10 = -7$ ■

Die **Vorrangregel** kann man sich kurz so merken: **Klammer vor Punkt vor Strich.**

HINWEIS
Rationale Zahlen lassen sich auch potenzieren:
① Bilde die Potenz ohne Beobachtung des Vorzeichens.
② Ist die Potenz gerade, ist das Vorzeichen „+“, sonst „–“.
Bsp:
$(-3)^3 = -3^3$
$= -27$

BEACHTE
Mit Variablen kann man die Rechengesetze so schreiben:
Wenn a, b, c rationale Zahlen sind, dann gilt:

$a + b = b + a$
$a \cdot b = b \cdot a$
(Kommutativgesetz)

$a + (b + c) = (a + b) + c$
$a \cdot (b \cdot c) = (a \cdot b) \cdot c$
(Assoziativgesetz)

$a \cdot (b + c) = a \cdot b + a \cdot c$
$(a + b) \cdot c = a \cdot c + b \cdot c$
(Distributivgesetz)

Basisübungen

1 Rechne jeweils mal (-2).

-10 | 5 | -19 | -8 | -35

2 Setze im Heft passende Vorzeichen ein.

a) $2 \cdot (■3) = -6$ b) $(-5) \cdot (■4) = 20$
c) $(-8) \cdot (■2) = -16$ d) $(-2{,}5) \cdot 2 = ■5$
e) $(■2) \cdot \left(-\frac{1}{2}\right) = 1$ f) $6 \cdot (■0{,}25) = 1{,}5$
g) $(■8) \cdot \left(■\frac{1}{2}\right) = -4$ h) $\left(■\frac{1}{3}\right) \cdot (-9) = -3$
i) $0{,}6 \cdot (-9) = ■5{,}4$ j) $(-2{,}5) \cdot (-4) = ■10$

3 Berechne.

a) $5 \cdot 17$ b) $(-2)^5$
c) $(-12)^3$ d) $-13 \cdot (-6)$
e) $100 \cdot (-100)$ f) $15 \cdot 15$
g) $(-15)^2$ h) $(-100)^3$

4 Ergänze im Heft. Nutze den Taschenrechner.

·	6	−4,2	−9,5	−13,1	22,9	−25,4
−7	−42					
11,1						
−8,9						
−1,5						

5 Bilde fünf Multiplikationsaufgaben mit jeweils einer Zahl aus dem linken und einer Zahl aus dem rechten Kästchen.
Löse die Aufgaben mit dem Taschenrechner.

Linkes Kästchen: 10; -5; $-\frac{1}{2}$; -125; 25; -2; $-1{,}38$

Rechtes Kästchen: -8; $-0{,}9$; -4; $\frac{3}{5}$; -88; -5; 100

6 Setze im Heft passende Vorzeichen ein.

a) $8 : (-2) = ■4$ b) $-15 : (■3) = 5$
c) $-24 : |-3| = ■8$ d) $25 : (-5) = ■5$
e) $■12 : (■6) = 2$ f) $■36 : 4 = |-9|$
g) $-1{,}8 : (-9) = ■0{,}2$ h) $■2 : \left(-\frac{1}{2}\right) = -4$

7 Ergänze die Tabelle im Heft.

:	5	−15	9	−3
90				
−45			−5	
135				

1 Berechne.

a) $4 \cdot 18$ b) $(-5)^2$ c) $8 \cdot (-7)$
d) $-3 \cdot (-5)$ e) $3 \cdot 12$ f) $(-4)^3$

2 Übertrage ins Heft und fülle aus.

a) $-3 \cdot ■ = -12$ b) $5 \cdot ■ = -40$
c) $8 \cdot ■ = -56$ d) $■ \cdot (-14) = 42$
e) $(-2)^{■} = ■64$ f) $(-3)^{■} = ■27$

3 Berechne.

a) $0{,}5 \cdot 2{,}4$ b) $-0{,}6 \cdot (-4{,}2)$
c) $-0{,}5 \cdot (-3{,}5)$ d) $(-0{,}7)^3$
e) $-0{,}02 \cdot (-8{,}5)$ f) $(-0{,}4)^4$

4 Ergänze im Heft. Nutze den Taschenrechner.

·	0,5	0,8	−3,4	−1,9		−1,32
−0,5					−1,1	
		−0,64				
3,45						
1,96						
100,1						
−10,9						

5 Wähle aus diesen Zahlenfeldern zwei Faktoren aus, deren Produkt
a) -2; b) $-0{,}8$; c) $0{,}6$ ergibt.

-5 | -4 | $0{,}2$ | $0{,}4$ | -2 | $-0{,}2$ | 3 | $-0{,}3$ | 2

6 Berechne. Überprüfe deine Ergebnisse jeweils mit einer Probe.

a) $12 : (-6)$ b) $-36 : 12$
c) $-42 : (-7)$ d) $84 : (-7)$
e) $-56 : (-8)$ f) $-72 : (-9)$
g) $-39 : (-13)$ h) $51 : (-17)$
i) $-98 : 14$ j) $-169 : (-13)$

7 Ergänze die Tabelle im Heft.

:	5	−15	9	
−405				
270				−90
			−105	

BEACHTE
Die Potenz bezieht sich nur dann auch auf das Vorzeichen, wenn die rationale Zahl eingeklammert ist, z. B.:
$(-2)^4 = 16$, aber $-2^4 = -16$

HINWEIS
Auf den Seiten 72 und 73 findest du weitere Hinweise und Aufgaben zum Umgang mit dem Taschenrechner.

HINWEIS
www 021-1
Unter diesem Webcode gibt es ein Arbeitsblatt mit weiteren Aufgaben zur Multiplikation und Division rationaler Zahlen.

NACHGEDACHT

Beim Lösen der Aufgabe $(-4)\cdot(-57)\cdot(-25)$ hat Lara große Schwierigkeiten. Ihre Freundin Fiona erkennt das Ergebnis sofort: -5700. Wie hat Fiona das so schnell gerechnet?

8 Suche aus dem linken und dem rechten Kasten zehn Zahlenpaare heraus, die miteinander multipliziert 100 oder -100 ergeben.

-2	4	$12{,}5$
-200	$-\frac{1}{3}$	400
20		-10
$1{,}25$	500	

$0{,}25$	5	-50
10	300	
-8	80	$-\frac{1}{2}$
25	$-0{,}2$	

9 Rechne vorteilhaft.

a) $(-5)\cdot(-19)\cdot 20$ b) $4\cdot 36\cdot(-25)$
c) $66\cdot(-2)\cdot(-50)$ d) $\left(-\frac{1}{4}\right)\cdot(-4)\cdot(-5)$
e) $12{,}5\cdot(-17)\cdot 8$ f) $(-10)\cdot 3{,}1\cdot(-2)$

10 Denke beim Rechnen an die Vorrangregeln.

a) $-12+8\cdot 4$ b) $-12-8\cdot 4$
c) $-12+8:4$ d) $-12-8:4$
e) $-12-8-4$ f) $-12-8+4$
g) $-12\cdot 8:4$ h) $-12\cdot(8-4)$
i) $(-12+8):4$ j) $-12:(8-4)$

11 Welche Rechenausdrücke führen zum gleichen Ergebnis? Ordne richtig zu.

① $3\cdot(-8)-5\cdot(-8)$	A) $3\cdot(-8+5)$
② $3\cdot(-8)-3\cdot 5$	B) $-3\cdot(-8-5)$
③ $3\cdot(-8)+3\cdot 5$	C) $(3-5)\cdot(-8)$
④ $3\cdot 8-3\cdot 5$	D) $3\cdot(8-5)$
⑤ $(-3)\cdot(-8)-(-3)\cdot 5$	E) $3\cdot(-8-5)$
⑥ $(-3)\cdot(-8)+5\cdot(-8)$	F) $(-3+5)\cdot(-8)$
⑦ $(-3)\cdot 8+(-3)\cdot 5$	G) $-3\cdot(8+5)$

NACHGEDACHT

Erfinde jeweils mindestens vier verschiedene Aufgaben mit dem Ergebnis -48; 25; 0; -100; -2. Nutze verschiedene Rechenoperationen.

12 Würfle mit drei Würfeln. Setze vor jede Augenzahl ein Minus und bilde eine Aufgabe. Du darfst auch Klammern setzen.
Auch Potenzieren ist erlaubt.
Finde jeweils ein kleines und ein großes Ergebnis.

8 Bilde aus den Zahlen Multiplikationsaufgaben mit drei oder mehr Faktoren und berechne sie.

$\frac{1}{6}$ -39 $12{,}5$ 17
-8 -5 -4 20
-25 -60 -43 $-4{,}7$
$-9\frac{1}{2}$ -69 6

9 Entscheide zuerst, ob das Ergebnis positiv oder negativ ist und berechne dann.

a) $3\cdot(-2)^3\cdot(-3)\cdot 7$ b) $3\cdot(-4)\cdot(-2)\cdot(-1)$
c) $5\cdot(-6)\cdot 2\cdot(-1)^5$ d) $-8\cdot(-4)\cdot 2\cdot(-1)$
e) $2\cdot(-2)\cdot 2\cdot(-10)$ f) $(-3)^4\cdot 2\cdot(-15)$

10 Setze eine Klammer so, dass das Ergebnis richtig ist.

a) $3+2\cdot 7=35$ b) $-3\cdot 5+3=-24$
c) $-12:4-2=-6$ d) $-2\cdot 4-5+1=3$
e) $4-2-7=9$ f) $-13+2\cdot 8-2=-1$
g) $23-8:(-5)=-3$ h) $-3+5\cdot 6=12$
i) $-14:2+5=-2$ j) $7-12\cdot 5+2=-23$

11 Berechne die Aufgaben möglichst einfach. Beachte das Distributivgesetz.

a) $5\cdot(-6)+15\cdot(-6)$ b) $-8\cdot 27+(-8)\cdot 27$
c) $4\cdot 25+4\cdot(-100)$ d) $-7\cdot(-9)+9\cdot(-9)$
e) $\frac{1}{2}\cdot(-4)+\frac{1}{2}\cdot(-2)$ f) $3\cdot(-12)-5\cdot(-12)$
g) $9{,}8\cdot 8{,}9-6{,}8\cdot 8{,}9$ h) $-5\cdot 0{,}8-(-6)\cdot 0{,}8$
i) $-87\cdot\frac{2}{3}+27\cdot\frac{2}{3}$ j) $\frac{1}{3}\cdot 64+\frac{1}{3}\cdot(-4)$
k) $-8\cdot\frac{2}{5}+13\cdot\frac{2}{5}$ l) $19\cdot(-4)-7\cdot 19$

12 Wo sind die Fehler in Nadines Hausaufgaben?

a) Versuche herauszufinden, was sie falsch gemacht hat und korrigiere jeweils das Ergebnis.
① $2-6\cdot 5=-20$
② $14-21:7=-1$
③ $-5\cdot(7-14)=-49$
④ $(-48):4\cdot 2=-6$
⑤ $15-15:5=0$
⑥ $7-5+2=0$

b) Nadine behauptet, die Ergebnisse seien doch richtig, man müsse in den Aufgaben nur Klammern ergänzen oder weglassen. Ist das tatsächlich möglich?

Thema: Die Zahlbereiche

Schon im Kindergarten hast du Dinge gezählt und dabei die natürlichen Zahlen 0, 1, 2, 3 … verwendet. In der Mathematik werden diese Zahlen natürliche Zahlen genannt.
Die Menge der **natürlichen Zahlen** wird mit $\mathbb{N}$ bezeichnet.

In der Grundschule hast du gelernt, natürliche Zahlen zu addieren und zu subtrahieren. Deine Lehrer konnten die Summanden bei Additionsaufgaben beliebig zusammenstellen. Wenn sie Subtraktionsaufgaben stellten, war die Zusammenstellung der Minuenden und Subtrahenden nicht ganz so beliebig.

HINWEIS
Die natürlichen Zahlen $\mathbb{N}$ sind eine Teilmenge der ganzen Zahlen $\mathbb{Z}$.
Kurz: $\mathbb{N} \subset \mathbb{Z}$

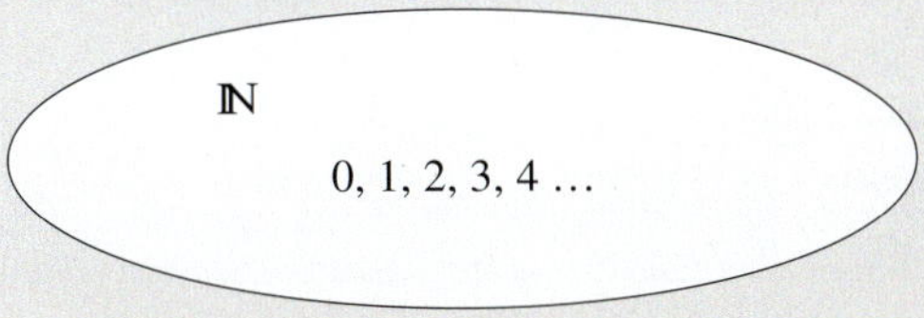

1 Warum war die Subtraktion natürlicher Zahlen nicht immer möglich?

2 Begründe, weshalb du jetzt natürliche Zahlen beliebig subtrahieren kannst.

Die ganzen Zahlen sind eine Erweiterung der natürlichen Zahlen. Sie enthalten alle natürlichen (positiven und die Null) und negativen ganzen Zahlen.
Die Menge der **ganzen Zahlen** wird mit $\mathbb{Z}$ abgekürzt.

Neben den ganzen Zahlen kennst du auch Brüche und Dezimalbrüche. Jede Zahl, die sich als Bruch zweier ganzer Zahlen schreiben lässt, wird rationale Zahl genannt.
Die Menge der **rationalen Zahlen** wird mit $\mathbb{Q}$ bezeichnet.

HINWEIS
Die natürlichen Zahlen $\mathbb{N}$ sind eine Teilmenge der gebrochenen Zahlen $\mathbb{Q}^+$.
Kurz: $\mathbb{N} \subset \mathbb{Q}^+$.

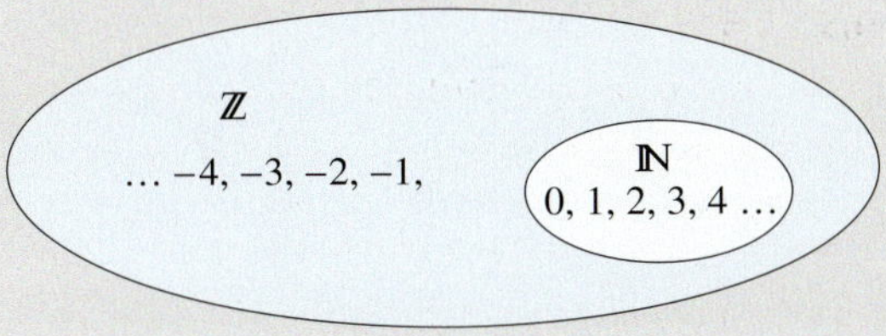

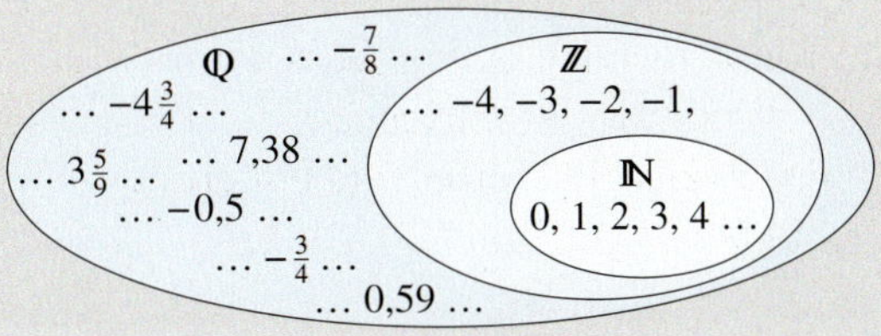

3 Zeige an Beispielen, dass man auch natürliche Zahlen und negative ganze Zahlen als Brüche darstellen kann.

4 Warum war es mathematisch notwendig, auch die rationalen Zahlen einzuführen?

5 Nenne außermathematische Beispiele für die Zahlbereichserweiterung um die Menge der ganzen und der rationalen Zahlen.

HINWEIS
Die natürlichen Zahlen $\mathbb{N}$ sind eine Teilmenge der ganzen Zahlen $\mathbb{Z}$ und die wiederum sind eine Teilmenge der rationalen Zahlen $\mathbb{Q}$.
Kurz: $\mathbb{N} \subset \mathbb{Z} \subset \mathbb{Q}$

Klar soweit?

→ Seite 8

Positive und negative Zahlen

1 Welche Zahlen sind auf der Zahlengeraden markiert?

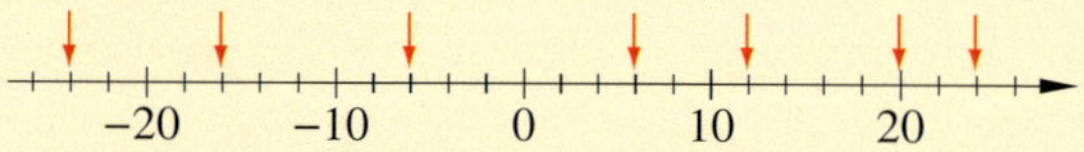

2 Zeichne jeweils eine Zahlengerade. Markiere dort die Zahlen und ihre Gegenzahlen.

a) −5; +6; 0; −8; +3; −2

b) −2,5; −2,7; −2,1

3 Vergleiche die Zahlen und ergänze die Tabelle im Heft.

	0	−5	−8
3	>		
−11	<		
−9			
−5			
−1			

1 Welche Zahlen sind auf der Zahlengeraden markiert?

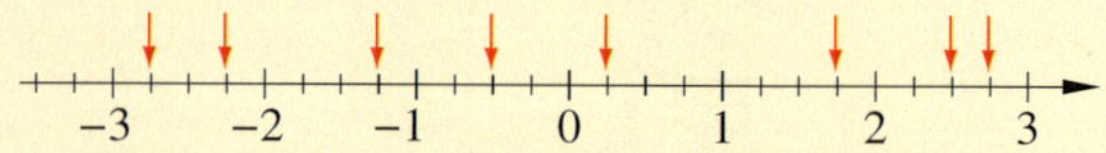

2 Zeichne jeweils eine Zahlengerade. Markiere dort die Zahlen und ihre Gegenzahlen.

a) −0,1; 1,5; 0,3; −0,8; 2,1; −2,2

b) −12,5; −12,7; −12,1; −11,8; −11,6

2 Vergleiche die Zahlen und ergänze die Tabelle im Heft.

	15,2	$-\frac{3}{4}$	−999
3,5			
$-\frac{1}{2}$			
−15,2			
−1000			
0,8			

→ Seite 12

Das Koordinatensystem

4 Gib die Koordinaten der eingezeichneten Punkte an.

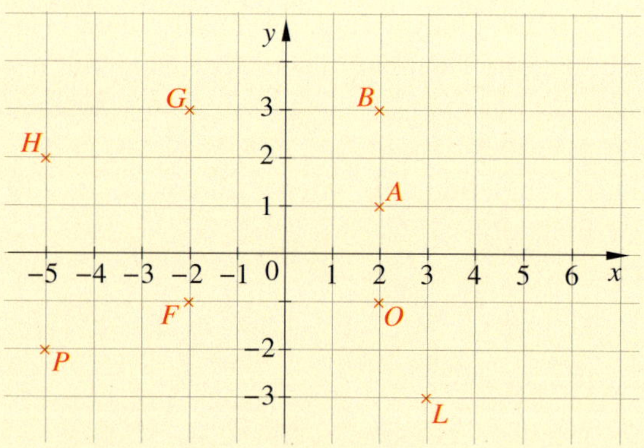

5 Zeichne ein Koordinatensystem mit x- und y-Werten von −6 bis +6.

a) Zeichne das Viereck mit den Eckpunkten $A(3|1)$; $B(6|4)$; $C(4|3)$; $D(2|5)$.

b) Spiegle das Viereck an der y-Achse. Bestimme die Koordinaten der Bildpunkte.

c) Spiegle das Viereck an der x-Achse. Bestimme die Koordinaten der Bildpunkte.

4 Gib die Koordinaten der eingezeichneten Punkte an.

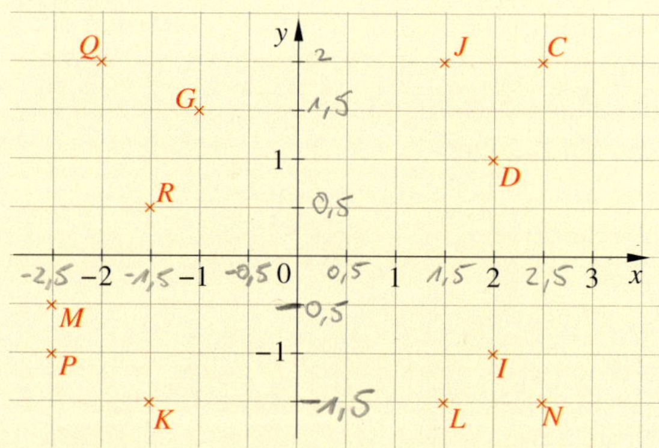

5 Trage die Punkte jeweils in ein Koordinatensystem ein.

① $A(0|2{,}5)$; $B(-2{,}5|0)$; $C(0|-2{,}5)$

② $A(0|2)$; $B(-1|3)$; $C(-2|2)$; $D(0|0)$

③ $A(0|-1)$; $B(-2|-1)$; $C(-3|-3)$; $D(0|-3)$

Spiegle die Punkte an der y-Achse.
Spiegle die Punkte an der x-Achse.
Gib die Koordinaten der Spiegelpunkte an.

$\frac{x+y}{2}$

Rationale Zahlen addieren und subtrahieren

→ Seite 16

6 Ergänze die Tabellen im Heft.

a)

+	187	−22	−99	−35	76
−67					
13					

b)

−	−19	−33	88	12	57
16					
−77					

6 Ergänze die Tabellen im Heft.

a)

+	$\frac{3}{4}$	$-\frac{1}{2}$	$-\frac{7}{8}$	2
$-\frac{1}{4}$				
$-1\frac{2}{8}$				

b)

−	$\frac{2}{5}$	−0,5	−1,2	3
$\frac{3}{4}$				
$-\frac{1}{3}$				

7 Schreibe in Kurzform und berechne.

a) $24-(+42)$
b) $-1-(-15)$
c) $(-2)-3$
d) $(-13)+12-7-(-28)+7$
e) $54-76+26-(-38)-64$
f) $15-(-47)-8-13-(-15)$

7 Schreibe in Kurzform und berechne.

a) $1{,}25-\frac{3}{4}-(-1{,}5)-\frac{1}{4}+0{,}75$
b) $\left(-\frac{7}{2}\right)-(-2{,}5)-\frac{3}{4}-(-1{,}25)$
c) $\left(-\frac{3}{8}\right)-3{,}25+0{,}75-\frac{5}{8}+2{,}5$
d) $-\frac{2}{3}-\frac{3}{4}+\frac{5}{6}-\frac{1}{12}$
e) $-3{,}5-\left(-\frac{3}{5}\right)-\frac{1}{2}-(-5{,}25)$

Rationale Zahlen multiplizieren und dividieren

→ Seite 20

8 Multipliziere.
Achte auf das richtige Vorzeichen.

a) $-8\cdot(-9)$ b) $12\cdot(-7)$ c) $-3\cdot(-5)$
d) $-17\cdot 14$ e) $9\cdot(-15)$ f) $15\cdot(-9)$
g) $11\cdot(-11)$ h) $-8\cdot 22$ i) $-3\cdot(-39)$

8 Überschlage zuerst das Ergebnis.
Rechne dann schriftlich.

a) $205\cdot(-19)$ b) $-98\cdot(-21)$
c) $18\cdot(-508)$ d) $-189\cdot 11$
e) $1050\cdot 1990$ f) $-52\cdot 49$

9 Berechne mit dem Taschenrechner.
Achte auf das Vorzeichen im Ergebnis.

a) $-615:5$ b) $-2415:(-7)$
c) $17034:(-3)$ d) $1872:(-8)$
e) $2736:6$ f) $-61101:(-9)$

9 Berechne und prüfe dein Ergebnis.

a) $-27:(-9)$ b) $2{,}5:(-0{,}5)$
c) $0{,}2:(-20)$ d) $-1{,}2:15$
e) $-0{,}5:0{,}2$ f) $-6{,}4:1{,}6$
g) $-0{,}12:(-0{,}96)$ h) $-7:(-3{,}5)$

10 Entscheide, ob die Potenzen positiv oder negativ sind.

a) $(-2)^3$ b) $(-3)^2$ c) $(-3)^4$
d) $(-2{,}3)^{15}$ e) $(-1)^{18}$ f) $(-6{,}4)^{26}$

10 Berechne.
Ermittle zuerst das Vorzeichen.

a) $(-2)^2\cdot(-3{,}6)$ b) $(-1)^{15}\cdot(-1{,}2)^2$
c) $-4{,}8:0{,}5\cdot(-1)^4$ d) $0{,}5^2:(-1)^3\cdot(-4)$

11 Was wurde hier falsch gemacht?
Berechne auch das richtige Ergebnis.

a) $-75+5\cdot(-5)=350$
b) $70-10:4=15$
c) $(-56):7-(-21)=-29$
d) $-15-3\cdot(-2)=-24$
e) $-12:(-4)-2=2$

11 Was wurde hier falsch gemacht?
Berechne auch das richtige Ergebnis.

a) $85-(43-12)\cdot 4=120$
b) $17-(-3)\cdot(-5)+7=40$
c) $24-12:4+2=2$
d) $3^4-|-3|\cdot(-3)=72$
e) $|-2|\cdot|-3|-|-5|=11$

$\frac{x+y}{2}$

Vermischte Übungen

1 Welche Zahlen sind hier mit Buchstaben bezeichnet?

a) 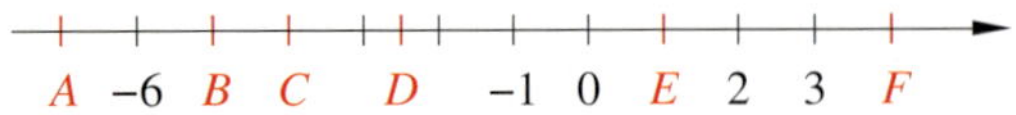

b) 

2 Übertrage ins Heft und ergänze.
Zahlen in benachbarten Kreisen werden addiert. Das Ergebnis gehört in die Vierecke.

a) 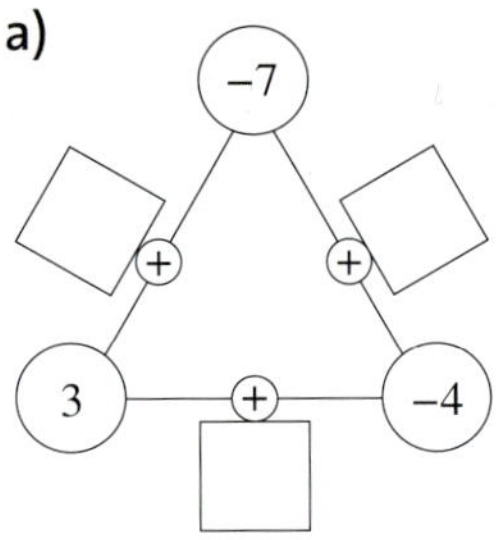

b) 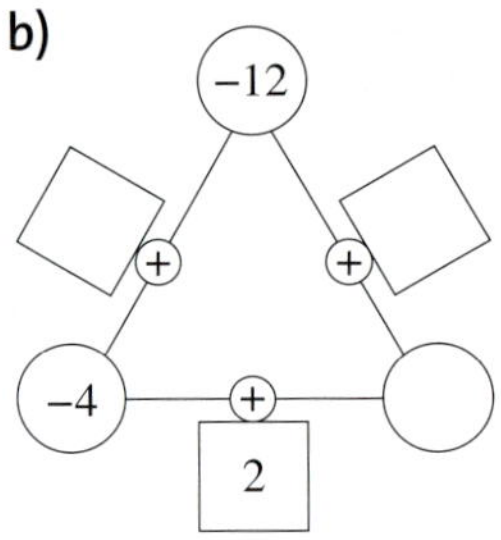

3 Zeichne folgende Punkte in ein Koordinatensystem.
$A(-3|2)$; $B(-1|0)$; $C(0|-1)$; $D(-2|3)$; $E(3|-4)$; $F(-0{,}5|1)$; $G(-4|-2)$; $H(3|-2)$; $I(3|5)$; $J(-4|5)$

4 Wähle die angegebene Startzahl, durchlaufe den Rechenkreis und gib das Ergebnis im Heft an.

a) −3 b) −7 c) 0,3 d) −8,2

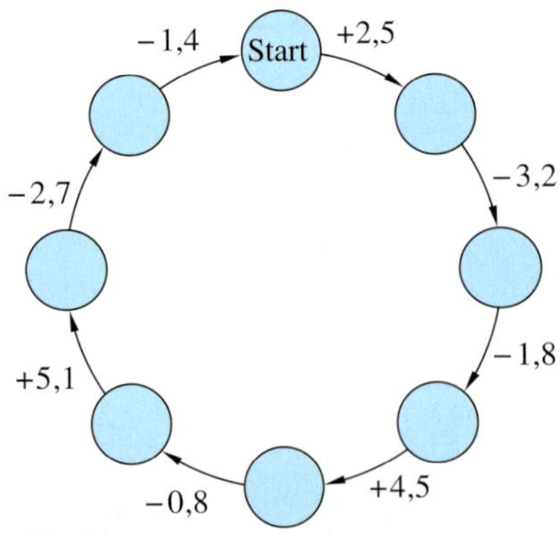

5 Welche Zahl liegt auf der Zahlengeraden in der Mitte zwischen folgenden Zahlen?

a) 2; 4 b) −0,5; 3,5 c) −3,5; |−4,5|
d) −4; |−1| e) −2; |−5| f) −7; −3

ZUM KNOBELN
Die Summe in allen Waagerechten, Senkrechten und Diagonalen soll −3 sein.

−4		−2
	−1	

1 Welche Zahlen sind hier mit Buchstaben bezeichnet?

a) 

b) 

2 Übertrage ins Heft und ergänze.
Zahlen in benachbarten Kreisen werden addiert. Das Ergebnis gehört in die Vierecke.

a) 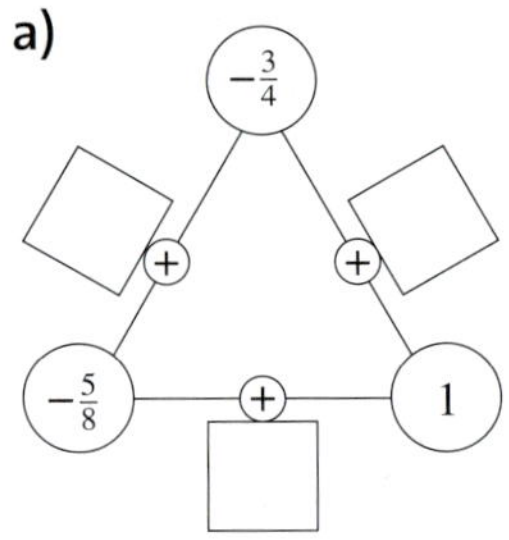

b) 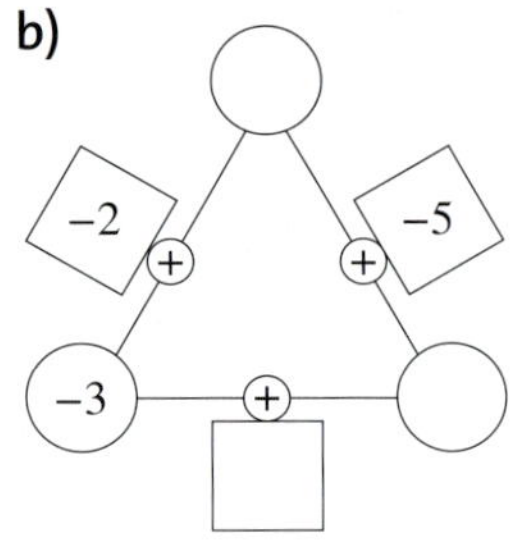

3 Verbinde diese Punkte in einem Koordinatensystem. Setze das Muster fort.
Gib in jede Richtung die vier folgenden Punkte mit ihren Koordinaten an.
$A(-4|1)$; $B(-3|1)$; $C(-3|0)$; $D(-2|0)$; $E(-2|-1)$; $F(-1|-1)$

4 Immer im Kreis

a) Mit welcher Startzahl zwischen −5 und 5 erhält man als Ergebnis −12?

b) Sollte man für ein positives Ergebnis eine positive oder eine negative Startzahl verwenden?

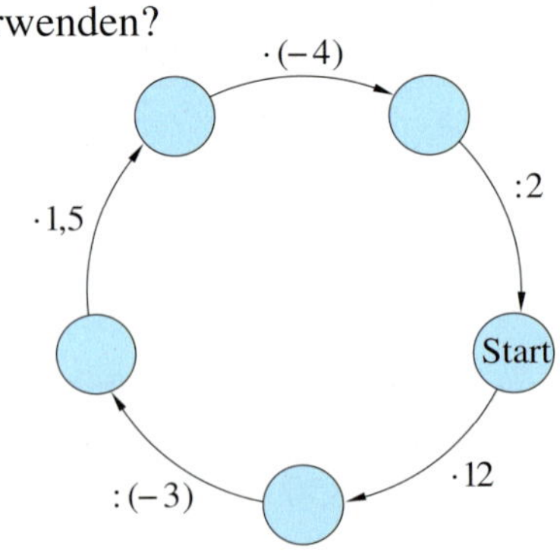

5 Finde stets die nächstgrößere ganze Zahl.

a) 5,8; 2,1; 12,9; 0,001; −5,8; −2,1; |−12,9|

b) $-\frac{1}{3}$; |−4,33|; $-2\frac{1}{4}$; −7; $-5\frac{3}{8}$; $-9\frac{3}{4}$; −0,87

6 Herr Jäger hat auf seinem Girokonto ein Guthaben von 316 €.
Er kauft eine Waschmaschine für 379 €.
Wie viel hat er jetzt auf dem Konto?

7 Clara, Leni und Nils verkaufen auf einem Flohmarkt selbst gebastelte Dinge. Sie hatten Materialkosten von 23,70 €. Außerdem müssen sie noch 12,50 € Standmiete bezahlen. Clara hat 9,40 € eingenommen, Leni 7,70 € und Nils 8,90 €. Der Gesamtbetrag wird gleichmäßig aufgeteilt.
Wie viel Gewinn oder Verlust bleibt für jeden?

8 Das kannst du im Kopf rechnen.

a) $(6-7)-5$ b) $(6+7)-5$
c) $(-6+7)-5$ d) $6-(7-5)$
e) $6+(7-5)$ f) $-(6+7)-5$
g) $-3+17+9$ h) $3-17-9$
i) $-3-17-9$ j) $17-3-9$
k) $9-17+3$ l) $-17+3-9$

9 Ordne die Zahlen der Größe nach.
1,7; |−3,7|; 5; −2,1; 0; −1,8;
|−2,3|; 1,1; −3,8; −4,3; −4.

a) Beginne mit der kleinsten Zahl.
b) Beginne mit der größten Zahl.

10 Schreibe in Kurzform und berechne.

a) $-4+(-5)$ b) $+7+(-14)$
c) $-5-(-8)$ d) $-27+(-33)$
e) $+8-(-9)$ f) $-17+(-17)$

11 Bilde aus diesen Zahlen fünf Additionsaufgaben und fünf Subtraktionsaufgaben und löse sie mit dem Taschenrechner.

−7 $-\frac{1}{4}$ 13
0,5 4 −8
−21 2,3
−3,5 1,5

4 −5 12
−20 −1,5
−3 16 33
−4,5 12 99

12 Bilde aus dem heutigen Datum vier zweistellige Zahlen, z. B. 15 – 11 – 20 – 10. Addiere zu jeder Zahl die zu ihr entgegengesetzte Zahl und den Betrag. Was fällt dir auf?

6 Übertrage die Multiplikationsmauer von der Burgwand in dein Heft und berechne sie.

7 Max hat bei der Bank 50 € Schulden. Seine Freunde Jan und David leihen ihm jeweils 40 €. Mit dem Geld geht Max zur Bank und gleicht sein Konto aus.
Er gibt David und Jan jeweils 10 € zurück. Jetzt hat Max noch 60 € Schulden und 10 € in seiner Tasche, das sind zusammen 70 €.
Wie kann das sein?

8 Berechne im Kopf.

a) $40-90+50$ b) $52-63+74$
c) $-81+150-19$ d) $-25+31+225$
e) $30-(-18)-18$ f) $-3-(-200)+7$
g) $15-(-29)-14$ h) $-27-(-27)$
i) $-17-38-17$ j) $47-79-79$

9 Ordne die Zahlen.
Beginne mit der kleinsten Zahl.

a) 0; −5; 35; −13; −10,5; 2; 14; −12; −3,5
b) 6; −5; −4,5; −2; 0; 3; 0,8; −0,8; −1; 15
c) −8; 0; 2,2; −3,5; −2; −5; −2,5; −4; 3; 10
d) $-\frac{1}{2}$; −4; 3; 8; $-\frac{1}{4}$; $-1\frac{1}{2}$; 16; $-3\frac{3}{4}$; −5; 1
e) $\frac{1}{4}$; −1; 0; $-\frac{1}{3}$; −0,25; 2; −0,8; −2; $-2\frac{1}{2}$; 3

10 Subtrahiere −116 von …

a) 242 b) −242 c) 179 d) −179
e) 130 f) −130 g) 116 h) −116
i) 419 j) −419 k) 329 l) −329

11 Setze <, > oder = richtig ein.

a) $-4+8$ ☐ $-8+4$ b) $12-14$ ☐ $5-6$
c) $2{,}5+(-4{,}5)$ ☐ 3 d) $-6{,}5+8$ ☐ $1{,}5$
e) $7{,}3-10$ ☐ $-3{,}5$ f) $17-38$ ☐ -23

12 Wähle drei beliebige dreistellige Zahlen, auch negative.

a) Welchen Abstand hat die Zahl jeweils von ihrer entgegengesetzten Zahl?
b) Addiere jeweils Betrag und entgegengesetzte Zahl. Was fällt dir auf?

13 Würfelspiel

Es wird mit zwei verschiedenfarbigen Würfeln gespielt. Die Augenzahl des roten Würfels wird als positive Zahl aufgefasst, die Augenzahl des grünen Würfels als negative Zahl. Die beiden geworfenen Zahlen werden addiert.

BEISPIEL $(+2) + (-5) = (-3)$ ■

a) Spielt zu zweit oder in kleinen Gruppen einige Runden.
b) Mit welchen Augenzahlen erzielt man die höchste Punktzahl?
c) Mit welchen Augenzahlen erzielt man die niedrigste Punktzahl?
d) Mit welchen Augenzahlen kann man die Punktzahl $+2$ erzielen?
e) Mit welchen Augenzahlen kann man die Punktzahl -1 erzielen?

14 Berechne im Kopf.

a) $-4 \cdot 8$
b) $-4 \cdot (-8)$
c) $7 \cdot (-3)$
d) $9 \cdot (-7)$
e) $-4 \cdot (-2) \cdot 1$
f) $-1 \cdot 1 \cdot (-1) \cdot 1$
g) $-4{,}5 \cdot 100 \cdot (-2)$
h) $2 \cdot (-2) \cdot 2$

15 Überprüfe, ob diese Quadrate magische Quadrate der Addition sind.

a)

−2	−9	−4
−7	−5	−3
−6	−1	−8

b)

0	0,2	0,2
0,4	−0,1	−0,3
−0,4	0,3	0,1

16 In einem magischen Quadrat der Multiplikation ist das Produkt in jeder Spalte, Zeile und Diagonale gleich groß.
Überprüfe, ob das vorliegende Quadrat ein magisches Quadrat der Multiplikation ist.

Spalte — Diagonale — Zeile

−0,4	0,5	−5
12,5	1	0,08
−0,2	2	−2,5

17 Berechne. Denke an die Vorrangregeln.

a) $3 \cdot (-7) + 8 - 5 \cdot 2$
b) $(4 + 8 \cdot 2 - 36) : 2$
c) $3 + 5 \cdot 2 - 20 + 8 : 2 + 100$
d) $15 \cdot (-3) + 7 - 4 + 32 : 8 - 20$

14 Berechne im Kopf.

a) $-52 : (-4)$
b) $-1{,}3 + 3{,}5$
c) $-3{,}6 : (-3)$
d) $2{,}5 + (-1{,}8)$
e) $-15{,}4 - 12{,}8$
f) $-5{,}5 \cdot 3$
g) $4{,}8 - 7{,}2$
h) $5{,}2 \cdot (-3)$

15 Übertrage ins Heft und ergänze zu magischen Quadraten der Addition.

a)

−0,5		
	0,7	−0,9
		1,9

b)

0		1
	$\frac{1}{4}$	
$-\frac{1}{2}$		

16 Übertrage die magischen Quadrate der Multiplikation ins Heft und ergänze sie.

①

−0,2		
	−2	
	0,4	−20

②

−4	−1,25	−0,2
	−1	

③

0,8		
5	−4	3,2

④

80	−0,25	
−0,16		−100
−5		

17 Berechne. Denke an die Vorrangregeln.

a) $27 : 9 + 3 \cdot 4 + 2 - 20$
b) $5 \cdot 7 + 2 \cdot (10 - 20 + 8) + 5$
c) $3 + 5 \cdot (7 - 12) + 40 - 25 \cdot 3 + 1$
d) $(42 : 4 + 0{,}5 - 3 \cdot (8 + 17)) \cdot 2 - 100$

ERINNERE DICH
In einem magischen Quadrat der Addition haben die Summen der Zahlen in jeder Zeile, in jeder Spalte und in jeder der Diagonalen den gleichen Wert. Dieser Wert der Summe heißt magische Zahl.

HINWEIS
www 028-1
Der Webcode führt zu einer interaktiven Übung zum Rechnen mit rationalen Zahlen.

$\frac{x+y}{2}$

18 Herr Gärtner hat auf seinem Konto ein Guthaben von 840 €. Es werden nacheinander folgende Beträge gebucht:
+200 €; −600 €; +150 €; −550 €; −280 €; −320 €; +120 €.

a) Wie lautet der Kontostand nach der letzten Buchung?

b) Wie viel Geld müsste eingezahlt werden, um das Konto auszugleichen?

19 Nathalie hat monatlich 15 € Taschengeld. Davon muss sie auch die Kosten für ihr Handy bezahlen. Sie hat einen Handytarif, bei dem die Kosten für eine SMS 0,14 € und für ein Telefonat 0,25 € pro Minute betragen.

a) Nathalie versendet täglich drei SMS und telefoniert monatlich 15 min. Reicht Nathalies Taschengeld aus?

b) Was würde Nathalie bei deinem Tarif bezahlen?

c) Wie viele SMS und Telefonate kann sich Nathalie monatlich maximal leisten? Finde mehrere Kombinationsmöglichkeiten.

20 Rechne die Startaufgabe 3,2 : (−4). Suche das Ergebnis in den inneren Feldern, rechne die nebenstehende Aufgabe usw.

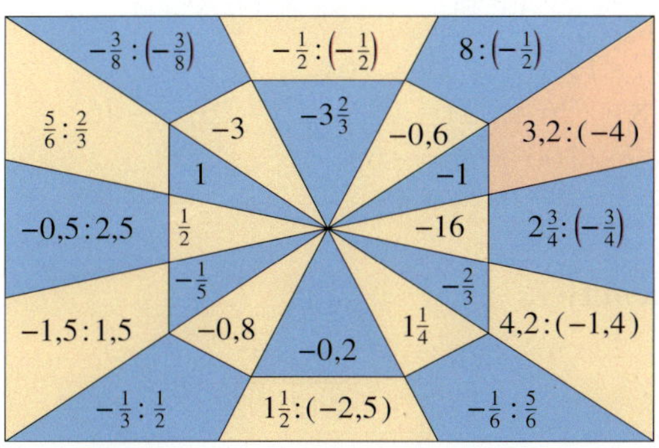

21 Stelle jeweils die zum Rechenbaum gehörige Aufgabe auf und löse sie.

a)

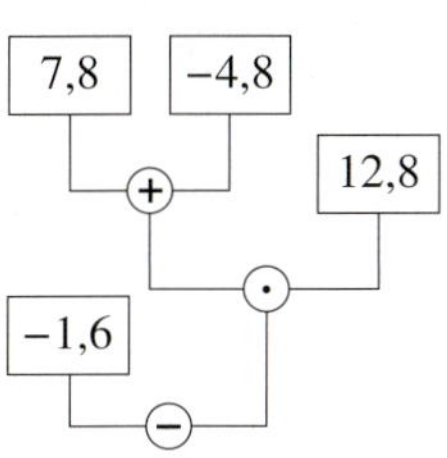

b)

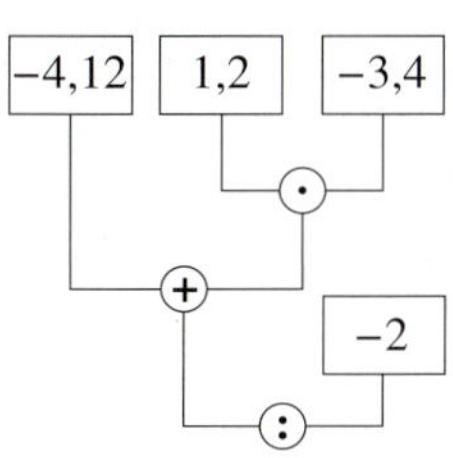

18 Herr Zeitz kann auf seinem Kontoauszug eine Zeile nicht mehr lesen.

Kontoauszug		Sparkasse Kleckersdorf
Alter Kontostand:		−117,80 €
Datum:	Vorgang:	Betrag:
21.04.	Kartenzahlung	− 30,27 €
22.04.	Überweisung	− 262,23 €
23.04.	Zahlungseingang	+ 50,00 €
24.04.	XXXXXXXXXX	XXXXXX
Kontostand am 25.04.2010, 10:35 Uhr		−344,73 €

19 In den USA wird die Temperatur in Grad Fahrenheit (°F) gemessen. Bei der Umrechnung von °F in °C gilt die Formel:
$°C = (°F - 32) \cdot \frac{5}{9}$.

a) Berechne die durchschnittlichen Januartemperaturen der folgenden Orte in °C:

Barrow:	−16,6 °F	Juncan:	24,8 °F
Portland:	42,8 °F	Fairbanks:	−11,2 °F
Nome:	5 °F	Seattle:	41 °F

b) Rechne die folgenden Temperaturen in Grad Fahrenheit um: 0 °C; 10 °C; −25 °C.

20 Berechne jeweils die Durchschnittstemperaturen pro Woche.
Nutze den Taschenrechner. Wie viele Stellen nach dem Komma sind sinnvoll?

a)

Mo	Di	Mi	Do
−3,8 °C	−5,6 °C	−0,5 °C	−0,5 °C

Fr	Sa	So
1,2 °C	2,4 °C	−1,2 °C

b)

Mo	Di	Mi	Do
−4,6 °C	−8,2 °C	−5,7 °C	−5,4 °C

Fr	Sa	So
0 °C	4,5 °C	3,8 °C

BEACHTE
Beim Rechnen mit Näherungswerten sollten im Ergebnis nie mehr Dezimalstellen angegeben werden als die gegebenen Näherungswerte haben.
Beispiel:
$1,4 \cdot 3,9 = 5,46$ wird auf 5,5 gerundet, weil 1,4 und 3,9 jeweils nur eine Dezimalstelle haben.

Teste dich!

(4 Punkte)

1 Übertrage die Tabelle ins Heft.
Ergänze die fehlenden Angaben.

a)

alte Temperatur	Temperaturänderung	neue Temperatur
4 °C	6 Grad kälter	
	9 Grad wärmer	6 °C
−6 °C		−11 °C
	8 Grad kälter	−2 °C

b)

Kontostand alt	Kontostand neu	Bewegung
−17 €	+36 €	
−156 €		+39 €
	−44 €	−67 €
	−18 €	+55 €

(8 Punkte)

2 Zeichne ein Koordinatensystem.

a) Trage die Punkte $A(-1{,}5|-2)$; $B(3{,}5|-2)$; $C(3{,}5|3)$ in das Koordinatensystem ein.
Verbinde $A - B - C - A$.
Was für eine Figur entsteht?

b) Trage die Punkte $P(2|0)$; $Q(0|-3)$; $R(-3|-1)$ in das Koordinatensystem ein.
Ergänze einen Punkt S, sodass ein Quadrat entsteht.
Welche Koordinaten hat S?

(10 Punkte)

3 Berechne.

a)
$-5+(-11)$
$5-17+(-1)^5$
$-26+19-9+16$
$-72:6-(-2)^3$
$3\cdot(-4)\cdot(-25)$

b)
$-7-(-8)$
$48-(17-55)$
$-2^4\cdot(-13)$
$-114:(-3)$
$-2\cdot(-43)\cdot(-5)$

c)
$-35+(-141)$
$1\frac{3}{4}-2\frac{1}{2}-(-3)^2$
$-\frac{1}{2}+3{,}25-0{,}5-\frac{3}{4}$
$-0{,}25\cdot(-9)\cdot 0{,}8$
$-14\cdot(-17)$

d)
$-47-(-38)$
$-1{,}6-5{,}7$
$3{,}4-(1{,}7-6)$
$-7{,}2:(-0{,}6)^2$
$-\frac{8}{9}:\left(-\frac{2}{3}\right)$

(8 Punkte)

4 Berichtige falsch gelöste Aufgaben im Heft.

a) $12-7\cdot 4=20$
b) $12-(8-25)=29$
c) $12:(-4)-121:(-11)=14$
d) $(98-120):\left(-\frac{1}{2}\right)=-11$
e) $17\cdot 19-23\cdot 19=76$
f) $18-(26+23)-18-(23-26)=-46$
g) $-7\cdot(100+9)=-637$
h) $\left(-\frac{3}{4}-\frac{7}{8}\right):\left(-\frac{1}{8}\right)=13$

(12 Punkte)

5 Vervollständige die Multiplikationsmauern in deinem Heft.

a)
−1
−1 | ■
1 | ■ | ■
■ | −1 | ■ | ■

b)
−54
−18 | ■
6 | ■ | ■
−2 | ■ | ■ | ■

c)
−72
−12 | ■
■ | −6 | ■
■ | 3 | ■ | ■

(12 Punkte)

6 Setze > oder < richtig ein.

a) $3\cdot(-7)$ ■ -20
b) $-8+15$ ■ -22
c) $-4\cdot(-8)$ ■ $-7\cdot(-5)$
d) $-48+2$ ■ $-|-50|$
e) $-29\cdot 3$ ■ $-49-13$
f) -56 ■ $-8\cdot|-8|$
g) $3\cdot(-8)$ ■ $(-7)\cdot 6-(-5)\cdot 6$
h) $|27|:(-3)$ ■ $-19\cdot(-8+7)$
i) $-4\cdot(-4)$ ■ $28:(-2)^2$
j) $-3\cdot 6+2$ ■ $-3\cdot((-3)^2+2^3)$
k) $|-39|:(-3)$ ■ $40:(-4)+4:(-4)$
l) -5 ■ $-64:(-2)^4$

7 Herr Sonntag hat auf seinem Girokonto ein Guthaben von 231 €. *(4 Punkte)*
Er kauft eine Geschirrspülmaschine für 329 € und einen Kühlschrank für 249 €.
Welchen Kontostand hat er jetzt?

8 Bei einem Kontoauszug ist eine Zeile unleserlich. *(8 Punkte)*
Wie hoch war der unleserliche Betrag?

a)

Kontoauszug		Sparkasse Kleckersdorf
Alter Kontostand:		– 129,00 €
Datum:	Vorgang:	Betrag:
11.04.	Kartenzahlung	– 30,00 €
12.04.	Überweisung	– 262,00 €
13.04.	Zahlungseingang	+ 50,00 €
14.04.	XXXXXXXXXX	XXXXXX
Kontostand am 15.04.2010		– 344,00 €

b)

Kontoauszug		Sparkasse Kleckersdorf
Alter Kontostand:		– 129,86 €
Datum:	Vorgang:	Betrag:
11.04.	Kartenzahlung	– 47,60 €
12.04.	Überweisung	– 249,95 €
13.04.	Zahlungseingang	+ 50,00 €
14.04.	XXXXXXXXXX	XXXXXX
Kontostand am 15.04.2010		– 344,77 €

9 Berichtige die Aufgaben mit falschen Lösungen im Heft. *(10 Punkte)*

a) $-12 \cdot 3{,}5 = 42$
b) $17 \cdot (-3) = -51$
c) $-19 \cdot (-8) = 152$
d) $-13 \cdot 6 = 78$
e) $15 \cdot (-11) = -156$
f) $-14 \cdot (-7) = 98$
g) $-63 : (-9) = -7$
h) $84 : 12 = -7$
i) $45 : (-5) = 4$
j) $-100 : 25 = -5$

10 Welche Zahl steht in der Mitte der Rechenschlange? Nutze den Taschenrechner. *(8 Punkte)*

a)

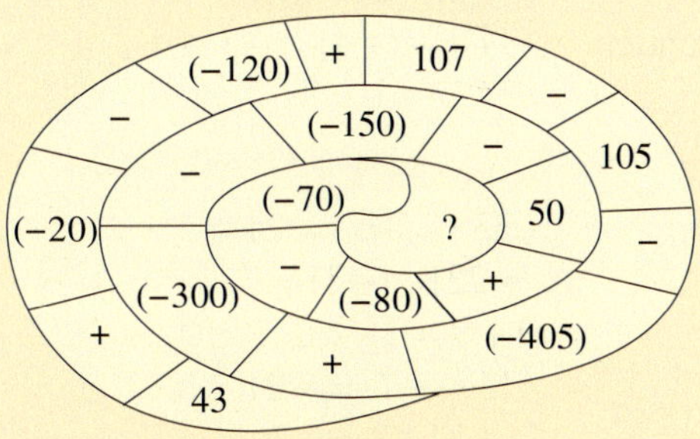

b)

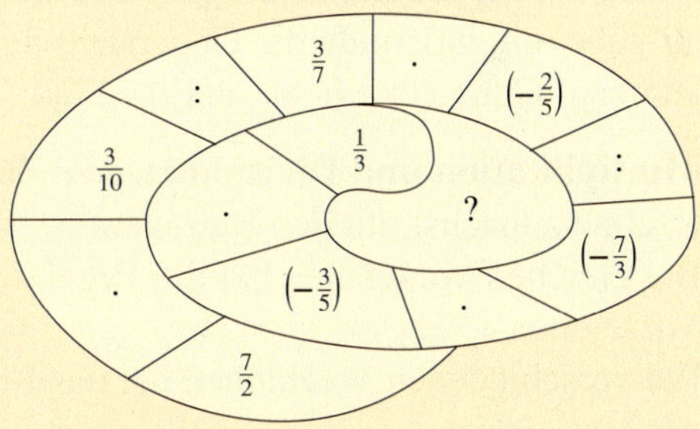

11 Gib jeweils drei Aufgaben an. *(12 Punkte)*

a) Finde Additionsaufgaben, die die Lösung – 9 haben.
b) Finde Subtraktionsaufgaben, die die Lösung – 15 haben.
c) Gib Multiplikationsaufgaben mit dem Ergebnis – 48 an.
d) Gib Divisionsaufgaben an, die die Lösung – 7 haben.

12 Das Tote Meer ist bekannt für seinen hohen Salzgehalt. Es ist auch das am tiefsten gelegene Meer. *(4 Punkte)*
Sein Wasserspiegel liegt bei – 396 m.
Es ist bis zu 398 m tief.
Wie viel Meter unter dem Meeresspiegel (Normalnull) liegt die tiefste Stelle des Sees?

Gold: 96–100 Punkte, Silber: 80–95 Punkte, Bronze: 60–79 Punkte

Zusammenfassung

→ Seite 8, 23

Zahlbereiche

Die **natürlichen Zahlen ℕ** bilden zusammen mit ihren entgegengesetzten Zahlen die **ganzen Zahlen ℤ**. Die negativen gebrochenen Zahlen bilden zusammen mit den positiven gebrochenen Zahlen und der Null die Menge der **rationalen Zahlen ℚ**.
Je weiter rechts eine Zahl auf der Zahlengeraden steht, desto größer ist sie.

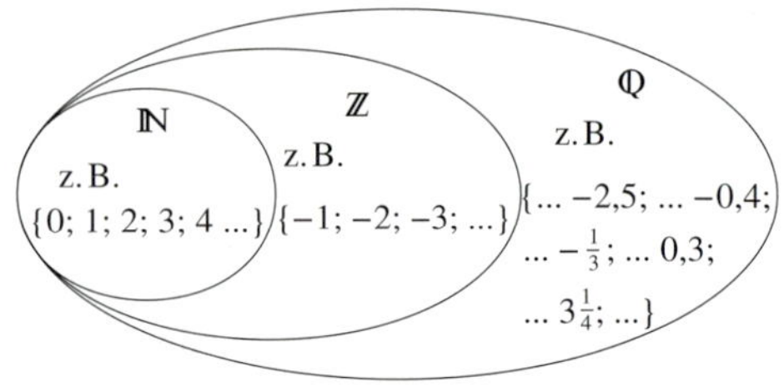

→ Seite 16, 20

Rechnen mit rationalen Zahlen

Addition zweier Zahlen
- gleiche Vorzeichen:
  Addiere die Beträge der Summanden,
  das Ergebnis hat das gemeinsame Vorzeichen.
- verschiedene Vorzeichen:
  Ermittle die Beträge der Summanden und ziehe den kleinen vom größeren Betrag ab.
  Das Ergebnis hat das Vorzeichen des Summanden mit dem größeren Betrag.

BEISPIELE
$-3 + (-4)$
$3 + 4 = 7$
$-3 + (-4) = -7$

$-3 + 4$
$4 - 3 = 1$
$-3 + 4 = 1$ ■

Subtraktion zweier Zahlen
Wandle die Subtraktionsaufgabe in eine Additionsaufgabe um, indem du die Gegenzahl des Subtrahenden addierst. Gehe vor wie bei der Addition.

BEISPIELE
$-3 - 4 = -3 + (-4)$
$-3 - (-4) = -3 + 4$ ■

Multiplikation und Division zweier Zahlen
Rechne zunächst mit den Beträgen.
Bei gleichen Vorzeichen hat das Ergebnis das Vorzeichen +.
Bei verschiedenen Vorzeichen hat das Ergebnis das Vorzeichen −.

BEISPIELE
$-3 \cdot (-7) = 21$
$-21 : (-3) = 7$

$3 \cdot (-7) = -21$
$-21 : 3 = -7$ ■

→ Seite 16, 20

Rechengesetze vorteilhaft nutzen

Auch für rationale Zahlen gilt
- das Assoziativ- und Kommutativgesetz der Addition: Summanden dürfen vertauscht und zusammengefasst werden.
- das Assoziativ- und Kommutativgesetz der Multiplikation: Faktoren dürfen vertauscht und zusammengefasst werden.
- das Distributivgesetz: Man multipliziert eine Summe mit einer Zahl, indem man jeden Summanden mit der Zahl multipliziert.

BEISPIELE
$-17 + 59 + (-33)$
$= -17 + (-33) + 59$
$= -50 + 59 = 9$

$-25 \cdot 19 \cdot (-4)$
$= -25 \cdot (-4) \cdot 19$
$= 100 \cdot 19 = 1900$

$-3 \cdot (100 + 8)$
$= -3 \cdot 100 + (-3) \cdot 8$
$= -300 - 24 = -324$ ■

Vierecke

Der Cinesphere ist ein riesiges Kino im Freizeit- und Erholungspark Ontario Place in Toronto (Canada). Die Leinwand des Kinos ist dreidimensional und sechs Stockwerke hoch. Die Oberfläche des Gebäudes ist ein Netz aus Dreiecken. Man kann aber auch Rhomben, Parallelogramme und Trapeze erkennen.

Noch fit?

Einstieg

1 Umfang von Rechtecken
Zeichne ein Quadrat mit $a = 3\,\text{cm}$ und ein Rechteck mit $a = 2\,\text{cm}$, $b = 4\,\text{cm}$ ins Heft.
a) Berechne den Umfang für das Quadrat und für das Rechteck.
b) Gib die jeweiligen Formeln an.

2 Flächeninhalt von Rechtecken
Berechne jeweils den Flächeninhalt.
a) Quadrat: $a = 4\,\text{cm}$
b) Quadrat: $a = 40\,\text{cm}$
c) Rechteck: $a = 5\,\text{cm}$, $b = 10\,\text{cm}$
d) Rechteck: $a = 6\,\text{cm}$, $b = 11\,\text{cm}$

3 Dreiecke konstruieren
Konstruiere das Dreieck *ABC*.
Fertige zunächst eine Planfigur an.
a) $\alpha = 90°$, $b = 4\,\text{cm}$, $c = 6\,\text{cm}$
b) $\alpha = 30°$, $\beta = 40°$, $c = 5\,\text{cm}$
c) $a = 4{,}5\,\text{cm}$, $b = 3\,\text{cm}$, $\gamma = 40°$

Aufstieg

1 Umfang von Rechtecken
Zeichne jeweils ein beliebiges Quadrat und ein Rechteck ins Heft.
a) Gib die Seitenlängen an und berechne jeweils den Umfang.
b) Gib die jeweiligen Formeln an.

2 Flächeninhalt von Rechtecken
Berechne jeweils den Flächeninhalt.
a) Quadrat: $a = 12\,\text{cm}$
b) Quadrat: $a = 10{,}5\,\text{cm}$
c) Rechteck: $a = 110\,\text{mm}$, $b = 80\,\text{mm}$
d) Rechteck: $a = 4{,}5\,\text{dm}$, $b = 20\,\text{cm}$

3 Dreiecke konstruieren
Konstruiere das Dreieck *ABC*.
Fertige zunächst eine Planfigur an.
a) $\alpha = 75°$, $b = 4{,}2\,\text{cm}$, $c = 6{,}3\,\text{cm}$
b) $\alpha = 30°$, $\gamma = 115°$, $c = 4{,}8\,\text{cm}$
c) $a = 4{,}5\,\text{cm}$, $b = 3\,\text{cm}$, $\alpha = 40°$

ERINNERE DICH
So werden Dreiecke standardmäßig bezeichnet:

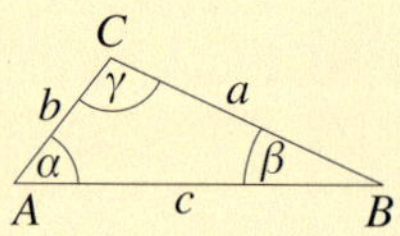

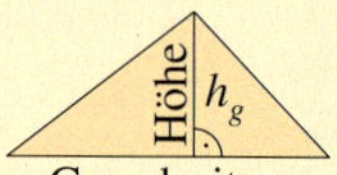

4 Dreiecke berechnen
Zeichne je zwei Beispiele der Dreiecke und berechne den Flächeninhalt.
Gib für jedes deiner Beispieldreiecke den Umfang an.
a) $g = 4\,\text{cm}$; $h_g = 8\,\text{cm}$
b) $a = 5\,\text{cm}$; $h_a = 6\,\text{cm}$
c) $b = 2\,\text{cm}$; $h_b = 12\,\text{cm}$
d) $c = 3{,}5\,\text{cm}$; $h_c = 4{,}2\,\text{cm}$

5 Achsensymmetrie (Einstieg)
Übertrage die Zeichnung ins Heft und spiegle an der Spiegelgeraden *g*.

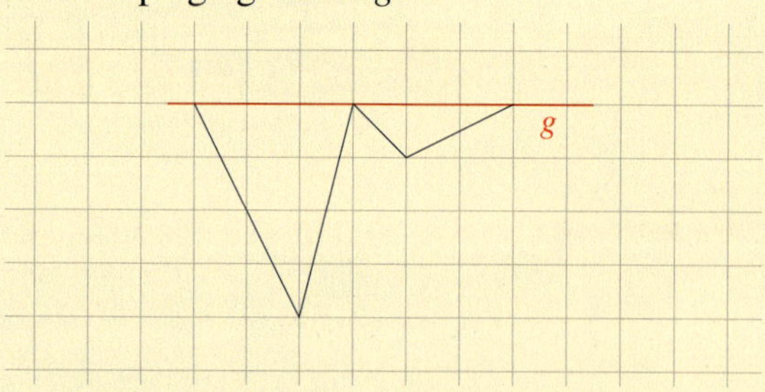

5 Achsensymmetrie (Aufstieg)
Übertrage die Zeichnung ins Heft und spiegle an der Spiegelgeraden *g*.

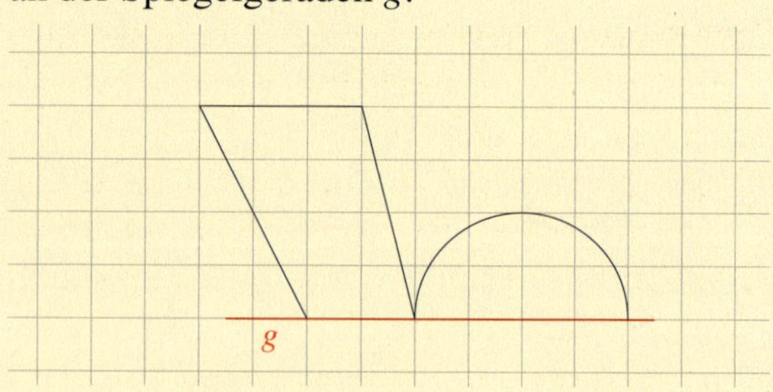

6 Kurz und knapp
a) In einem Rechteck sind alle Winkel ….
b) Zwei Geraden sind parallel zueinander, wenn …
c) Zwei Geraden sind senkrecht zueinander, wenn …
d) Die Verbindung gegenüberliegender Eckpunkte im Rechteck nennt man …
e) Zwei Dreiecke sind kongruent (deckungsgleich), wenn sie ….

Vierecksarten erkennen und bezeichnen

Erforschen und Entdecken

1 Vierecke nach ihren Eigenschaften ordnen

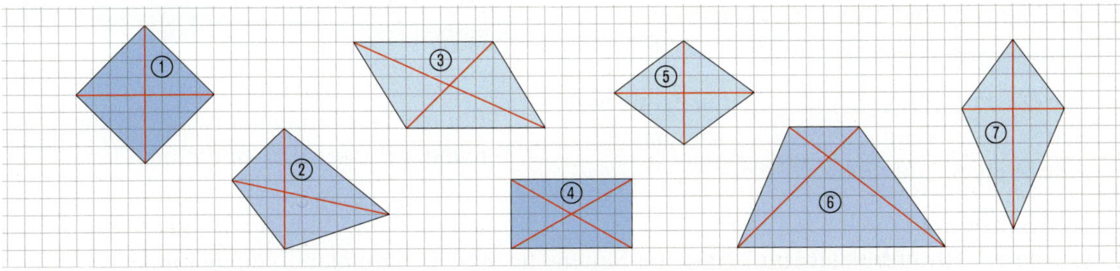

a) Zeichne die obigen Vierecke auf ein Blatt Karopapier und schneide sie aus.
b) Übertrage die folgende Tabelle im Querformat in dein Heft.
Sortiere die ausgeschnittenen Vierecke in die Tabelle und klebe sie ein.
Wenn ein Viereck in mehrere Spalten passt, dann fertige mehrere Vierecke dieser Art an.

benachbarte Seiten stehen senkrecht aufeinander	gegenüberliegende Seiten sind parallel zueinander	gegenüber-liegende Seiten sind gleich lang	alle Seiten sind gleich lang	die Diagonalen stehen senkrecht aufeinander

c) Welche beiden Vierecke können der Tabelle nicht zugeordnet werden? Begründe.
d) Ergänze die Namen der Vierecke in der Tabelle.
e) Finde Beispiele für die einzelnen Vierecke in der Umwelt.

2 In diesem Fachwerkgiebel sind verschiedene Vierecksarten erkennbar. Wie heißen sie?
a) Nenne Gemeinsamkeiten und Unterschiede von gleich eingefärbten Vierecken.
b) Nenne Gemeinsamkeiten und Unterschiede von jeweils zwei verschieden eingefärbten Vierecken.

3 Arbeitet in der Gruppe. Jeder von euch zeichnet auf ein Blatt Papier dreimal die Dreiecke in der Randspalte und schneidet sie aus.
a) Bildet aus den Dreiecken verschiedene Vierecke.
Tragt eure gefundenen Vierecke in der Gruppe zusammen.
b) Skizziert die gefundenen Vierecke in eurem Heft.
Macht dabei auch deutlich, wie sie sich aus den Dreiecken zusammensetzen.
c) Ordnet den Vierecken die zugehörigen Namen zu.
d) Gibt es ein Viereck, das man nicht aus zwei, sondern nur aus drei Dreiecken legen kann?
e) Schreibe zu jedem der angegebenen Vierecke einen kurzen Text über die Erkennungsmerkmale und Eigenschaften. Die Tabelle aus Aufgabe 1 hilft dir dabei.
① Quadrat ② Parallelogramm ③ Drachenviereck
④ Rhombus (Raute) ⑤ Rechteck ⑥ Trapez
f) Probiert, die Vierecke nach ihren Eigenschaften zu sortieren.
Vergleicht untereinander.

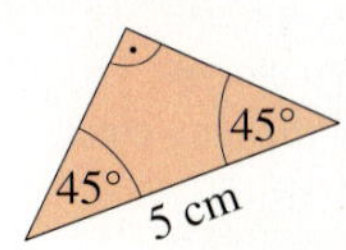

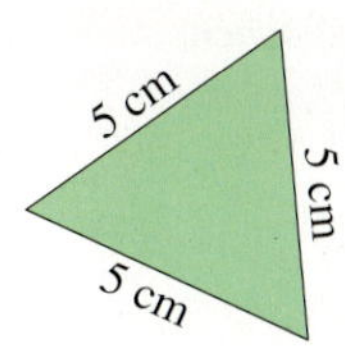

Lesen und Verstehen

Wir unterscheiden verschiedene Vierecksarten:

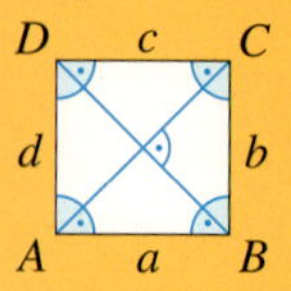

Ein **Quadrat** hat vier gleich lange Seiten.
Alle Winkel sind rechte Winkel.

Die Diagonalen in einem Quadrat halbieren einander, sie sind gleich lang und stehen senkrecht aufeinander.

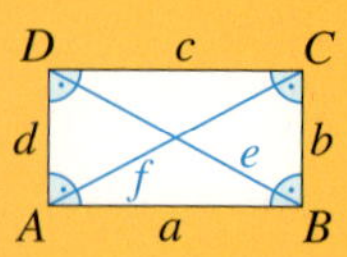

Bei einem **Rechteck** sind gegenüberliegende Seiten gleich lang und parallel zueinander.
Alle Winkel sind rechte Winkel.

Bei Rechtecken halbieren die Diagonalen einander und sind gleich lang.

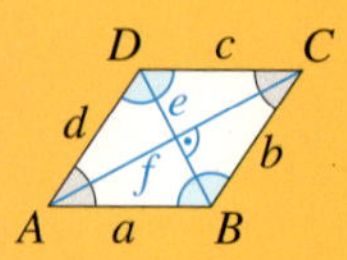

Bei einem **Rhombus (Raute)** sind alle Seiten gleich lang.
Gegenüberliegende Winkel sind gleich groß.

Die Diagonalen in einer Raute halbieren einander und stehen senkrecht aufeinander.

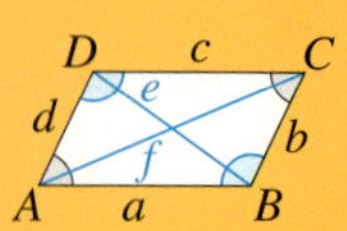

Bei einem **Parallelogramm** sind gegenüberliegende Seiten parallel zueinander und gleich lang.
Gegenüberliegende Winkel sind gleich groß.

Bei Parallelogrammen halbieren die Diagonalen einander.

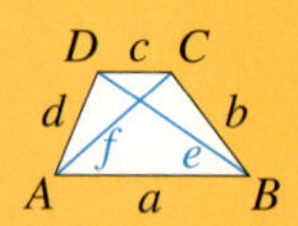

Bei einem **Trapez** gibt es zwei Seiten, die zueinander parallel verlaufen.

Sonderfall: Bei einem gleichschenkligen Trapez sind zusätzlich die nicht parallelen Seiten gleich lang.

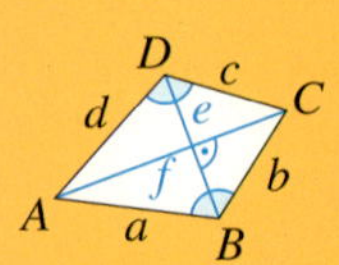

Ein **Drachenviereck** hat zwei Paare gleich langer Nachbarseiten.
Ein Paar gegenüberliegender Winkel ist gleich groß.

Bei einem Drachenviereck stehen die Diagonalen senkrecht aufeinander.
Eine Diagonale wird halbiert.

Vierecke lassen sich hinsichtlich ihrer Seitenlängen, der Lage der Seiten und ihrer Winkel ordnen.
Beim Ordnen beginnt man meist mit dem Quadrat, da es die meisten besonderen Eigenschaften hat.
Bei darunterliegenden Vierecken werden die Eigenschaften immer allgemeiner.

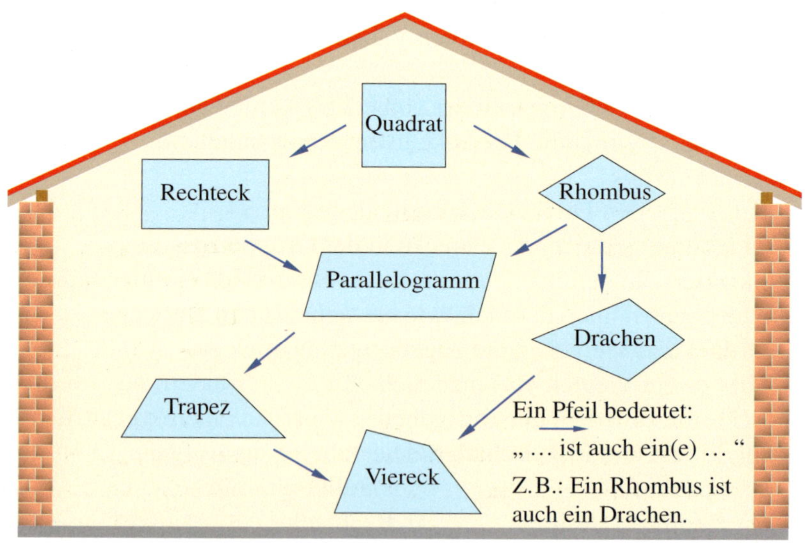

Es entsteht das **Haus der Vierecke**.

HINWEIS
Zu einem Drachenviereck sagt man auch kurz Drachen.

Basisübungen

1 Welche Vierecksarten kannst du in dem Zaunmuster erkennen?

2 Beschreibe, wo an den abgebildeten Gegenständen Parallelogramme oder Trapeze vorkommen.

a)

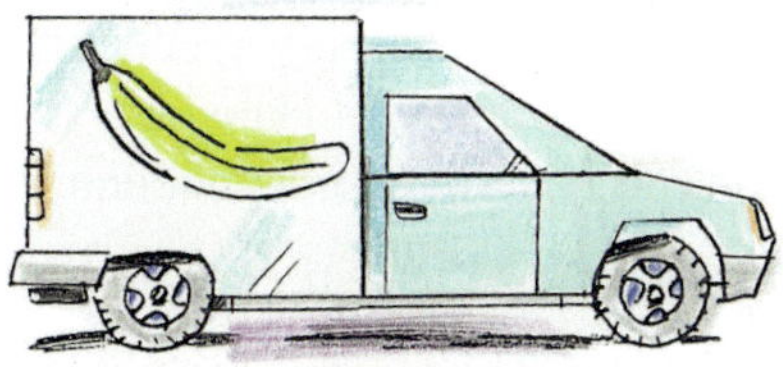

b)

1 Welche Vierecksarten kannst du an dem Haus erkennen?

2 Welche Vierecke könnten sich hier versteckt haben?

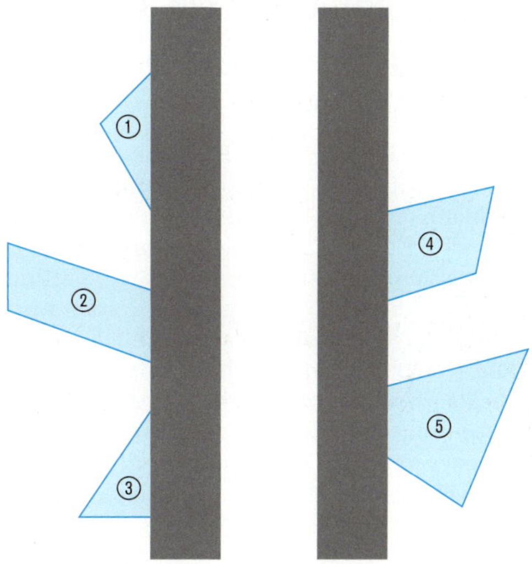

3 Suche in deiner Umgebung nach Vierecken:
Wo findest du Quadrate, Rechtecke, Rhomben, Parallelogramme, Drachen oder Trapeze?

4 Beschreibe, woran du ein solches Viereck sicher erkennst.

a) Quadrat
b) Rechteck
c) Rhombus

4 Beschreibe, was du unter folgenden Vierecksarten verstehst.

a) Parallelogramm
b) Trapez
c) Drachenviereck

5 Zeichne zu jeder Vierecksart zwei Beispiele ins Heft. Beschreibe, wodurch sich die beiden Beispiele unterscheiden.

a) Quadrat
b) Rechteck
c) Rhombus

5 Zeichne zu jeder Vierecksart zwei Beispiele ins Heft. Beschreibe, wodurch sich die beiden Beispiele unterscheiden.

a) Parallelogramm
b) Trapez
c) Drachenviereck

HINWEIS

WWW 037-1

Unter dem Webcode 037-1 befindet sich eine interaktive Übung zum Erkennen von Vierecken.

ZUM WEITERARBEITEN

Ist das ein Drachenviereck? Begründe.

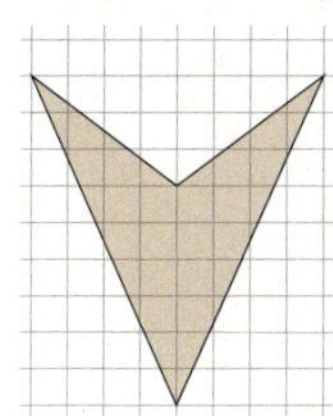

6 Stimmt es, dass jedes Rechteck auch ein Quadrat ist? Begründe deine Antwort.

7 Sind die folgenden Aussagen wahr oder falsch?

a) Jedes Quadrat ist eine Raute.
b) Jedes Parallelogramm ist ein Rhombus.
c) Manche Rechtecke sind Quadrate.

8 Schaue dir das Haus der Vierecke an. Überlege dir weitere Sätze wie diesen: „Ein Quadrat ist auch ein Rechteck." Tragt eure Sätze in der Klasse zusammen.

9 Welche zwei Antworten sind richtig?

Jedes Rechteck ist ein Trapez

Peinlicher Fehler in Jauchs Show „Wer wird Millionär"

In Günther Jauchs beliebter Fernsehsendung „Wer wird Millionär" verließ am Freitagabend Kandidatin Astrid mit 8000 Euro Gewinnsumme das Studio. Kein ungewöhnlicher Vorgang. Doch tatsächlich war die Frau an einer Quiz-Frage gescheitert, die regelwidrig gestellt worden war: Von den vier Vorschlägen waren nämlich zwei richtig – nicht nur einer. Verblüffender noch, dass bis heute offenbar niemand die Panne bemerkt zu haben scheint. Selbst auf der entsprechenden Homepage von RTL konnte man noch gestern lesen, welche Antwort hier angeblich die einzig richtige war.
Die 16 000-Euro-Frage lautete:

Jedes Rechteck ist ein … ?
A: Rhombus B: Quadrat
C: Trapez D: Parallelogramm

(Berliner Morgenpost, 03.02.2003)

10 Gib jeweils alle Drachenvierecke, alle Quadrate, alle Rechtecke und alle Trapeze an. Begründe deine Auswahl mit dem Haus der Vierecke.

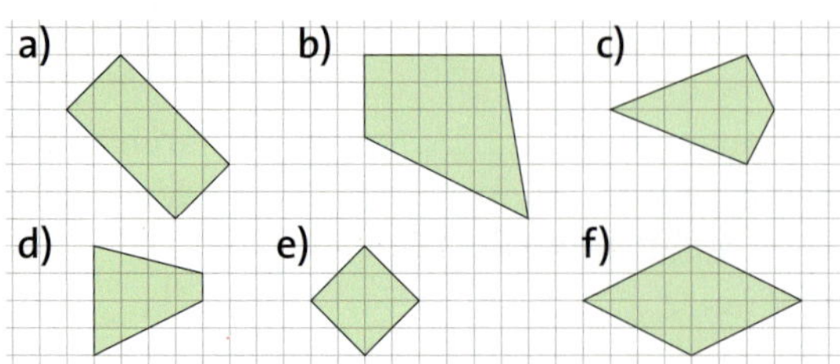

6 Stimmt es, dass jedes Parallelogramm auch ein Rhombus ist? Begründe deine Antwort.

7 Sind die folgenden Aussagen wahr oder falsch? Begründe.

a) Es gibt Quadrate, die keine Rhomben sind.
b) Jedes Parallelogramm ist ein Trapez.
c) Manche Drachenvierecke sind Trapeze.

8 Zeichne drei Trapeze, zwei Parallelogramme und ein Drachenviereck.
Wie viele Vierecke musst du mindestens zeichnen, um diese Forderung zu erfüllen? Begründe.

9 Übertrage die gegebenen Seiten eines Vierecks mehrmals in dein Heft.
Ergänze sie zu besonderen Vierecken.
Welche Vierecke aus dem Haus der Vierecke kannst du mit welchen vorgegebenen Winkeln darstellen?

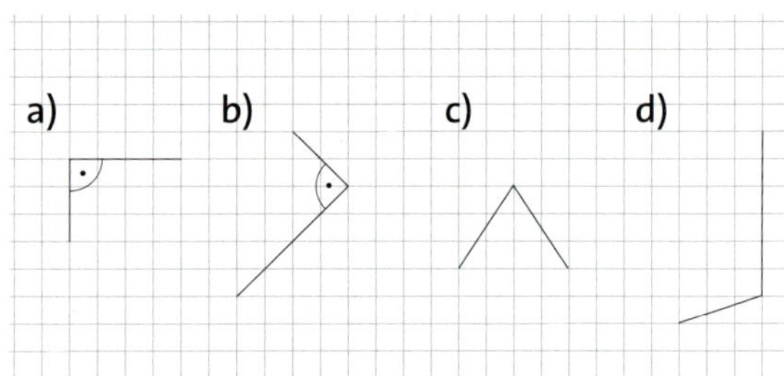

10 Für welche Vierecke gilt die Aussage immer?
Gibt es mehrere Möglichkeiten?

a) Die Diagonalen sind gleich lang und stehen senkrecht aufeinander.
b) Mindestens zwei Seiten des Vierecks sind gleich lang.
c) Genau drei Seiten sind gleich lang.

11 Zeichne, wenn möglich, ein Viereck mit den angegebenen Eigenschaften.

a) ein Quadrat, das kein Rechteck ist
b) eine Raute, die auch ein Rechteck ist
c) ein Drachenviereck, das auch ein Trapez ist
d) ein Trapez, das auch ein Drachenviereck ist
e) ein Trapez mit zwei Symmetrieachsen
f) ein Parallelogramm, das achsensymmetrisch ist

Eigenschaften von Vierecken

Erforschen und Entdecken

1 Falte jeweils ein Stück Papier (DIN-A5) und führe nur einen geraden Schnitt aus. Nach dem Auseinanderfalten sollen die untenstehenden Figuren entstehen. Probiere es aus und erfinde weitere Aufgaben dieser Art.

2 Das Tangram ist ein altes chinesisches Legespiel.
Zeichne die Figur mit den angegebenen Maßen auf festes Papier und schneide die Teile aus.

a) Welche Teile sind achsensymmetrisch?
b) Arbeitet zu zweit. Legt achsensymmetrische Figuren aus euren zwei Tangramspielen.
c) Könnt ihr auch symmetrische Vierecke legen?

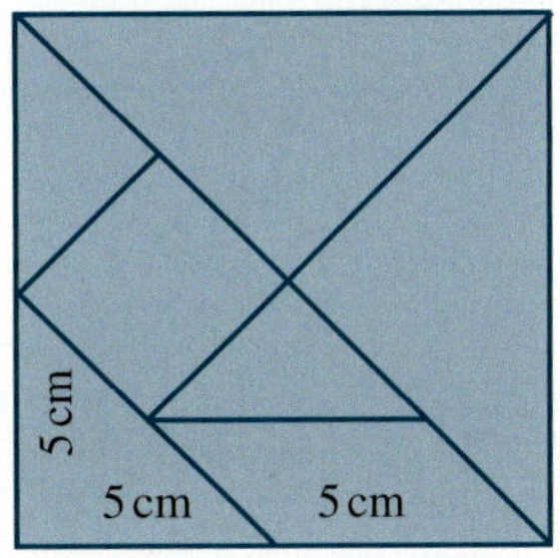

3 Ermittle jeweils die Summe aller Innenwinkel bei folgenden Vierecken. Was fällt dir auf?

Zeichne jeweils noch ein Viereck jeder Vierecksart mit selbst gewählten Maßen.
Überprüfe daran deine Beobachtung über die Summe der Innenwinkel.
Kannst du dir erklären, warum das so ist?

Lesen und Verstehen

Marie hat aus einem gefalteten Blatt Papier Figuren herausgeschnitten, um die verschiedenen Vierecksarten zu erhalten.
Kann sie auf diese Weise wirklich alle Vierecksarten erhalten?

Vierecke lassen sich auch durch ihre Symmetrieeigenschaften unterscheiden.
Dabei werden Achsensymmetrie und Punktsymmetrie unterschieden.

Erinnere dich: Achsensymmetrische Figuren können in zwei Teile zerlegt werde, die man deckungsgleich übereinanderklappen kann.

Achsensymmetrische Vierecke:

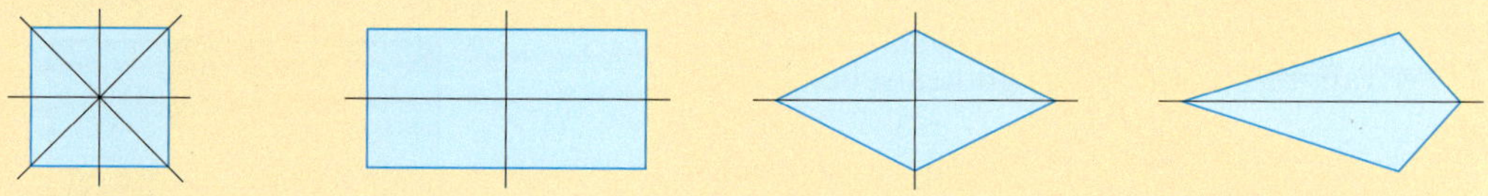

Quadrat	**Rechteck**	**Rhombus (Raute)**	**Drachenviereck**
4 Symmetrieachsen	2 (oder mehr) Symmetrieachsen	2 (oder mehr) Symmetrieachsen	1 (oder mehr) Symmetrieachsen

Eine Figur heißt punktsymmetrisch, wenn sie durch eine Drehung um 180° wieder deckungsgleich zur Ausgangslage ist. Der Drehpunkt heißt Drehzentrum der Figur.

Punktsymmetrische Vierecke:

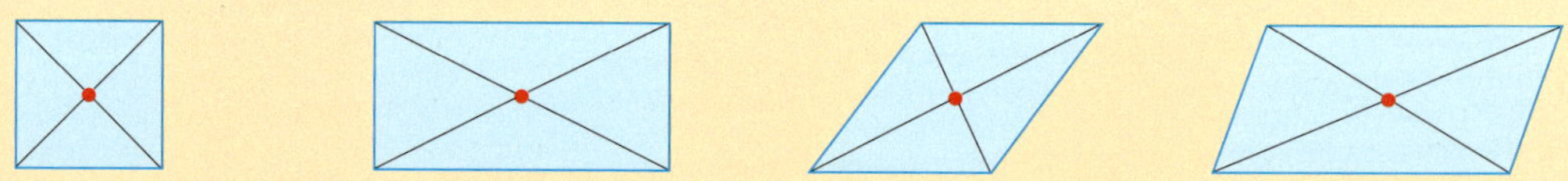

Quadrat	**Rechteck**	**Rhombus (Raute)**	**Parallelogramm**

Das Drehzentrum ist jeweils der Schnittpunkt der beiden Diagonalen.

Marie hat festgestellt, dass man durch das Einzeichnen einer Diagonalen jedes Viereck in zwei Dreiecke zerlegen kann.
Deshalb hat sie sich überlegt, dass die Summe aller Innenwinkel in einem Viereck genau doppelt so groß sein muss, wie in einem Dreieck.

Jedes Viereck lässt sich in zwei Dreiecke zerlegen.
Die **Innenwinkelsumme in einem Viereck** beträgt also stets 360°.

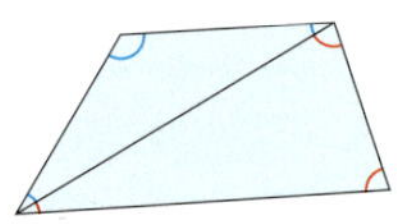

ERINNERE DICH
In jedem Dreieck beträgt die Summe der drei Innenwinkel stets 180°.

Man kann sich überlegen:
Ein beliebiges n-Eck kann man immer in $(n-2)$ Dreiecke zerlegen.
Also beträgt die Summe der Innenwinkel in einem n-Eck stets $(n-2) \cdot 180°$.

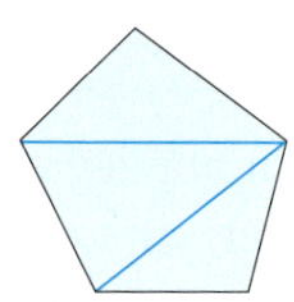

Basisübungen

1 Welche der eingezeichneten Geraden sind Symmetrieachsen der Figuren?

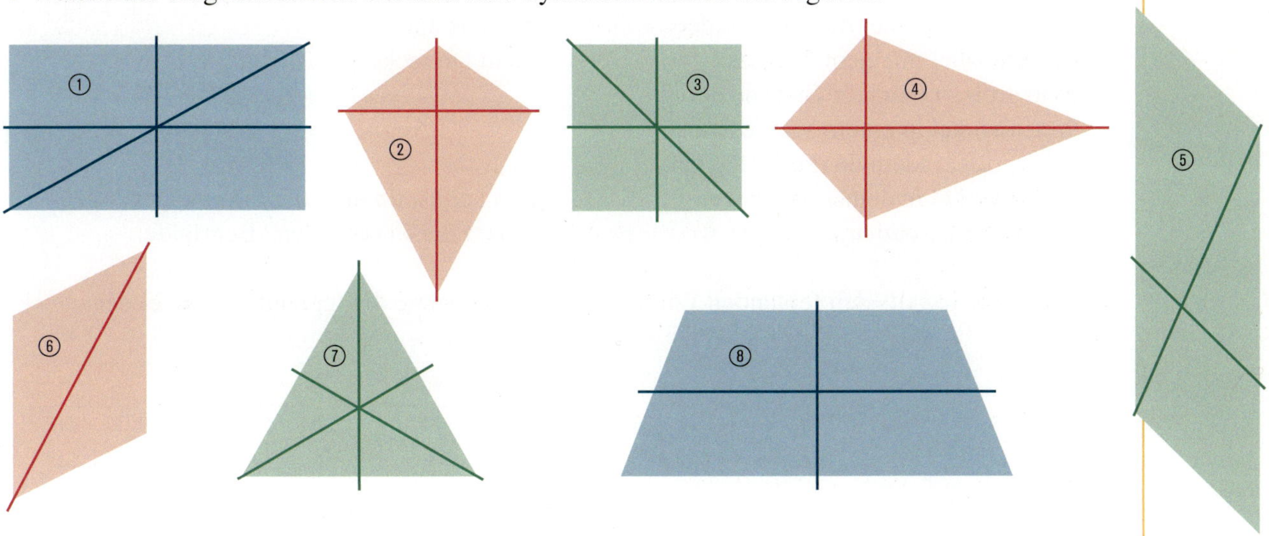

2 Was für ein Viereck entsteht, wenn du die Punkte an der Geraden g spiegelst und sie verbindest?

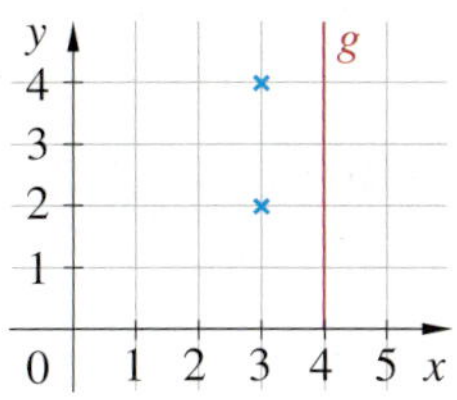

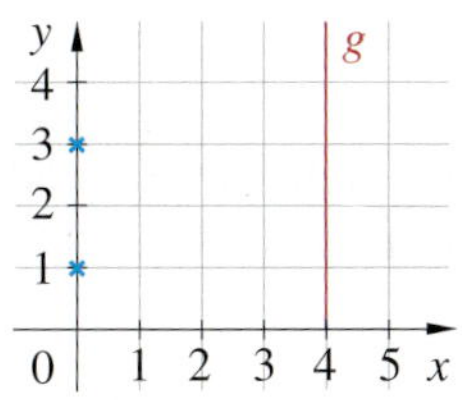

3 Spiegle die Punkte an der Geraden g. Was für ein Viereck entsteht, wenn du die Punkte verbindest?

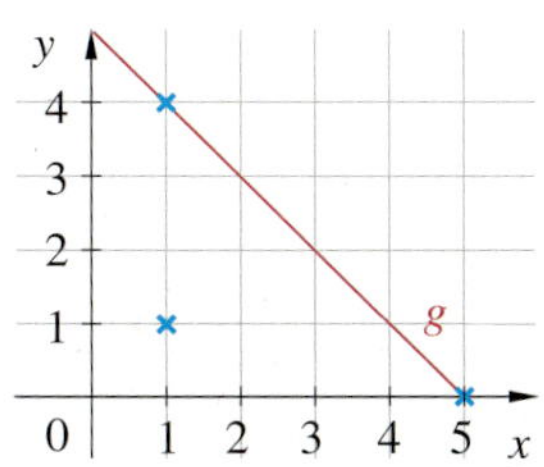

2 Trage die Punkte $A(1|6)$ und $D(3|9)$ in ein Koordinatensystem ein.
Zeichne eine Gerade g parallel zur y-Achse, die durch den Punkt $(5|0)$ verläuft.
Spiegle jetzt die Punkte an der Geraden g und verbinde die vier Punkte zu einem Viereck.
Was für ein Viereck entsteht? Begründe.
Warum ist dieses Viereck entstanden?

3 Zeichne ein Koordinatensystem.
Zeichne eine Gerade g durch die Punkte $(0|7)$ und $(7|0)$.
Wähle zwei beliebige Punkte auf der Geraden g.
Wähle einen dritten Punkt außerhalb der Geraden so, dass sich beim Spiegeln an der Geraden g und Verbinden aller vier Punkte eine der Vierecksarten ergibt.
Kannst du so alle Vierecksarten erzeugen?

4 Zeichne die punktsymmetrischen Figuren ins Heft und ergänze das Drehzentrum.

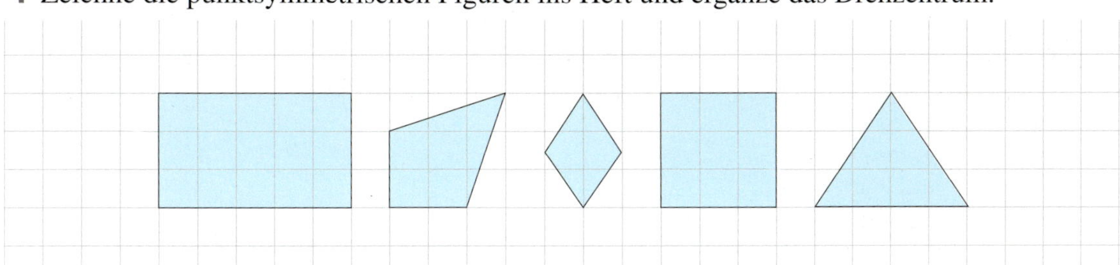

AUFGABE
Zeichne fünf verschiedene Parallelogramme. Ergänze in jedem Parallelogramm das Drehzentrum.

5 Zeichne drei verschiedene Vierecke.
- Zerlege deine Vierecke in je zwei Dreiecke.
- Was weißt du über die Summe der Innenwinkel in einem Dreieck?
- Wie groß ist dann die Summe der Innenwinkel in einem Viereck?
- Überprüfe, indem du die Größe der Innenwinkel in deinen Vierecken misst und sie addierst.

6 Berechne jeweils den fehlenden Winkel.

a)

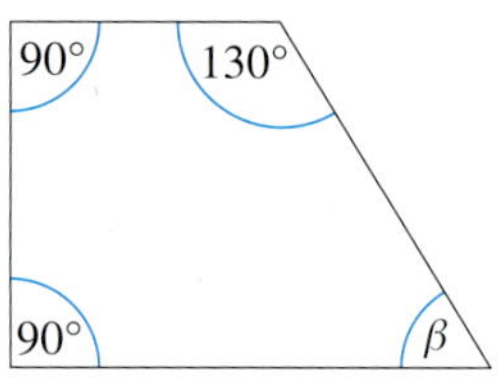

b)

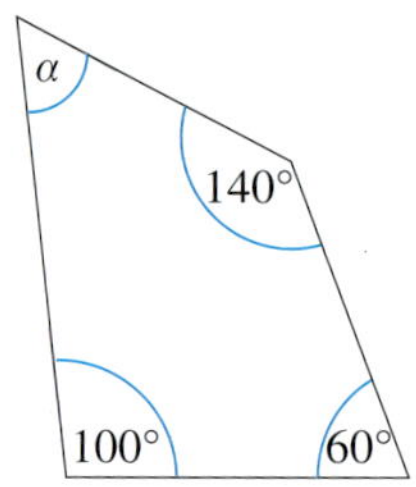

7 In diesem Parallelogramm ist nur ein Winkel bekannt.
Wie kann man daraus auch die anderen Winkel berechnen?

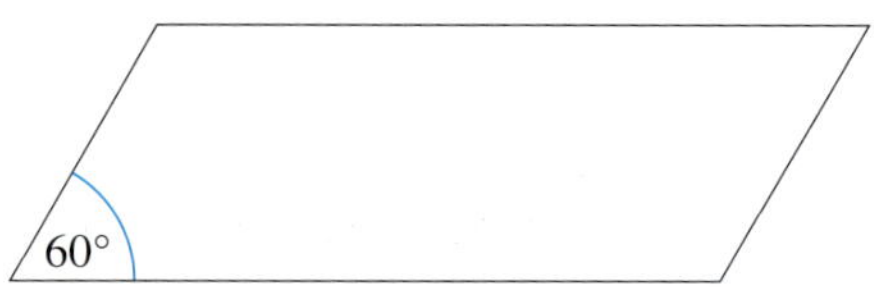

8 Berechne alle fehlenden Winkel.

a)

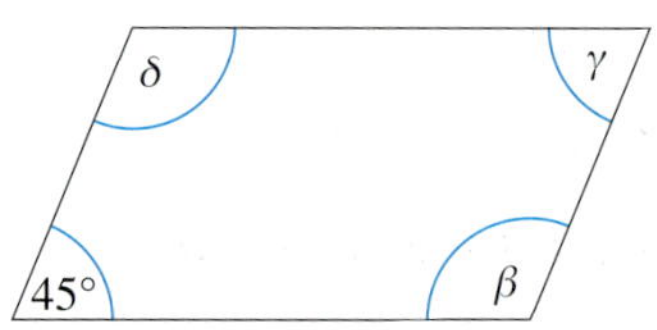

b)

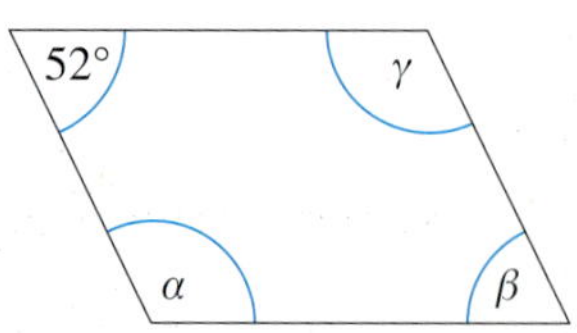

c)

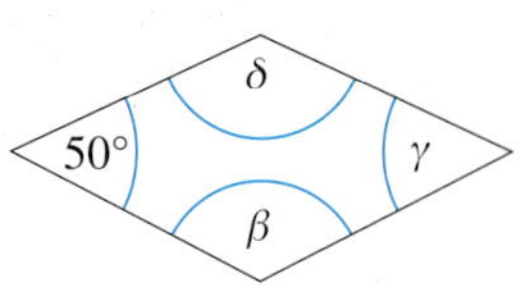

5 Übertrage die folgende Figur ins Heft und zerlege sie in Dreiecke.

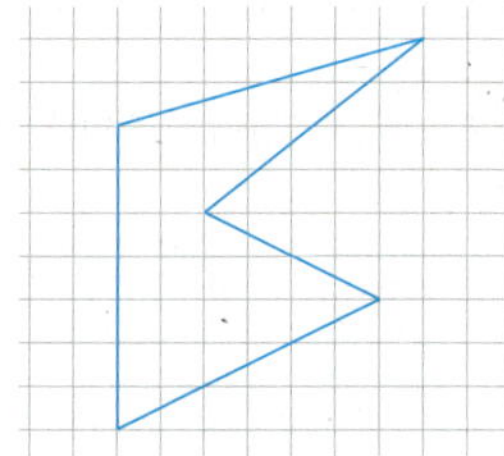

Was kannst du über die Summe der Innenwinkel der Figur sagen? Begründe.

6 Berechne die fehlenden Winkel der Vierecke.

	α	β	γ	δ
a)	90°	120°		50°
b)	75°		150°	80°
c)	112°	48°	70°	
d)		115°	42°	128°
e)	140°	82°	15°	
f)	115°		87°	26°

7 In diesem gleichschenkligen Trapez ist nur ein Winkel gegeben.
Wie kann man daraus auch die anderen Winkel berechnen?

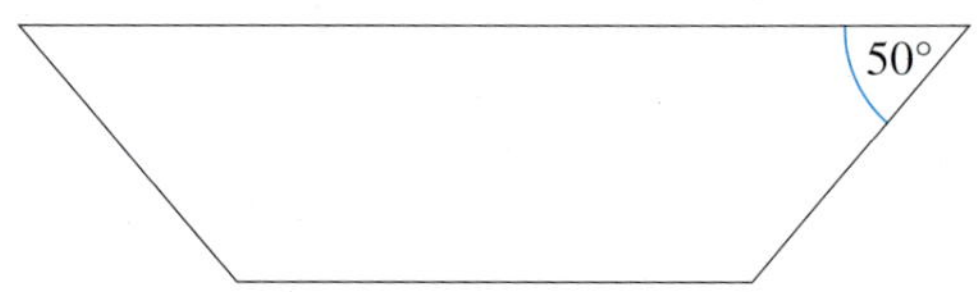

8 Berechne alle fehlenden Winkel.

a)

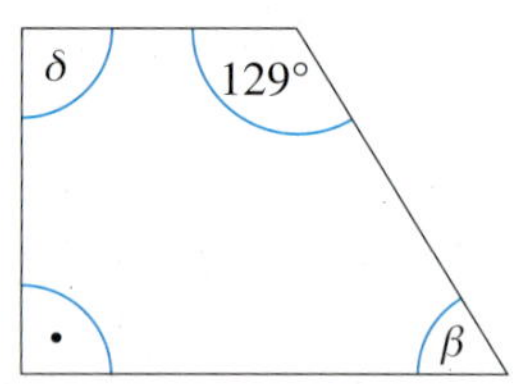

b)

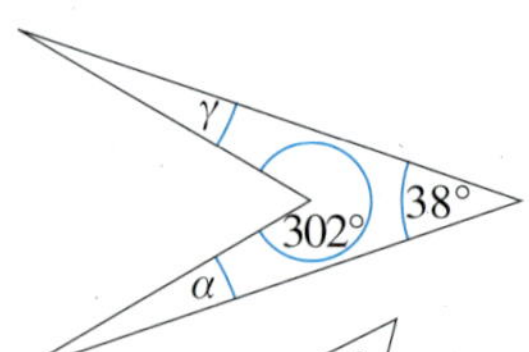

c)

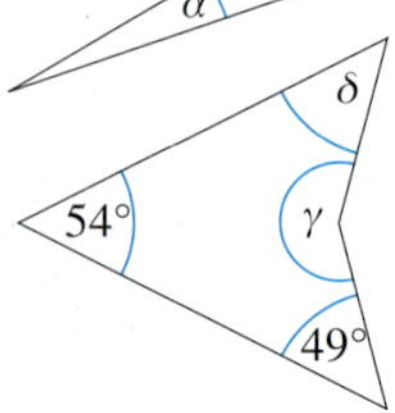

Konstruieren von Vierecken

Erforschen und Entdecken

1 Folge den Konstruktionsbeschreibungen und zeichne die Vierecke wie angegeben.

a) ① Zeichne $\overline{AB} = b = 5\,\text{cm}$.
② Zeichne an $\overline{AB}$ in A den Winkel $\alpha = 50°$.
③ Zeichne an $\overline{AB}$ in B den Winkel $\beta = 65°$.
④ Die freien Schenkel von Winkel α und Winkel β schneiden sich in C.
⑤ Spiegle den Punkt B an der Geraden durch A und C. Der neue Punkt heißt D.
⑥ Verbinde A, B, C und D zu einem Viereck.
Was für ein Viereck ist entstanden?

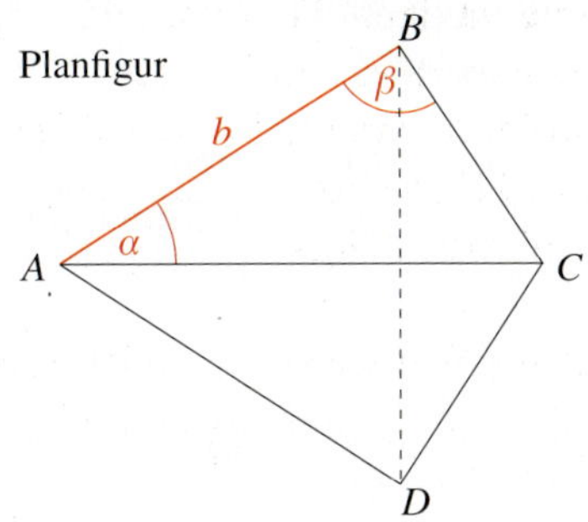

b) ① Zeichne $\overline{BC} = c = 4\,\text{cm}$.
② Zeichne an $\overline{BC}$ in B den Winkel $\beta = 105°$.
③ Markiere auf dem freien Schenkel von β den Punkt A, 3 cm von B entfernt.
④ Zeichne durch A eine Parallele zu $\overline{BC}$.
⑤ Zeichne durch C eine Parallele zu $\overline{AB}$.
⑥ Der neue Schnittpunkt ist D.
⑦ Verbinde A, B, C und D zu einem Viereck.
Was für ein Viereck ist entstanden?

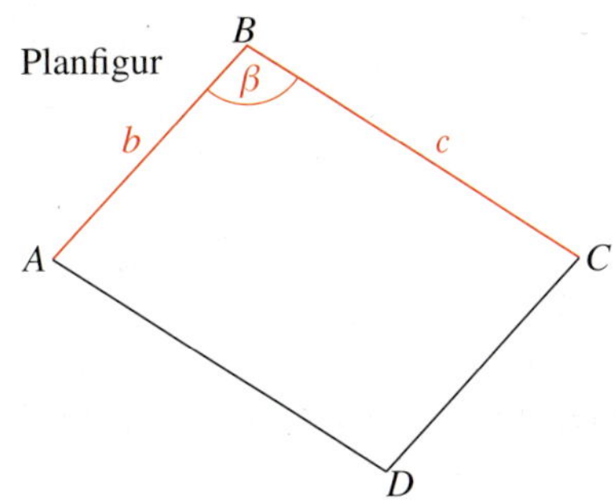

2 Konstruiere im Heft nach der folgenden Konstruktionsbeschreibung:
① Zeichne eine Strecke $\overline{AB}$ mit der Länge 7 cm.
② Zeichne um A einen Kreis mit dem Radius $r = 5\,\text{cm}$.
③ Zeichne um B einen Kreis mit dem Radius $r = 4\,\text{cm}$.
④ Die Kreise schneiden sich in zwei Punkten. Verbinde beide Schnittpunkte mit A und B.

a) Beschreibe die entstandene Figur.
b) Wie könntest du diese Konstruktion nutzen, wenn du ein Dreieck zeichnen müsstest, von dem du nur die Seitenangaben kennst?
c) Könntest du auf diese Weise auch ein Viereck konstruieren, von dem du nur die Seitenangaben kennst?

3 In der Bildfolge wird gezeigt, wie man schrittweise ein Quadrat zeichnen kann.
Gib eine Konstruktionsbeschreibung zu dieser Bildfolge an.
Vergleicht eure Konstruktionsbeschreibungen untereinander.

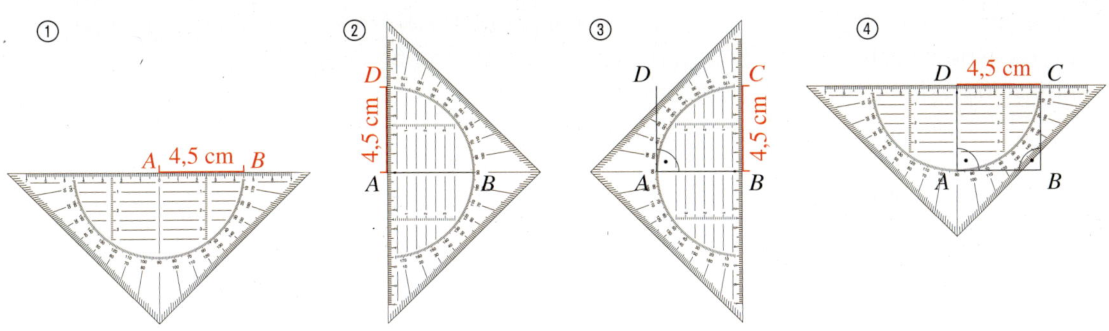

HINWEIS
Möchte man auf einem freien Schenkel eine Strecke mit einer bestimmten Länge abtragen, sollte man dazu einen Zirkel benutzen. Der Zirkel wird entlang des Lineals auf die Länge der angegebenen Strecke eingestellt und mit der Spitze im Scheitelpunkt angesetzt. Nun kann man die Entfernung vom Scheitelpunkt abtragen.

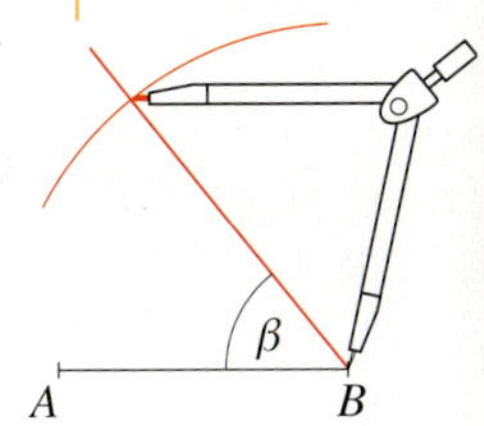

Lesen und Verstehen

Tina und Tom haben beide ein Viereck gezeichnet. Beide Vierecke haben zwar genau die gleichen Seitenlängen, aber die Vierecke sehen trotzdem ganz anders aus (sie sind nicht deckungsgleich).

HINWEIS
Üblicherweise werden Vierecke wie folgt bezeichnet:

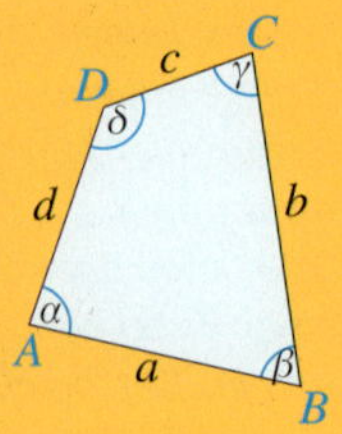

> Die Angabe der vier Seitenlängen bestimmt ein Viereck nicht eindeutig.
> Zur eindeutigen Konstruktion eines beliebigen Vierecks sind fünf Angaben nötig.

Für besondere Vierecke genügen allerdings je nach Art des Vierecks bereits weniger als fünf Angaben von Seitenlängen und Winkelgrößen.
Für die eindeutige Konstruktion eines Quadrates genügt z. B. eine einzige Seitenlänge.

HINWEIS
Bei einem ***Rhombus (Raute)*** *genügen dementsprechend zwei Angaben: eine Seitenlänge und eine Winkelangabe.*

> Für die **Konstruktion eines Parallelogramms** benötigt man drei Angaben: zwei Seitenlängen und eine Winkelgröße. Denn gegenüberliegende Seiten sind gleich lang sowie parallel zueinander und gegenüberliegende Winkel sind gleich groß.

BEISPIEL 1
Von einem Parallelogramm sind $\overline{AB} = 1{,}7\,\text{cm}$; $\overline{BC} = 1{,}25\,\text{cm}$ und $\alpha = 60°$ gegeben.

HINWEIS
Ein ***Drachenviereck*** *kann auch eindeutig konstruiert werden, wenn eine Seite, eine Diagonale und ein Winkel gegeben sind.*

> Für die **Konstruktion eines Drachenvierecks** benötigt man drei Angaben, zwei Seitenlängen und eine Winkelgröße. Denn je zwei benachbarte Seiten sind gleich lang und ein Paar gegenüberliegender Winkel ist gleich groß.

BEISPIEL 2
Von einem Drachenviereck sind gegeben: $\overline{AB} = 1\,\text{cm}$, $\overline{BC} = 1{,}2\,\text{cm}$, $\alpha = 60°$.

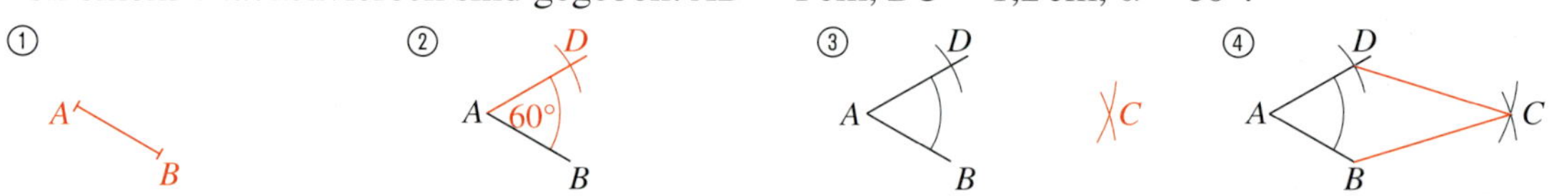

> Weiß man, welche gegenüberliegenden Seiten parallel zueinander liegen, benötigt man für die **Konstruktion eines Trapezes** vier Angaben: zwei Seitenlängen und zwei Winkelgrößen oder drei Seitenlängen und eine Winkelgröße.

BEISPIEL 3
Von einem Trapez sind gegeben: $\overline{AB} = 2{,}8\,\text{cm}$, $\overline{BC} = 1{,}5\,\text{cm}$, $\alpha = 70°$, $\beta = 55°$, $\overline{AB} \parallel \overline{CD}$.

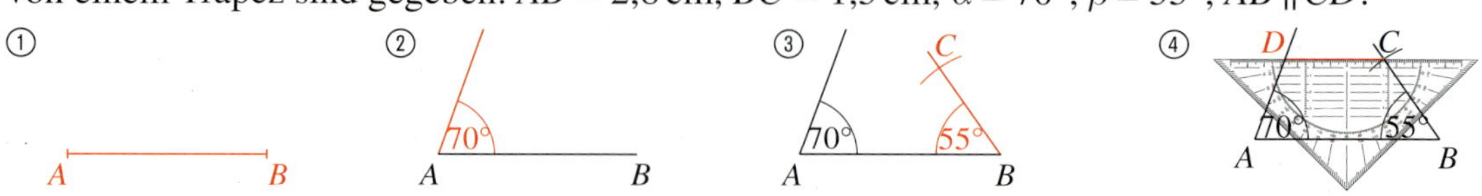

Basisübungen

1 Beschreibe die dargestellte Konstruktion mit Worten.
Was für ein Viereck ist entstanden?

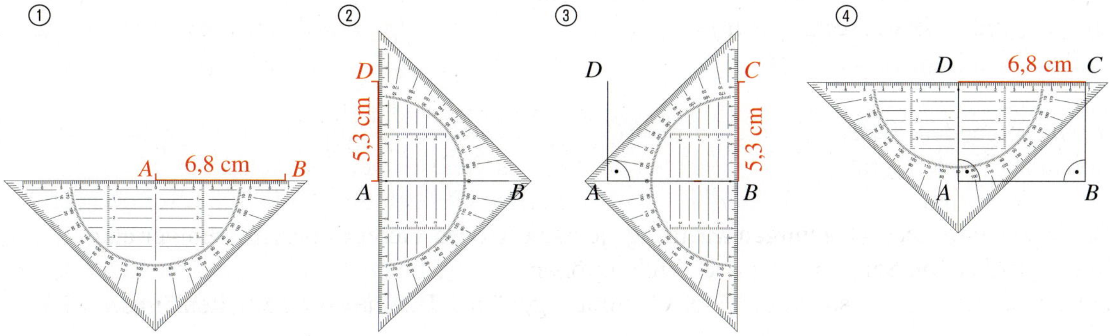

2 Denke dir für drei verschiedene Rechtecke Seitenlängen aus und konstruiere die Rechtecke wie in der Bildfolge oben.

3 Konstruiere Parallelogramme mit folgenden Angaben:

a) $a = 4\,\text{cm}$, $d = 2\,\text{cm}$, $\alpha = 45°$
b) $a = 7\,\text{cm}$, $d = 5\,\text{cm}$, $\alpha = 70°$
c) $a = 6{,}1\,\text{cm}$, $d = 3{,}9\,\text{cm}$, $\gamma = 38°$

4 Konstruiere jeweils ein Rhombus nach folgenden Angaben:

a) $a = 4\,\text{cm}$, $\alpha = 60°$
b) $d = 5\,\text{cm}$, $\alpha = 130°$
c) $c = 9\,\text{cm}$, $\gamma = 90°$
d) $b = 3{,}9\,\text{cm}$, $\gamma = 112°$

5 Zeichne die folgenden Muster ins Heft.

a) Der stumpfe Winkel soll 125° betragen. Die Seiten sind 4 cm und 2 cm lang.

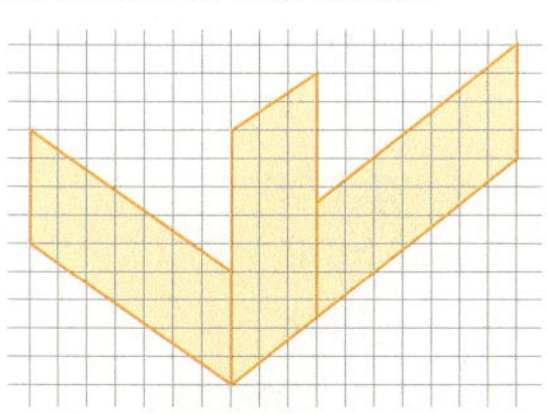

b) Die Seiten der Parallelogramme sind 3 cm und 2,7 cm lang. Die längeren Seiten haben einen Abstand von 2 cm voneinander.

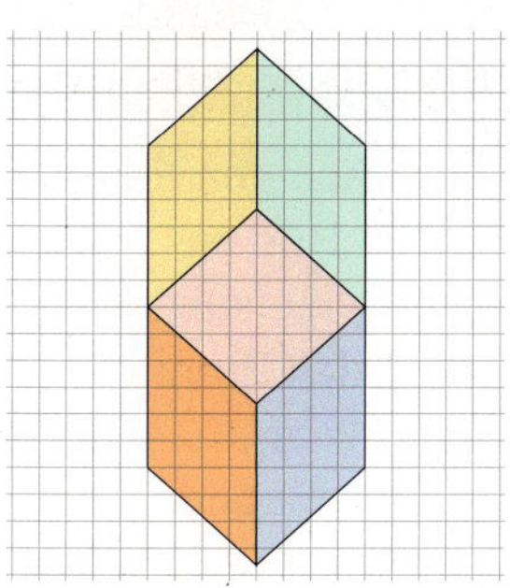

2 Warum genügt für die Konstruktion eines Rechtecks die Angabe von zwei Seitenlängen?

3 Konstruiere Parallelogramme mit folgenden Angaben:

a) $c = 5{,}8\,\text{cm}$, $b = 1{,}8\,\text{cm}$, $\alpha = 60°$
b) $a = 7\,\text{cm}$, $b = 3{,}2\,\text{cm}$, $\overline{AC} = 9\,\text{cm}$
c) $c = 5{,}4\,\text{cm}$, $d = 5\,\text{cm}$, $\overline{BD} = 7{,}6\,\text{cm}$

4 Denke dir eine Seitenlänge und eine Winkelgröße aus. Konstruiere ein Rhombus mit diesen beiden Angaben.
Fertige eine Konstruktionsbeschreibung an.
Beschreibe dabei auch, welche Eigenschaften von Rhomben du verwendest.

5 Zeichne Parallelogramme mit den gegebenen Maßen.
Beachte dabei die folgende Planfigur.

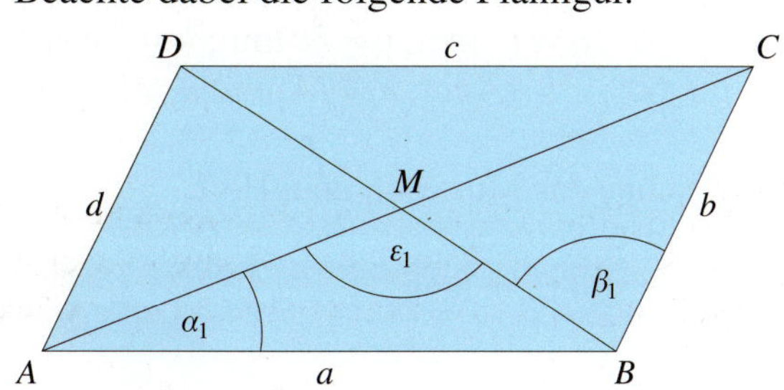

a) $c = 6{,}5\,\text{cm}$; $\overline{BD} = 5{,}6\,\text{cm}$; $\varepsilon_1 = 140°$
b) $d = 4\,\text{cm}$; $\overline{AC} = 6{,}6\,\text{cm}$; $\varepsilon_1 = 105°$
c) $a = 5{,}4\,\text{cm}$; $\overline{BD} = 3\,\text{cm}$; $\beta_1 = 63°$
d) $a = 5\,\text{cm}$; $\overline{AC} = 4\,\text{cm}$; $\alpha_1 = 30°$
e) $a = 7\,\text{cm}$; $\varepsilon_1 = 105°$; $\alpha_1 = 30°$

HINWEIS
Wenn nichts anderes gesagt wird, ist immer folgende Bezeichnung am Viereck gemeint:

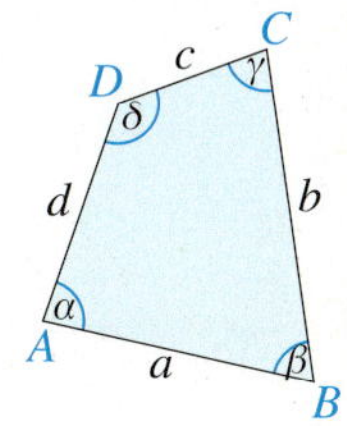

ERINNERE DICH
Rhombus und Raute sind zwei Namen für die gleiche Figur.

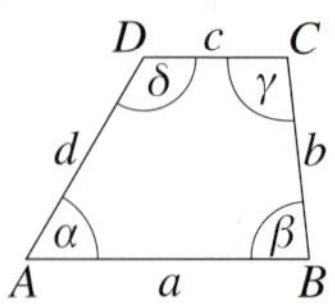

6 Zeichne das Trapez *ABCD* mit $a \parallel c$.

a) $a = 5{,}2\,\text{cm}$; $d = 3{,}4\,\text{cm}$; $\alpha = 43°$; $\beta = 64°$
b) $a = 3{,}6\,\text{cm}$; $b = 2{,}4\,\text{cm}$; $\alpha = 124°$; $\beta = 94°$
c) $a = 4{,}7\,\text{cm}$; $b = 5{,}3\,\text{cm}$; $\alpha = 72°$; $\beta = 64°$
d) $a = 6\,\text{cm}$; $d = 3{,}7\,\text{cm}$; $\alpha = 60°$; $\beta = 90°$
e) $b = c = 3{,}3\,\text{cm}$; $\alpha = \beta = 90°$

7 Die folgenden Bilder zeigen die Konstruktion eines Parallelogramms.
Vorgegeben sind a, c, h, β sowie $a \parallel c$.
Beschreibe jeden Konstruktionsschritt.

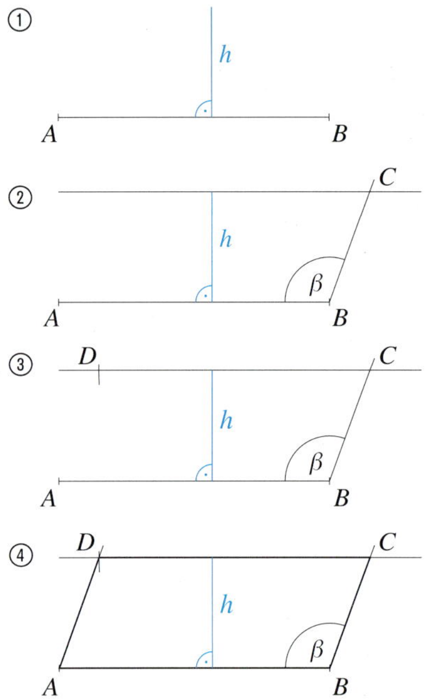

8 Zeichne das Trapez *ABCD* mit $a \parallel c$.

a) $\beta = 56°$; $c = 3{,}2\,\text{cm}$; $h = 4{,}7\,\text{cm}$; $a = 6{,}4\,\text{cm}$
b) $\alpha = 34°$; $h = 22\,\text{mm}$; $a = 54\,\text{mm}$; $c = 16\,\text{mm}$
c) $\alpha = 98°$; $c = 4{,}6\,\text{cm}$; $a = 61\,\text{mm}$; $h = 30\,\text{mm}$
d) $\gamma = 72°$; $a = 17\,\text{mm}$; $c = 39\,\text{mm}$; $h = 5{,}4\,\text{cm}$
e) $\beta = 60°$; $c = 4{,}4\,\text{cm}$; $h = 24\,\text{mm}$; $a = 7{,}1\,\text{cm}$

9 Zeichne das Muster in dein Heft.
Die längste Seite des Trapezes soll 6 cm lang sein.
Die längste der nicht parallelen Seiten soll 3 cm lang sein.
Die spitzen Winkel in jedem Trapez betragen 30° und 60°.

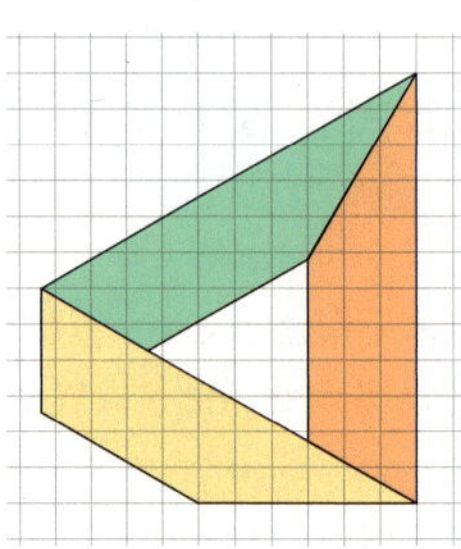

6 Zeichne das Trapez *ABCD* mit $b \parallel d$.

a) $b = 3{,}1\,\text{cm}$; $c = 3{,}8\,\text{cm}$; $\beta = 103°$; $\gamma = 125°$
b) $d = 5{,}7\,\text{cm}$; $a = 2{,}9\,\text{cm}$; $\alpha = 37°$; $\delta = 61°$
c) $b = 5{,}9\,\text{cm}$; $a = 3{,}5\,\text{cm}$; $\beta = 57°$; $\delta = 111°$
d) $d = 4{,}6\,\text{cm}$; $c = 2{,}4\,\text{cm}$; $\delta = 71°$; $\beta = 122°$
e) $b = c = 3{,}3\,\text{cm}$; $\delta = 67°$; $\beta = 90°$

7 Zeichne das Trapez *ABCD* mit $a \parallel c$.
Wie viele Trapeze entstehen?

a) $a = 3{,}7\,\text{cm}$; $b = 4{,}2\,\text{cm}$; $c = 1{,}5\,\text{cm}$; $h = 2{,}5\,\text{cm}$
b) $a = 2{,}9\,\text{cm}$; $b = 6{,}4\,\text{cm}$; $c = 4{,}4\,\text{cm}$; $h = 4{,}3\,\text{cm}$
c) $a = 5{,}2\,\text{cm}$; $d = 5{,}6\,\text{cm}$; $c = 2{,}4\,\text{cm}$; $h = 3{,}4\,\text{cm}$
d) $a = 4{,}7\,\text{cm}$; $b = 4{,}1\,\text{cm}$; $c = 2{,}7\,\text{cm}$; $h = 3{,}9\,\text{cm}$

8 Zeichne jeweils das gleichschenklige Trapez *ABCD* mit $b = d$ und $a \parallel c$.

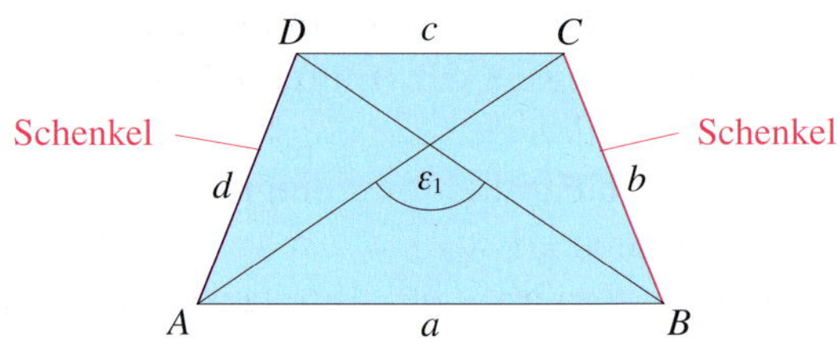

a) $a = 6{,}5\,\text{cm}$; $d = 3\,\text{cm}$; $\beta = 65°$
b) $a = 7\,\text{cm}$; $b = 4{,}5\,\text{cm}$; $\overline{BD} = 5{,}5\,\text{cm}$
c) $a = 6{,}2\,\text{cm}$; $c = 3{,}6\,\text{cm}$; $d = 4\,\text{cm}$
d) $a = 6\,\text{cm}$; $\overline{AC} = 5\,\text{cm}$; $\varepsilon_1 = 106°$

9 Zeichne jeweils ein Drachenviereck.
Beschreibe deine Konstruktion.

a) Gegeben:
$\overline{BD} = 5\,\text{cm}$
$\overline{AB} = 3{,}5\,\text{cm}$
$\overline{AD} = 2{,}6\,\text{cm}$

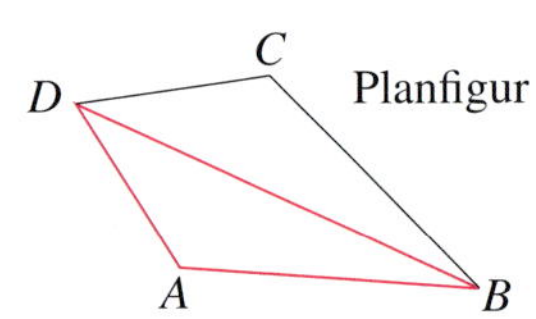

b) Gegeben:
$\overline{BD} = 4\,\text{cm}$
$\beta = 110°$
$\overline{AB} = 2{,}3\,\text{cm}$

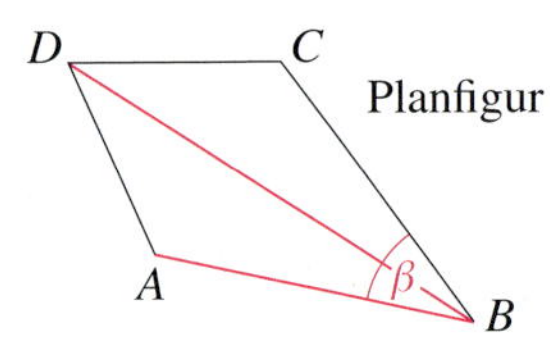

10 Zeichne einen sechszackigen Stern wie im Bild aus sechs Drachenvierecken *ABCD* mit $\overline{AD} = 4\,\text{cm}$, $\overline{BC} = 3\,\text{cm}$ und $\alpha = 60°$.

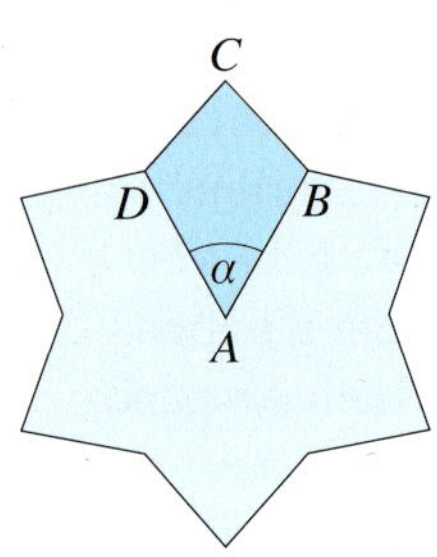

Umfang und Flächeninhalt von Vierecken

Erforschen und Entdecken

1 Miss die Seitenlängen der folgenden Vierecke und berechne ihren Umfang.

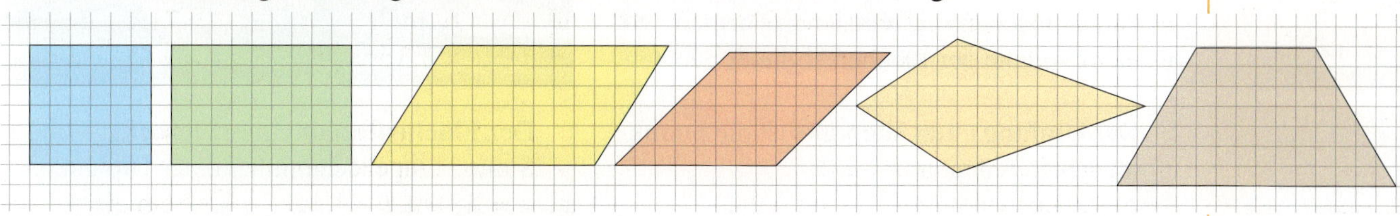

a) Wie bist du bei der Berechnung vorgegangen?
b) Zeichne die Vierecke ins Heft und beschrifte sie.
Bezeichne dabei gleich lange Seiten mit derselben Variablen.
Wie könnten die jeweiligen Umfangsformeln lauten? Stelle die Formeln auf.
Vergleicht und besprecht untereinander eure Ergebnisse.

2 Nadine hat einen Stapel Notizzettel.
Die Fläche vorn ist 5 cm breit und 4 cm hoch.
Verschiebt sie den Stapel seitlich, ergibt die vordere Fläche ein Parallelogramm, das immer noch eine Höhe von 4 cm besitzt, deren Seiten nun aber alle 5 cm lang sind.
Vergleiche die Flächeninhalte der vorderen Fläche des Stapels, wenn er gerade steht und wenn er seitlich verschoben ist.
Was fällt dir auf?

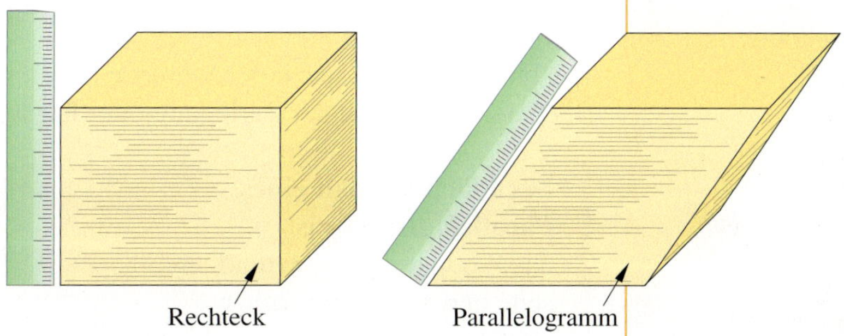

3 Nehmt drei DIN-A4-Blätter. Faltet aus jedem Blatt ein anderes Drachenviereck.
Geht dabei vor, wie es die folgenden Bilder zeigen.

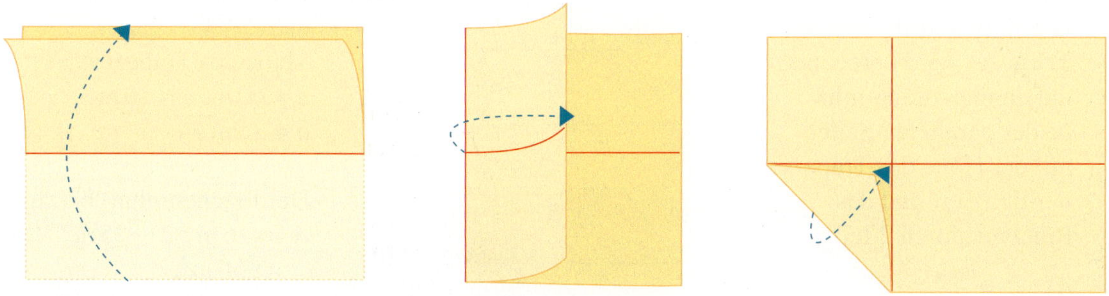

① Faltet das Blatt längs in der Mitte und öffnet es wieder.
② Faltet das Blatt quer, egal auf welcher Höhe.
③ Verbindet nun die entstandenen Knickpunkte auf den Blatträndern über Eck durch Faltlinien miteinander.

Legt das Blatt wieder aufgeklappt vor euch hin.
Auf dem Blatt Papier ist jetzt ein Drachenviereck zu erkennen.

a) Wie groß könnte der jeweilige Flächeninhalt eurer drei Drachenvierecke sein?
Stellt Vermutungen auf. Tauscht eure Ideen aus.
b) Wie könnt ihr mit dieser Falttechnik ein Rhombus falten?
Bestimmt auch ihren Flächeninhalt.

Lesen und Verstehen

Bauer Pohl möchte eine möglichst große Landfläche pachten, um dort Kühe zu halten. Um die Fläche möchte er einen Zaun setzen. Er kann zwischen verschiedenen Formen wählen. Welche der Flächen sollte er pachten?

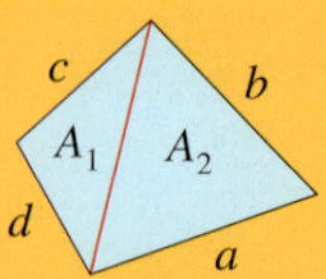

Der **Umfang eines Vierecks** ist die Summe aller Seitenlängen.
$u = a + b + c + d$

Der **Flächeninhalt eines Vierecks** ist die Summe der Flächeninhalte der Dreiecke.
$A = A_1 + A_2$

BEISPIEL 1
Ein Viereck hat folgende Seitenlängen:
$a = 32\,\text{m}$, $b = 32\,\text{m}$, $c = 24\,\text{m}$, $d = 20\,\text{m}$.
Wie groß ist der Umfang des Vierecks?
$u = 32\,\text{m} + 32\,\text{m} + 24\,\text{m} + 20\,\text{m}$
$u = 108\,\text{m}$ ■

BEISPIEL 2
Ein Viereck besteht aus den Dreiecken A_1 und A_2 mit den Flächeninhalten
$A_1 = 232\,\text{m}^2$ und $A_2 = 468\,\text{m}^2$.
Wie groß ist der Flächeninhalt?
$A = 232\,\text{m}^2 + 468\,\text{m}^2 = 700\,\text{m}^2$ ■

Die Flächeninhalte spezieller Vierecke lassen sich mithilfe von Formeln berechnen. Sie ergeben sich aus der Zerlegung oder Ergänzung des Vierecks zum Rechteck.

BEACHTE
Ein ***Rhombus (Raute)*** *ist sowohl ein spezielles Parallelogramm als auch ein besonderes Drachenviereck.*

Der **Flächeninhalt eines Parallelogramms** ist das Produkt aus der Grundseite und der darauf stehenden Höhe.

$A_{\text{Parallelogramm}} = a \cdot h$

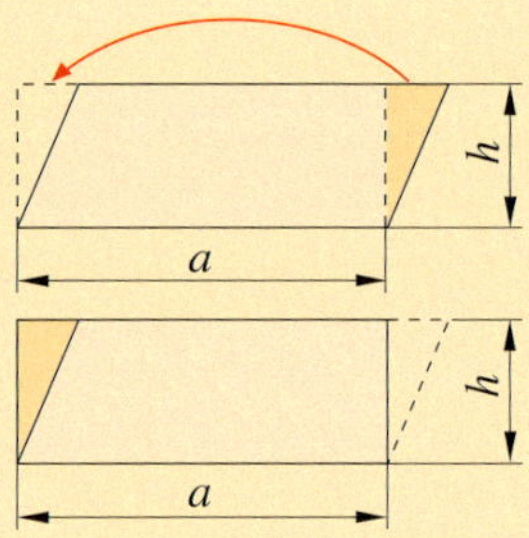

BEISPIEL 3
Maße des Parallelogramms:
$a = 60\,\text{m}$, $h = 25\,\text{m}$

Der Flächeninhalt beträgt
$A = 60\,\text{m} \cdot 25\,\text{m}$
$= 1500\,\text{m}^2$. ■

Der **Flächeninhalt eines Trapezes** wird berechnet, indem man die Summe beider parallelen Seiten mit der Höhe des Trapezes multipliziert und das Ergebnis durch 2 teilt.

$A_{\text{Trapez}} = \frac{(a+c)}{2} \cdot h$

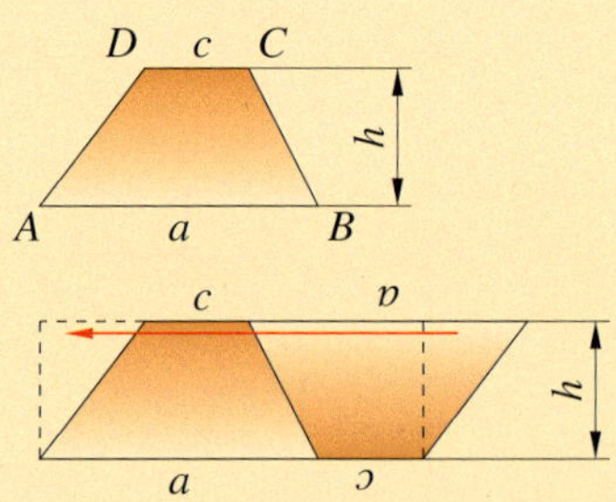

BEISPIEL 4
Maße des Trapezes:
$a = 60\,\text{m}$, $c = 16\,\text{m}$,
$h = 25\,\text{m}$

Der Flächeninhalt beträgt
$A = (76\,\text{m} : 2) \cdot 25\,\text{m}$
$= 950\,\text{m}^2$. ■

HINWEIS
Die Länge $\frac{a+c}{2}$ in einem Trapez entspricht gerade der Länge der Mittellinie des Trapezes:

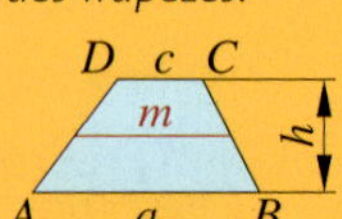

Deshalb darf man als Formel auch $A_{Trapez} = m \cdot h$ schreiben.

Der **Flächeninhalt eines Drachenvierecks** ist die Hälfte des Produkts der Diagonalen.

$A_{\text{Drachen}} = \frac{e \cdot f}{2}$

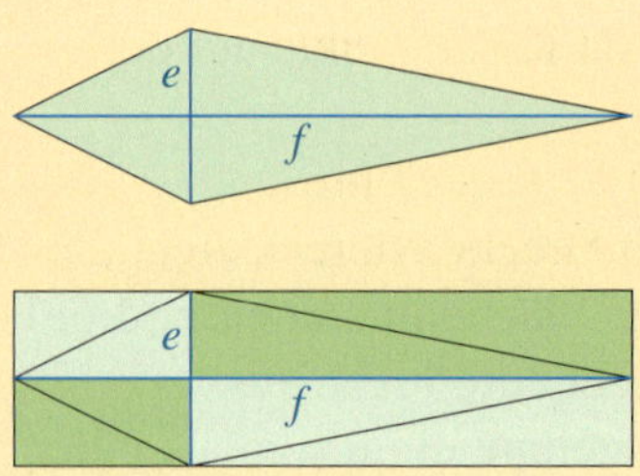

BEISPIEL 5
Maße des Drachenvierecks:
$e = 40\,\text{m}$, $f = 60\,\text{m}$

Der Flächeninhalt beträgt
$A = (40\,\text{m} \cdot 60\,\text{m}) : 2$
$= 1200\,\text{m}^2$. ■

Basisübungen

1 Entnimm die Maße aus den abgebildeten Figuren und berechne jeweils ihren Umfang.

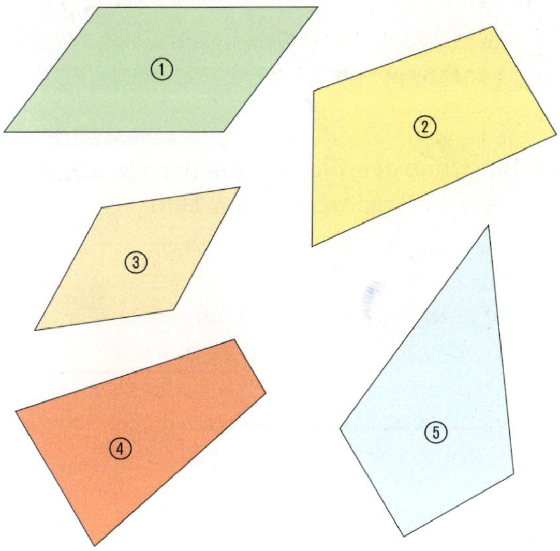

2 Berechne den Umfang der Vierecke.
a) Quadrat: $a = 8\,\text{cm}$
b) Rechteck: $a = 7\,\text{cm}$, $b = 5\,\text{cm}$
c) Rhombus: $a = 6\,\text{cm}$
d) Parallelogramm: $a = 11\,\text{cm}$, $b = 3\,\text{cm}$
e) Trapez: $a = 7\,\text{cm}$, $b = 3\,\text{cm}$, $c = 5\,\text{cm}$, $d = 2\,\text{cm}$
f) Drachenviereck: $a = 33\,\text{cm}$, $b = 56\,\text{cm}$

3 Berechne die fehlende Seite des Vierecks. Erläutere, wie du vorgegangen bist.
a) Quadrat: $u = 24\,\text{cm}$
b) Rechteck: $u = 40\,\text{cm}$, $b = 5\,\text{cm}$
c) Rhombus: $u = 6\,\text{cm}$
d) Parallelogramm: $u = 100\,\text{cm}$, $a = 3\,\text{cm}$
e) Drachenviereck: $u = 133\,\text{cm}$, $b = 26\,\text{cm}$

1 Bestimme den Umfang der Rechtecke, soweit es möglich ist.

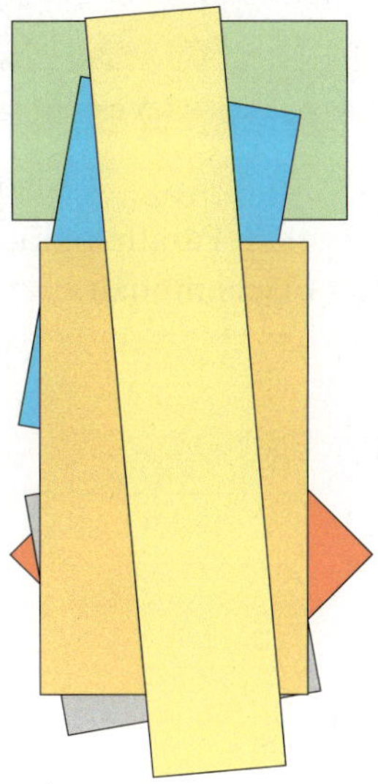

2 Berechne den Umfang der Vierecke.
a) Rhombus: $a = 3{,}6\,\text{cm}$
b) Parallelogramm: $a = 1{,}1\,\text{cm}$, $b = 3{,}2\,\text{cm}$
c) Trapez: $a = 4{,}7\,\text{cm}$, $b = 2{,}9\,\text{cm}$, $c = 3{,}5\,\text{cm}$, $d = 2{,}1\,\text{cm}$
d) Drachenviereck: $a = 3{,}3\,\text{cm}$, $b = 5{,}6\,\text{cm}$
e) gleichschenkliges Trapez mit $a \parallel c$: $a = 7{,}1\,\text{cm}$, $b = 4{,}5\,\text{cm}$, $c = 5{,}8\,\text{cm}$

3 Berechne die fehlende Seite des Vierecks. Erläutere, wie du vorgegangen bist.
a) Parallelogramm: $u = 14{,}6\,\text{cm}$, $a = 4{,}9\,\text{cm}$
b) Rhombus: $u = 22{,}2\,\text{cm}$
c) Trapez: $u = 35\,\text{cm}$, $a = 12\,\text{cm}$, $b = 8{,}5\,\text{cm}$, $c = 7{,}5\,\text{cm}$
d) Drachenviereck: $u = 24\,\text{cm}$, $a = 70\,\text{mm}$

4 Zu welcher Vierecksart gehören die folgenden Figuren?
Wie viele Seiten musst du jeweils mindestens messen, um ihren Umfang zu bestimmen?
Bestimme den Umfang der Figuren.

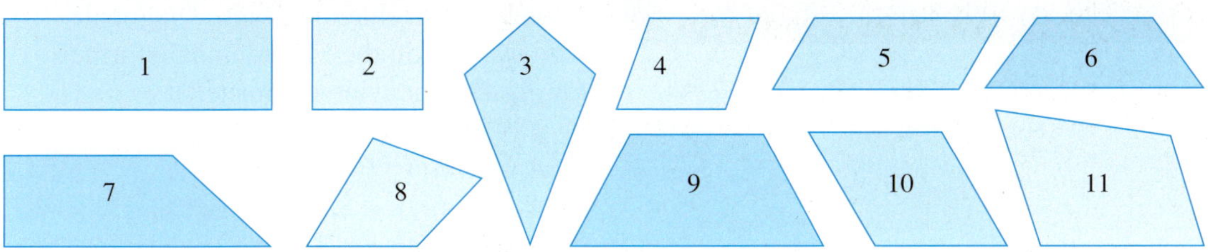

NACHGEDACHT
Kannst du auch den Umfang dieser Figuren bestimmen?
a)

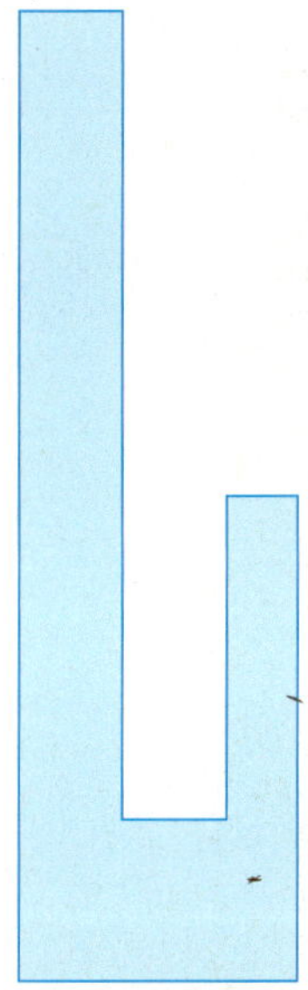

b)

HINWEIS
049-1
Unter dem Webcode 049-1 erfährst du einiges über die besonderen Vierecke.

5 Berechne den Flächeninhalt jedes Parallelogramms. Was fällt dir auf?

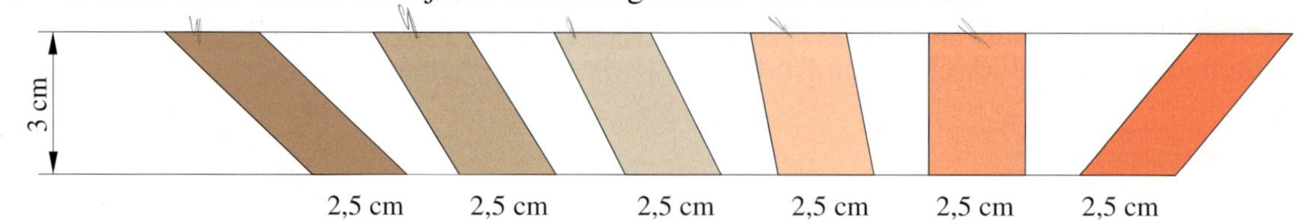

6 Zeichne folgende Parallelogramme. Berechne ihren Flächeninhalt.

a)

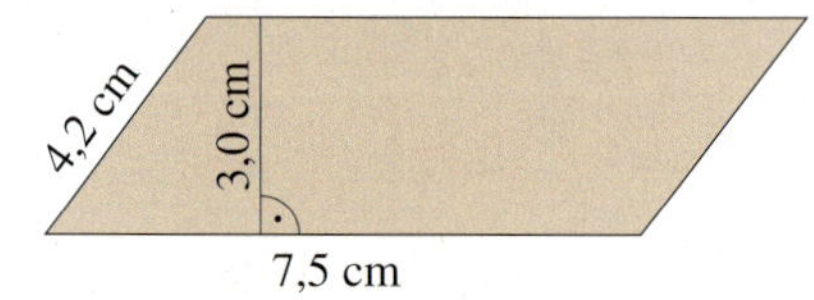

b)

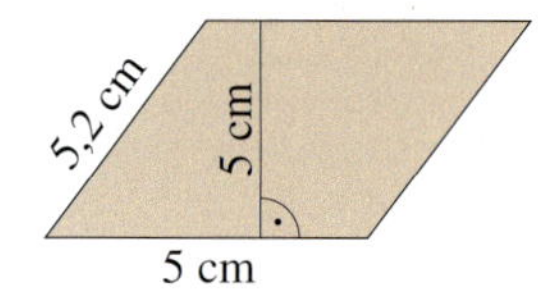

c)

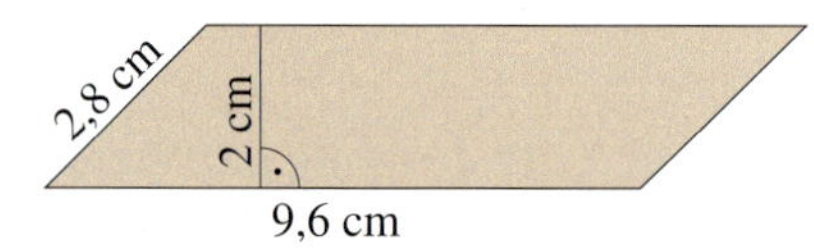

6 Berechne den Flächeninhalt der Trapeze. Zeichne die Trapeze auch ins Heft.

a)

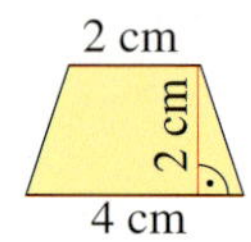

b)

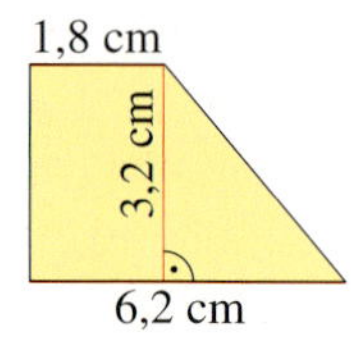

c)

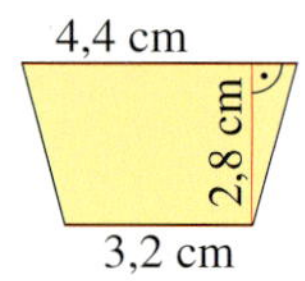

d)

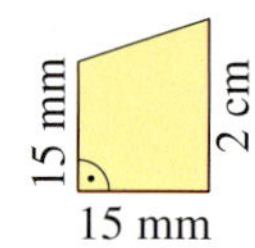

e)

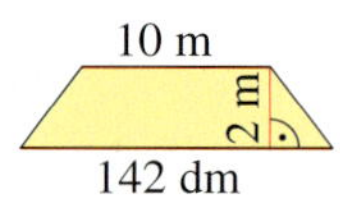

f)

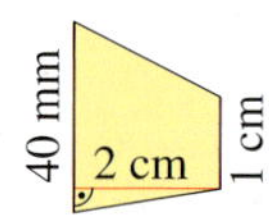

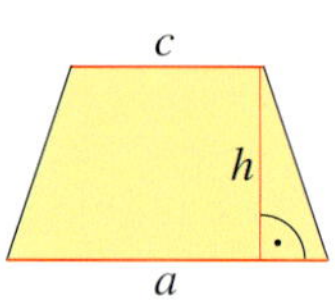

7 Zeichne ein Trapez mit den angegebenen Maßen und berechne den Flächeninhalt.

a) $a = 5\,\text{cm}$, $c = 4\,\text{cm}$, $h = 3\,\text{cm}$, $a \parallel c$

b) $a = 3{,}5\,\text{cm}$, $c = 5{,}6\,\text{cm}$, $h = 4{,}8\,\text{cm}$, $a \parallel c$

c) $a = 74\,\text{mm}$, $c = 26\,\text{mm}$, $h = 45\,\text{mm}$, $a \parallel c$

d) $a = 30\,\text{mm}$, $c = 3{,}3\,\text{cm}$, $h = 33\,\text{mm}$, $a \parallel c$

7 Berechne die Flächeninhalte der Parallelogramme. Zeichne sie mit $u = 15\,\text{cm}$.

a) $a = 4{,}1\,\text{cm}$, $h_a = 3\,\text{cm}$

b) $b = 2{,}3\,\text{cm}$, $h_b = 1{,}7\,\text{cm}$

c) $c = 59\,\text{mm}$, $h_c = 8\,\text{mm}$

d) $b = 0{,}5\,\text{dm}$, $h_a = 0{,}4\,\text{dm}$, $h_b = 0{,}2\,\text{dm}$

8 Ein Hausdach muss neu gedeckt werden. Der Besitzer möchte sich Kostenvoranschläge einholen. Dafür benötigt er die Größe der Dachfläche. Berechne die Dachfläche.

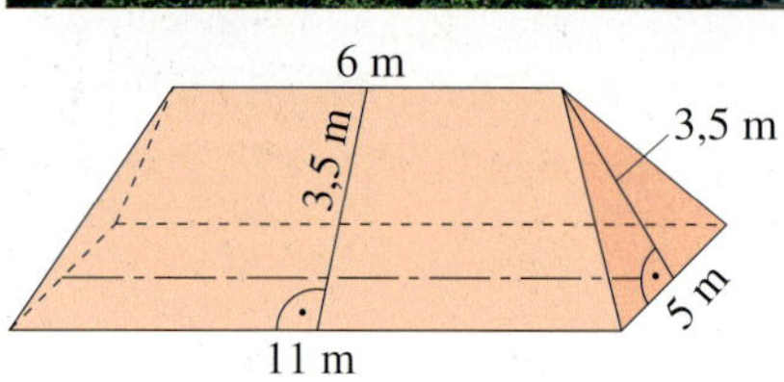

8 Zeichne das Drachenviereck nach den angegebenen Maßen.
Berechne den Flächeninhalt.

a) $a = 7\,\text{cm}$, $b = 4{,}5\,\text{cm}$, $\alpha = 65°$

b) $a = 2{,}5\,\text{cm}$, $b = 4\,\text{cm}$, $\beta = 125°$

c) $a = 3{,}4\,\text{cm}$, $e = 5\,\text{cm}$, $\alpha = 58°$

d) $a = 3{,}6\,\text{cm}$, $b = 5{,}1\,\text{cm}$, $e = 4{,}4\,\text{cm}$

9 Gegeben sind der Flächeninhalt eines Drachenvierecks und eine Diagonale. Berechne die fehlende zweite Diagonale. Notiere, wie du die Flächeninhaltsformel für das Drachenviereck umstellst.

a) $A = 15\,\text{cm}^2$, $e = 5\,\text{cm}$

b) $A = 23\,\text{mm}^2$, $f = 4\,\text{mm}$

c) $A = 8\,\text{dm}^2$, $e = 3{,}2\,\text{dm}$

d) $A = 9{,}5\,\text{dm}^2$, $e = 38\,\text{cm}$

Thema: Dreiecke und Vierecke in der Architektur

In der Architektur geht es um den Entwurf und die Gestaltung von Bauwerken.
Es gibt unzählige verschiedene Stile und Richtungen, von eher verspielten oder an die Natur angelehnten Formen bis zu sachlichen, nüchternen Formen, die oft von geometrischen Flächen und Körpern geprägt sind.

Das „Dockland“

Im Herbst 2005 wurde das Bürohaus „Dockland“ an der Elbe in Hamburg fertig gestellt. Dieser mit einem Neigungswinkel von 24° bugförmig herausragende Bau soll den Eindruck erwecken, als ob ein Schiff am Kai angelegt hätte.
Jede der sechs Büro-Etagen ist etwa 700 m^2 groß. Das Gebäude mit seinen parallelogrammförmigen Seiten erstreckt sich insgesamt über 132 Meter Länge und 20 Meter Breite. Es bietet auf sechs Geschossen eine Bürofläche von insgesamt 8750 m^2. Zur Dachterasse müssen 25 m Höhe überwunden werden – das sind rund 140 Stufen. Der Ausblick von diesem 47 m weit ins Wasser hineinragende Gebäude ist einmalig.

Häufig verrät die Form etwas über die Funktion des Gebäudes. Zum Beispiel erkennt man auch an unbekannten Orten Kirchen, Wohnhäuse und Schulen schnell den jeweils typischen Baustil. Manchmal werden Gebäude auch absichtlich so geplant, dass sie Auskunft über ihr Inneres geben.
So ist zum Beispiel in Hamburg direkt am Hafen ein Bürogebäude gebaut worden, das an ein Schiff erinnert.

1 Arbeitet in Kleingruppen.
Lest den Zeitungsartikel zum Bürogebäude „Dockland“. Fertigt zu dem Gebäude eine Skizze an und überprüft, ob die Größenangaben im Text stimmen können.
Findet bei Umstimmigkeiten mögliche Gründe.

2 Wie viel Quadratmeter Fensterglas sind in der gesamten Hausfront vorhanden? Schätze sinnvoll.
Arbeitet in Gruppen: Überlegt euch zuerst, wie ihr an die Aufgabe herangehen könnt. Welche Informationen benötigt ihr und wie könnt ihr sie erhalten? Nutzt dazu euer Alltagswissen, z. B. über Größen.
Protokolliert die Voraussetzungen, Annahmen und Vorgehensweisen, von denen ihr ausgeht.
Stellt eure Ergebnisse in eurer Klasse vor.
Wie weit weichen eure Ergebnisse voneinander ab? Diskutiert über Herangehensweisen und Lösungswege.

ZUM WEITERARBEITEN
Wie viel Meter Rahmen umfassen die Fenster ungefähr?

3 Entwirf selbst eine Gebäudefront, in der möglichst viele verschiedene Vierecksarten vorkommen. Achte auf einen passenden Maßstab. Berechne den Flächeninhalt.

Klar soweit?

→ Seite 36

Vierecksarten erkennen und bezeichnenn

1 Vierecksarten
Zeichne zu jeder abgebildeten Vierecksart ein anderes Beispiel ins Heft.
Woran erkennst du die Vierecksarten?

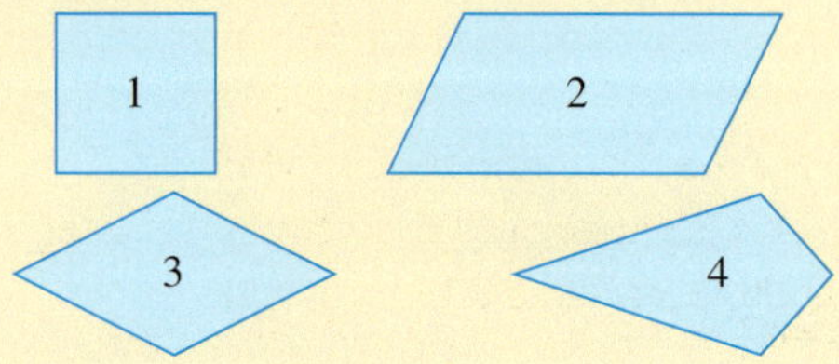

2 Wahr oder falsch? Begründe.
a) Jedes Trapez ist ein Viereck.
b) Jedes Viereck ist ein Quadrat.
c) Jedes Quadrat ist ein Rechteck.
d) Jedes Rechteck ist ein Parallelogramm.
e) Einige Rhomben sind Quadrate.

1 Vierecksarten
a) Zeichne zu allen dir bekannten Vierecksarten je zwei verschiedene Beispiele ins Heft. Worauf musst du achten?
b) Fertige eine Übersicht für Vierecke in Form einer Tabelle an.
Wähle folgende Spaltenüberschriften: Vierecksart, Paare zueinander paralleler Seiten, Paare gleich langer Seiten, Paare zueinander senkrechter Seiten

2 Wahr oder falsch? Begründe.
a) Jedes Trapez ist ein Quadrat.
b) Jedes Drachenviereck ist ein Rhombus.
c) Jedes Parallelogramm ist ein Trapez.
d) Manche Rhomben sind Drachenvierecke.
e) Es gibt Trapeze, die auch Rhomben sind.

→ Seite 40

Eigenschaften von Vierecken

3 Übertrage die unten abgebildeten Figuren ins Heft.
Welche der Vierecke sind achsensymmetrisch, welche sind punktsymmetrisch?
Zeichne alle Symmetrieachsen ein.

3 Zeichne jeweils einen anderen Vertreter der Vierecksart ins Heft und ergänze die Symmetrieachsen.
Zeichne in die punktsymmetrischen Vierecke das Drehzentrum ein.

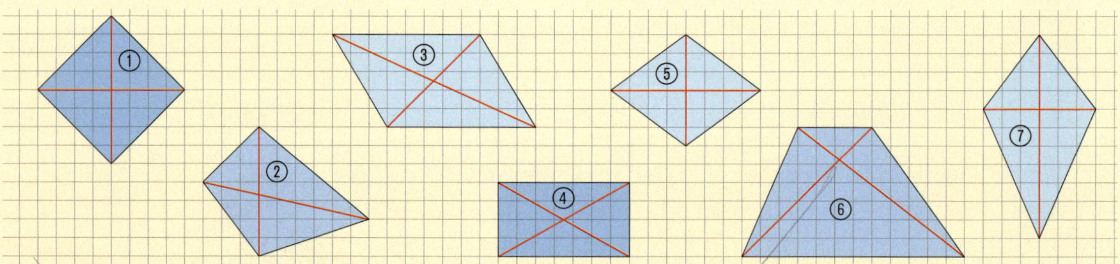

4 Begründe, warum die Innenwinkelsumme in jedem Viereck 360° beträgt.
Wie groß sind die fehlenden Winkel in folgenden Vierecken?

a)

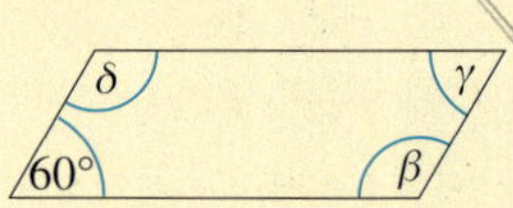

b)

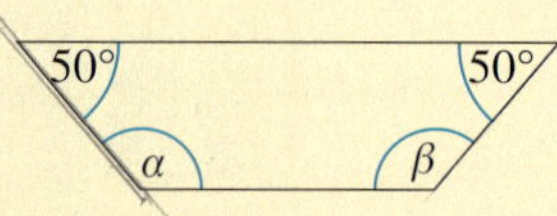

4 Übertrage die Figur ins Heft und zerlege sie in Dreiecke.

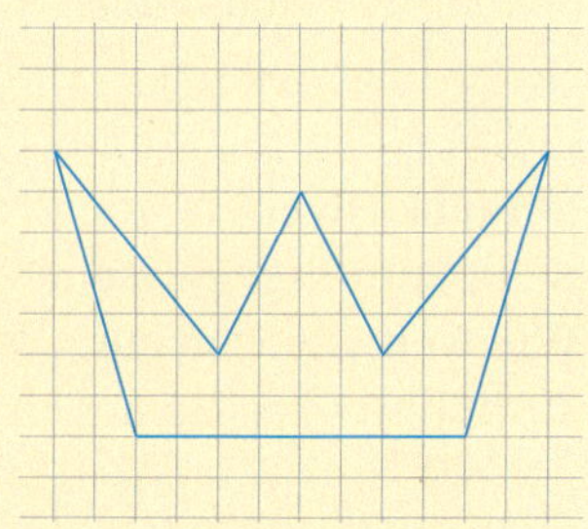

Was kannst du über die Summe der Innenwinkel der Figur sagen? Begründe.

Konstruieren von Vierecken

→ Seite 44

5 Konstruiere Parallelogramme mit folgenden Angaben:

a) $a = 5\,\text{cm}$, $d = 3\,\text{cm}$, $\alpha = 45°$
b) $a = 17\,\text{mm}$, $d = 25\,\text{mm}$, $\alpha = 110°$
c) $a = d = 6\,\text{cm}$, $\gamma = 40°$

5 Konstruiere Parallelogramme mit folgenden Angaben:

a) $c = 3{,}8\,\text{cm}$, $b = 1{,}9\,\text{cm}$, $\alpha = 62°$
b) $a = 6{,}8\,\text{cm}$, $b = 32\,\text{mm}$, $\overline{AC} = 88\,\text{mm}$
c) $c = 54\,\text{mm}$, $d = 5{,}5\,\text{cm}$, $\overline{BD} = 0{,}6\,\text{cm}$

6 Zeichne folgende Figur ins Heft. Alle Strecken sollen 2 cm lang sein, die Winkel betragen 60° und 120°.

6 Zeichne die Dreiecke im Maßstab 2 : 1 ins Heft und ergänze sie durch Spiegelung an der roten Linie zu Drachenvierecken.

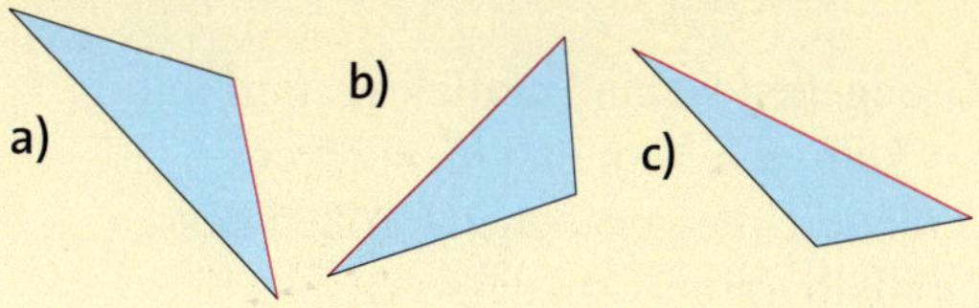

Umfang und Flächeninhalt von Vierecken

→ Seite 48

7 Übertrage den Querschnitt eines trapezförmigen Bahndammes maßstabsgetreu ins Heft. Berechne Umfang und Flächeninhalt.

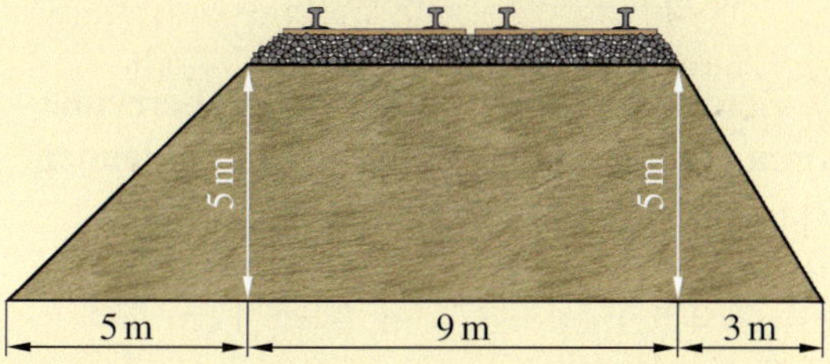

8 Alle Seiten- und Dachflächen des Hauses sollen wärmegedämmt werden. Zeichne jede der Flächen im Maßstab 1 : 100 ins Heft und berechne ihren Flächeninhalt.

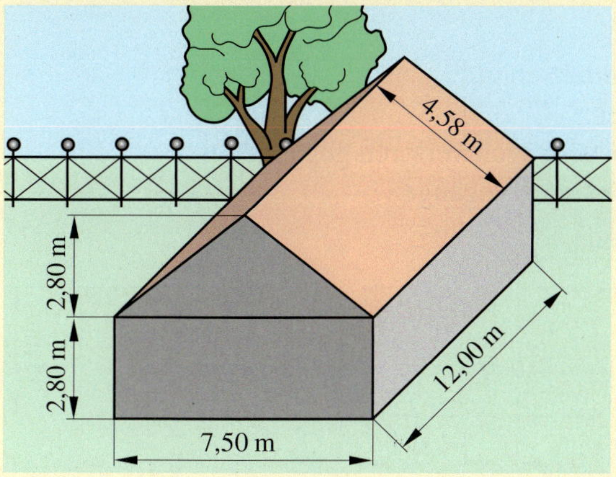

7 Berechne den äußeren Umfang und den Flächeninhalt der farbigen Fläche.

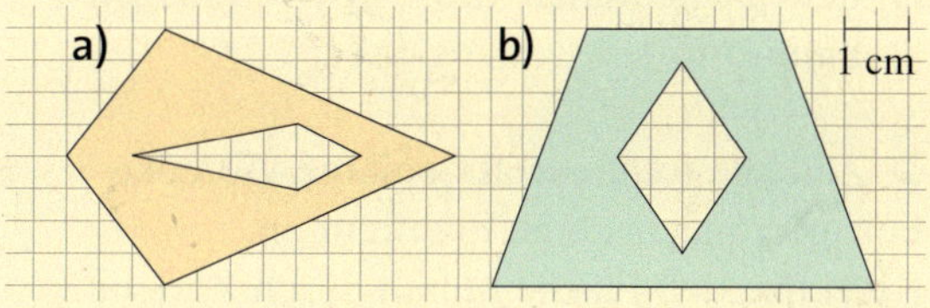

8 Auf einer Dose (0,75 l) steht, dass 240 ml Farbe für 2 m² reichen.

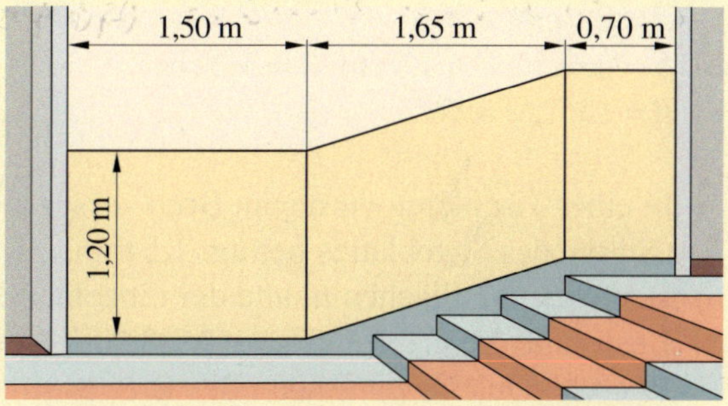

a) Wie viele Dosen werden zum Streichen des dunkelgelben Sockels benötigt?
b) Die Decke ist von der unteren Ebene des Fußbodens (ohne graue Wandfläche) 3,40 m hoch und verläuft horizontal. Eine Stufe ist 15 cm hoch. Wie viele Dosen werden zum Streichen der hellgelben Wandfläche bis zur Decke benötigt?

Vermischte Übungen

1 Kennst du die Eigenschaften der Vierecke?

a) Welche Eigenschaften unterscheiden ein Rhombus von einem Parallelogramm?

b) Welche Eigenschaften unterscheiden ein beliebiges Trapez von einem Parallelogramm?

c) Gib die Unterschiede zwischen einem Rechteck und einem gleichschenkligen Trapez an.

d) Welche Eigenschaften haben ein beliebiges Trapez und ein Rhombus gemeinsam?

2 Gegeben ist ein Parallelogramm mit $a = 5\,\text{cm}$, $b = 3\,\text{cm}$ und $h_a = 2{,}5\,\text{cm}$. Verändere die gegebenen Größen des Parallelogramms so, dass …

a) der Umfang verdoppelt wird.

b) der Umfang halbiert wird.

c) der Flächeninhalt verdoppelt wird.

d) der Flächeninhalt halbiert wird.

e) der Umfang 10 % kürzer wird.

f) der Flächeninhalt 150 % des vorherigen einnimmt.

HINWEIS
Denke an die übliche Bezeichnung im Viereck.

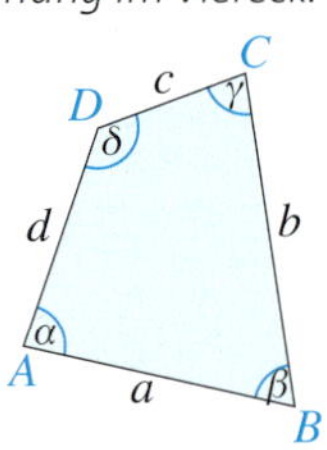

3 Zeichne folgende allgemeine Vierecke. Fertige zunächst eine Planfigur an. Berechne den Flächeninhalt durch Zerlegung in Dreiecke. Entnimm fehlende Maße deiner Zeichnung.

a) $a = 4{,}5\,\text{cm}$, $b = 3{,}1\,\text{cm}$, $c = 3{,}8\,\text{cm}$, $d = 2{,}6\,\text{cm}$, $\alpha = 55°$

b) $b = 4{,}6\,\text{cm}$, $c = 1{,}9\,\text{cm}$, $d = 5{,}2\,\text{cm}$, $\beta = 135°$, $\gamma = 76°$

1 Zusammenhänge zwischen Vierecken

a) Erläutere die folgende Abbildung:

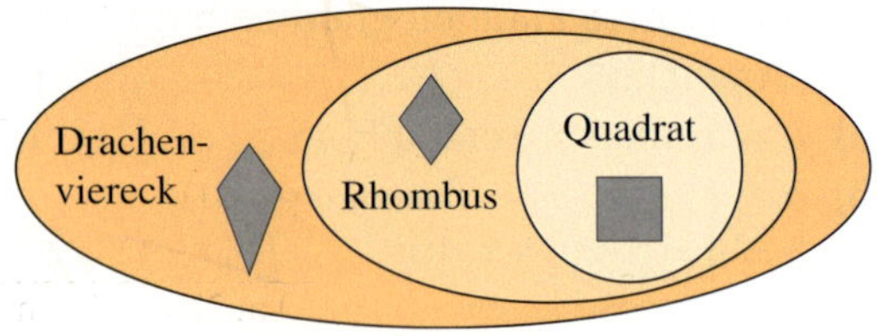

b) Zeichne eine ähnliche Abbildung für die drei Begriffe Trapez, Rechteck und Parallelogramm.

2 Gegeben ist der Flächeninhalt eines Trapezes.

① $A = 42\,\text{cm}^2$	② $A = 54\,\text{cm}^2$
③ $A = 760\,\text{mm}^2$	④ $A = 4{,}8\,\text{dm}^2$
⑤ $A = 44\,\text{ha}$	⑥ $A = 1025\,\text{a}$

a) Gib zu jedem Flächeninhalt zwei Möglichkeiten an, wie groß a, c und h sein können. Zeichne beide Trapeze maßstabsgetreu.

b) Wie kann man a) besonders einfach lösen? Was spielt dabei eine Rolle?

3 Zeichne folgende Vierecke und berechne ihren Flächeninhalt. Entnimm die fehlenden Maße deiner Zeichnung.

a) Trapez: $a = 4{,}5\,\text{cm}$, $c = 3{,}7\,\text{cm}$, $h = 5{,}1\,\text{cm}$

b) Trapez: $a + c = 8{,}6\,\text{cm}$, $h = 2{,}2\,\text{cm}$

c) Parallelogramm: $a = 0{,}53\,\text{dm}$, $b = 0{,}35\,\text{dm}$, $\gamma = 76°$

4 In einer Tischlerei wurde ein Brett zersägt. Die Stärke des Sägeblattes beträgt 1,5 mm.

a) Berechne die Flächeninhalte der einzelnen Brettabschnitte.

b) Bestimme die ursprünglichen Maße des Brettes. Wie viel Quadratzentimeter des Brettes sind beim Sägen verloren gegangen? Welcher Anteil vom ursprünglichen Brett ist verloren gegangen?

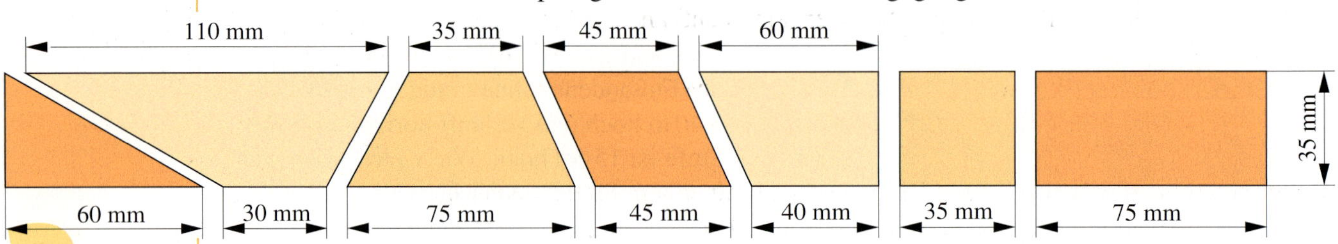

5 Die Grundstücke A bis F werden zum Verkauf angeboten.

a) Bestimme den Flächeninhalt jedes Grundstücks.

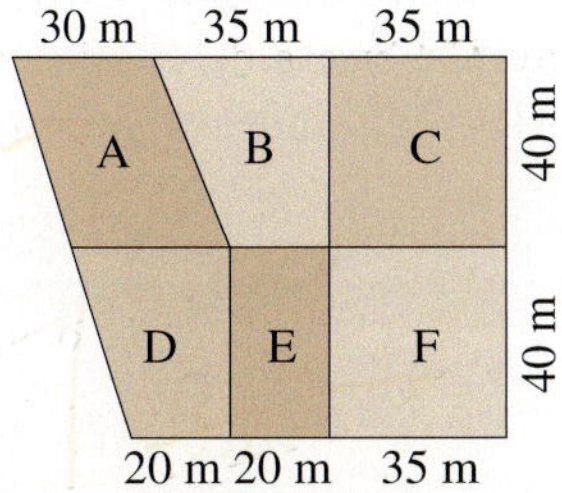

b) Der Grundstückspreis liegt bei 130 € pro m^2. Familie Meier kann maximal 150 000 € für das Grundstück aufbringen. Welche Grundstücke könnte sich die Familie kaufen?

c) Der Besitzer von Grundstück E möchte sein Grundstück vollständig einzäunen. Bestimme die Gesamtlänge des Zauns.

6 Helena soll Umfang und Flächeninhalt eines Trapezes mit $a = 6{,}3$ cm, $b = 4{,}8$ cm und $h_a = 5$ cm berechnen.
Sie meint, das sei nicht möglich.
Was meinst du? Begründe.

7 Berechne den Flächeninhalt der abgebildeten Drachenvierecke.

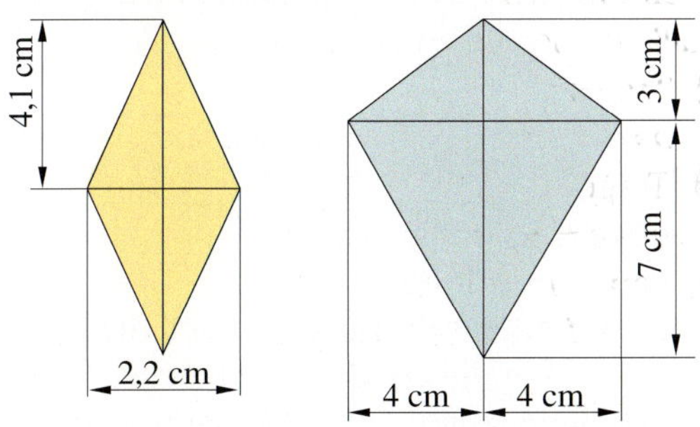

5 Berechne den Flächeninhalt der Figur durch geschicktes Zerlegen in Teilfiguren oder durch Ergänzen (Maße in cm).

a)

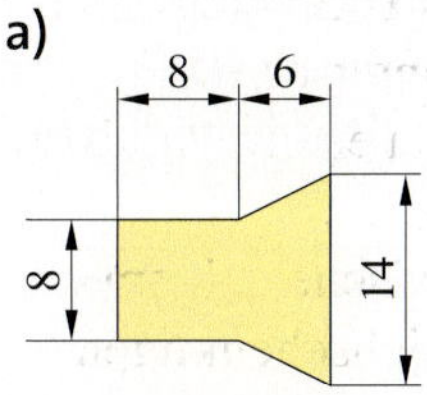

b)

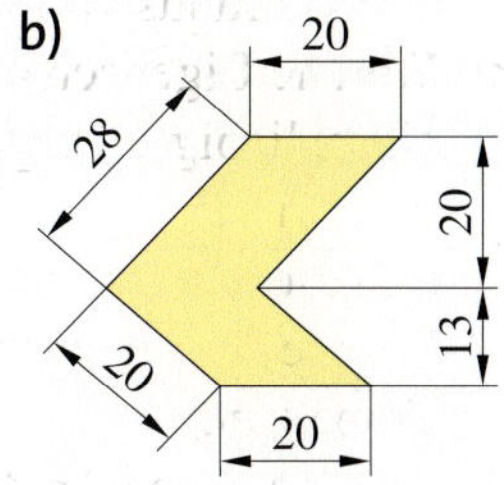

c)

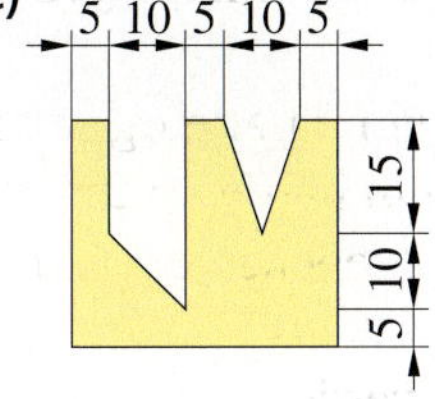

6 Gegeben ist der Flächeninhalt eines Trapezes. Gib immer zwei Möglichkeiten an, wie groß a, c und h sein könnten.

a) 34 cm^2 b) 96 cm^2 c) 450 mm^2
d) 25 ha e) 330 a f) 235 682 mm^2

7 Von den folgenden Drachenvierecken sind nur die Diagonalenlängen gegeben.

a) Berechne den Flächeninhalt.

Diagonale	①	②	③	④
e	6,3 cm	1,2 m	6 dm	60 cm
f	2,8 cm	4 m	5 dm	4 dm

b) Die Diagonalen eines Drachenvierecks und eines Rhombus sind gleich lang. Sind dann auch Flächeninhalt und Umfang gleich? Begründe.

HINWEIS
055-1
Der Webcode 055-1 führt auf ein Kreuzworträtsel zu Vierecken.

8 Lea und Till wollen den Schulgarten rechteckig einzäunen. Sie haben dafür 111 m Zaun gekauft. Die eine Hälfte soll mit Sonnenblumen, die andere mit Tomaten bepflanzt werden.
Eine Tüte mit 50 Sonnenblumenkernen kostet 79 Cent, allerdings sind 10 % der Kerne unbrauchbar. Die Tüte mit Tomatensamen enthält 10 Körner und kostet 0,99 €.

a) Welche Seitenlängen wird der Schulgarten haben, wenn die Fläche möglichst groß sein soll?
Wie viel Quadratmeter Schulgarten können dann bepflanzt werden?

b) Sonnenblumen und Tomaten benötigen ringsherum einen Abstand von 60 cm. Wie viel Euro müssen Lea und Till ausgeben?

9 Abgebildet sind verschiedene Vierecksarten.
Was kannst du über benachbarte und was über gegenüberliegende Winkel sagen?
Gilt das immer für Vierecke dieser Art?
Welche Innenwinkelsumme liegt jeweils vor?

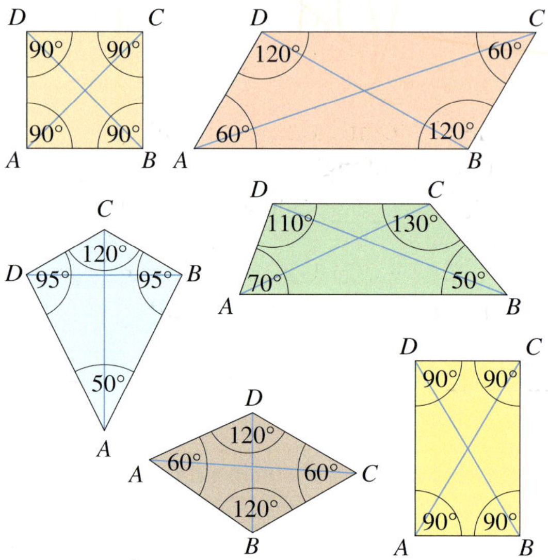

10 Übertrage die Zeichnungen ins Heft.
Spiegele die Figuren an der roten Geraden *g*.
Kannst du so alle Vierecksarten erzeugen?

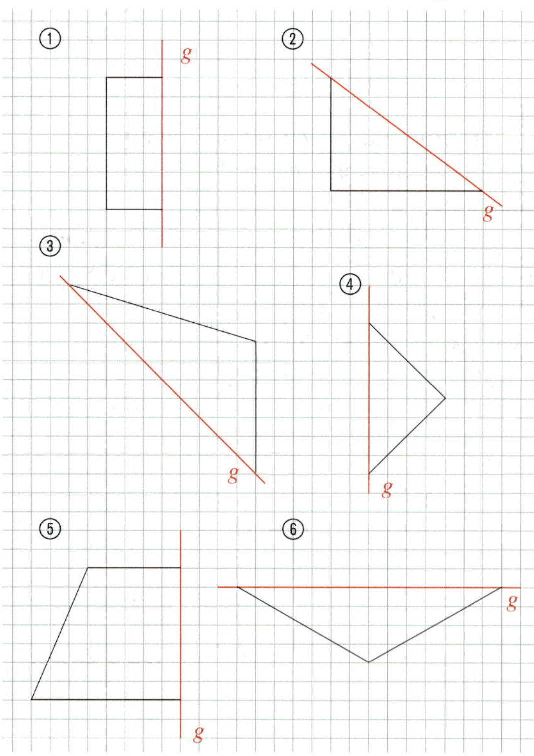

ZUM WEITERARBEITEN
056-1
Flächeninhalte auf Landkarten kann man mithilfe von Vierecken abschätzen. Eine Aufgabe dazu findest du unter dem Webcode 056-1.

9 Ein Grundstück soll bei gleichem Flächeninhalt begradigt werden. Entnimm die bisherigen Maße der Zeichnung (Maßstab 1 : 1000). Miss fehlende Angaben.

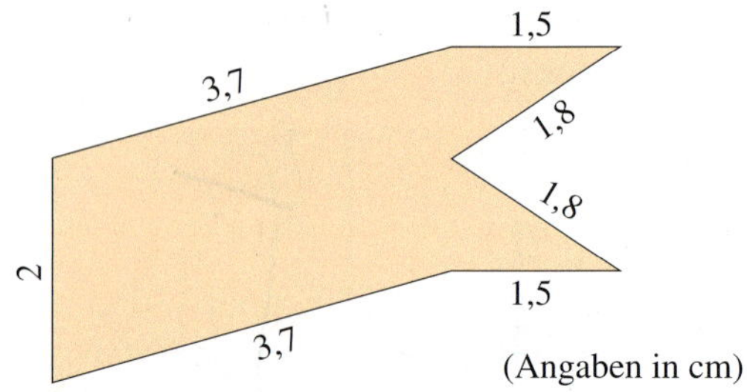

Welche Maße und welche neue Form schlägst du vor, wenn …
a) wenig Zaun benötigt werden soll?
b) die 20 m lange Seite erhalten bleiben soll?

10 Eine Fläche von 400 m × 200 m wird neu geordnet (siehe maßstäbliche Zeichnung). Die Tabelle zeigt die durchschnittlichen Kosten der Neuordnung (in € pro m^2).

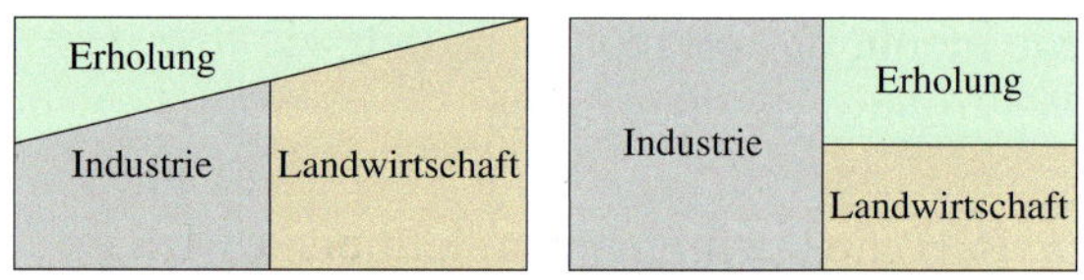

von \ zu	Erholung	Landwirtschaft	Industrie
Erholung	–	25	15
Landwirtschaft	20	–	20
Industrie	40	35	–

a) Bestimme für die bisherige und die neue Einteilung die Größe jeder Fläche. Gib ihren Anteil an der Gesamtfläche an.
b) Stelle die Veränderungen der Flächennutzung in einer Zeichnung dar.
c) Wie groß ist die Fläche, auf der sich keine Nutzungsänderungen ergeben?
d) Wie viel Fläche des bisherigen Erholungsgebietes werden dann industriell genutzt?
e) Um welchen Anteil ist die landwirtschaftlich genutzte Fläche kleiner geworden?
f) Bestimme die Höhe der Kosten für die Nutzungsänderung der in d) und e) genannten Fläche. Berechne die Gesamtkosten, die bei der Neuordnung anfallen.

11 Linda geht mit ihrem Sportverein zelten. In Opas Keller findet sie ein altes Zelt. Sie möchte es vorher noch imprägnieren. Wie viele Dosen Imprägnierspray benötigt sie, wenn eine 500-ml-Sprühdose für 5 m² reicht?

11 Rita bastelt einen Drachen mit $e = 30\,\text{cm}$ und $f = 50\,\text{cm}$.

a) Wie viel Zentimeter Garn benötigt sie für den Umfang? Vergleicht untereinander eure Lösungen. Was fällt euch auf?
b) Wie viel Papier benötigt sie, wenn der Kleberand vernachlässigt wird?

12 In Gruppen- und Besprechungsräumen werden häufig Trapeztische eingesetzt. Deren Tischfläche stellt ein gleichschenkliges Trapez dar.
a) Welche Vorteile haben Trapeztische gegenüber rechteckigen Tischen?
b) Zeichne alle Möglichkeiten, wie man zwei Trapeztische zusammenstellen kann, in dein Heft.
c) Hast du bei einer Figur aus b) eine Idee, wie man den Flächeninhalt zweier gleicher Trapeze leicht berechnen kann?
d) Gibt es mehrere Lösungswege, den Flächeninhalt der Trapeze zu berechnen?

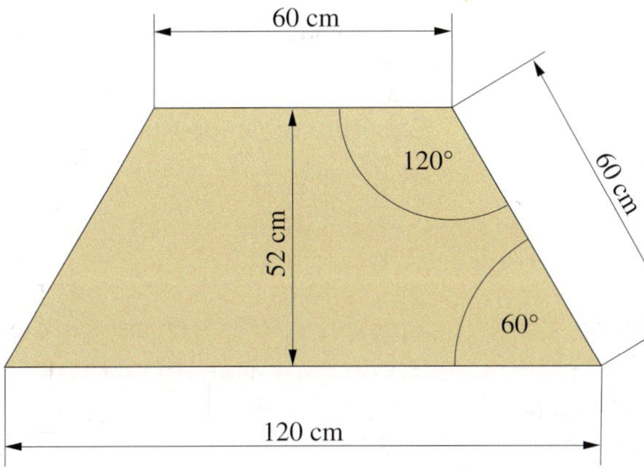

13 Berechne den Flächeninhalt der roten Fläche in jedem Dreieck. Beschreibe deine Vorgehensweise. Zwei Kästchen sind 1 cm lang.

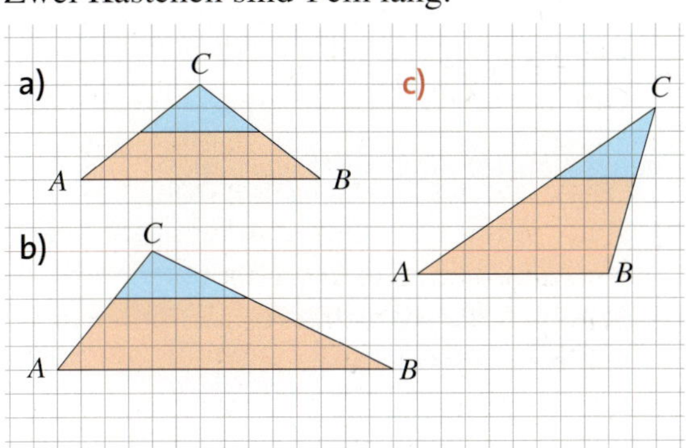

14 Zeichne das Parallelogramm mit den Angaben $a = 4{,}2\,\text{cm}$, $b = 3{,}1\,\text{cm}$, $\alpha = 55°$. Berechne Umfang und Flächeninhalt.

13 Beim geraden Zerschneiden eines Quaders kann man unterschiedliche Schnittflächen erhalten. In der folgenden Abbildung wurde ein Quader so zerschnitten, dass eine rechteckige Schnittfläche entstanden ist. Welche anderen Schnittflächen kann man erhalten?

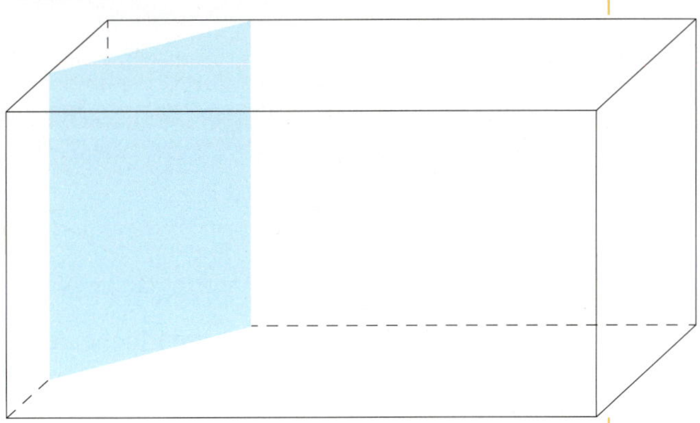

Teste dich!

(14 Punkte)

1 In der Zeichnung sind verschiedene Vierecke abgebildet.

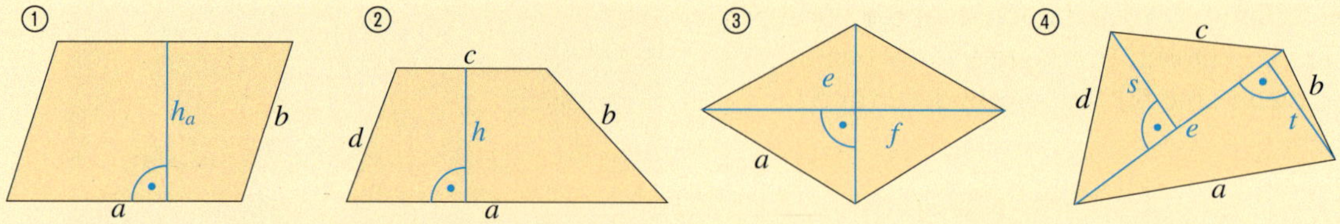

a) Benenne die Vierecke.
Woran hast du die Vierecksart erkannt?

b) Schreibe eine Reihenfolge der Vierecke auf, sodass das links stehende Viereck auch immer zu der rechts daneben stehenden Vierecksart gehört.
BEISPIEL: Ein Quadrat ist auch ein Rechteck, das Quadrat steht also links vom Rechteck. ■

c) Nenne zwei weitere Vierecksarten.
Welche speziellen Eigenschaften haben sie?

(12 Punkte)

2 Zeichne die Vierecke aus Aufgabe 1 mit folgenden Längen.
Berechne anschließend den Umfang der Vierecke.
Berechne auch den Flächeninhalt der Vierecke.
Entnimm fehlende Maße deinen Zeichnungen.

①	②	③	④
$a = 5{,}1\,\text{cm}$	$a = 3{,}6\,\text{cm}$	$a = 4\,\text{cm}$	$a = 5{,}1\,\text{cm}$
$b = 3{,}7\,\text{cm}$	$b = 2{,}3\,\text{cm}$	$e = 4{,}8\,\text{cm}$	$b = 2{,}5\,\text{cm}$
$h_a = 3{,}2\,\text{cm}$	$c = 1{,}7\,\text{cm}$	$f = 6{,}4\,\text{cm}$	$c = 2\,\text{cm}$
	$h_a = 1{,}9\,\text{cm}$		$e = 5{,}2\,\text{cm}$
			$s = 1{,}6\,\text{cm}$
			$t = 2{,}4\,\text{cm}$

(14 Punkte)

3 Welche Aussagen sind wahr? Begründe.

a) Ein Rechteck ist auch ein Drachenviereck.

b) Ein Rhombus ist ein besonderes Trapez.

c) Alle Vierecke kann man in zwei Dreiecke zerlegen.

d) Es gibt nur eine Vierecksart, die vier gleich lange Seiten hat.

e) Ein Trapez hat mindestens ein Paar paralleler Seiten.

f) Rhombus und Parallelogramm unterscheiden sich nur in der Anzahl gleichlanger Seiten.

g) Ein Drachenviereck kann sowohl achsen- als auch punktsymmetrisch sein.

(8 Punkte)

4 In einen gleichschenkligen Dachgiebel soll ein neues Fenster eingesetzt werden.

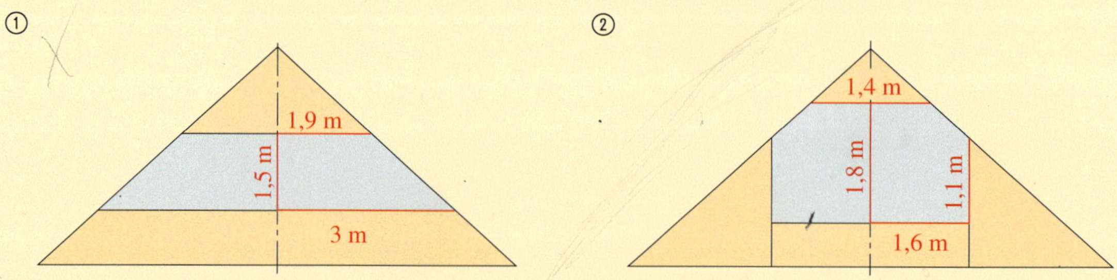

a) Berechne nach der Skizze die Fläche des Fensters in Quadratmeter.

b) Wie viel muss für das Glas bezahlt werden, wenn $1\,\text{m}^2$ für 95,67 € angeboten wird?

5 Zeichne Parallelogramme mit den gegebenen Seitenlängen bzw. Höhen. Berechne die fehlenden Größen der Parallelogramme. *(12 Punkte)*

	a (in m)	b (in m)	h_a (in m)	u (in m)	A (in m^2)
a)	2,6	1,6	1,4		
b)	5,3	4,2			18,55
c)		4,1	2,4	18,2	
d)	3,7			12,6	6,29

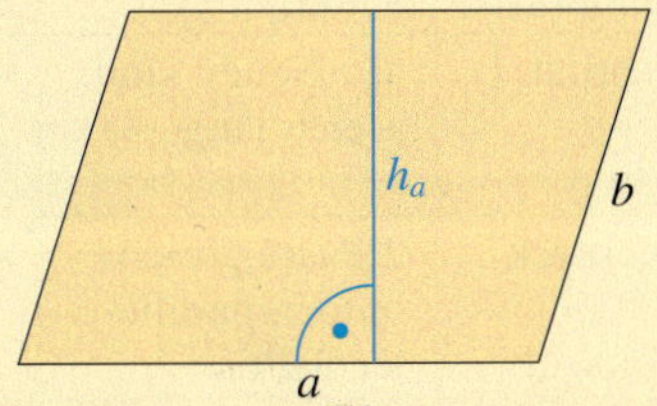

6 Ein Parallelogramm hat den angegebenen Flächeninhalt. Gib jeweils zwei Möglichkeiten für a und h_a an. Zeichne sie. *(12 Punkte)*

a) $A = 45\,cm^2$
b) $A = 66\,cm^2$
c) $A = 0{,}21\,dm^2$
d) $A = 1400\,mm^2$

7 Bestimme die Größe der fehlenden Winkel. *(8 Punkte)*

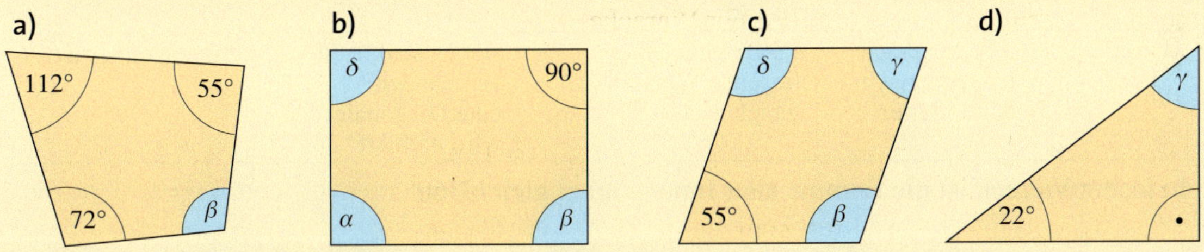

8 Berechne Umfang und Flächeninhalt der gegebenen Figuren. *(8 Punkte)*

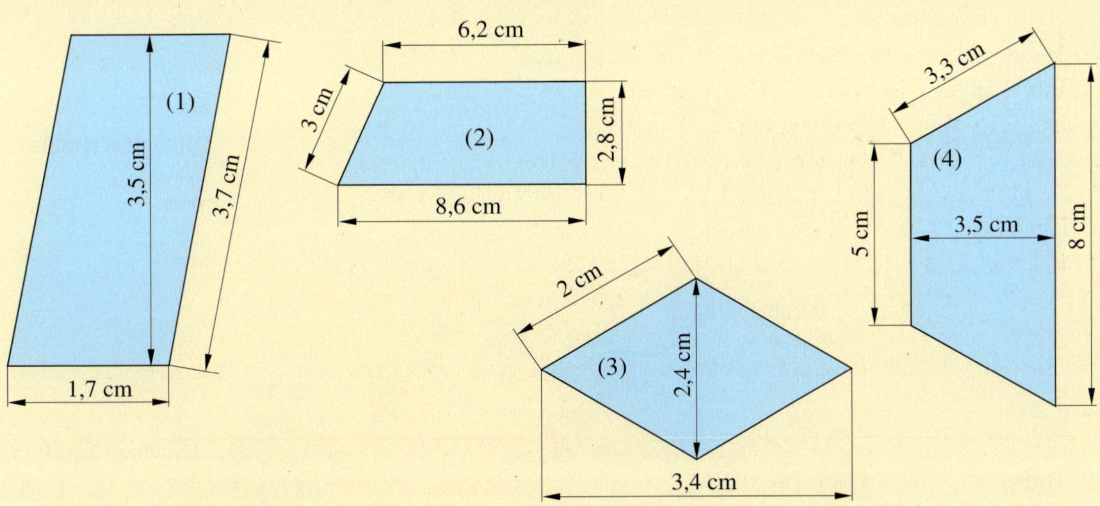

9 Konstruiere die Vierecke (Bezeichnungen wie rechts im Bild). *(12 Punkte)*

a) Parallelogramm $ABCD$ mit $a = 5{,}5\,cm$; $\beta = 70°$ und $d = 3\,cm$
b) Trapez $ABCD$ mit $a = 6\,cm$; $\alpha = 105°$; $c = 86\,mm$; $a \parallel c$; $h_a = 3\,cm$
c) Viereck $ABCD$ mit $b = 5\,cm$; $c = 7\,cm$; $\beta = 90°$; $d = 4\,cm$; $\overline{AC} = 6\,cm$
d) Drachenviereck $ABCD$ mit $\overline{AC} = 6\,cm$, $\overline{BD} = 8\,cm$; $\delta = 120°$

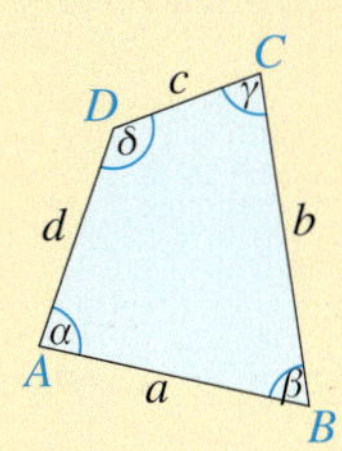

Gold: 96–100 Punkte, Silber: 80–95 Punkte, Bronze: 60–79 Punkte

Zusammenfassung

→ Seite 36, 40, 44

Vierecksarten und ihre Eigenschaften

Vierecksart	Seiten	Winkel	Diagonalen	Symmetrie
Quadrat	alle Seiten sind gleich lang	4 rechte Winkel	gleich lang, stehen senkrecht zueinander, halbieren sich	achsensymmetrisch, punktsymmetrisch
Rechteck	2 Paare gleich langer, paralleler Seiten	4 rechte Winkel	gleich lang, halbieren sich	achsensymmetrisch, punktsymmetrisch
Rhombus	alle Seiten sind gleich lang	gegenüberliegende Winkel sind gleich groß	stehen senkrecht zueinander, halbieren sich	achsensymmetrisch, punktsymmetrisch
Parallelogramm	2 Paare gleich langer, paralleler Seiten	gegenüberliegende Winkel sind gleich groß, benachbarte Winkel ergänzen sich zu 180°	–	punktsymmetrisch
Trapez	1 Paar paralleler Seiten	2 Paare benachbarter Winkel ergänzen sich zu 180°	–	–
Drachenviereck	2 Paare gleich langer benachbarter Seiten	1 Paar gegenüberliegende Winkel ist gleich groß	stehen senkrecht zueinander, eine Diagonale wird halbiert	achsensymmetrisch

In jedem Viereck ist die Summe aller Innenwinkel gleich 360°.

→ Seite 36, 48

Zusammenhang der Vierecksarten mit Umfang und Flächeninhalt

Der Pfeil → bedeutet: „… ist auch ein(e) …“

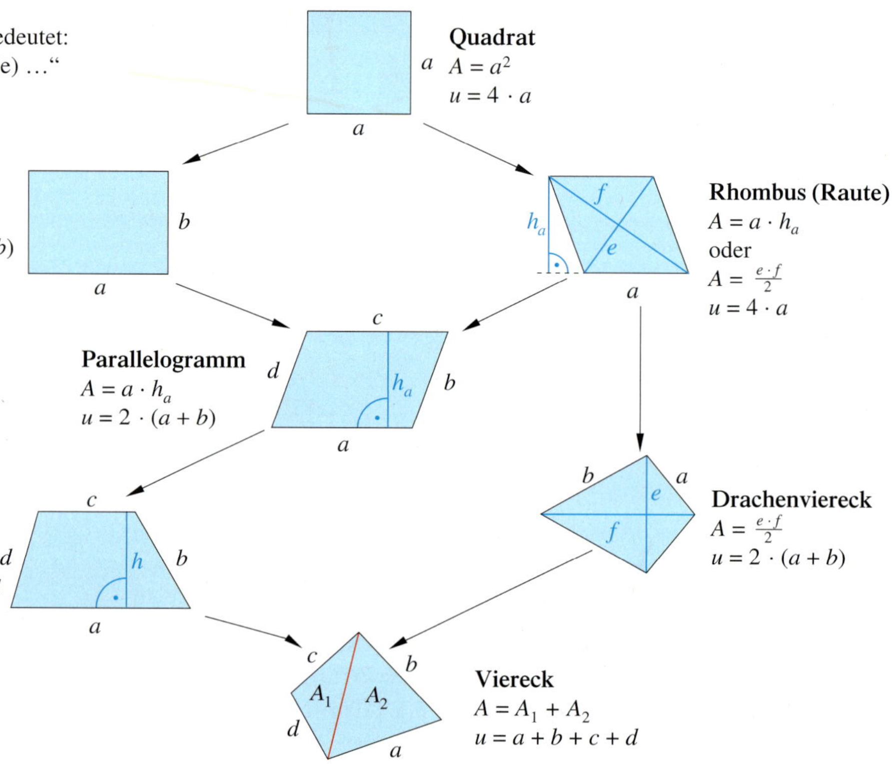

Prozentrechnung

Prozentangaben kennst du sicher aus vielen Bereichen.
Beim Einkaufen beispielsweise wird häufig mit Prozentangaben geworben.
Das Wort Prozent kommt vom italienischen „pro cento“ (von Hundert).
„pro cento“ wurde später abgekürzt mit cto.
Daraus entstand mit der Zeit die Schreibweise %.

Noch fit?

Einstieg

1 Bruchbilder

Gib den Anteil der rot gefärbten und der blau gefärbten Fläche als Bruch an.

a)  b) 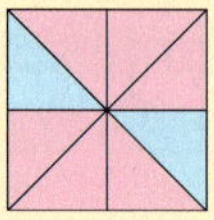 c) 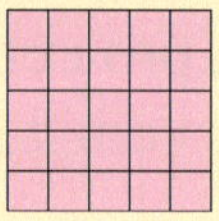 d) 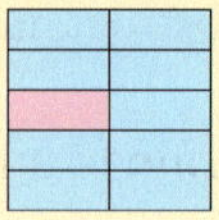 e)  f) 

2 Dezimalbrüche umwandeln

Schreibe als Bruch. Kürze so weit wie möglich.

a) 0,3 b) 0,8 c) 0,25
d) 0,28 e) 0,85 f) 0,35
g) 0,05 h) 0,12 i) 0,11

3 Brüche umwandeln

Schreibe als Dezimalbruch.

a) $\frac{7}{10}$ b) $\frac{87}{100}$ c) $\frac{4}{5}$ d) $\frac{7}{20}$
e) $\frac{3}{4}$ f) $\frac{14}{25}$ g) $\frac{7}{50}$ h) $\frac{77}{1000}$

4 Zahlen dividieren

Berechne den Quotienten.

a) 12 : 10 b) 29 : 4 c) 15 : 8
d) 21 : 6 e) 31 : 3 f) 15 : 6
g) 101 : 9 h) 42 : 11 i) 2 : 3

5 Bruchteile berechnen

Wie viel sind …

a) $\frac{1}{2}$ von 240? b) $\frac{1}{4}$ von 52?
c) $\frac{2}{3}$ von 270? d) $\frac{5}{6}$ von 54?

Aufstieg

2 Dezimalbrüche umwandeln

Schreibe als Bruch. Kürze so weit wie möglich.

a) 0,66 b) 0,15 c) 0,215
d) 0,077 e) 0,025 f) 1,5
g) 2,75 h) 3,008 i) 11,1001

3 Brüche umwandeln

Schreibe als Dezimalbruch.

a) $\frac{9}{15}$ b) $\frac{3}{150}$ c) $\frac{3}{12}$ d) $\frac{6}{125}$
e) $2\frac{9}{20}$ f) $\frac{5}{8}$ g) $3\frac{111}{125}$ h) $\frac{990}{5500}$

4 Zahlen dividieren

Berechne den Quotienten.

a) 18 : 8 b) 20 : 9 c) 52 : 7
d) 123 : 5 e) 16 : 11 f) 15 : 16
g) 1 : 12 h) 2 : 11 i) 0,3 : 12

5 Bruchteile berechnen

Wie viel sind …

a) $\frac{3}{4}$ von 310? b) $\frac{5}{8}$ von 96?
c) $\frac{1}{12}$ von 290? d) $\frac{3}{8}$ von 330?

6 Anteile vergleichen

Zwei Basketball-Sportler unterhalten sich über ihre Leistungen.
Sportler A: „Ich habe von 75 Würfen 25 Körbe erzielt."
Sportler B: „Bei mir waren es von 90 Würfen genau 30."
Welcher Sportler hatte mehr Erfolg?

Einstieg

7 Verschiedene Schreibweisen

Welche Zahlen sind gleich?

0,75 75 % $\frac{75}{100}$
$\frac{34}{100}$ $\frac{3}{4}$
0,340 $\frac{750}{1000}$ $\frac{6}{8}$
$\frac{17}{50}$ 0,34

Aufstieg

7 Verschiedene Schreibweisen

Welche Zahlen sind gleich?

0,4 $\frac{2}{5}$ $\frac{4}{10}$
40 % 0,04 $\frac{40}{1000}$
$\frac{40}{100}$ 4 % $\frac{1}{25}$
$\frac{4}{100}$ 0,400 0,040

Anteile und Prozente

Erforschen und Entdecken

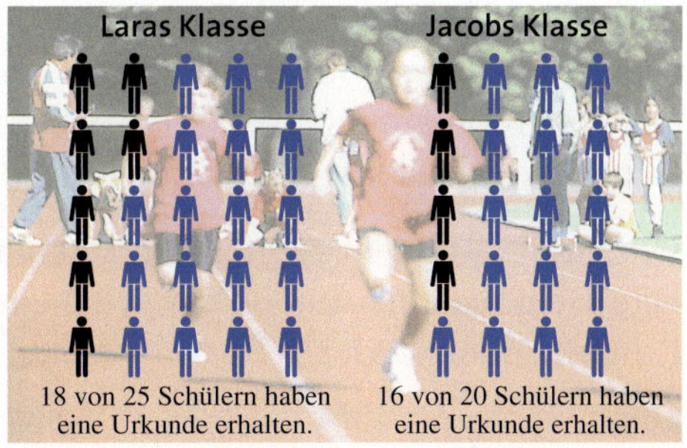

1 Lara sagt zu Jacob:
„Unsere Klasse war beim Sportfest besser.
Wir haben 18 Urkunden geholt, aber ihr nur 16.“
Jacob antwortet ihr:
„Wir sind ja auch weniger Schülerinnen und Schüler als ihr.“
Welche Klasse war wirklich besser?

2 An welchem Losstand würdest du deine Lose kaufen?
Erkläre, auf welche Weise du die Angebote vergleichst.

3 Anke, Peter und Felix stehen zur Wahl als Klassensprecher.
In einer Strichliste wurden ihre Wahlergebnisse festgehalten.

a) Wer wird Klassensprecher?
b) Wie viele Schülerinnen und Schlüer haben insgesamt ihre Stimme abgegeben?
Gib die Anteile der Stimmen als Bruch an.

NACHGEDACHT
Was bedeuten die Prozentzahlen hier?

4 Von 100 Erwachsenen in Deutschland haben 65 Zugang zum Internet. Das sind 65 %.
Unter den Jugendlichen und jungen Erwachsenen bis 25 Jahre haben sogar 87 von 100, also 87 % Zugang zum Internet.

a) Was bedeutet das Zeichen % (sprich: Prozent)?
b) Wo hast du das Zeichen % schon einmal gesehen?

5 Arbeitet in Kleingruppen von zwei bis vier Personen.
Ihr braucht für jede Person eine (ältere) Tageszeitung.

a) Sucht Artikel heraus, in denen Anteile vorkommen.
b) Sortiert die Angaben nach gemeinen Brüchen, Dezimalbrüchen und Prozentzahlen.
c) Stellt eure Ergebnisse der Klasse vor.

Lesen und Verstehen

Wer soll beim Fußballspiel der Heine-Schule gegen die Lessing-Schule im Tor stehen?
Olga hat im Training 8 von 20 Elfmetern gehalten, Jakob hat 9 von 25 Elfmetern gehalten.

Um ihre Leistungen vergleichen zu können, vergleicht man die Anteile der gehaltenen Elfmeter miteinander.

Olga: $\frac{8}{20} = \frac{40}{100} = 40\,\%$

Jakob: $\frac{9}{25} = \frac{36}{100} = 36\,\%$

Olga hat 40 % der Bälle gehalten, Jakob 36 %. Olga sollte besser im Tor stehen.

Um Anteile zu vergleichen, braucht man eine gemeinsame Grundlage.
Man kann den gemeinsamen Nenner 100 verwenden.

SCHON GEWUSST?
Schon im Mittelalter haben italienische Kaufleute die Prozentschreibweise benutzt. „Pro cento" bedeutete soviel wie „von hundert".

> Anteile gibt man häufig in **Prozent** an.
> Das Zeichen % bedeutet „pro hundert".
> 1 % von etwas ist 1 Hundertstel davon: $1\,\% = \frac{1}{100}$.
> p % von etwas ist p Hundertstel davon: $p\,\% = \frac{p}{100}$.

BEISPIEL 1
Olga hat 40 % der Bälle gehalten.
Das bedeutet: $40\,\% = \frac{40}{100} = \frac{2}{5}$
Olga hat also im Durchschnitt 2 von 5 Bällen gehalten. ■

In Prozent angegebene Anteile lassen sich leicht vergleichen.

> Alle **Prozentangaben** kann man als **gemeine Brüche** oder als **Dezimalbrüche** schreiben.

BEISPIEL 2
$40\,\% = \frac{40}{100} = 0{,}4$

$36\,\% = \frac{36}{100} = 0{,}36$. ■

Für Überschläge, Schätzungen und das Kopfrechnen sind die bequemen Prozentsätze wie 10 % oder 25 % sehr nützlich.

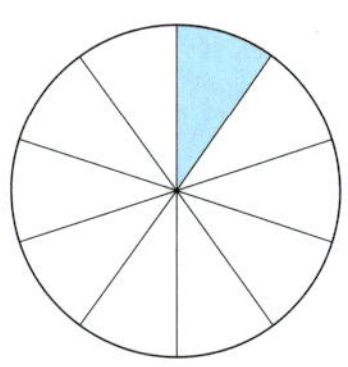

$\frac{1}{10} = \frac{10}{100} = 0{,}1 = 10\,\%$

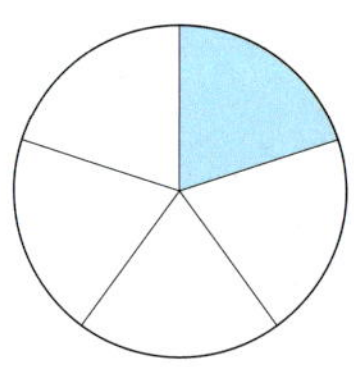

$\frac{1}{5} = \frac{20}{100} = 0{,}2 = 20\,\%$

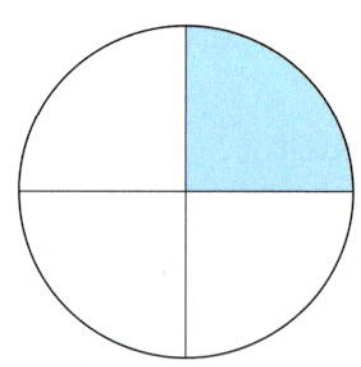

$\frac{1}{4} = \frac{25}{100} = 0{,}25 = 25\,\%$

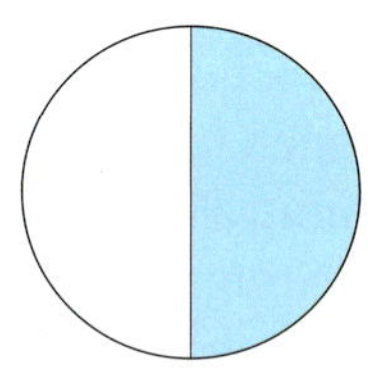

$\frac{1}{2} = \frac{50}{100} = 0{,}5 = 50\,\%$

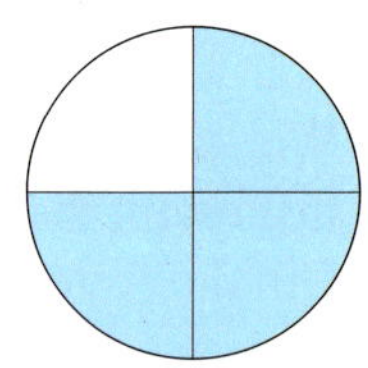

$\frac{3}{4} = \frac{75}{100} = 0{,}75 = 75\,\%$

Diese **bequemen Prozentsätze** solltest du dir einprägen:

Prozentsatz p	1 %	10 %	20 %	25 %	$33\frac{1}{3}$ %	50 %	$66\frac{2}{3}$ %	75 %	100 %
Bruch	$\frac{1}{100}$	$\frac{1}{10}$	$\frac{1}{5}$	$\frac{1}{4}$	$\frac{1}{3}$	$\frac{1}{2}$	$\frac{2}{3}$	$\frac{3}{4}$	1

BEISPIEL 3
10 % von 30 m ist das Gleiche wie $\frac{1}{10}$ von 30 m, also 30 m : 10 = 3 m. ■

Basisübungen

1 Gib den Anteil in Prozent an.

a) $\frac{1}{100}$; $\frac{12}{100}$; $\frac{35}{100}$; $\frac{60}{100}$; $\frac{85}{100}$

b) $\frac{52}{100}$; $\frac{59}{100}$; $\frac{73}{100}$; $\frac{84}{100}$; $\frac{99}{100}$

c) $\frac{1}{2}$; $\frac{1}{10}$; $\frac{1}{4}$; $\frac{1}{5}$; $\frac{3}{5}$; $\frac{7}{20}$; $\frac{25}{50}$; $\frac{14}{40}$

2 Was gehört zusammen?

BEISPIEL: $\frac{1}{5} = \frac{20}{100} = 20\,\%$ ■

$\frac{1}{2}$	$\frac{1}{10}$
$\frac{1}{100}$	$\frac{1}{25}$
$\frac{1}{50}$	$\frac{1}{4}$
$\frac{1}{1000}$	$\frac{1}{20}$

10 %	5 %
4 %	0,1 %
25 %	2 %
1 %	50 %

3 Gib den Anteil der gefärbten Fläche an der Gesamtfläche in Prozent an.

a) 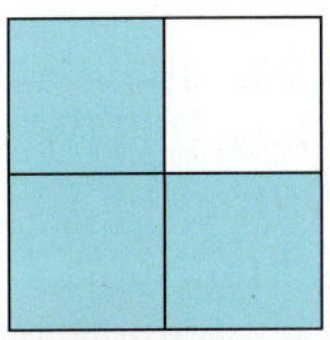

b) 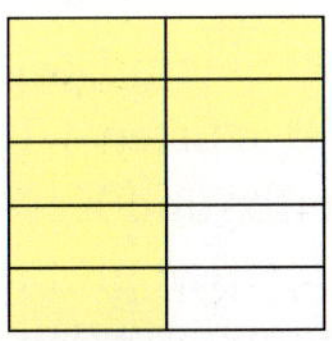

c) 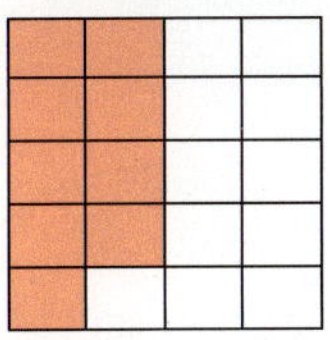

d) 

e) 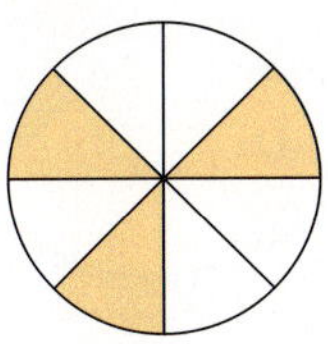

f) 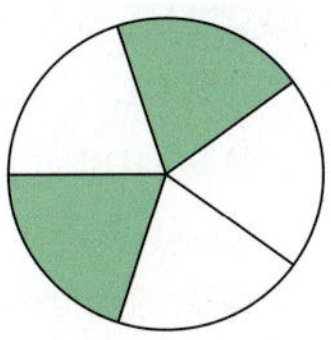

4 Wie viel Prozent der Fläche ist gefärbt?

a) 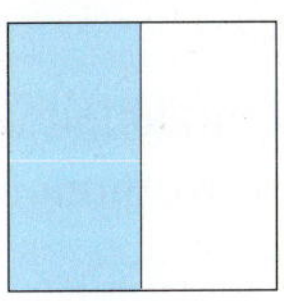

b) 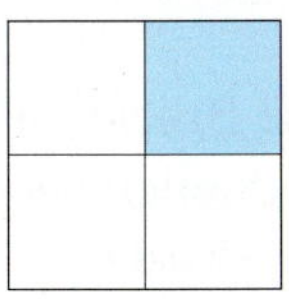

c) 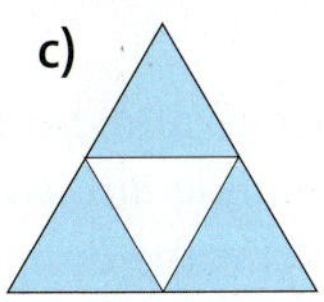

d) 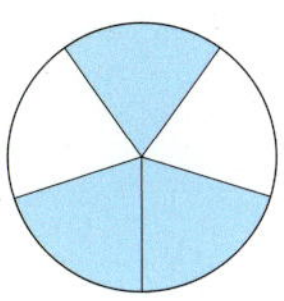

e) 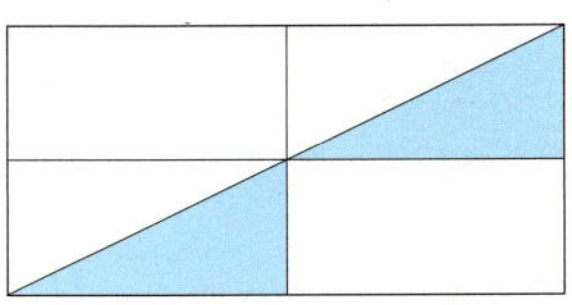

1 Erweitere oder kürze die Brüche auf den Nenner 100. Schreibe sie dann als Prozent.

a) $\frac{3}{4}$; $\frac{9}{20}$; $\frac{7}{50}$; $\frac{3}{25}$; $\frac{3}{10}$; $\frac{1}{4}$; $\frac{4}{5}$

b) $\frac{21}{25}$; $\frac{154}{200}$; $\frac{81}{900}$; $\frac{2}{5}$; $\frac{480}{600}$

c) $\frac{13}{50}$; $\frac{7}{20}$; $\frac{3}{5}$; $\frac{9}{10}$; $\frac{45}{100}$; $\frac{75}{150}$

d) $\frac{2}{5}$; $\frac{1}{2}$; $\frac{7}{10}$; $\frac{10}{10}$; $\frac{36}{300}$; $\frac{7}{100}$

2 Welche Angaben sind gleich?

$\frac{3}{4}$	$\frac{3}{2}$
$\frac{77}{700}$	
$\frac{82}{100}$	$\frac{26}{1000}$
$\frac{49}{50}$	
$\frac{27}{150}$	$\frac{2}{4}$

50 %	82 %
150 %	
2,6 %	18 %
75 %	
98 %	11 %

3 Schreibe den Anteil der gefärbten Flächen an der Gesamtfläche als Prozentzahl.

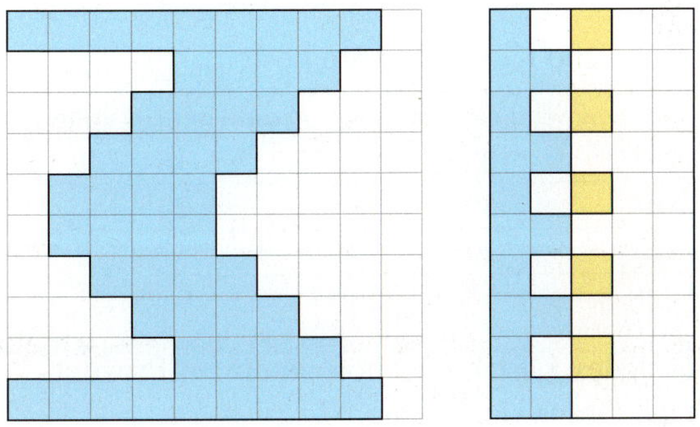

4 Welcher Anteil ist gefärbt? Schätze die Prozentzahl.

a) 

b) 

c) 

d) 

ERINNERE DICH
*Beim **Erweitern** werden Zähler und Nenner des Bruches mit der gleichen Zahl multipliziert. Beim **Kürzen** werden Zähler und Nenner durch die gleiche Zahl dividiert.*

NACHGEDACHT
Wie muss man vorgehen, um in einem Kreis 25 % rot und 10 % blau zu markieren?

ERINNERE DICH

$0{,}3 = \frac{3}{10}$

$0{,}41 = \frac{41}{100}$

$0{,}934 = \frac{934}{1000}$

Die erste Stelle hinter dem Komma entspricht Zehnteln, die zweite entspricht Hundertsteln, die dritte Tausendsteln und so weiter.

5 Umwandeln

a) Schreibe die Dezimalzahlen als Prozentsätze.
① 0,37; 0,5; 0,59; 0,61
② 0,7; 0,07; 0,63; 0,27
③ 0,1; 0,01; 0,25; 1,24

b) Gib den Prozentsatz jeweils als gekürzten Bruch und als Dezimalbruch an.
① 23 %; 11 %; 50 %; 75 %
② 30 %; 19 %; 8 %; 99 %
③ 15 %; 3 %; 80 %; 25 %

6 Zeichne je ein Quadrat aus 10 mal 10 Kästchenbreiten. Markiere darin farbig …

a) 10 %. b) 20 %. c) 50 %.
d) 60 %. e) 25 %. f) 75 %.
g) 90 %. h) 12,5 %. i) 1 %.
j) 45 %. k) 30 %. l) 15 %.

7 Welche Klasse war am besten?

	Schüleranzahl	Anzahl der Urkunden
7a	25	16
7b	30	24
7c	20	17

8 Jedes Kärtchen gehört zu einem Prozentsatz. Ordne richtig zu.
Es ergibt sich ein Lösungswort.

a) 25 %
b) 33 %
c) 70 %
d) 75 %
e) 8 %
f) 20 %
g) 47 %

0,2 L | 0,08 I | 0,33 N | 0,47 E | 0,7 T | $\frac{1}{4}$ A | $\frac{3}{4}$ E

9 In einer Klassenarbeit werden 20 Englisch-Vokabeln abgefragt.
An wie viel Prozent der Vokabeln erinnern sich die Schüler noch?

a) Katrin weiß noch 17 Vokabeln.
b) Paul kann sich an 15 Übersetzungen erinnern.
c) Cedric kann 12 Vokabeln übersetzen.
d) Lea erinnert sich an 9 Vokabeln.
e) Fritz weiß noch 5 Übersetzungen.
f) Klara erinnert sich an 18 Vokabeln.

HINWEIS

www 066-1

Unter dem Webcode 066-1 gibt es eine interaktive Übung zum Zuordnen von Prozentangaben zu Brüchen und Dezimalbrüchen.

5 Wandle die Zahlenangaben ineinander um. Ergänze die Tabelle im Heft.

	Prozentsatz	Gemeiner Bruch	Dezimalbruch
a)	33 %		
b)		$\frac{47}{100}$	
c)	60 %		
d)		$\frac{31}{100}$	
e)		$\frac{1}{4}$	
f)			0,45
g)	77 %		

6 Zeichne ein Rechteck wie angegeben. Färbe den angegebenen Prozentsatz.

a) Rechteck aus 100 Kästchen: 30 %
b) Rechteck aus 60 Kästchen: 30 %
c) Rechteck aus 20 Kästchen: 50 %
d) Rechteck aus 50 Kästchen: 10 %

7 Bei einem Basketballspiel erzielte Lukas mit 10 Würfen 4 Treffer, Amelie mit 20 Würfen 9 Treffer und Kevin mit 25 Würfen 11 Treffer. Wer hat den größten, wer den kleinsten Trefferanteil? Gib den Anteil auch als Bruch und als Prozentsatz an.

8 Um eine Regierung bilden zu können, brauchen Parteien mehr als 50 % der Sitze im Parlament.
Meistens schließen sich mehrere Parteien zusammen, sie bilden eine Koalition.
Welche der Parteien A, B, C und D haben zusammen mehr als 50 % der Sitze?

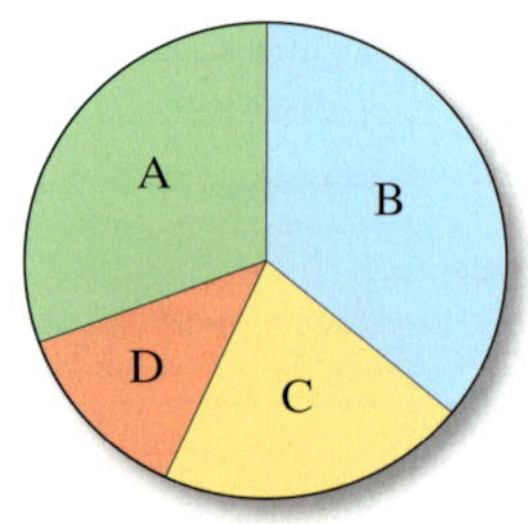

9 Wandle diese Brüche in Prozentzahlen um. Runde auf zwei Stellen nach dem Komma und schreibe dann in Prozent.

BEISPIEL: $\frac{1}{3} = 1 : 3 = 0{,}\overline{3} \approx 0{,}33 = 33\,\%$

a) $\frac{2}{3}$; $\frac{1}{6}$; $\frac{2}{6}$ b) $\frac{1}{8}$; $\frac{3}{8}$; $\frac{5}{8}$

c) $\frac{1}{9}$; $\frac{2}{9}$; $\frac{5}{9}$ d) $\frac{1}{7}$; $\frac{3}{7}$; $\frac{4}{7}$

e) $\frac{1}{12}$; $\frac{7}{12}$; $\frac{11}{12}$ f) $\frac{2}{15}$; $\frac{7}{15}$; $\frac{11}{15}$

Prozentsatz, Prozentwert und Grundwert

Erforschen und Entdecken

1 Zeichne ins Heft fünf Quadrate mit jeweils 10 × 10 Kästchenbreiten.

a) Berechne den Flächeninhalt eines Quadrates in Quadratzentimeter.

b) Färbe in je einem Quadrat den angegebenen Anteil:
① 50 % ② 25 % ③ 10 % ④ 30 % ⑤ 22,5 %

c) Ermittle den Flächeninhalt jedes gefärbten Anteils.

d) Übertrage die Tabelle rechts ins Heft und fülle sie aus. Dort werden die prozentualen Anteile der Flächen ihrem Flächeninhalt gegenübergestellt. Was fällt dir auf?

Anteil	Fläche in cm^2
10 %	
22,5 %	
25 %	
30 %	
50 %	

e) Wie sieht es aus, wenn die Quadrate nur 6 × 6 Kästchen haben? Färbe diese Quadrate wie in b).
Ist diese Aufgabe für alle Prozentangaben zeichnerisch lösbar?

2 Stelle dir ein Hunderterfeld mit Schälchen vor.
Auf diese Schälchen werden 360 Euro gleichmäßig verteilt.

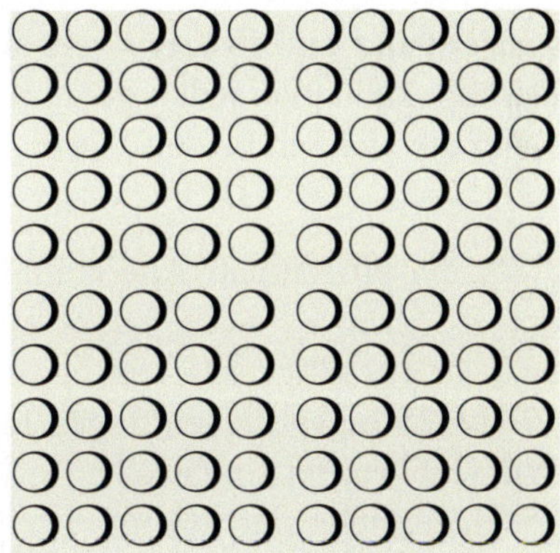

a) Wie viel Geld liegt in einem Schälchen?
Wie viel Prozent des gesamten Betrags sind das?

b) Wie viel Geld enthalten 12 Schälchen?
Wie viel Prozent von den 360 € sind das?

c) Wie viel Geld sind 40 % des Gesamtbetrags?

d) Beschreibe, wie man den Anteil des Gesamtbetrags in Prozent berechnen kann.

e) Wie viel Geld sind 23,5 % des Gesamtbetrags?

3 Die folgende Zuordnungstabelle berechnet den Anteil am Ausgangswert. Erkläre sie.

a) Beschreibe, wie man die Zuordnungstabelle für die Aufgaben 2 a) bis c) nutzen kann.

b) Berechne mithilfe einer solchen Tabelle folgende Aufgaben:

Anteil	Anzahl der Schüler
100 %	1200
:100 ↓	↓ :100
1 %	$\frac{1200}{100} = 12$
·45 ↓	↓ ·45
45 %	540

① In einer Schule sind 900 Schülerinnen und Schüler. 35 % von ihnen lernen zwei Fremdsprachen. Wie viele sind das?

② 80 % von 12 € Taschengeld wurden für Süßes ausgegeben. Wie viel Geld ist das?

③ 67 % der 120 m^2 Wohnfläche sind mit Fliesen ausgelegt. Um wie viele Quadratmeter handelt es sich?

4 Mit einer Zuordnungstabelle ist es ebenfalls möglich, den Anteil in Prozent zu berechnen.

a) Beschreibe Gemeinsamkeiten bzw. Unterschiede zur Tabelle aus Aufgabe 3.

b) Berechne mithilfe der unten stehenden Tabelle die folgenden Aufgaben:

Anzahl der Schüler	Anteil
1200	100 %
:1200 ↓	↓ :1200
1	$\frac{100}{1200}$ %
·750 ↓	↓ ·750
750	62,5 %

① Wie viel Prozent sind 36 € von 200 €?

② 70 der 120 Stimmberechtigten wählten Henrik Meyer als Vorsitzenden aus.

③ Björn holte 45 von 55 Punkten.

④ Gib zur Tabelle links eine passende Aufgabe an und löse sie.

Lesen und Verstehen

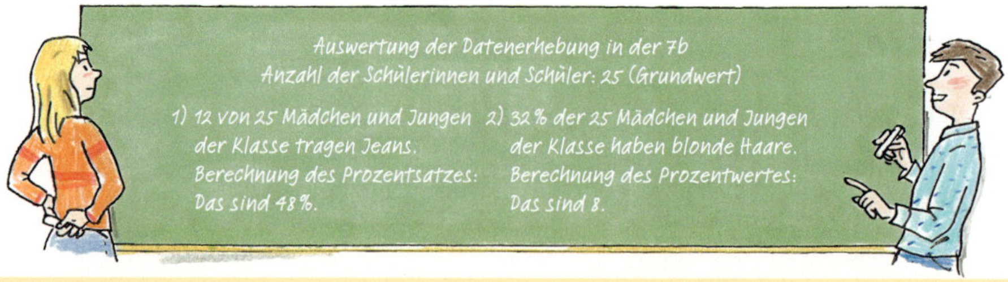

Der **Grundwert** (*G*) ist die Bezugsgröße, das Ganze. Er entspricht 100%.
Der **Prozentwert** (*W*) ist ein Teil der Gesamtmenge, also ein Teil des Grundwertes.
Der **Prozentsatz** (*p* %) gibt den Anteil am Grundwert in Prozentschreibweise an.

BEISPIEL 1
12 von den 25 Mädchen und Jungen in der Klasse tragen Jeans. Das sind 48 %.
Prozentwert *W* Grundwert *G* Prozentsatz *p* % ■

Prozentsatz und Prozentwert sind direkt proportional zueinander.
Deshalb kann man jeden der drei Werte mithilfe einer Zuordnungstabelle berechnen, wenn die anderen beiden Werte gegeben sind.

Ist der prozentuale Anteil am Ganzen gesucht, berechnet man den **Prozentsatz**.

ZU BEISPIEL 1
12 von 25 Jugendlichen tragen Jeans.
Wie viel Prozent sind das?
25 Jugendliche sind 100%,
dann ist 1 Jugendlicher 4%
also sind 12 Jugendliche 48%.

	Anzahl	Anteil	
:25	25	100%	:25
·12	1	4%	·12
	12	48%	

48% tragen Jeans. ■

Ist ein Teil vom Ganzen gesucht, berechnet man den **Prozentwert**.

BEISPIEL 2
32% von 25 Jugendlichen sind blond.
Wie viele Jugendliche sind das?
100% sind 25 Jugendliche,
dann ist 1% ein Viertel Jugendlicher
also sind 32% 8 Jugendliche.

	Anteil	Anzahl	
:100	100%	25	:100
·32	1%	0,25	·32
	32%	8	

8 Jungen und Mädchen sind blond. ■

Ist das Ganze gesucht, berechnet man den **Grundwert**.

ZU BEISPIEL 2
8 Jugendliche sind blond, das sind 32%.
Wie viele Jugendliche sind in der Klasse?
32% sind 8 Jugendliche,
dann ist 1% ein Viertel Jugendlicher
also sind 100% 25 Jugendliche.

	Anteil	Anzahl	
:32	32%	8	:32
·100	1%	0,25	·100
	100%	25	

In der Klasse sind 25 Jugendliche. ■

HINWEIS
Grundwert, Prozentwert und Prozentsatz stehen in einem besonderen Zusammenhang. Dieser Zusammenhang wird durch folgende Formel ausgedrückt:

$\frac{W}{p} = \frac{G}{100}$

Mithilfe dieser Formel lässt sich jeder der drei Werte berechnen, wenn man die anderen beiden kennt:

*Formel zur Berechnung des **Prozentsatzes**:*

$\frac{W \cdot 100}{G} = p$

*Formel zur Berechnung des **Grundwertes**:*

$\frac{W \cdot 100}{p} = G$

*Formel zur Berechnung des **Prozentwertes**:*

$W = \frac{p \cdot G}{100}$

HINWEIS
*Weil in der Zuordnungstabelle immer drei Zeilen entstehen, spricht man bei diesem Verfahren auch vom **Dreisatz**.*

$\frac{x+y}{2}$

Basisübungen

1 Ordne die Begriffe Prozentsatz, Prozentwert und Grundwert zu.
a) 315 der 500 Angestellten sind unter 40 Jahre alt. Das sind 63 %.
b) Von 260 Liegestühlen sind 35 %, also 91, nach der Saison defekt.
c) 2 % von 600 Autos sind lila gespritzt.
d) Von fünf Würfen habe ich zweimal eine Sechs gewürfelt.
e) Wenn 4 % der Mitarbeiter einer Firma krank sind, dann fehlen 5 Mitarbeiter.

2 Berechne den Prozentsatz.
Ordne vorher Prozentwert und Grundwert zu.
a) Wie viel Prozent von 560 t sind 280 t?
b) Wie viel Prozent sind 27 kg von 540 kg?
c) Wie viel Prozent sind 60 € von 200 €?
d) Wie viel Prozent von 400 m sind 80 m?
e) Wie viel Prozent von 4 m sind 50 cm?

3 Berechne den Prozentsatz.

a)

5 € von				
10 €	20 €	50 €	100 €	200 €

b)

5 cm von				
5 cm	8 cm	50 cm	80 cm	100 cm

c)

6 min von				
1 h	2 h	4 h	5 h	10 h

4 Ein ausgewachsener Elefant wiegt ungefähr sechs Tonnen. Ein gerade geborenes Elefantenbaby wiegt ca. 100 kg.

Wie viel Prozent nimmt die Masse eines Elefantenbabys im Verhältnis zur Masse der Elefantenmutter ein?

5 Um in die Schule zu kommen, nutzen von den insgesamt 720 Schülerinnen und Schülern 180 den Bus, 468 das Fahrrad und die restlichen Schülerinnen und Schüler kommen zu Fuß zur Schule.
a) Wie viele Schülerinnen und Schüler kommen zu Fuß zur Schule?
b) Wie viel Prozent fahren jeweils mit dem Bus, mit dem Fahrrad oder kommen zu Fuß zur Schule?

2 Wie viel Prozent sind …
a) 498 Tonnen von 8300 Tonnen?
b) 99,9 Liter von 555 Litern?
c) 626,40 € von 1305 €?
d) 17,5 g von 437,5 g?
e) 28 m von 112 m?
f) 24 cm von 3 dm?

3 Gib in Prozent an.

a)

2 €	20 €	25 €	50 €	75 €
von 200 €				

b)

1 m	5 m	10 m	20 m	40 m
von 200 m				

c) Wie viel Euro sind bei a) 37 %?
Wie viel Prozent sind bei b) 168 m?

4 Die Klassenarbeit in Mathematik ist in der 7 a und 7 b wie folgt ausgefallen:

	1	2	3	4	5	6
7 a	1	4	8	6	5	3

	1	2	3	4	5	6
7 b	5	8	12	3	2	2

a) Berechne die Prozentsätze der Noten 1 bis 6 für beide Klassen und vergleiche die Klassen miteinander.
b) In welcher Klasse war der Prozentsatz für eine bessere Note als 4 am größten?
c) Wie viel Prozent haben jeweils die Arbeit schlechter als 4 geschrieben?

5 „Alle Waren um 30 % reduziert."
Wurden die Angebote richtig reduziert?
a) Herrenanzug von 499,00 € auf 349,30 €
b) T-Shirt: bisher 39,00 €, jetzt 29,99 €
c) Freizeitjacke: von 199,00 € auf 139,30 €
d) Turnschuhe: bisher 159,00 €, jetzt 90 €
e) Jeans: von 99,00 € auf 66,00 €

HINWEIS
Das Wort „von" weist oft auf den Grundwert hin, das Zeichen % deutet den Prozentsatz an und der dritte Wert ist der Prozentsatz.

TIPP
Den Prozentsatz kannst du berechnen wie Anteile. Das Ergebnis musst du dann in Prozentschreibweise umwandeln.
Beispiel:
Wie viel Prozent sind 12 von 25?

$p\,\% = \frac{12}{25}$
$= \frac{48}{100}$
$= 48\,\%$

oder

$p\,\% = \frac{12}{25}$
$= 12 : 25$
$= 0{,}48$
$= 48\,\%$

6 Berechne den Prozentwert.

1 %	2 %	5 %	10 %	25 %	50 %	75 %
von 100 €						

7 Berechne.

a) 6 % von 50 kg b) 9 % von 100 kg
c) 5 % von 80 l d) 4 % von 75 l
e) 25 % von 98 m f) 45 % von 85 m
g) 60 % von 90 cm h) 75 % von 12 cm
i) 12 % von 3 km j) 89 % von 720 km

8 Wähle links einen Prozentsatz und rechts einen Grundwert. Berechne den Prozentwert.

20 %, 50 %, 40 %, 25 %, 30 %, 80 %

64 €, 90 €, 75 €, 50 €, 250 €, 120 €

9 Zeichne vier Quadrate mit der Seitenlänge 4 cm. Schraffiere folgende Flächen: 25 %, 50 %, 75 % und 100 %.

a) Wie groß ist die gesamte Fläche eines Quadrates?
b) Wie viel Quadratzentimeter nimmt jeweils die schraffierte Fläche ein?

10 Der Sportverein zählt 640 Mitglieder.

20 % aller Mitglieder des Sportvereins gehören zur Fußballabteilung, 30 % aller Mitglieder gehören zur Basketballabteilung, 40 % aller Mitglieder sind Leichtathleten und 10 % aller Mitglieder sind Schwimmer.
Berechne die Anzahl der Mitglieder in jeder Abteilung.

HINWEIS

070-1

Der Webcode 070-1 führt auf ein Arbeitsblatt mit Spielkarten, mit denen ihr das Berechnen von Prozentwerten weiter üben könnt.

11 Reduzierte Preise

a) Ein T-Shirt kostet 25 €.
Es wird auf 70 % reduziert.
Wie viel kostet es dann?
b) Eine Jeans kostet jetzt 45 €, vorher kostete diese Hose 55 €.
Um wie viel Prozent wurde der Preis reduziert?

6 Berechne 1 % (25 %, 12,5 %) von …

a) 50 €, 80 €, 150 €, 200 €, 500 €
b) 75 m, 98 m, 112 m, 156 m, 210 m
c) 12 kg, 54 kg, 612 kg, 305 kg, 440 kg

7 Kartoffeln bestehen zu 76 % aus Wasser, zu 21 % aus Kohlenhydraten und zu 3 % aus anderen Bestandteilen.
Tom isst zum Mittag 250 g Kartoffeln.
Wie viel Gramm der einzelnen Bestandteile sind darin enthalten?

8 Ein MP3-Player kostete 150 €. Zunächst wurde er auf 120 €, dann auf 109 € und dann noch einmal um 10 € reduziert.

a) Auf wie viel Prozent des ursprünglichen Preises wurde der MP3-Player insgesamt reduziert?
b) Um wie viel Prozent wurde er reduziert?

9 Zum Frühstück isst Marissa anderthalb Brötchen mit Schinken.

a) Ein Brötchen wiegt 45 g und enthält 7,8 % Eiweiß, 1,4 % Fett und 50,7 % Kohlenhydrate. Wie viel Gramm von jedem Nährstoff sind im Brötchen enthalten?
b) Marissa isst insgesamt 60 g Schinken. Darin sind 2,9 g Eiweiß, 2,3 g Fett und 0,5 g Kohlenhydrate enthalten. Welchen Prozentsätzen entsprechen die Angaben?
c) Wie viel Gramm sind von jedem Nährstoff in den anderthalb Brötchen mit Schinken enthalten? Wie viel Prozent entsprechen den Grammangaben?

10 Ein Paar Turnschuhe kostet 69 €.
Vereinsmitglieder erhalten 8 % Preisnachlass.

a) Wie viel Euro beträgt der Preisnachlass für Vereinsmitglieder?
b) Wie viel Euro müsste ein Vereinsmitglied für dieses Paar Turnschuhe bezahlen?

11 Beim Einkauf in einem Elektrogroßhandel sind zusätzlich zum angegebenen Preis 19 % Mehrwertsteuer zu zahlen. Berechne die Mehrwertsteuer bei folgenden Artikeln.

a) Staubsauger 140 € b) DVD-Player 199 €
c) Radio 101 € d) CD-Player 152 €

12 Berechne den Grundwert.

a) 1 % sind 20 g
b) 50 % sind 120 ha
c) 10 % sind 60 m
d) 25 % sind 360 s
e) 75 % sind 150 g
f) 2 % sind 3,50 m

13 Berechne den Grundwert.

a) Prozentsatz 1 %
Prozentwert 20 €
b) Prozentsatz 3 %
Prozentwert 12 t
c) Prozentsatz 5 %
Prozentwert 15 kg
d) Prozentsatz 2 %
Prozentwert 6 m
e) Prozentsatz 4 %
Prozentwert 68 g
f) Prozentsatz 6 %
Prozentwert 24 €

14 Ergänze den Streifen im Heft zu 100 %.

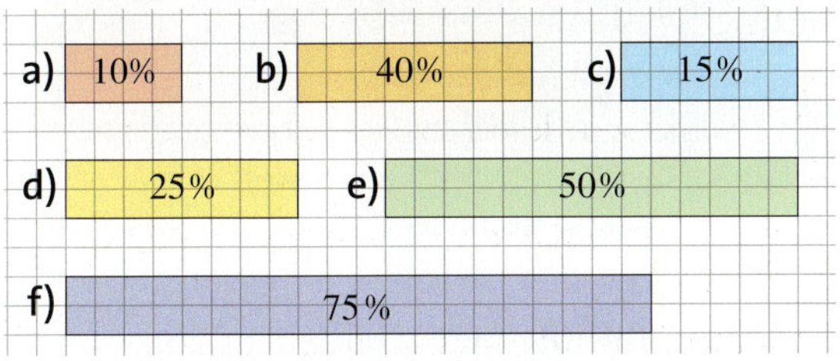

15 Das Wohnzimmer von Familie Reimer hat eine Fläche von $32\,m^2$.
Das sind 25 % der gesamten Wohnfläche.
Wie groß ist die Wohnfläche?

16 Tina fährt seit 3 Stunden Zug. Sie ist froh, dass sie schon 60 % ihrer Fahrzeit hinter sich hat.
Wie viele Stunden muss sie insgesamt fahren?

17 An einer kleinen Grundschule überprüfte die Polizei die Verkehrssicherheit der Fahrräder.
Nicht verkehrssicher waren 6 Fahrräder, das sind 20 % der untersuchten Räder.
Wie viele Fahrräder wurden durch die Polizei überprüft?

12 Berechne den Grundwert.

a)

Prozentsatz	5 %	10 %	20 %	50 %
Prozentwert (in €)	30	86	35	230

b)

Prozentsatz	15 %	32 %	55 %	90 %
Prozentwert (in €)	123	45	67	62

13 Lillis Eltern haben eine Mieterhöhung um 4 % erhalten.
Sie zahlen jetzt 34 € mehr.

a) Wie hoch war die alte Miete?
b) Wie viel müssen sie jetzt bezahlen?

14 Wie groß ist der Grundwert?

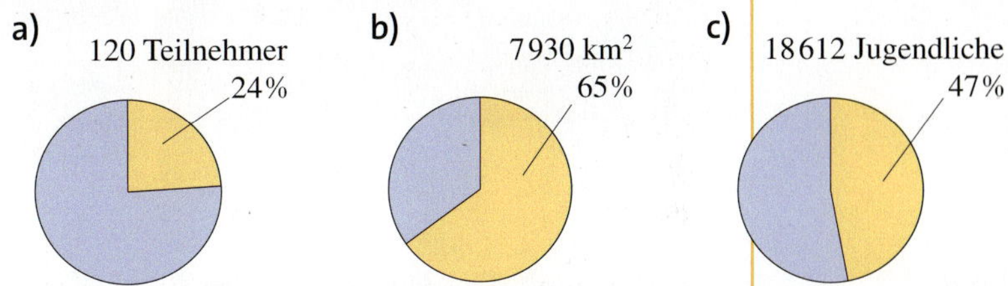

15 Onkel Willi möchte sich ein neues Auto kaufen. Händler A reduziert den Autopreis um 1200 € auf 95 % des Listenpreises. Händler B bietet einen Preisabschlag von 1450 € an und verlangt 92,5 % des Listenpreises.

a) Wie teuer wären die beiden Autos ohne Preisnachlass?
b) Für welchen Händler sollte sich Onkel Willi entscheiden?

16 An einer Tankstelle erhöhte sich der Preis für Superbenzin um ca. 1,6 %. Das entsprach einer Preiserhöhung von 2 Cent pro Liter.

a) Wie teuer war das Benzin vorher?
b) Wie teuer war das Benzin nach der Preiserhöhung?

17 Mark hat ein Sparbuch eingerichtet. Er bekommt im Jahr 1,7 % Zinsen.
Nach dem ersten Jahr sind dies 2,55 €.

a) Wie viel hatte er eingezahlt?
b) Wie viel Geld hat er nach einem Jahr auf seinem Sparbuch?

TIPP

Du musst nicht immer auf 1 % herunterrechnen. Sind die Zahlen günstig, wie im folgenden Beispiel, kann man einen Schritt auch weglassen:

Anteil	Anzahl
5 %	21
100 %	420

(jeweils $\cdot 20$)

Methode: Taschenrechner benutzen

Nicht alle Taschenrechner arbeiten gleich. In diesem Buch werden zwei handelsübliche Taschenrechnermodelle vorgestellt. Die Bedienungsanleitung jedes Taschenrechners gibt genauere Hinweise für das jeweilige Modell.

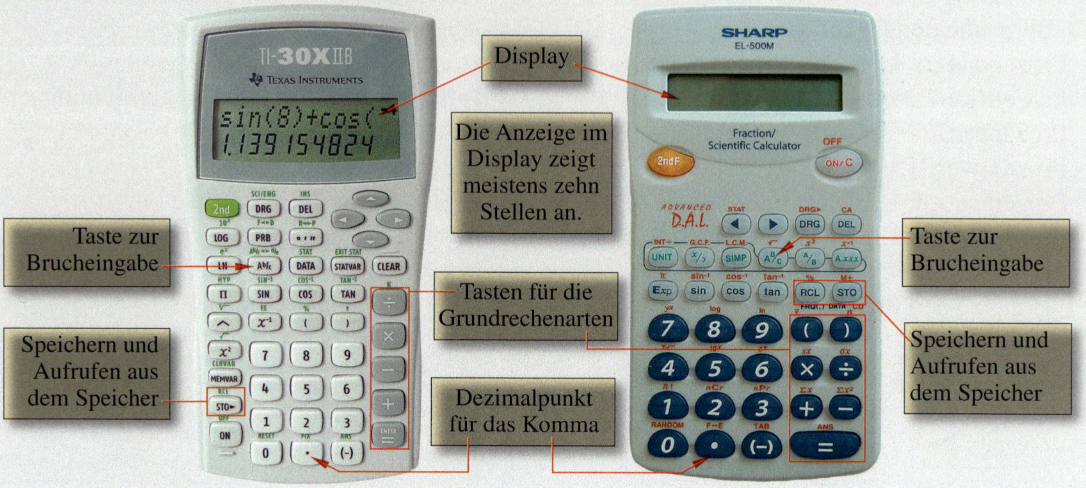

WUSSTEST DU SCHON?
Die Tastenbezeichnungen sind häufig Abkürzungen. STO: to store = speichern RCL: to recall = zurückrufen M 1, M 2, M 3: Memory = Gedächtnis

Julia soll mit dem Taschenrechner 5 – 1,325 : 3 berechnen. Ihr Rechner ermittelt 1,225. Der Taschenrechner von Hannes zeigt als Ergebnis 5,441 666 667 an. Wie kommt das? Julias Taschenrechner beherrscht nicht die Regel „Punkt vor Strich“, während Hannes’ Rechner sie kennt. Überprüfe, ob dein Taschenrechner diese Regel kennt.

HINWEIS
Statt der Taste STO haben manche Rechner die Taste(n) Min, M+ oder MR. Lies in diesem Fall in deiner Anleitung nach, wie du den Speicher benutzt.

Taschenrechner besitzen **Speicher**.
Zum Speichern einer Zahl drückt man meistens die Taste STO und dann 1, 2 oder 3. So wählt man einen der drei Speicherplätze M 1, M 2 und M 3 an. Um die Zahl wieder aus dem Speicher aufzurufen, drückt man RCL und dann die Nummer (1, 2 oder 3) des Speicherplatzes.

BEISPIEL 1
Julia muss erst 1,325 : 3 berechnen und das Ergebnis speichern. Dann zieht sie es von 5 ab.
Eingabe in den Taschenrechner:
1,325 : 3 = STO 1 CE/C
5 – RCL 1 = 5,441 666 667 ■

BEACHTE
Statt der Taste 2nd haben manche Taschenrechner die Taste Shift oder INV.

Taschenrechner können **runden**.
Wenn das Ergebnis einer Rechnung mehr Stellen hat, als das Taschenrechner-Display anzeigen kann, wird es gerundet. Je nach Taschenrechnermodell geschieht das Runden unterschiedlich und teilweise nicht korrekt.

BEISPIEL 2
① 7 : 9 = 0,777 777 777
Die Anzeige wurde nicht korrekt gerundet, die Zahl wurde abgeschnitten.
② 5 – 1,325 : 3 = 5,441 666 667
Die Anzeige wurde korrekt gerundet. ■

Taschenrechner haben eine Taste zur **Prozentrechnung**. Bei vielen Modellen bewirkt die Prozenttaste % das Gleiche wie „: 100“, denn Prozent bedeutet Hundertstel.

BEISPIEL 3
Berechnung des Prozentwertes:
2 % von 98 — 98 · 2 2nd % → 1,96
Berechnung des Grundwertes:
45 sind 15 % — 45 : 15 2nd % → 300
Berechnung des Prozentsatzes:
35 von 200 — 35 : 200 2nd % → 17,5 % ■

1 Überschlage, rechne schriftlich und dann mit dem Taschenrechner.
Rundet dein Taschenrechner korrekt?
a) 45,123 456 78 + 100,45
b) 45,123 456 78 + 1000,3
c) 987 – 45,123 456 78
d) 9 632 – 45,123 456 78
e) 121,234 567 8 + 1001,234 56
f) 2,123 456 78 – 0,000 000 009
g) 345 678 · 0,123
h) 123 · 0,001 23
i) 45,123 456 · 123
j) 36 278 · 45,8946
k) 12 315 387 : 87 654

2 Teile nacheinander die Zahlen 1 bis 20 durch 7.
Was fällt dir auf?
Kannst du jeweils angeben, ob dein Taschenrechner die Ergebnisse richtig gerundet hat?

3 Schreibe einen Eingabeplan für den Taschenrechner (Randspalte unten) und rechne aus.
a) $8 - 3{,}263 : 2 + 0{,}6315$
b) $\frac{3}{8} + (9 + 13 : 3) \cdot 3$
c) $12 \cdot 8\frac{1}{4} + 9 - 85 : 5$
d) $[(97 + 98) : 15 + 26] : \frac{1}{2}$
e) $\frac{3}{4} \cdot \left[(122 + 17) \cdot \left(\frac{9}{10} - \frac{4}{5}\right)\right]$

4 Berechne mit dem Taschenrechner.
a) $\frac{3}{8} + 6\frac{2}{7}$ b) $1\frac{5}{6} + 7\frac{11}{30}$
c) $5\frac{2}{5} - 3\frac{5}{6}$ d) $2\frac{5}{8} - 2\frac{3}{5}$
e) $\frac{2}{3} \cdot \frac{4}{5}$ f) $9\frac{3}{5} \cdot \frac{5}{6}$
g) $\frac{9}{25} : \frac{18}{35}$ h) $3\frac{7}{9} : 5\frac{2}{3}$

5 Berechne mit dem Taschenrechner.
a) $\left(\frac{5}{16} + \frac{3}{8}\right) : \frac{2}{3}$ b) $1\frac{7}{9} \cdot 4\frac{1}{2}$
c) $\left(\frac{3}{5} - \frac{11}{15}\right) \cdot 3\frac{1}{3}$ d) $\left(9\frac{1}{2} - 4\frac{5}{6}\right) : 3\frac{4}{5}$
e) $17\frac{3}{10} - 8\frac{4}{15}$ f) $\left(\frac{2}{5} + \frac{3}{4}\right) : \left(3\frac{1}{3} \cdot 9\right)$

6 Berechne und gib mindestens zwei verschiedene Eingabepläne an.
a) $\frac{7}{5} \cdot 4$ b) $5 - \frac{0{,}875}{6{,}25} \cdot 3{,}2$
c) $3{,}8 + \frac{0{,}28}{9{,}6} \cdot 2{,}5$ d) $0{,}33 \cdot \frac{1{,}8}{1{,}32} \cdot 6{,}4$

7 Überprüfe deinen Taschenrechner.
a) Gib ein: 3 %
Wenn dein Taschenrechner 0,03 angibt, rechnet er bei Druck auf die Prozenttaste % „: 100“.
b) Berechne den Prozentwert:
15,4 % von 400. Gib ein: 400 · 15,4 %.
Im Display müsste 61,6 stehen.
c) Berechne den Prozentwert: 5 % von 60.
Notiere deine Eingaben.
d) Berechne den Grundwert:
16,2 sind 20 %. Gib ein: 16,2 : 20 %.
Im Display müsste 81 stehen.
e) Berechne den Grundwert: 2,3 sind 4 %.

8 Berechne die Prozentwerte.
BEISPIEL 25 · 5 % = 1,25 ■
a) 5 % von 25; 35; 80; 120; 330; 400
b) 7,5 % von 789; 564; 352; 3215
c) 16 % von 63; 180; 246; 333; 1851
d) 29 % von 17; 261; 378; 3 492; 6209
e) 32,5 % von 603; 970; 10 540; 23 344
f) 42 % von 5778; 13 359; 24 943; 59 872

9 Berechne mithilfe des Speichers.
BEISPIEL 8 % von 32, 44, 92
Eingabe in den Taschenrechner:
[0] [.] [0] [8] [STO] [1] [×] [3] [2] [=] 2,56
[RCL] [1] [×] [4] [4] [=] 3,52
[RCL] [1] [×] [9] [2] [=] 7,36 ■
a) Erkläre die einzelnen Schritte im Beispiel.
b) Berechne 8 % von 60; 95; 108; 121; 220
c) 19 % von 45; 76; 83; 91; 144; 213
d) 32 % von 70; 99; 312; 424; 724; 1 030
e) 59 % von 18; 27; 29; 148; 193; 293; 500
f) 72 % von 37; 283; 382; 391; 401; 862

10 Berechne mit dem Taschenrechner.
a) Ein Fahrrad kostet 868 €.
Dazu kommen noch 19 % Mehrwertsteuer.
Wie hoch ist der Betrag für die Mehrwertsteuer?
Wie hoch ist der Endpreis?
b) Beim Kauf eines Heimtrainers wird der Verkaufspreis von 219 € um 3,5 % verringert.
Um wie viel Euro ist dadurch der Preis gesenkt worden?

BEACHTE
Zeigt dein Taschenrechner nicht diese Ergebnisse an, ist er anders programmiert. Lies in der Bedienungsanleitung nach, wie man mit der Prozenttaste umgeht.

TIPP
Auch ohne Prozenttaste lässt sich der Prozentwert leicht berechnen.
Gib einfach für 5 % von 25 ein: 25 · 0,05, da 5 % = $\frac{5}{100}$ = 0,05.
Das gilt auch für einen Prozentsatz über Hundert.
Gib für 119 % von 25 € ein: 25 · 1,19, da 119 % = $\frac{119}{100}$ = 1,19.

HINWEIS
Ein Eingabeplan zeigt, welche Tasten gedrückt werden.
Ein Eingabeplan zu „3 + $\frac{2}{5}$ =“ ist z. B.
[3] [+] [2] [a b/c] [5] [=]

HINWEIS
Fortsetzung von Seite 71

18 An einer Losbude stehen rechts und links zwei große Schilder, auf denen steht: „35 % Gewinne!“ und „140 Lose sind Gewinne!“

a) Wie viele Lose gibt es insgesamt?
b) Wie viele Nieten sind vorhanden?

19 In einem Einkaufszentrum befinden sich Geschäfte unterschiedlicher Branchen. 56 % (das sind 28 Geschäfte) von ihnen verkaufen Mode, 8 % Schuhe und Lederwaren, 14 % Haushaltswaren und 22 % Elektroartikel.

a) Berechne die Zahl der Geschäfte in jeder Branche sowie die Gesamtzahl aller Geschäfte im Einkaufszentrum.
b) Zeichne einen 10 cm langen Streifen. Markiere in dem Streifen die Anteile der einzelnen Branchen im Einkaufszentrum.

20 In der Zeitung steht, dass bei einem Zugunglück 57 Menschen nur leicht verletzt wurden. Mehr als die Hälfte der Reisenden haben keine Verletzungen.
Wie viele Menschen haben sich mindestens im Zug befunden?

21 Frau Heinrichs möchte einen Werbeprospekt erstellen. Es soll ein Foto ihres Hotels zu sehen sein.
Die Seitenlängen eines Fotos hat sie dafür auf 70 % verkleinert, damit es nur noch 10,5 cm breit und 7 cm hoch ist.

a) Wie groß ist das Ursprungsfoto?
b) Ein anderes Foto ist 30 cm breit und 20 cm hoch und soll auf dieselbe Größe verkleinert werden. Auf wie viel Prozent wird sie es verkleinern?

18 Melissas Klasse führt eine Befragung zum Fernsehverhalten und zur Computernutzung in ihrer Klasse durch. Von den Befragten gaben 7 (das sind 28 %) an, dass sie nicht täglich fernsehen, 19 gaben an, dass sie täglich den Computer nutzen.

a) Wie viele Schülerinnen und Schüler sind in Melissas Klasse?
b) Bestimme den Anteil derjenigen, die täglich den Computer nutzen.

19 In einer Klasse haben 30 % der Schülerinnen und Schüler keine Kamera.
50 % besitzen eine Digitalkamera und 40 % eine andere Kamera.
9 Mitschüler haben nur eine Digitalkamera.

a) Skizziere die Anteile in einem Quadrat mit 100 Kästchen. Beachte, dass sich die Prozente derjenigen, die eine Digitalkamera haben, mit denen, die eine andere Kamera besitzen, überschneiden.
b) Wie viel Prozent besitzen beide Kameratypen? Wie viele Schüler sind das?
c) Wie viele Schülerinnen und Schüler besitzen nur eine Kamera?

20 Berechne für jedes Bundesland die Anzahl der allgemeinbildenden Schulen. Runde das Ergebnis. Ein Beispiel, wie du vorgehen kannst, findest du in der Randspalte.

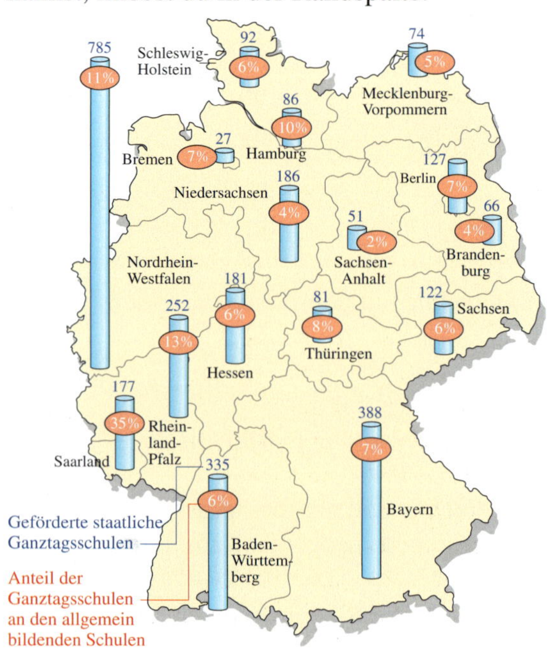

BEISPIEL
zu Aufgabe 20 (orange):
In Sachsen-Anhalt gibt es 51 Ganztagsschulen, das sind 2 % aller allgemeinbildenden Schulen.

Anteil	Anzahl
2 %	51
100 %	2550

(jeweils · 50)

In Sachsen-Anhalt gibt es 2550 allgemeinbildende Schulen.

Prozente im Alltag

Erforschen und Entdecken

1 Berechne die neuen Preise für die einzelnen Waren beim Räumungsverkauf.

2 Eine Hörbuchausgabe wird bei einer Internetbuchhandlung folgendermaßen angeboten:

Harry Potter und der Halbblutprinz. Band 6.
Audio-CD von Joanne K. Rowling und Rufus Beck
von Dhv der Hörverlag (Audio-CD – 17. Februar 2010)
Unverb. Preisempfehlung ~~EUR 89,95~~
Preis: **EUR 53,97**
Sie sparen: EUR 35,98 (40 %) [Auf Lager]

a) Klärt untereinander die Angaben, die für euch unverständlich sind.

b) Helena und Tom wollen überprüfen, ob wirklich um 40 % Rabatt reduziert wurde.
Helena berechnet 40 % von 89,95 €:

Betrag (in €)	Anteil
: 100 ↓ 89,95	100 % ↓ : 100
0,8995	1 %
· 40 ↓ 35,98	40 % ↓ · 40

Tom rechnet so:

Betrag (in €)	Anteil
: 40 ↓ 35,98	40 % ↓ : 40
0,8995	1 %
· 100 ↓ 89,95	100 % ↓ · 100

Wie kommen die Unterschiede bei den Ergebnissen zustande?

3 Ein Fahrrad kostet im Laden 500 €. Stefan und Sabina bekommen 15 % Rabatt.
Sie berechnen auf unterschiedliche Weise den neuen Preis.

a) Erkläre bei beiden, wie sie vorgegangen sind.
Wo sind die Unterschiede?

b) Wie würdest du vorgehen? Begründe.

Stefan:

Anteil	Betrag (in €)
: 100 ↓ 100 %	500 ↓ : 100
1 %	5
· 15 ↓ 15 %	75 ↓ · 15

500 € – 75 € = 425 €

Sabina:

Anteil	Betrag (in €)
: 100 ↓ 100 %	500 ↓ : 100
1 %	5
· 85 ↓ 85 %	425 ↓ · 85

HINWEIS
Um Kunden zu werben, locken Geschäfte oft mit Preisnachlässen. Sie geben Rabatte.

ZUM WEITERARBEITEN
Nach Abzug von 40 % Rabatt kostet eine DVD nur noch 9 Euro.
a) Welcher Prozentsatz wird den 9 Euro zugeordnet?
b) Berechne den ursprünglichen Preis.
c) Wie hoch war der Preisnachlass in Euro?

Lesen und Verstehen

Ein Sporthaus hat vor Kurzem alle Waren um 30% reduziert.
Nun werden Turnschuhe für 53,55 € angeboten.
Wie teuer waren die Turnschuhe zuvor?
In dem Preis sind 19% Mehrwertsteuer enthalten.
Wie hoch ist der Preis ohne die Mehrwertsteuer?

HINWEIS
*Bestimmte Signalwörter können helfen, den Vorgang richtig zu verstehen:
„um" steht für die Höhe der Steigerung bzw. Senkung.
„auf" steht für den veränderten Grundwert.*

Kleines Begriffslexikon für Prozente im Alltag:

Mehrwertsteuer: (Mwst.) Anteil am Verkaufserlös einer Ware, den der Händler an den Staat abgeben muss; zurzeit beträgt die Mehrwertsteuer in Deutschland 19%
Bruttopreis: Preis, der die Mehrwertsteuer enthält
Nettopreis: Preis ohne Mehrwertsteuer
Rabatt: Preisnachlass vom Händler z. B. auf Saisonartikel
Skonto: Preisnachlass bei Barzahlung oder auch bei Zahlung innerhalb einer festgelegten Frist

Im obigen Beispiel werden die Turnschuhe nach der Reduzierung zum Bruttopreis von 53,55 € angeboten.
Dieser Preis enthält die Mehrwertsteuer von 19%.

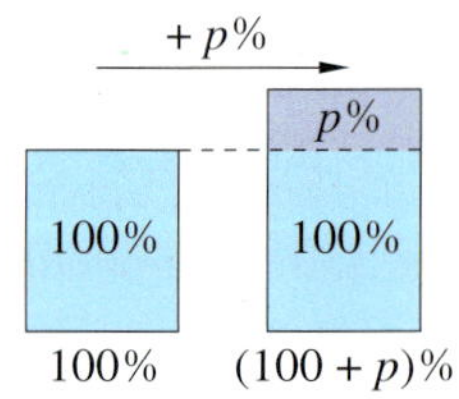

Bei der **Steigerung des Grundwerts** wird eine Größe um p% erhöht und entspricht dann einer Größe von mehr als 100%. Die Größe wird **gesteigert** auf $(100 + p)$%.

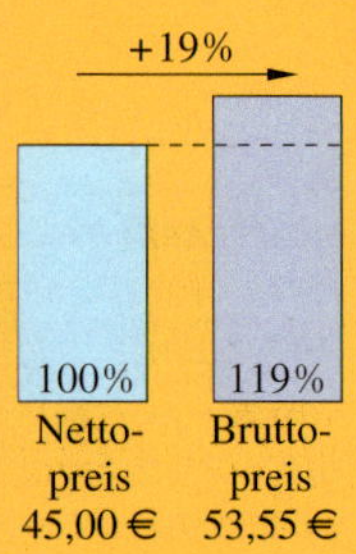

BEISPIEL 1

Das Sporthaus möchte nach dem Verkauf der Turnschuhe einen gewissen Nettopreis erzielen. 19% davon muss als Mehrwertsteuer an den Staat abgeführt werden.
Der Bruttopreis (119%) beträgt 53,55 €.
Der Nettopreis (100%) ergibt sich dann zu 45 €.

	Preis (in €)	Anteil	
: 119	53,55	119%	: 119
· 100	0,45	1%	· 100
	45,00	100%	

Im Beispiel oben wurde der ursprüngliche Preis um 30% reduziert.
Der neue Preis betrug 53,55 €.
Wie groß war der ursprüngliche Preis?

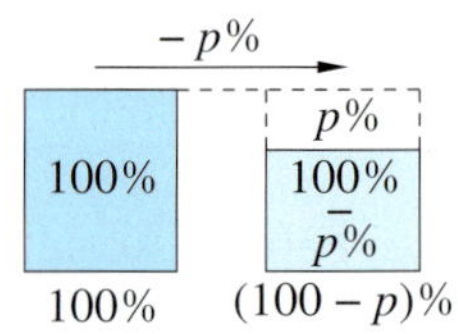

Bei der **Senkung des Grundwerts** wird eine Größe um p% reduziert und entspricht dann einer Größe von weniger als 100%. Die Größe wird **gesenkt** auf $(100 - p)$%.

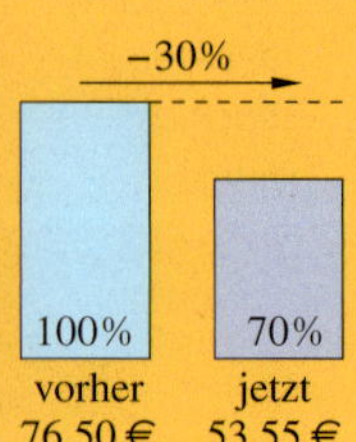

BEISPIEL 2

Die Turnschuhe wurden um 30% reduziert auf 53,55 €.
Der Grundwert wird gesenkt: (100 − 30)% = 70%.
53,55 € entsprechen nur noch 70% des Grundpreises.
Die Turnschuhe kosteten vorher 76,50 €.

	Preis (in €)	Anteil	
: 7	53,55	70%	: 7
· 10	7,65	10%	· 10
	76,50	100%	

Basisübungen

1 Handelt es sich um einen gesteigerten Grundwert oder um einen gesenkten Grundwert? Begründe.

a) Herr Lahn muss zu den Preisen im Großhandel die Mehrwertsteuer dazurechnen.
b) Alle Preise im Schuhladen wurden um 10% reduziert.
c) Die Mitgliederzahl ist im Gegensatz zum Vorjahr um 3% gesunken.
d) Die Mitgliederzahl stieg innerhalb des letzten Jahres um 2%.

1 Steigerungen von Mitgliederzahlen

a) Die Mitgliederzahl stieg um 10% (20%, 15%, 12,5%).
Auf das Wievielfache stieg die Anzahl?
b) Die Anzahl erhöhte sich um das 1,5-Fache (2,5-Fache).
Um wie viel Prozent stieg die Anzahl?
c) Die Mitgliederzahl im Basketballverein ist in diesem Jahr um 12% gestiegen.
Es gibt nun 1232 Mitglieder.
Wie viele waren letztes Jahr im Verein?

2 Ein Geschäft hat zum neuen Jahr alle seine Preise um 5% erhöht.
Gib an, was die einzelnen Dinge vorher gekostet haben. Runde auf Cent.

3 Ermittle den neuen Preis.

	a)	b)	c)	d)
alter Preis	675 €	460 €	1200 €	81,25 €
Erhöhung	20%	15%	10%	25%

3 Ermittle den alten Preis.

	a)	b)	c)	d)
neuer Preis	675 €	460 €	1200 €	81,25 €
Erhöhung	20%	15%	10%	25%

4 Die Miete wurde um 4% erhöht.
Berechne die neue Miete, wenn die alte Miete

a) 500 €
b) 412 €,
c) 675 €,
d) 866 € betrug.

4 Till soll von einem Bruttopreis von 86 € den Nettopreis bestimmen, also 19% Mehrwertsteuer abrechnen.
Er meint: „Der Bruttopreis entspricht 119%. Also muss ich von 86 € 19% abziehen.“
Hat Till Recht? Begründe.

5 Die Miete für ein Geschäft soll nach Ablauf des bisher gültigen Mietvertrages erhöht werden.
Bisher wurden monatlich 50 € pro m^2 gezahlt. Zukünftig soll die Miete 80 € pro m^2 betragen.

a) Auf wie viel Prozent wird die Miete erhöht?
b) Wie viel muss künftig mehr bezahlt werden, wenn das Geschäft 47 m^2 groß ist?
c) Wie groß wäre die zukünftige Miete bei einer Mietsteigerung von 20%?

5 Eine Videothek plant ihr Sortiment für das nächste Jahr.

a) Der Bestand von 600 Videos soll um 15% steigen.
Wie viele Videos gibt es dann?
b) Durch Zukäufe sollen statt bisher 850 dann 1105 DVDs vorhanden sein.
Auf wie viel Prozent der ursprünglichen Anzahl an DVDs wird der Bestand steigen?
c) Um wie viel Prozent stieg in der Videothek der Bestand an Videos und DVDs insgesamt?

So senken Sie den Benzinverbrauch

Weit über 60 Milliarden Liter Kraftstoff schlucken Deutschlands Automobile Jahr für Jahr. Doch je nach Fahrzeug und Fahrverhalten können bis zu 40 Prozent Kraftstoff eingespart werden. Frühzeitig Schalten und Fahren im höchstmöglichen Gang senkt den Verbrauch.

HINWEIS
Die Faktoren zur Steigerung oder Senkung des Grundwertes nennt man Steigerungsfaktor bzw. Senkungsfaktor.

6 Ermittle den neuen Preis. Runde auf Cent.

	a)	b)	c)	d)
alter Preis	675 €	460 €	1200 €	81,25 €
Rabatt	30 %	15 %	12,5 %	33 %

7 Alle Preise wurden um 12 % reduziert. Berechne die neuen Preise, wenn die alten
a) 412 €, b) 675 €, c) 86,5 €
betrugen.

8 Eine Rose kostet nur noch 1,70 €. Ihr Preis wurde um 15 % reduziert.
a) Wie viel kostete sie vorher?
b) Um wie viel Prozent reduziert sich der Gesamtpreis, wenn man 4 Rosen kauft?

9 Vervollständige die Rechnung im Heft. Berechne auch den Preis bei Barzahlung.

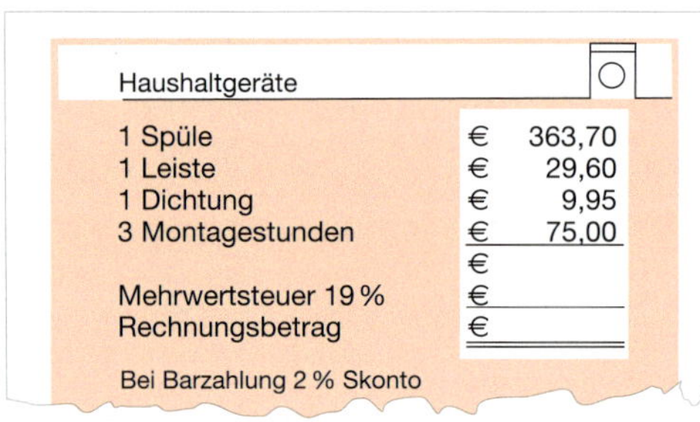

Haushaltgeräte

1 Spüle	€	363,70
1 Leiste	€	29,60
1 Dichtung	€	9,95
3 Montagestunden	€	75,00
	€	
Mehrwertsteuer 19 %	€	
Rechnungsbetrag	€	

Bei Barzahlung 2 % Skonto

10 Frau Seiler kauft eine Waschmaschine mit Lackschäden.
Sie erhält 20 % Rabatt und zahlt 572 €.
Wie hoch war der Preis vorher?

11 Der Preis für ein Fahrradschloss beträgt 30 €. Zu Weihnachten wird er um 5 % reduziert. Vor Ostern wird er nochmals um 15 % reduziert.
a) Wie viel kostet das Schloss zu Weihnachten und wie viel zu Ostern?
b) Gib den gesamten Rabatt zu Ostern an.

12 Im Sommerschlussverkauf wurden die Preise gesenkt. Berechne den Preisnachlass für jeden Artikel in Prozent.

Preis	Jeans	T-Shirt	Rock	Jacke
alt	49,00 €	29,00 €	63,00 €	124,00 €
neu	39,20 €	14,50 €	42,84 €	34,72 €

6 Ermittle den alten Preis. Runde auf Cent.

	a)	b)	c)	d)
neuer Preis	675 €	460 €	1200 €	81,25 €
Rabatt	30 %	15 %	12,5 %	33 %

7 Der Preis für eine Jeanshose wird um 20 % auf 50 € reduziert.
a) Auf wie viel Prozent wurde reduziert?
b) Wie viel kostete die Jeans vorher?

8 Die Verbraucherzentrale berichtet über den Benzinverbrauch (siehe Randspalte).
Wie viel Benzin kann Herr Grat auf 100 km maximal sparen, wenn sein Auto laut Hersteller durchschnittlich 7,5 l pro 100 km verbraucht?

9 Stimmen die Rechnungen? Wie kommt man auf die Faktoren 1,19; 0,65 und 0,85?
a) Bruttopreis 25 €; Nettopreis?
$25 : 1{,}19 = 21{,}01$
b) Nettopreis 42 €; Bruttopreis?
$42 \cdot 1{,}19 = 49{,}98$
c) Preis 40 €; Rabatt von 35 %
$40 \cdot 0{,}65 = 26$
d) Preis 32 €; reduziert um 15 %
$32 \cdot 0{,}85 = 27{,}20$

10 Ein Tankstellenpächter reduziert den Benzinpreis um 2,3 % auf 1,30 € je Liter.
Wie viel kostete das Benzin vorher?
Runde die Preise.

11 Eine Stereo-Anlage kostete 299,00 €.
Sie wurde um 20 % reduziert und später nochmals um 35 %.
Wird die Ware bar bezahlt, kann der Kunde 2 % Skonto abziehen.
Wie viel müsste Paul für die Anlage jetzt bezahlen, wenn er bar zahlen würde?

12 Aus einer offenen 0,7 l-Flasche Wasser verdunsten jeden Tag 10 % des vorhandenen Wassers.
Katja meint, dass die Flasche nach 10 Tagen leer sei. Was meinst du?
Stelle den Vorgang in einem Diagramm dar.

Zinsrechnung

Erforschen und Entdecken

1 Die Zinsrechnung ist ein Anwendungsgebiet der Prozentrechnung.

a) Ordne die Begriffe Prozentsatz, Prozentwert und Grundwert richtig zu.
Wenn 20% aller 34 000 Einwohner von Merseburg Kinder sind, so sind dies 6800.

b) Ordne die Begriffe Zinssatz, Zinsen und Kapital richtig zu.
Wenn Tom 250 € auf einem Sparbuch zu 0,5 % anlegt, erhält er nach einem Jahr 1,25 € dazu.

2 Diskutiert in der Klasse eure Erfahrungen mit Banken.
Anregungen: Warum bekommt man Zinsen? Wann und warum muss man Zinsen zahlen? Warum sind Zinsen unterschiedlich hoch? Wie verdienen Banken ihr Geld?

3 Um Kunden zu werben, locken Banken und Kreditgeber oft mit Anzeigen in der Zeitung.

Anzeige

Attraktive Zinsen bei der **Sparbank**
Legen Sie ihr Gespartes nicht unter die Federn Ihres Kissens!

Legen Sie es lieber ganz leicht, aber fest, für ein Jahr an.
Nur bei uns, exklusiv für **SIE** bieten wir **3 % Zinsen**.

Rufen Sie an: 0123/43443

Anzeige

Sie brauchen GELD – und das sofort?

WIR
sind für Sie da – einfach anrufen,
Kredithöhe angeben → **Sofortkredite**
bis 50 000 €

(Aktueller Zinssatz bei uns nur 18 %)
ELSTER & HAI Tel.: 0123/9876

a) Klärt untereinander die Begriffe und Angaben, die unverständlich sind.

b) Vergleicht die Angebote, findet also Gemeinsamkeiten und Unterschiede.
Worin unterscheiden sich diese Angebote grundsätzlich?

BEACHTE
Der Zinssatz wird grundsätzlich pro Jahr angegeben. Manchmal steht zusätzlich p. a. hinter dem Zinssatz, das bedeutet „per anno“ und ist lateinisch für „jährlich“.

4 Kai soll folgende Aufgabe berechnen:

Wie viel Zinsen sind für einen Kredit von 600 Euro zu zahlen, der mit 8 % verzinst wird?

Er erinnert sich an den Dreisatz und die Formel, die er in der Prozentrechnung gelernt hat. Kann er hier diese Methoden verwenden? Wie könnte er vorgehen?

5 Finja und Felix berechnen 3 % von 50 000 €.

a) Erkläre ihre Vorgehensweisen. Wo sind die Unterschiede?

b) Überlege dir eine passende Aufgabe zu ihren Rechnungen.

BEACHTE
$p\,\% = \frac{p}{100}$

Finja rechnet:

	Anteil	Betrag	
	100 %	50 000 €	
: 100 ↓	1 %	500 €	↓ : 100
· 3 ↓	3 %	1 500 €	↓ · 3

Felix rechnet:

Zinsen (Z) = Kapital (K) · Zinssatz ($p\,\%$)

$Z = K \cdot \frac{p}{100}$

$Z = 50\,000\,€ \cdot \frac{3}{100}$

$Z = 1500\,€$

Lesen und Verstehen

Leonie hat vor einem Jahr 420 € zu 2 % angelegt. Die Zinsen betragen 8,40 €.

Die Zinsrechnung ist eine Anwendung der Prozentrechnung bezogen auf den Geldverkehr und unterscheidet sich von dieser durch die Einführung der Zeit als neuen Wert.
Die bekannten Begriffe bekommen einen neuen Namen:

Begriffe der Prozentrechnung	Prozentsatz $p\,\%$	Grundwert G	Prozentwert W	
Begriffe der Zinsrechnung	Zinssatz $p\,\%$	Kapital K (Guthaben, Kredit)	Zinsen Z	Zeit t (Laufzeit, Ausleihzeit)
BEISPIEL:	2 % von	420 €	sind 8,40 €	Laufzeit: ein Jahr ■

Zur Berechnung von Zinsen, Kapital und Zinssatz für ein Jahr geht man genauso vor wie in der Prozentrechnung zur Berechnung von Prozentwert, Grundwert und Prozentsatz.

BEACHTE
$p\,\% = \frac{p}{100}$

Um die **Jahreszinsen** (Zinsen für ein Jahr) zu berechnen, kann man den Dreisatz oder die Zinsformel nutzen.

$$Z = K \cdot \frac{p}{100}$$

BEISPIEL 1
Leonie hat vor einem Jahr 420 € zu 2 % angelegt. Wie hoch sind die Zinsen?

	Anteil	Betrag	
	100 %	420 €	
: 100	1 %	4,20 €	: 100
· 2	2 %	8,40 €	· 2

$Z = K \cdot \frac{p}{100}$

$Z = 420\,€ \cdot \frac{2}{100} = 8{,}40\,€$

Die Zinsen betragen 8,40 €. ■

Sind die Jahreszinsen und der Zinssatz bekannt, kann das **Kapital** mit dem Dreisatz oder mithilfe der umgestellten Zinsformel berechnet werden.

$$K = Z \cdot \frac{100}{p}$$

BEISPIEL 2
Der Zinssatz beträgt 2 %, das ergibt 8,40 € Zinsen im Jahr. Wie hoch ist das Kapital?

	Anteil	Betrag	
	2 %	8,40 €	
: 2	1 %	4,20 €	: 2
· 100	100 %	420 €	· 100

$K = Z \cdot \frac{100}{p}$

$K = \frac{100}{2} \cdot 8{,}40\,€ = 420\,€$

Das Kapital beträgt 420 €. ■

Sind Kapital und Jahreszinsen bekannt, kann der **Zinssatz** mit dem Dreisatz oder mithilfe der umgestellten Zinsformel berechnet werden.

$$p\,\% = \frac{p}{100} = \frac{Z}{K}$$

BEISPIEL 3
Das Kapital beträgt 420 €, nach einem Jahr gibt es 8,40 € Zinsen. Wie hoch ist der Zinssatz?

	Betrag	Anteil	
	420 €	100 %	
: 100	4,20 €	1 %	: 100
· 2	8,40 €	2 %	· 2

$p\,\% = \frac{p}{100} = \frac{Z}{K}$

$p\,\% = \frac{p}{100} = \frac{8{,}40\,€}{420\,€} = 0{,}02$

Der Zinssatz beträgt 2 %. ■

$\frac{x+y}{2}$

Basisübungen

1 Ordne jeweils die Begriffe Zinssatz, Zinsen und Kapital richtig zu.
a) 50 € von 2000 € sind 2,5 %.
b) 2 % von 600 € sind 12 €.
c) 110 % von 45 € sind 49,50 €.

2 Berechne die Zinsen für das Kapital bei einem Zinssatz von 5 %.
a) 1000 € b) 6500 € c) 2500 €
d) 8420 € e) 4200 € f) 3860 €

3 Berechne die Jahreszinsen im Kopf.
a) 10 % von 600 € b) 5 % von 600 €
c) 2 % von 600 € d) 7 % von 1500 €
e) 1 % von 535 € f) 3 % von 7000 €

4 Berechne die Jahreszinsen und ergänze die Tabelle im Heft.

	Zinssatz $p\%$	Kapital K (alt)	Jahreszinsen Z	Kapital (neu)
a)	0,5 %	5000 €	25 €	5025 €
b)	25 %	4200 €		
c)	15 %	1830 €		
d)	5 %	3950 €		
e)	8 %	4200 €		
f)	7 %	4350 €		

5 Lea und Jonas
a) Lea erhält auf ihrem Sparbuch 0,75 % Zinsen im Jahr. Sie hat 230 € Guthaben auf ihrem Sparbuch. Berechne die Jahreszinsen und das neue Kapital.
b) Jonas hat in seinem Sparschwein 84 €. Er bringt das Geld zur Bank. Nach einem Jahr erhält er 1,5 % Zinsen. Wie viel Euro sind das?

1 Ordne jeweils die Begriffe Zinssatz, Zinsen und Kapital richtig zu.
a) 4 % sind 112 € von 2800 €.
b) Von 36 € sind 3 % 1,08 €.
c) 180 € sind 150 % von 120 €.

2 Warum kann man in der Zinsrechnung die gleichen Verfahren anwenden wie in der Prozentrechnung?
Erkläre in eigenen Worten.

3 Berechne die Jahreszinsen im Kopf.
a) 5 % von 20 € b) 2,5 % von 10 000 €
c) 4,5 % von 3000 € d) 1,25 % von 5 600 €
e) 9 % von 9000 € f) 12 % von 12 000 €

4 Berechne die Jahreszinsen und ergänze die Tabelle im Heft.

	Zinssatz $p\%$	Kapital K (alt)	Jahreszinsen Z	Kapital (neu)
a)	9,87 %	1 500 €		
b)	0,9 %	2 220 €		
c)	1,2 %	3 480 €		
d)	9,5 %	8 630 €		
e)	1,25 %	4 740 €		
f)	17 %	14 350 €		

5 Herr Klein möchte 6000 € anlegen.
Er zahlt bei seiner Bank 2000 € auf sein Konto ein, worauf er 0,5 % Zinsen pro Jahr erhält.
Weitere 2000 € zahlt er auf sein Sparbuch mit gesetzlicher Kündigungsfrist ein, hier bekommt er 1,5 % Zinsen pro Jahr.
Die restlichen 2000 € legt er als Sparbrief an, für den er 3,5 % Zinsen pro Jahr erhält.
a) Was vermutest du: Warum hat Herr Klein sein Geld in verschiedenen Sparformen angelegt?
b) Warum bietet die Bank für die Sparformen unterschiedliche Zinsen an?
c) Wie viel Euro Zinsen kann Herr Klein nach einem Jahr bei den jeweiligen Sparformen erwarten?
d) Wie viel Prozent seines Anlagekapitals von 6000 € betragen die Zinsen insgesamt?

HINWEIS
Man unterscheidet im Bankwesen zwischen Guthabenzinsen und Kreditzinsen. Guthabenzinsen zahlt die Bank aus, wenn Kapital bei ihr angelegt wird. Kreditzinsen zahlt man an die Bank, wenn man von ihr Geld leiht. Da Kreditzinsen in der Regel deutlich höher liegen als Guthabenzinsen, machen die Banken mit dem Verleihen von Geld Gewinn.

ANREGUNG
Erkundigt euch bei Banken oder im Internet nach aktuellen Guthaben und Kreditzinsen.

6 Berechne den Zinssatz.
Ergänze die Tabelle im Heft.

	Kapital *K*	Jahreszinsen *Z*	Zinssatz *p* %
a)	750 €	60 €	
b)	1 250 €	75 €	
c)	3 000 €	150 €	
d)	7 450 €	1341 €	
e)	21 000 €	1050 €	
f)	35 600 €	2848 €	

6 Ergänze die Tabelle im Heft. Runde den Zinssatz auf eine Stelle nach dem Komma.

	Kapital *K*	Jahreszinsen *Z*	Zinssatz *p* %
a)	750 €	50 €	
b)	1 200 €	75 €	
c)	3 000 €	250 €	
d)	7 450 €	708 €	
e)	21 000 €	2079 €	
f)	35 600 €	2029 €	

7 Berechne jeweils den Zinssatz.

a) Für ein Kapital von 1250 € erhält Max nach einem Jahr 43,75 € Zinsen.

b) Frau Griese nimmt einen Kredit über 25 000 € auf. Nach einem Jahr muss sie 2875 € Zinsen zahlen.

7 Nach einem heftigen Sturm muss Familie Berns das Dach reparieren lassen. Sie nehmen für ein Jahr einen Kredit über 6000 € auf und zahlen nach einem Jahr 6420 € zurück. Zu welchem Zinssatz hatte Familie Berns den Kredit erhalten?

8 Frau Sturm möchte nach Ablauf eines Jahres 250 € Zinsen erhalten.
Die Bank bietet einen Zinssatz von 4,3 %. Wie viel muss Frau Sturm einzahlen?

BEACHTE

www 082-1

Unter diesem Webcode gibt es eine interaktive Übung zum Zuordnen von Jahreszinsen.

9 Berechne das Kapital. Ergänze im Heft.

	Jahreszinsen *Z*	Zinssatz *p* %	Kapital *K*
a)	360 €	12 %	
b)	4,50 €	9 %	
c)	3,32 €	4 %	
d)	600 €	5 %	
e)	1495 €	23 %	
f)	9,90 €	11 %	

9 Ergänze die Tabelle im Heft.

	Jahreszinsen *Z*	Zinssatz *p* %	Kapital *K*
a)	360 €	2,4 %	
b)	40,50 €	9 %	
c)	3,32 €	4,5 %	
d)	9,75 €	7,5 %	
e)	106,95 €	23 %	
f)	9,79 €	11 %	

10 Wie hoch ist das Kapital?

a) Philipp erhält bei einem Zinssatz von 2 % 80 € Zinsen.

b) Lena werden bei einem Zinssatz von 2,75 % Zinsen in Höhe von 68,75 € gutgeschrieben.

c) Anja bekommt 15 € Zinsen im Jahr. Ihr Geld ist zu einem Zinssatz von 1,5 % angelegt.

10 Seit 1901 erfolgt jährlich am 10. Dezember in Schweden die Nobelpreisverleihung. Alfred Nobel hat ein Vermögen hinterlassen, aus dessen Zinsen die Nobelpreise finanziert werden.
Seit 2001 beträgt das jährliche Preisgeld insgesamt ca. 1,1 Mio. Euro.
Von welchem Vermögen kann man ausgehen, wenn der Zinssatz 7,5 % beträgt?

11 Ordne Kapital, Zinsen und Zinssatz passend einander zu.

6,16 € | 88 € | 95 € | 10,45 € | 125 € | 48 €

7 % | 1,08 € | 11 % | 2,25 % | 6,25 € | 5 %

11 Die Familie Cunsolo plant einen Garagenbau und beabsichtigt, deshalb einen Kredit aufzunehmen. Die jährlichen Zinsen sollen höchstens 550 € betragen.
Berechne mit einem Taschenrechner mindestens drei Kombinationen aus Kredithöhe und Zinssatz.

$\frac{x+y}{2}$

Tageszinsen und Zinseszinsen (nur RS)

Erforschen und Entdecken

1 Arbeitet zu zweit.
a) Erkundigt euch nach aktuellen Zinssätzen für Geldanlageformen und Kredite.
b) Erklärt gemeinsam, warum Zinsen für Geldanlagen niedriger sind als Zinsen für Kredite.
c) Die Zeit spielt in der Zinsrechung eine wichtige Rolle. Zinssätze beziehen sich immer auf ein Jahr. Doch wie könnte man Zinsen bei längeren oder kürzeren Zeiträumen, einigen Jahren oder nur ein paar Monaten, Wochen oder Tagen berechnen?
Diskutiert darüber zunächst zu zweit und dann in eurer Klasse.

HINWEIS
Erklären heißt: geordnet und zusammenhängend darstellen, warum Sachverhalte so und nicht anders beschaffen sind.

2 Alicia hat zu Jahresbeginn 600 € auf ihrem Sparbuch. Der Zinssatz beträgt 0,75 %.
a) Wie viel Zinsen gibt die Bank, wenn sich Alicia ihr Geld nach einem halben Jahr auszahlen lässt?
b) Wie viel Zinsen bekommt Alicia, wenn sie sich das Geld am 1. März auszahlen lässt?
Überlege erst allein. Besprich dich dann mit einem Mitschüler oder einer Mitschülerin. Diskutiert danach in der Klasse über eure Lösungswege und Ergebnisse.

3 Martin sagt zu Paula: „Ob du nun 7 % oder 7,5 % zahlen musst – 0,5 Prozentpunkte machen bei einem Kredit fast nichts aus.“ Was meinst du dazu? Begründe mithilfe einer Rechnung.

4 Verdopplung von Kapital
a) Wann verdoppelt sich ein Kapital von 100 € bei einem Zinssatz von 5 %?
b) Wann verdoppelt sich ein Kapital von 100 € bei einem Zinssatz von 4 %?
c) In der Randspalte steht eine Faustregel zur Verdopplung des Kapitals.
Überprüfe die Faustregel für eine Geldanlage von 10 000 € zu 5 %, wenn die Zinsen zu gleichen Bedingungen mit angelegt werden. Stimmt die Faustregel?

HINWEIS
Eine Faustregel zur Verdopplung des Kapitals: $\frac{70}{\text{Zinssatz}}$ *= Anzahl der Jahre, nach denen sich das Kapital verdoppelt.*

5 Felia möchte sparen und möglichst viel Zinsen bekommen. Sie informiert sich bei einer Bank und erhält eine Werbebroschüre, die das Anwachsen des Kapitals zeigt. Wie steigen die Zinsen von Jahr zu Jahr? Was stellst du fest?

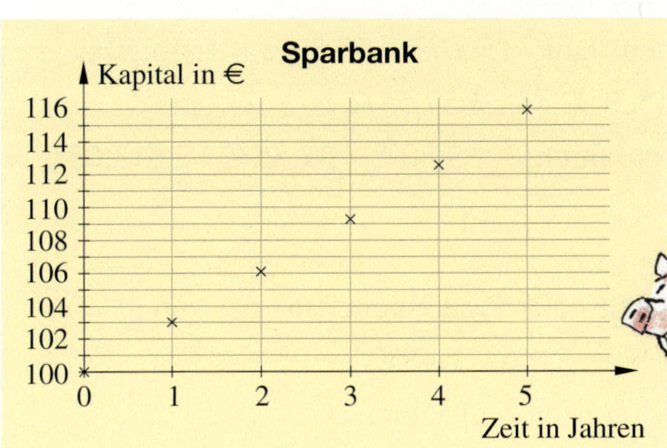

Lesen und Verstehen

Volljährige können ein **Girokonto** überziehen, also mehr abheben, als Guthaben vorhanden ist. Die Banken bieten dann für das Überziehen den so genannten **Dispositionskredit** an. Dafür werden hohe Zinsen fällig. Diese Zinsen werden taggenau berechnet.

Um eine taggenaue Verzinsung zu berechnen, gibt es unterschiedliche Methoden. Hier wird die deutsche kaufmännische Zinsmethode verwendet.

Tom hat sein Konto vom 06.04. bis zum 29.10. mit 1400 € überzogen. Die Bank verlangt für den Dispositionskredit einen Zinssatz von 13 %. Wie viel Zinsen muss er zahlen?

Beim Berechnen der Zinstage zählt der Auszahlungstag mit, der Einzahlungstag jedoch nicht.

BEISPIEL 1

Tom überzog sein Konto am 06.04. (Tag zählt nicht mit) und glich es am 29.10. (Tag zählt mit) wieder aus.

April	06.04. bis 30.04.	30 Tage – 6 Tage	24 Tage
fünf Monate	01.05. bis 30.09.	5 · 30 Tage	150 Tage
Oktober	01.10. bis 29.10.	29 Tage	29 Tage
		Insgesamt:	t = 203 Tage

■

HINWEIS
Der Zeitfaktor entspricht nicht ganz genau unserer Zeitrechnung: Der Wechsel zwischen 30 und 31 Tagen wird nicht berücksichtigt, auch fehlen 5 Tage im Jahr, in einem Schaltjahr sogar 6.

Der Zeitfaktor *t* in der Zinsrechnung
Ein Jahr wird mit 12 Monaten zu 30 Tagen, also mit 360 Tagen angegeben.
Ein Tag entspricht dem Zeitfaktor $t = \frac{1}{360}$, d Tage entsprechen $t = \frac{d}{360}$.
Ein Monat entspricht $t = \frac{30}{360} = \frac{1}{12}$, m Monate entsprechen $t = \frac{m}{12}$.

Die Zinsen für Teile eines Jahres kann man berechnen, indem man das Kapital mit dem Zinssatz und mit dem Bruchteil eines Jahres multipliziert.
$Z = K \cdot p\% \cdot t$

BEISPIEL 2

Zinsen (Z) = Kapital (K) · Zinssatz (p%) · Zeitfaktor (t)

$$Z = 1400\,€ \cdot 13\,\% \cdot \frac{203}{360}$$
$$Z = 1400\,€ \cdot \frac{13}{100} \cdot \frac{203}{360}$$
$$Z = 102{,}63\,€$$

Tom muss 102,63 € Zinsen zahlen. ■

Werden Zinsen am Jahresende zum jeweiligen Kapital hinzugefügt und im folgenden Jahr mit verzinst, so spricht man von **Zinseszinsen**.

BEISPIEL 3

Petra legt 1500 € für 2 Jahre in einem Sparbrief zu 3,7 % an.
1. Jahr: $Z = 1500\,€ \cdot \frac{3{,}7}{100} = 55{,}50\,€$
Kapital nach einem Jahr: 1500 € + 55,50 € = 1555,50 €
2. Jahr: $Z = 1555{,}50\,€ \cdot \frac{3{,}7}{100} = 57{,}55\,€$
Kapital nach zwei Jahren: 1555,50 € + 57,55 € = 1613,05 € ■

Das Kapital nach n Jahren lässt sich mit der Formel $K_n = K \cdot \left(1 + \frac{p}{100}\right)^n$ berechnen.

BEISPIEL 4

Für 5 Jahre legt Ralf 4500 € zu einem Zinssatz von 7 % an.
$K_5 = 4500\,€ \cdot \left(1 + \frac{7}{100}\right)^5 = 6311{,}48\,€$
Sein Kapital beträgt nach fünf Jahren 6311,48 €. ■

$\frac{x+y}{2}$

Basisübungen

1 Schreibe als Bruchteil eines Bankjahres.
a) 30 Tage b) 60 Tage c) 90 Tage
d) 180 Tage e) 16 Tage f) 45 Tage
g) 54 Tage h) 5 Monate i) 7 Monate

2 Berechne die Zinstage für die folgenden Zeiträume.
a) 01.06. – 30.09. b) 01.01. – 18.04.
c) 05.05. – 13.09. d) 11.07. – 24.10.

3 Berechne die Zinsen aus der Geldanlage.
a) 300 € zu 1,5 % für 90 Tage
b) 450 € zu 2,2 % für 60 Tage
c) 220 € zu 2,8 % für 200 Tage
d) 235 € zu 1,5 % für 150 Tage
e) 175 € zu 1,25 % vom 02.11. bis 16.12.

4 Zahlt man bei einer Bank oder Sparkasse Geld für eine vereinbarte Zeit ein, so spricht man von Festgeld. Berechne die Zinsen.
a) 25 000 € für 8 Monate zu 2,2 %
b) 50 000 € für 6 Monate zu 2,7 %
c) 90 000 € für 10 Monate zu 3,1 %
Warum wird für Festgeld in der Regel ein höherer Zinssatz gewährt als für normale Sparkonten?

5 Lars überzieht sein Girokonto für 37 Tage um 239 €. Die Bank gibt ihm einen Dispositionskredit.
Der Zinssatz ist mit 12,5 % recht hoch.
Wie viel Zinsen muss Lars zahlen?

6 Berechne die Zinsen für einen Dispositionskredit.
a) 4 723 € zu 10,25 % für 40 Tage
b) 8 500 € zu 11,1 % für 120 Tage
c) 3 780 € zu 12,25 % für 50 Tage
d) 8 200 € zu 11,0 % für 200 Tage
e) 4 520 € zu 8,0 % für 50 Tage
f) 10 000 € zu 13,0 % für 130 Tage
g) 12 400 € zu 12,7 % für 80 Tage

7 Eric leiht sich von seinem Freund 10 €, die er einen Monat später mit 0,50 € Zinsen zurückzahlt.
Welchem Zinssatz entspricht das?

8 „Ich stifte die Zinsen meines Vermögens, das zu einem Zinssatz von 3,75 % angelegt ist, dem Tierheim am Ort.
Das Kapital bleibt unangetastet. Es werden nur die Zinsen ausbezahlt. Das Tierheim erhält somit pro Tag einen Zuschuss von 50 €."

HINWEIS
Für eine Bank hat das Jahr nur 360 Tage.

9 Bestimme die Zeit in Tagen.

	a)	b)	c)	d)
Kapital in €	8526	12 320	16 540	10 020
Zinsen in €	28,42	45,43	405,23	521,04
Zinssatz	3,75 %	2,95 %	12,25 %	7,8 %

10 Ein Profisportler will von den Zinsen seines Vermögens leben. Er legt 200 000 € zu 8 % an. Wie viel Zinsen kann er sich jeden Monat auszahlen lassen?

11 Berechne die Zinsen für die Kredite.
a) 4500 € zu 9,3 % vom 20.12. bis 07.02.
b) 8300 € zu 11,5 % vom 24.03. bis 03.07.
c) 7000 € zu 9,73 % vom 05.07. bis 25.12.

12 Vergleiche die Angebote.

Kredit	*A*	*B*
Höhe	7000 €	7000 €
Zinssatz	9,5 %	9 %
Rückzahlung nach	10 Monaten	9 Monaten
Bearbeitungsgebühr	30 €	45 €

13 Frau Quasten hat Geld aus einer Lebensversicherung für 7 Monate bei einem Zinssatz von 3,4 % festgelegt.
Welchen Betrag hat sie angelegt, wenn sie am Ende 892,50 € Zinsen erhält?

14 Erkläre in eigenen Worten, wie Zinseszinsen entstehen.
Schreibe die Erklärung in dein Heft.

15 Berechne jeweils das Kapital nach zwei Jahren.

	a)	b)	c)	d)
Kapital K	190 €	320 €	570 €	60 €
Zinssatz p %	1,5 %	2,2 %	3,1 %	
Zinsen für das 1. Jahr				1,50 €
Kapital zu Beginn des 2. Jahres	192,85 €			
Zinsen für das 2. Jahr				
Kapital nach 2 Jahren				

16 Berechne die Gesamtkosten für jeden Kredit bei einer Laufzeit von einem Jahr.
Welches Angebot ist am günstigsten?

Angebot A
Sofortkredit
20 000 €
zu günstigem Zinssatz
von nur 12,5 %

Angebot B
Geld-Sofort-Super-Kredit
für Sie: 20 000 €
einmalige Zahlung: 500 €
monatliche Zinsen: 380 €

Angebot C
Barkredit sofort:
20 000 €
Sie zahlen
300 € Zinsen p. Monat
und 4 % einmalig vom Barkredit.

Angebot D
Sofortgeld: 20 000 €
Zinssatz: 12 %;
einmalige Bearbeitungsgebühr
von 120 €

17 Wie hoch ist der Zinssatz?

KAPITALMARKT
TOP-ANGEBOT
FÜR IHREN URLAUB
z.B. 1500 € in 12 kleinen Raten
Zinsen nur 20 € pro Monat
BARGELD – sofort
Blitz – Finanz ☎ 0291 / 987231

18 Petra legt 2500 € fest an bei einem Zinssatz von 3,7 %. Die anfallenden Jahreszinsen werden mitverzinst.
Auf welches Kapital ist ihr Vermögen nach sechs Jahren angewachsen?

19 Berechne das Kapital nach den angegebenen Jahren.
a) $K = 250$ €, $p\% = 4{,}5$, $t = 8$ Jahre
b) $K = 1750$ €, $p\% = 3$, $t = 5$ Jahre
c) $K = 5000$ €, $p\% = 6$, $t = 10$ Jahre

20 Die Eltern von Annika legen zu ihrer Geburt 1000 € an. Das Geld wird mit einem Zinssatz von 8 % verzinst und ihr an ihrem 18. Geburtstag überreicht.
Auf wie viel Geld kann sich Annika freuen?

21 Erstelle zu den Werten ein Diagramm, das den Kunden einen größeren Vermögensanstieg vortäuscht.
Nutze ein Tabellenkalkulationsprogramm.

Jahr	0	2	4	6	8
Kapital	100,00	121,00	146,00	177,15	214,35

Jahr	10	12	14	16
Kapital	259,35	313,85	379,75	459,50

22 Betrachte das folgende Tabellenblatt.

	A	B	C	D	E
1					
2					
3	**Berechnung der Zinsen**			**Berechnung des Kapitals**	
4	**Kapital**	180,00 €		**Zinsen**	0,60 €
5	**Zinssatz (in %)**	4		**Zinssatz (in %)**	4
6	**Laufzeit (in Tagen)**	30		**Laufzeit (in Tagen)**	30
7	**Zinsen**	0,60 €		**Kapital**	180,00 €
8					
9	**Berechnung des Zinssatzes**			**Berechnung der Laufzeit**	
10	**Kapital**	180,00 €		**Kapital**	180,00 €
11	**Zinsen**	0,60 €		**Zinssatz (in %)**	4
12	**Laufzeit (in Tagen)**	30		**Zinsen**	0,60 €
13	**Zinssatz (in %)**	4		**Laufzeit (in Tagen)**	30
14					

a) In Zelle **B7** steht die Formel **=B4*B5/100*B6/360**.
Erkläre, was sie bedeutet.
b) Stelle Formeln für die Zellen **B13**, **E7** und **E13** auf, die du mit „=“ einleitest.
c) Lege ein solches Tabellenblatt an.

23 Wann haben sich 20 000 € verdoppelt, die zu 9 % (zu 10,5 %) angelegt wurden?

$\frac{x+y}{2}$

Thema: Promille

Das Wort Promille tritt häufig im Zusammenhang mit Alkohol im Straßenverkehr auf. Dabei wird die Bezeichnung Promille nur benutzt, wenn die Anteile kleiner sind als 1 %. Promille (‰) sind Anteile mit dem Nenner 1000.

Es gilt:
$1‰ = \frac{1}{1000} = 0{,}001 = 0{,}1\,\%$

1 ‰ Blutalkohol bedeutet:
in 5 l = 5000 ml Blut befinden sich 5 ml Alkohol.

HINWEIS
Promille kommt von „pro mille“ (lat.) und bedeutet „von tausend“.

Auswirkungen des Blutalkoholgehalts auf den Körper

< 0,2 ‰	enthemmende Wirkung mit Steigerung der Redseligkeit
0,5 ‰	deutliches Nachlassen der Reaktionsfähigkeit, Risikobereitschaft
0,8 ‰	deutlich eingeschränkte Reaktionsfähigkeit
1,0 ‰	Beeinträchtigung von Konzentration und Koordination, Sprachstörungen
1,5 ‰	Selbstgespräch, Stottern und Schwanken, starke Betrunkenheit
2,0 ‰	Erbrechen, hilfloser Zustand, unkontrolliertes Torkeln, schwerer Rausch
ab 2,5 ‰	Störung von Atmung und Blutkreislauf, Bewusstsein setzt aus, Lebensgefahr
über 4‰	meist tödlich

SCHON GEWUSST?
*Im **Straßenverkehr***
ab 0,3 ‰: *Führerscheinentzug bei Fahrunsicherheit bzw. Unfall;*
ab 0,5 ‰: *Geldbuße und Fahrverbot;*
ab 1,1 ‰: *Geld- oder Freiheitsstrafe, Entziehung der Fahrerlaubnis*

Berechnung des Blutalkohols in Promille
Die Menge des Blutalkohols ist abhängig von der Körpermasse und vom Geschlecht. Zudem verteilt sich der Alkohol nicht nur auf das Blut, sondern auch auf das Wasser im gesamten Körper. Die folgenden Rechenschritte helfen, den Blutalkohol in Promille zu ermitteln.

① *Berechnung des Wassergehalts im Körper*
Der Wassergehalt beträgt bei Männern 70 % der Körpermasse, bei Frauen 60 % der Körpermasse.

② *Umrechnung des getrunkenen Alkohols in Gramm*
Mit der Prozentrechnung wird der Alkoholgehalt in Milliliter bestimmt. Um ihn in Gramm umzurechnen, muss man mit 0,8 multiplizieren.

③ *Berechnung des Blutalkohols in Promille*
$\frac{\text{Alkoholgehalt des Getränks in } g}{\text{Wassergehalt des Körpers in } g}$

BEISPIEL
Marina wiegt 50 kg.
Sie hat 30 kg = 30 000 g Wasser im Körper (60 % von 50 kg).

200 ml Wein enthalten 12 % Alkohol, das sind 24 ml, also 19,2 g
$(24 \cdot 0{,}8 = 19{,}2)$.

Blutalkohol von Marina:
$\frac{19{,}2}{30\,000} = \frac{192}{300\,000} = 0{,}000\,64 = 0{,}64‰$ ■

1 Herr Mandel wiegt 70 kg und hat 20 ml Schnaps (40 %) getrunken.
a) Gib seinen Blutalkoholgehalt an.
b) Welche Auswirkungen können bei ihm auftreten? Darf er noch Autofahren?

2 Frau Tau (60 kg) hat 1 l Bier getrunken.
a) Wie viel Promille hat sie im Blut?
b) Welche Auswirkungen wird das Bier auf den Körper haben?

3 Erfinde eigene Aufgaben zum Thema Blutalkohol und Promille und löse sie.

4 Die Blutmenge im Körper entspricht etwa 8 % der Körpermasse.
Wie viel Kilogramm Blut hat ein Mensch mit 75 kg (50 kg, 43 kg)?

5 Eine Autofahrerin wiegt 62,5 kg.
Bei ihr wurden 0,6 ‰ festgestellt.
Wie viel Milliliter Alkohol hat sie im Blut?

6 Herr Maus wiegt 85 kg.
Ihm wurde sein Führerschein entzogen.
Wie viel Promille und wie viel Milliliter Alkohol hatte er mindestens im Blut?

BEACHTE
Alkoholgehalt verschiedener Getränke:

Bier	*5 %*
Sekt	*11 %*
Wein	*12 %*
Schnaps	*40 %*

Klar soweit?

→ Seite 64

Anteile und Prozente

1 Gib den Anteil der gefärbten Fläche als Bruch und in Prozent an.

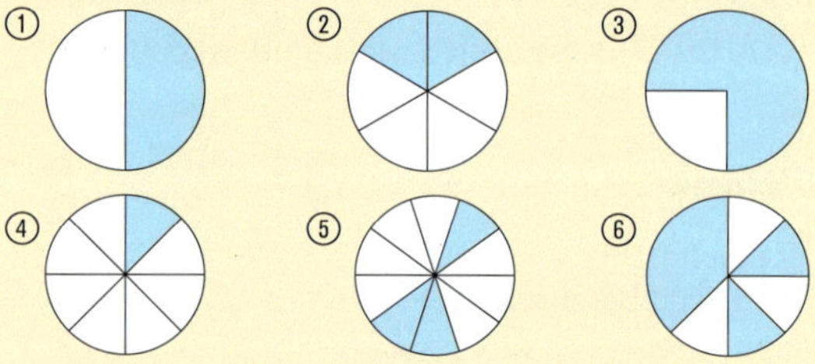

2 Auf der Kirmes gibt es eine Losbude. Alina hat 20 Lose gekauft. Darunter waren 3 Gewinne. Jasmin hat 25 Lose gekauft und 4 Gewinne gezogen.
Wer hat den größeren Anteil an Gewinnen? Gib als Bruch und als Prozentzahl an.

1 Gib den Anteil der gefärbten Fläche als Bruch und in Prozent an.

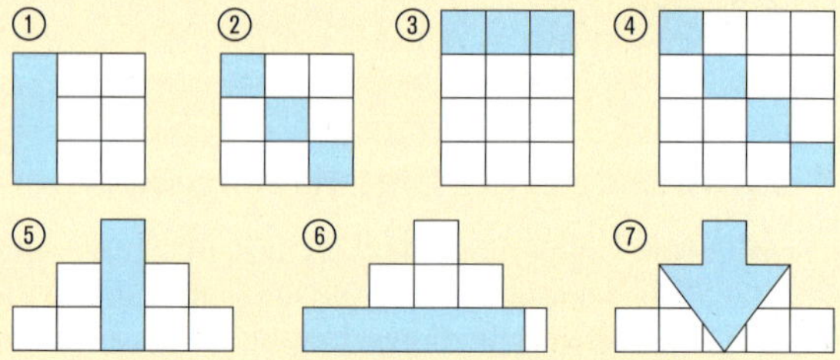

2 In einem Fernsehquiz raten 3 Kandidaten gegeneinander. Frau Schilling hat 68 % der Fragen richtig beantwortet, Frau Penny hat von 50 Fragen 33 richtig beantwortet und Herr Thaler hat $\frac{3}{5}$ richtige Antworten gegeben. Wer hat gewonnen?

→ Seite 68

Prozentsatz, Prozentwert und Grundwert

3 Berechne.
a) 2 % von 800 € (1200 €; 640 €; 37 €; 2 €)
b) 45 % von 600 m (1500 m; 8400 m; 3,60 m; 9,60 m; 2 m; 48 m; 23 km; 62 km)
c) 75 % von 1000 g (4000 g; 640 g; 5600 g; 2 kg; 56 kg; 3,2 kg; 18,4 kg; 48,8 kg)

4 Ergänze die Tabelle im Heft.
Überprüfe durch einen Überschlag.

W	13 m	18 l	176 m	144 kg
G	25 m	60 l	320 m	960 kg
p %				

5 Gesucht ist der Grundwert.
a) 20 % sind 8 kg
5 % sind 12 kg
80 % sind 24 kg
2 % sind 7 kg

b) 40 % sind 16 h
3 % sind 15 Liter
70 % sind 49 m
6 % sind 24 kg

3 Korrigiere, wenn es nicht stimmt.
a) 70 % von 70 m sind 49 m.
b) 90 % eines Tages sind 1296 min.
c) 50 % von 1 h sind 50 min.
d) 105 % von 140 kg sind 135 kg.
e) 7,5 % von 88 Liter sind 66 Liter.

4 Überschlage zuerst das Ergebnis.
Berechne den Prozentsatz auf eine Stelle nach dem Komma.
a) 3,50 € von 12 €
250 € von 2700 €
724 € von 6600 €

b) 23 kg von 52 kg
1,75 kg von 20,4 kg
7,8 t von 12 600 kg

5 Berechne den Grundwert.
a) 168 cm sind 24 %
390 cm sind 26 %
2,88 m sind 96 %
7,77 m sind 37 %

b) 108 l sind 45 %
7,8 hl sind 65 %
45 900 ml sind 9 %
584,8 l sind 68 %

→ Seite 76

Prozente im Alltag

6 In dieser Saison wurde eine Tageskarte im Skigebiet um 3 % teurer und kostet nun 45 €. Wie viel zahlte man in der letzten Saison?

6 Der Preis für einen DVD-Player ist um 10 % gestiegen und kostet im Kaufhaus jetzt 242 €. Wie hoch war der alte Preis?

$\frac{x+y}{2}$

7 Ermittle den alten Preis.
Runde auf Cent.

	a)	b)	c)	d)
neuer Preis	75 €	46 €	200 €	25 €
Erhöhung	20 %	15 %	10 %	25 %

7 Ermittle den alten Preis.
Runde auf Cent.

	a)	b)	c)	d)
neuer Preis	67 €	460 €	1200 €	81 €
Erhöhung	20 %	12 %	18 %	25 %

8 Felix nutzt ein Sonderangebot. Er bekommt ein Jo-Jo 20 % billiger und spart dadurch 3,20 €.
Wie viel kostete das Jo-Jo ursprünglich und wie viel hat Felix im Sonderangebot bezahlt?

8 Nicole bekommt beim Kauf eines Tennisschlägers 30 % Preisnachlass und muss nur noch 87,50 € bezahlen.
Wie viel kostete der Tennisschläger ursprünglich und wie hoch ist der Preisnachlass?

Zinsrechnung

→ Seite 80

9 Ergänze die Tabelle im Heft.
Die Anlagedauer beträgt jeweils ein Jahr.

	Kapital *K*	Zinssatz *p* %	Zinsen *Z*
a)	412 €	4,5 %	
b)	840 €		29,40 €
c)	5500 €	12,5 %	
d)		3,4 %	30,60 €
e)	3000 €		399 €

9 Ergänze die Tabelle im Heft.

	Zinssatz *p* %	Kapital *K* (alt)	Jahreszinsen *Z*	Kapital (neu)
a)	2,5 %	2150 €		
b)		3300 €	198 €	
c)	4 %		296,40 €	
d)		1850 €		1887 €
e)		2340 €		2562,30 €

10 Wie hoch ist der Zinssatz?
a) Für ein Guthaben von 1890 € werden 94,50 € Jahreszinsen ausgezahlt.
b) Für ein Guthaben von 1258 € werden nach einem Jahr 81,77 € gutgeschrieben.

10 Ein Darlehen von 15 000 € soll nach einem Jahr einschließlich Zinsen zurückgezahlt werden. Die Bank fordert insgesamt 16 650 €.
Welchen Jahreszins berechnete die Bank?

Tageszinsen und Zinseszinsen (nur RS)

→ Seite 84

11 Berechne und ergänze die Tabelle im Heft.

	Kapital	Zinssatz	Laufzeit	Zinsen	Jahreszinsen
a)	3000 €	11,5 %	4 Monate		
b)	500 €	2,5 %	180 Tage		
c)	1000 €			25 €	75 €
d)	400 €	2,5 %		3,50 €	
e)	13 000 €	3,5 %	144 Tage		

12 Frau Ohnesorg hat auf einem Sparkonto 4250 € angelegt.
Am Jahresende erhält sie 318,75 € Zinsen.
Wie viel Geld erhält sie, wenn sie das Kapital mit Zinsen für ein weiteres Jahr zu den gleichen Bedingungen anlegt?

3

Vermischte Übungen

1 Berechne. Wie viel Prozent sind …
a) 28 t von 560 t? b) 6 h von 24 h?
c) 27 min von 1 h? d) 120 kg von 1,5 t?

1 In Karls Klasse haben 15 von 32 Schülerinnen und Schülern keine Geschwister. Wie viel Prozent sind das?

2 Gib den gefärbten Anteil in Prozent an.

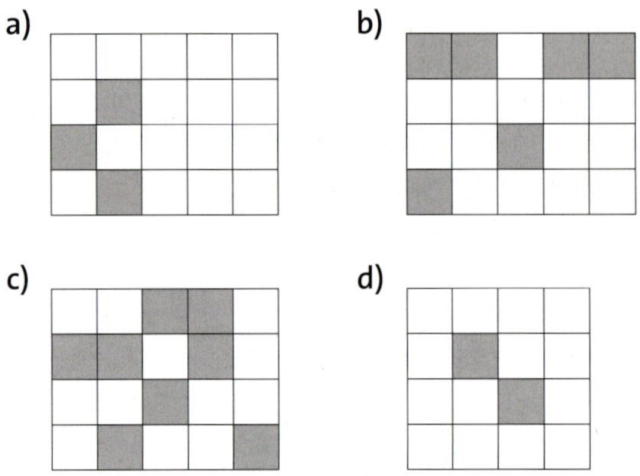

2 Gib den gefärbten Anteil in Prozent an.

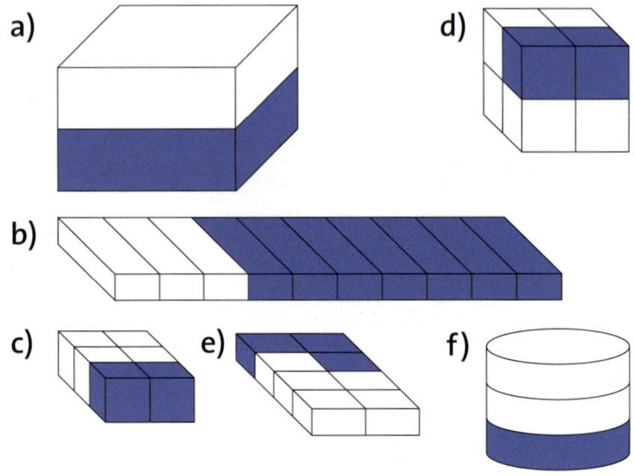

3 Welche Zahlen sind gleich?

- 64 %
- $\frac{16}{25}$
- 50 %
- $\frac{7}{50}$
- 70 %
- 0,5
- $\frac{6}{5}$
- $\frac{175}{250}$
- 25 %
- 0,85
- $\frac{1}{2}$
- 0,7
- 14 %
- $\frac{17}{20}$
- 120 %
- 0,64
- $\frac{12}{48}$
- 0,25
- 0,14
- 85 %
- 1,2

4 Fülle die Tabelle im Heft aus.

Grundwert	Prozentsatz	Prozentwert
1100	35 %	
	70 %	154
820		451
3	66 %	
	12 %	45
8		0,08

4 Fülle die Tabelle im Heft aus.

Grundwert	Prozentsatz	Prozentwert
12 €	12 %	
	2,4 %	4,8 m
2,04 l		0,1 l
	0,2 %	1,2 ha
39 km	17 %	
140 g		22,4 g

5 Ergänze die Tabelle im Heft.

	a)	b)	c)	d)	e)
Grundwert *G*	80			120	26
Prozentsatz *p* %	5 %	12 %	20 %		45 %
Prozentwert *W*		24	5	36	

5 Ergänze die Tabelle im Heft.

	a)	b)	c)	d)	e)
Grundwert *G*		35	75	4,4	3,8
Prozentsatz *p* %	8 %	62 %		90 %	
Prozentwert *W*	24		15		1,52

6 Welchem prozentualen Anteil entspricht das?
a) Von 200 Teilnehmern eines Marathonlaufs gaben 28 vor Erreichen des Zieles auf.
b) Von den 200 Teilnehmern erreichten 6 das Ziel in weniger als 3 Stunden.

$\frac{x+y}{2}$

7 Ergänze die Tabelle im Heft.
Runde auf Hundertstel.

W	47 m	□ €	93 g	54 m	□ ha
p%	34,7 %	26,5 %			81,1 %
G	□ m	542 €	442 g	223 m	54 ha

8 Ein Aquarium ist 60 cm lang, 20 cm breit und 30 cm hoch.
Es wurden 27 Liter Wasser eingefüllt.
Welcher Prozentsatz des Gesamtvolumens ist das?

9 In der letzten Mathematikarbeit wurden folgende Noten vergeben:

Note	1	2	3	4	5	6
Schüler	1	5	10	8	4	2

a) Berechne, wie viel Prozent der Schüler eine 1 geschrieben haben.
b) Wie viele Schüler schrieben besser als 4?
c) Ermittle, wie viel Prozent der Schüler eine Note von 1 bis 3 hatten.
d) Veranschauliche die Notenverteilung in einem Säulendiagramm.

10 Bei einem Poker-Spiel gibt es 2 598 960 verschiedene Kombinationsmöglichkeiten.
In wie viel Prozent der Fälle kommen folgende Kombinationen vor?
a) Zwei Karten gleichen Wertes (Paar): 1 098 240 Möglichkeiten
b) 5 Karten in einer Reihe (Straße): 10 200 Möglichkeiten
c) Vier Karten mit gleichem Wert (Poker): 624 Möglichkeiten
d) Straße in einer Farbe bis As (Royal Flush): 4 Möglichkeiten

7 Ergänze die Tabelle im Heft.
Runde auf Hundertstel.

W	42 ha	54 min	□ m^2	142 cm^2
p%			12,5 %	83,5 %
G	17 km^2	23 h	142 a	□ m^2

8 Ein Würfel hat eine Kantenlänge von 2 cm.
a) Berechne den gesamten Oberflächeninhalt und das Volumen des Würfels.
Gib den Prozentanteil einer Seite am Oberflächeninhalt an.
b) Um wie viel Prozent ändert sich der Oberflächeninhalt des Würfels, wenn sich die Kantenlänge verdoppelt (verdreifacht, halbiert, um 50 % verlängert)?
c) Um wie viel Prozent ändert sich das Volumen des Würfels, wenn sich die Kantenlänge verdoppelt (verdreifacht, halbiert, um 50 % verlängert)?

9 Veranschauliche die prozentualen Anteile der folgenden Angaben in einem geeigneten Diagramm.
a) Ein Zoo hat 500 Tiere. 125 von ihnen sind Fische, 250 sind Vögel, der Rest sind andere Tiere.
b) Die Klasse 7 a hat 32 Schülerinnen und Schüler. 18 von ihnen sind Mädchen.
Die Klasse 7 b hat 25 Schülerinnen und Schüler, 21 davon sind Jungen.
Vergleiche die Anteile der Mädchen in beiden Klassen.

10 Die Stadt A hat 25 000 Einwohner, die Stadt B 45 000 Einwohner.
In der Stadt A fahren täglich 12 000 Menschen mit dem Auto zur Arbeitsstätte, in Stadt B 16 000.
a) Wie viel Prozent Einwohner hat Stadt B mehr als Stadt A?
b) In welcher Stadt fährt ein höherer Prozentsatz mit dem Auto zur Arbeit?
c) Wie viele Einwohner leben in 5 Jahren in A und B, wenn die Einwohnerzahl in A um 3 % und die von B um 7 % je Jahr zunimmt?

BEACHTE
WWW 091-1
Weiteres Übungsmaterial zur Prozentrechnung findest du unter dem Webcode 091-1.

HINWEIS

In einem Streifendiagramm werden alle prozentualen Anteile nebeneinander dargestellt.
Der Streifen stellt insgesamt 100 % dar.

BEISPIEL

HINWEISE

zu Aufgaben 12 und 13 (orange)
Im Kreisdiagramm werden die prozentualen Anteile so angegeben: 100 % entsprechen dem Vollwinkel mit 360°. Die prozentualen Anteile werden durch Bruchteile des Vollwinkels dargestellt.
1 % entspricht also 3,6°, 10 % entspricht einem Winkel von 36°.
Auf der Seite 104 wird noch genauer beschrieben, wie man ein Kreisdiagramm zeichnet.

11 Ein Orangengetränk hat einen Fruchtsaftanteil von 35 %.
Von diesem Orangengetränk werden 600 ml mit 800 ml Wasser verdünnt.

a) Wie viel Fruchtsaft ist in 600 ml des unverdünnten Orangengetränkes enthalten?
b) Berechne den Fruchtsaftanteil des verdünnten Getränkes.

12 Auf dem deutschen Lehrstellenmarkt wurden 2009 insgesamt 561 300 Ausbildungsverträge abgeschlossen.
Diese verteilten sich auf folgende Bereiche:

Bereich	Anzahl der Verträge
Industrie und Handel	331 900
Handwerk	155 900
Landwirtschaft	15 000
Öffentlicher Dienst	13 500
freie Berufe	41 100
Hauswirtschaft	3 900
insgesamt	561 300

a) Wie hoch war der Prozentsatz der Verträge im Bereich Industrie und Handel?
b) Erstelle aus den vorgegebenen Angaben ein Säulendiagramm.

13 In der Jahrgangsstufe 7 wird darüber abgestimmt, wohin der nächste Ausflug gehen soll.
Das Abstimmungsergebnis liegt in Form einer Tabelle vor.

Ausflugsziele	7 a	7 b	7 c
Berlin	22	15	12
Potsdam	5	21	5
Uckermark	5	0	9
Hamburg	1	0	5

a) Welcher Anteil welcher Klasse hat sich für welches Ausflugsziel entschieden? Gib die Anteile als Bruch und in Prozent an. Vergleiche die drei Klassen miteinander. Gibt es Unterschiede?
b) Stelle alle Angaben in einem geeigneten Diagramm dar, sodass man die Klassen miteinander vergleichen kann.
c) Stelle das Ergebnis für die gesamte Jahrgangsstufe in einem Diagramm dar.

11 Im Supermarkt wird geworben: „Nussnougat-Creme um 20 % reduziert! Sie kostet nur 1,32 €.“

a) Was kostet die Nussnougat-Creme sonst?
b) Nach der Werbewoche gilt wieder der alte Preis. Um wie viel Prozent wurde dann der Angebotspreis erhöht?
c) Erkläre die Unterschiede, die sich bei a) und b) ergeben.

12 Zu den Verletzungsarten beim Windsurfen wurden ein Kreis- und ein Streifendiagramm erstellt.

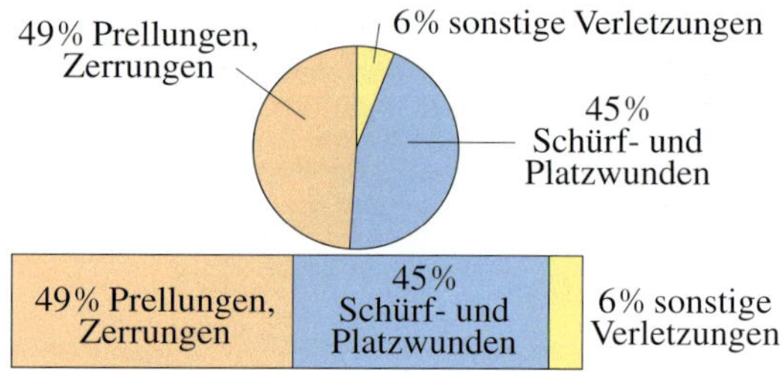

a) Vergleiche das Kreisdiagramm mit dem Streifendiagramm. Was fällt dir auf?
b) Zeichne zu dem Kreisdiagramm ein passendes Streifendiagramm.

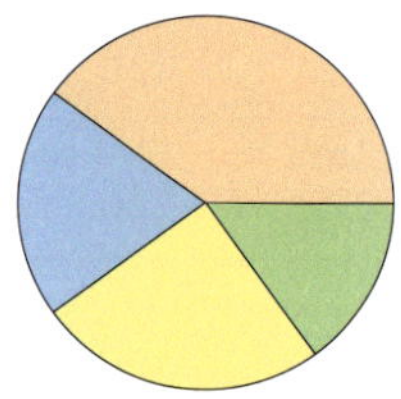

c) Zeichne zu dem Streifendiagramm ein passendes Kreisdiagramm.

13 Überprüfe Melissas Behauptungen und begründe.

a) Aus jedem Kreisdiagramm kann man problemlos ein Streifendiagramm machen (siehe Randspalte oben).
b) Addiert man die Zahlenwerte eines Streifendiagramms, so erhält man 100 %.
c) Die prozentualen Anteile von Meinungsumfragen, z. B. „Welche Hobbys hast du?“, bei denen jeder mehrere Antwortmöglichkeiten hat, kann man in einem Kreisdiagramm darstellen.
d) Anteile, die nicht in Prozentform vorliegen, müssen zur Darstellung in Diagrammen in prozentuale Anteile umgerechnet werden.

14 Berechne jeweils die Zinsen für ein Jahr.

	Kapital	Zinssatz
a)	110 €	3 %
b)	1000 €	4,25 %
c)	174 €	1,9 %
d)	37,50 €	2 %
e)	620 €	2,5 %
f)	2500 €	4,5 %
g)	3250 €	5,2 %
h)	4316 €	1,7 %

15 Herr Fest legt für ein Jahr 2500 € zu einem Zinssatz von 3,5 % an. Wie hoch ist sein Guthaben am Ende des Jahres?

16 Berechne das Kapital.

a) 2 % sind 40 € b) 25 % sind 8 €
c) 10 % sind 120 € d) 80 % sind 48 €
e) 3 % sind 9 € f) 45 % sind 270 €

17 Ein Darlehen von 20 000 € soll nach einem Jahr einschließlich Zinsen zurückgezahlt werden. Die Bank fordert 22 650 €.

a) Wie viel Euro Zinsen müssen für das Darlehen gezahlt werden?
b) Welchen Jahreszins berechnete die Bank?

18 Wie hoch ist der Zinssatz?

a) Für ein Guthaben von 2350 € werden 70,50 € Jahreszinsen ausgezahlt.
b) Für ein Guthaben von 2580 € werden nach einem Jahr 64,50 € gutgeschrieben.

19 Frau Grün kauft ein Haus für 295 000 €. Sie vermietet es für 11 800 € im Jahr. Das sind ihre Zinsen für das eingesetzte Kapital. Wie hoch ist ihr Zinssatz?

20 Ergänze die Tabelle im Heft.

	Kapital	Zinssatz	Zinsen
a)	400 €	4,5 %	
b)	840 €		46,20 €
c)	7500 €	12,5 %	
d)		3,4 %	40,80 €
e)	3000 €		345 €
f)	462 €	2,5 %	

14 Was fällt dir auf?
Formuliere Sätze zu den Aufgaben.

a)

p %	2 %	4 %	6 %	8 %	10 %
K	5000 €	5000 €	5000 €	5000 €	5000 €
Z					

b)

p %	3 %	3 %	3 %	3 %	3 %
K	100 €	500 €	1000 €	2000 €	5000 €
Z					

15 Vervollständige die Sätze im Heft.

a) Bleibt der Zinssatz gleich, so sind bei doppeltem Kapital die Zinsen ____ so hoch und bei zehnfachem Kapital die Zinsen ____ so hoch.
b) Bleibt das Kapital gleich, so sind bei doppeltem Zinssatz die Zinsen ____ so hoch und bei fünffachem Zinssatz die Zinsen ____ so hoch.

16 Oliver zahlt 10 € auf ein Sparbuch ein, das mit 2 % verzinst wird.
Wie viel Zinsen bekommt er …

a) für ein halbes Jahr?
b) für einen Monat?
c) für 8 Monate und 13 Tage?
d) für 10 Monate und 20 Tage?

17 Ein Gewinn von 18 500 € wird 4 Monate lang auf einem Konto angelegt, das mit 3,9 % verzinst wird.
Welchen Geldbetrag bekommt man nach dieser Zeit ausgezahlt?

18 Berechne die Zinsen für den Zeitraum.

a) 837 € zu 1,85 % vom 01.10. bis 03.12.
b) 1328 € zu 3,9 % vom 28.09. bis 30.10.
c) 1450 € zu 5,5 % vom 18.05. bis 03.10.

19 Ergänze die Tabelle im Heft.

	Kapital	Zinssatz	Laufzeit	Zinsen	Jahreszinsen
a)	5000 €	11 %	7 Monate		
b)	700 €	2,5 %	280 Tage		
c)	2500 €			25 €	75 €
d)	800 €	5,5 %		33 €	
e)	3000 €	3,5 %	44 Tage		

NACHGEDACHT
Was stimmt hier nicht?

Finde in Zeitungsbeilagen ähnliche Angebote, überprüfe durch Rechnen und erstelle eine Collage.

BEACHTE
www 093-1
Unter dem Webcode 093-1 befindet sich eine interaktive Übung zu Kapital, Zinsen und Zinssatz.

Teste dich!

(8 Punkte) **1** Gib als gekürzten Bruch und als Dezimalbruch an.

a) 99% b) 68% c) 24% d) 2%
e) 2,5% f) 6,3% g) 0,8% h) 1,3%

(8 Punkte) **2** Wandle in Prozentschreibweise um.

a) 0,23 b) 0,86 c) 0,03 d) 1,55
e) $\frac{1}{2}$ f) $\frac{1}{4}$ g) $\frac{1}{5}$ h) $\frac{6}{8}$

(8 Punkte) **3** Berechne den Prozentsatz.

a) 30€ von 120€ b) 294 l von 420 l c) 735 m von 980 m d) 35 s von 35 s
e) 1,5€ von 5€ f) 1 ml von 1 l g) 36,8 m von 320 m h) 35 s von 40,25 s

(8 Punkte) **4** Berechne den Prozentwert. Runde gegebenenfalls.

a) 20% von 120€ b) 30% von 420 h c) 7% von 900 m d) 35% von 20 s
e) 10,1% von 12€ f) 1,2% von 1,5 l g) 0,8% von 30 m h) 9,9% von 0,1 s

(8 Punkte) **5** Berechne den Grundwert. Runde gegebenenfalls.

a) 20% sind 120€ b) 30% sind 42 l c) 6% sind 90 m d) 35% sind 7 s
e) 2% sind 12,5€ f) 12,25% sind 4,9 l g) 3,75% sind 3 m h) 3,5% sind 7,6 s

(6 Punkte) **6** Übertrage die Tabelle in dein Heft und bestimme die fehlenden Werte.

	a)	b)	c)	d)	e)	f)
Grundwert	30 cm		1200 h	40 cm		12,5 s
Prozentsatz	5%	15%		5,1%	15%	
Prozentwert		200 kg	450 h		21,6 kg	4,5 s

(12 Punkte) **7** Bestimme aus der Aufgabe die Größen G, $p\%$ und W.

a) Die Fußballmannschaft verlor in der vergangenen Saison von 34 Spielen 12 Spiele.
Berechne den Anteil in Prozent.

b) Ein Motorroller wurde für 1902€ verkauft.
Das waren 60% seines Neuwertes.
Wie viel kostete der Motorroller neu?

c) Herr Wirt legte letzte Woche mit seinem Auto 183,8 km zurück.
41,5% davon waren Dienstweg.
Wie viel Kilometer waren das?

d) Die Kalkschale eines Hühnereis wiegt 7,15 g, das sind 11% seines Gesamtgewichts.
Wie schwer ist das Ei?

(9 Punkte) **8** Wurde der Grundwert gesteigert oder gesenkt?

a) Der Preis für eine Hose wurde um 20% reduziert und beträgt jetzt 20€.
Wie viel kostete sie vorher?

b) Im neuen Schuljahr gibt es insgesamt 1100 Schülerinnen und Schüler.
Das sind 125% von der bisherigen Schülerzahl.
Wie viele Schülerinnen und Schüler waren bisher auf der Schule?

c) In diesem Jahr hatte der Verein 198 neue Mitglieder, das sind 22,5%.
Wie viele Mitglieder hat der Verein jetzt?

$\frac{x+y}{2}$

9 Berechne jeweils die fehlende Größe bei der Geldanlage für ein Jahr. *(7 Punkte)*

	a)	b)	c)	d)	e)	f)	g)
Kapital *K*	12 500 €	7500 €		15 000 €		280 €	18 500 €
Zinsen *Z*			800 €	150 €	120 €	28,28 €	
Zinssatz *p* %	6 %	3,6 %	8 %		1,2 %		3,75 %

10 Ergänze die Tabelle im Heft.
Du darfst einen Taschenrechner benutzen.

	Kapital	Zinssatz	Zinsen
a)	325 €	3,5 %	
b)	728 €	7,9 %	
c)	1 080 €	2,3 %	
d)	2 400 €	10 %	
e)	28 590 €		3373,62 €
f)	13 040 €		156,48 €
g)	14 560 €	7,2 %	
h)		2,75 %	68,75 €

10 Ergänze die Tabelle im Heft.
Du darfst einen Taschenrechner benutzen. *(je 8 Punkte)*

	Kapital	Zinssatz	Zinsen	Anlage-dauer
a)	482 €	8,9 %		1 Jahr
b)	4 940 €		271,70 €	1 Jahr
c)		3,5 %	29,40 €	1 Jahr
d)	3 420 €	3 %		2 Jahre
e)		9,8 %	122,99 €	6 Monate
f)	49 445 €	4,9 %		3 Monate
g)	3 840 €	3 %		100 Tage
h)		5 %	45 €	135 Tage

11 Herr Würz legt 2000 € für ein Jahr zu einem Zinssatz von 3 % an.
Wie viel Geld hat er mit Zinsen am Ende des Jahres?

12 Marie leiht sich bei der Bank für ein Jahr 800 € zu einem Zinssatz von 10,2 %.
Wie viel Zinsen muss sie dafür bezahlen?

13 Herr Gräfe zahlt 2000 € auf ein Konto, das mit 2,5 % verzinst wird.
a) Welches Kapital hat er nach einem Jahr?
b) Er lässt die Zinsen auf dem Konto. Wie viel Geld hat er nach dem zweiten Jahr?

14 Frau Heinzel muss ihr Hausdach neu decken lassen.
Sie hat ein Kreditangebot zu einem Zinssatz von 9 %.
Sie kann nach einem Jahr inklusive Zinsen höchstens 21 800 € zurückzahlen.
Wie hoch darf die Kreditsumme höchstens werden?

11 Frau Wolff hat nach einem Jahr 3260,25 € erhalten. *(je 4 Punkte)*
Wie viel Geld hatte sie dafür zu einem Zinssatz von 3,5 % angelegt?

12 Frau Schrader begleicht eine Rechnung über 420 € erst 108 Tage nach der Fälligkeit. *(je 4 Punkte)*
Dafür werden 10,5 % Verzugszinsen gefordert.
Wie viel muss sie bezahlen?

13 Herr Hesse zahlt 2400 € auf ein Sparkonto ein. Die Zinsen hebt er nicht ab. *(je 4 Punkte)*
Welches Kapital hat er nach 3 Jahren bei einem gleich bleibenden Zinssatz von 3,5 %?

14 Frau Wiese muss sich für einen Monat 380 € leihen. Sie kann entweder einen Kredit aufnehmen oder ihr Konto überziehen. *(je 6 Punkte)*
Bei dem Kredit muss sie 10 € Bearbeitungsgebühr und 410 € zurückzahlen, für das Überziehen wird ein Zinssatz von 12,5 % im Monat erhoben.
Wofür sollte sie sich entscheiden? Begründe.

Gold: 96–100 Punkte, Silber: 80–95 Punkte, Bronze: 60–79 Punkte

Zusammenfassung

→ Seite 68

Begriffe der Prozentrechnung

Der **Grundwert** (*G*) ist die Bezugsgröße, das Ganze. Er entspricht 100%.
Der **Prozentwert** (*W*) ist ein Teil der Gesamtmenge, also ein Teil des Grundwertes.
Der **Prozentsatz** (*p* %) gibt den Anteil am Grundwert in Prozentschreibweise an.

→ Seite 68

Berechnung von Prozentsatz, Prozentwert und Grundwert

Berechnung des Prozentsatzes
Sind Grundwert und Prozentwert bekannt, kann der Prozentsatz mit dem Dreisatz berechnet werden oder mit der Formel:

$p = \frac{W}{G} \cdot 100$ oder $p\% = \frac{W}{G}$

12 von 25 Schülern der Klasse tragen Jeans. Wie viel Prozent sind das?

	Anzahl	Anteil	
:25	25	100%	:25
·12	1	4%	·12
	12	48%	

Es sind 48%.

Berechnung des Prozentwertes
Sind Grundwert und Prozentsatz bekannt, kann der Prozentwert mit dem Dreisatz berechnet werden oder mit der Formel:

$W = G \cdot \frac{p}{100}$

32% der 25 Schüler haben blonde Haare. Wie viele sind das?

	Anteil	Anzahl	
:100	100%	25	:100
·32	1%	0,25	·32
	32%	8	

Es sind 8 Schüler.

Berechnung des Grundwertes
Sind Prozentsatz und Prozentwert bekannt, kann der Grundwert über den Dreisatz berechnet werden oder mit der Formel:

$G = W \cdot \frac{100}{p}$

21 Schüler, also 5%, kamen zu spät zur Schule.
Wie viele Schüler sind es insgesamt?

	Anteil	Anzahl	
:5	5%	21	:5
·100	1%	$\frac{21}{5} = 4{,}2$	·100
	100%	420	

420 Schüler sind es.

→ Seite 80

Begriffe der Zinsrechnung

Um den **Zinssatz** zu berechnen, kann man den Dreisatz nutzen oder die umgestellte Zinsformel.

$p = \frac{Z}{K} \cdot 100$ oder $p\% = \frac{Z}{K}$

125 € Kapital ergeben 6 € Zinsen. Wie hoch ist der Zinssatz?
$p\% = \frac{6}{125} = 4{,}8\%$

	Anzahl	Anteil	
:125	125 €	100%	:125
·6	1 €	0,8%	·6
	6 €	4,8%	

Der Zinssatz beträgt 4,8%.

Um die **Jahreszinsen** zu berechnen, kann man den Dreisatz nutzen oder die Zinsformel.

$Z = K \cdot \frac{p}{100}$

85 € werden mit 12% verzinst.
Wie hoch sind die Zinsen?
$Z = 85 \cdot \frac{12}{100} = 10{,}2$

	Anteil	Anzahl	
:100	100%	85 €	:100
·12	1%	0,85 €	·12
	12%	10,20 €	

Die Zinsen betragen 10,20 €.

Um das **Kapital** zu berechnen, kann man den Dreisatz nutzen oder die umgestellte Zinsformel.

$K = Z \cdot \frac{100}{p}$

3% Zinsen sind 90 €. Wie hoch ist das Kapital?

$K = 90 \cdot \frac{100}{3} = 3000$

	Anteil	Anzahl	
:3	3%	90 €	:3
·100	1%	30 €	·100
	100%	3000 €	

Das Kapital beträgt 3000 €.

Daten und Häufigkeiten

Daten haben schon immer eine wichtige Rolle gespielt. Heutzutage werden Daten überwiegend mit dem Computer erfasst und ausgewertet. Eine Tabellenkalkulation kann dir dabei helfen, Daten anschaulich darzustellen.

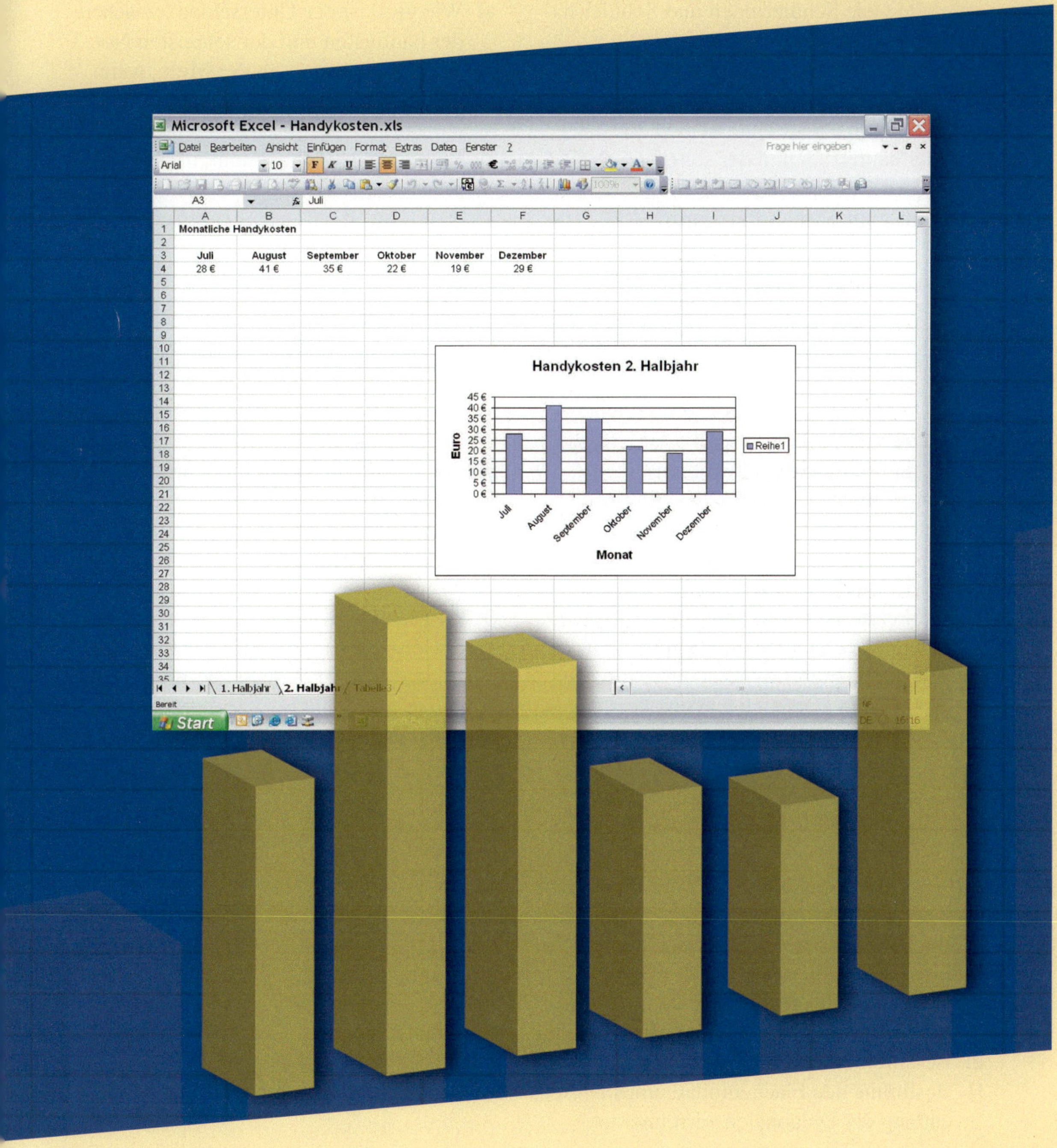

Noch fit?

Einstieg

1 Daten erfassen und auswerten

Bei einer Klassenarbeit in Mathematik gab es folgende Notenverteilung:

1	2	3	4	5	6
2	6	8	7	4	0

a) Wie viele Schülerinnen und Schüler haben die Arbeit mitgeschrieben?
b) Welche Note wurde am häufigsten erreicht?
c) Wie groß ist der Unterschied zwischen der häufigsten und der seltensten Note?

Aufstieg

1 Daten erfassen und auswerten

Bei einer Klassenarbeit in Mathematik gab es folgende Notenverteilung:

1	2	3	4	5	6
2	6	8	8	4	1

a) Wie groß ist der Unterschied zwischen der häufigsten und der seltensten Note?
b) Welche Note steht in der Mitte, wenn man alle Noten geordnet hintereinander aufschreibt?
c) Berechne den Klassendurchschnitt.

2 Daten im Säulendiagramm (Einstieg)

2 Daten im Streifendiagramm (Aufstieg)

30 Schülerinnen und Schüler einer Klasse kommen mit unterschiedlichen Verkehrsmitteln zur Schule: drei von ihnen werden täglich mit dem Auto gefahren, elf kommen zu Fuß, sieben benutzen ihr Fahrrad, acht fahren Bus und ein Schüler reist täglich mit dem Zug an.

Einstieg 2

a) Erstelle aus diesen Daten ein Säulendiagramm.
b) Worauf muss geachtet werden?
c) Was ist der Vorteil eines Diagramms gegenüber einem Text oder einer Tabelle?

Aufstieg 2

a) Berechne die Anteile der einzelnen Verkehrsmittel in der Klasse.
b) Stelle die Anteile in einem Streifendiagramm dar, wobei der gesamte Streifen für alle Schülerinnen und Schüler stehen soll.

3 Winkel messen und zeichnen

a) Zeichne je einen rechten Winkel, spitzen Winkel, stumpfen Winkel, überstumpfen Winkel und gestreckten Winkel.
b) Zeichne Winkel mit den Größen: 40°, 65°, 90°, 112°, 135°, 160°, 207°.
c) Lasse deinen Banknachbarn nachmessen, ob du alle Winkel in b) richtig gezeichnet hast.

3 Winkel und Kreise

a) Erkläre: Scheitelpunkt, Schenkel, rechter Winkel, spitzer Winkel, stumpfer Winkel, gestreckter Winkel.
b) Schätze die Winkelgrößen.

①
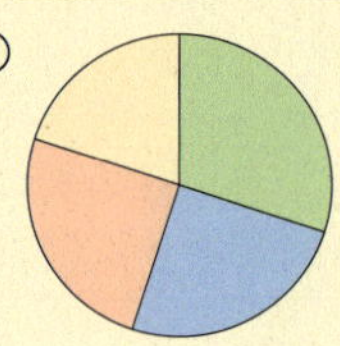

②
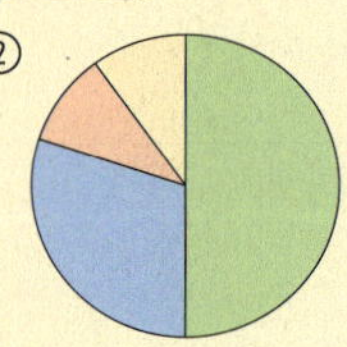

4 Kurz und knapp

a) Ergänze den Satz: Diagramme dienen dazu, …
b) Erkläre, wie du einen Bruch in einen Dezimalbruch umwandelst.
c) Erläutere, wie du einen Bruch in Prozentschreibweise umwandelst.
d) Wie misst du mit dem Geodreieck einen überstumpfen Winkel?
e) Beschreibe, wie man ein Säulendiagramm zeichnet.
f) Bestimme den Flächeninhalt eines Dreiecks, das entsteht, wenn man ein DIN-A4-Blatt entlang der Diagonalen zerschneidet.

Daten erheben und auswerten

Erforschen und Entdecken

1 Auf dem Foto unten siehst du das Ergebnis einer Umfrage zum Konsumverhalten in einem 9. Schuljahr. Es entstand im Rahmen einer Projektwoche zum Thema „Sucht“.

HINWEIS
Unter ***Konsum*** *versteht man im Allgemeinen den Verzehr oder Verbrauch von Waren oder Dienstleistungen.*

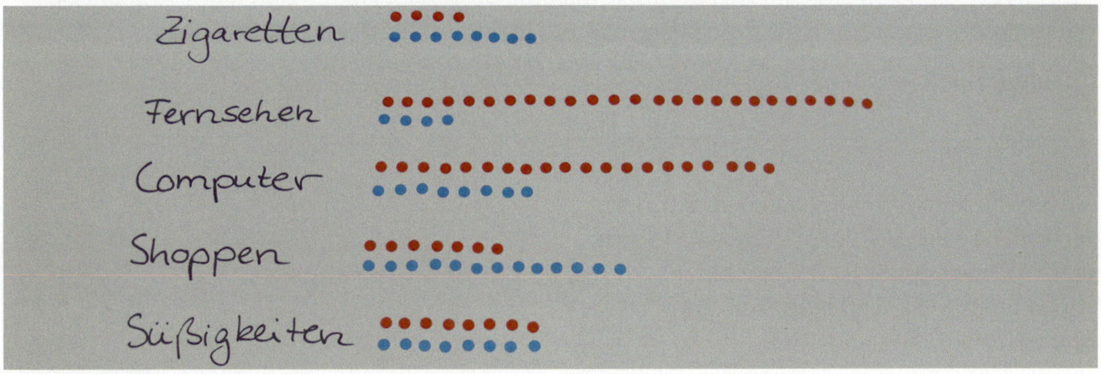

Führt zu diesem Thema eine eigene Umfrage durch:
Überlegt zuerst, was in eurer Klasse konsumiert wird und abgefragt werden soll.
Notiert diese Aspekte untereinander auf einem Packpapierbogen.
Jeder von euch macht durch Kleben von Punkten deutlich, was er konsumiert.
Ein roter Punkt bedeutet „regelmäßiger Konsum“, ein blauer Punkt „ein bis zwei mal pro Woche“. Keinen Punkt zu kleben bedeutet „weniger als einmal pro Woche“.

a) Was ist aus eurer Datenerhebung ablesbar? Was ist nicht ablesbar?
b) Entsprechen die Ergebnisse euren Erwartungen?
c) Überlegt gemeinsam, wie ihr die Ergebnisse noch anders darstellen könnt.
d) Gibt es Fragestellungen, die mit einem solchen Verfahren nicht bearbeitet werden können? Nennt Beispiele und begründet diese.

HINWEIS
Für die Umfrage zu Aufgabe 1 benötigt ihr folgendes Material: ein großer Bogen Packpapier und rote und blaue Klebepunkte.

2 Die Klassen 7 a und 7 b haben jeweils ihren Klassensprecher gewählt.

Ergebnis in der Klasse 7 a:

Ergebnis in der Klasse 7 b:

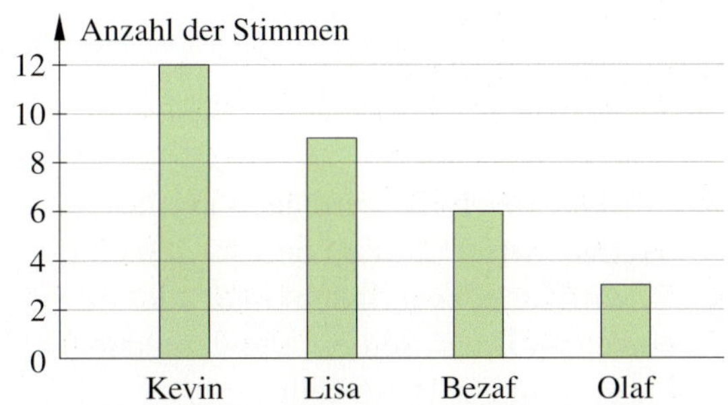

a) Wie viele Schülerinnen und Schüler haben in der 7 a gewählt?
b) Stelle die Ergebnisse der Klassensprecherwahl in der 7 a in einem Säulendiagramm dar.
c) Wie viele der Schülerinnen und Schüler der 7 a haben Max zu ihrem Klassensprecher gewählt? Gib den Anteil als Bruch und in Prozent an.
d) Stelle die Ergebnisse der Wahl in der 7 b in einer Häufigkeitstabelle dar.
e) Gib den Anteil der Schülerinnen und Schüler der 7 b an, die Kevin zu ihrem Klassensprecher gewählt haben (als Bruch und in Prozent).
f) Max aus der 7a und Kevin aus der 7 b streiten sich, wer das bessere Wahlergebnis erzielt hat.

Lesen und Verstehen

Möchte man Ergebnisse vergleichen, so sind dafür die Anzahlen (**absolute Häufigkeiten**) wegen der meist unterschiedlichen Gesamtzahlen ungeeignet.

> Zum Vergleich von Ergebnissen dividiert man die absoluten Häufigkeiten des Ergebnisse durch die Gesamtzahl aller Ergebnisse und erhält so die **relativen Häufigkeiten**.
>
> relative Häufigkeit eines Ergebnisses $= \frac{\text{absolute Häufigkeit des Ergebnisses}}{\text{Gesamtzahl aller Ergebnisse}}$

BEISPIEL 1

Tim verwandelte 8 seiner letzten 10 Elfmeter und Tom verwandelte 9 der letzten 12 Elfmeter. Wer war der bessere Torschütze?

Vergleich der relativen Häufigkeit für ein Elfmetertor von Tim und Tom:

Tim: $\frac{8}{10} = \frac{80}{100} = 80\%$ Tom: $\frac{9}{12} = \frac{3}{4} = \frac{75}{100} = 75\,\%$

Tim ist in diesem Fall der erfolgreichere Elfmeterschütze. ■

Zum Auswerten und zum Vergleich von Daten lassen sich noch weitere **Kenngrößen** einer Datenmenge heranziehen:

> Den größten Wert einer Datenmenge nennt man **Maximum**.
> Der kleinste Wert heißt **Minimum**.
>
> Die **Spannweite** bezeichnet die Differenz zwischen dem Maximum und dem Minimum.

BEISPIEL 2

Bei einer Schülerbefragung war der älteste befragte Schüler 16 Jahre alt, der jüngste war 12.
16 ist das Maximum des Alters,
12 ist das Minimum.
Spannweite: $16 - 12 = 4$. ■

Wie zum Beispiel beim Notendurchschnitt interessiert man sich bei der Auswertung von Datenreihen oft für **Mittelwerte** der vorliegenden Daten:

> Der **Durchschnitt** wird auch **arithmetisches Mittel** (kurz $\varnothing$ oder $\bar{x}$) genannt. Er wird berechnet, indem man alle einzelnen Daten addiert und dann durch die Anzahl der Daten teilt.

BEISPIEL 3

Wie viele Bücher hast du in den letzten 12 Monaten etwa gelesen?
Urliste: 12; 3; 25; 8; 2; 10; 38; 4; 0; 2; 5
arithmetisches Mittel:

$\frac{12 + 3 + 25 + 8 + 2 + 10 + 38 + 4 + 0 + 2 + 5}{11} \approx 9{,}91$ ■

> Der **Zentralwert** (**Median**, kurz $\tilde{x}$) ist der Wert in der Mitte, wenn man alle Werte der Größe nach geordnet aufschreibt.
>
> Der **Modalwert** ist der Wert, der am häufigsten auftritt.

BEISPIEL 4

geordnete Urliste:
0; 2; 2; 3; 4; **5**; 8; 10; 12; 25; 38
Zentralwert: 5

Modalwert: 2 ■

HINWEIS
Wenn es eine gerade Anzahl von Werten gibt, liegen zwei Werte in der Mitte. Der Zentralwert ist dann das arithmetische Mittel aus diesen beiden Werten.
Beispiel:
geordnete Urliste:
*3; 5; **9**; **11**; 15; 21*
Zentralwert:
$\frac{9+11}{2} = 10$

Basisübungen

1 Die Polizei kontrolliert in drei verschiedenen Städten die Verkehrssicherheit von Fahrrädern. Ergänze die Tabelle in deinem Heft und vergleiche die Ergebnisse.

	Halle	Burg	Zeitz
Räder mit Mängeln	24	15	12
untersuchte Räder	100	50	60
relative Häufigkeit			

In welcher der drei Städte hatten die untersuchten Räder die wenigsten Mängel?

2 Klas und Jörn sind Torhüter. Klas hat drei der letzten zehn Elfmeter gehalten, Jörn zwei von acht Elfmetern.

a) Gib die relativen Häufigkeiten der von Klas und Jörn gehaltenen Elfmeter an.

b) Für welchen Torwart sollte sich der Trainer beim Elfmeterschießen entscheiden?

3 Eine Zeitschrift befragt ihre Leser über die Zuverlässigkeit gebraucht gekaufter Autos.

Autofabrikat	BMW	Daimler Benz	Fiat	Renault
Zahl der Autos, die mit einer Panne liegen blieben	55	28	30	51
Gesamtzahl der untersuchten Autos	275	280	120	170

Nach einer TÜV-Befragung über gekaufte gebrauchte Autos

a) Berechne für jede Automarke die relative Häufigkeit, mit der die Autos eine Panne hatten.

b) Welche dieser vier Automarken ist am zuverlässigsten?
Welche dieser vier Automarken ist am unzuverlässigsten?

1 Vergleiche jeweils beide relativen Häufigkeiten.

a) – 5 Gewinne auf 20 Lose
– 7 Gewinne auf 25 Lose

b) – 4 Körbe von 8 Würfen
– 6 Körbe von 15 Würfen

c) – 9 von 30 Schülern
– 16 von 50 Schülern

d) – 12 von 15 Stimmen
– 15 von 20 Stimmen

e) – 15 von 180 Jungen sind rothaarig
– 12 von 150 Mädchen sind rothaarig

2 Finde zu den gegebenen Beispielen jeweils andere Angaben, die die gleiche relative Häufigkeit besitzen.

a) 16 Lose von 64 gewinnen.

b) Von 125 Menschen können 3 Klavier spielen.

c) 5 von 120 Schrauben sind defekt.

d) 7 von 25 Bäumen sind krank.

3 Die Polizei kontrolliert häufig die Geschwindigkeit der Autos in der Nähe von Schulen und Kindergärten.
Folgende Daten hat die Polizei bei der Fahrzeugkontrolle bisher gesammelt:

Straße	Gesamtzahl der kontrollierten Fahrzeuge	Zahl der Fahrzeuge mit überhöhter Geschwindigkeit
Boxgraben	550	11
Lindenstr.	800	20
Kiefernweg	600	30
Tulpenweg	900	54
Jahnstr.	520	26
Südring	1300	39

In welchen drei Straßen sollte die Polizei ihre Geschwindigkeitskontrollen verstärkt durchführen?

4 Untersuche die Häufigkeit einzelner Buchstaben in der deutschen Sprache.

a) Suche einen kurzen deutschsprachigen Text mit mindestens 30 Wörtern.
Zähle zunächst alle Buchstaben insgesamt.
Erstelle eine Häufigkeitstabelle für die Buchstaben E, N, R, A und Y.

b) Bestimme die relative Häufigkeit, mit der jeder Buchstabe E, N, R, A und Y im Text vorkommt. Vergleicht eure Ergebnisse untereinander.

5 Auf der Fahrt in den Urlaub haben Sina und Eileen Langeweile.
Daher zählen sie Autos.
Eileen hat Farben beobachtet:
8 blaue Autos,
10 schwarze Autos,
8 weiße Autos,
6 rote Autos.
Sina hat Autotypen beobachtet:
5 Mercedes,
8 VWs,
6 Renaults,
3 Fiats,
2 BMWs.
Überprüfe die folgenden Behauptungen:
a) Eileen hat mehr Autos beobachtet als Sina.
b) Auf der Autobahn sind mehr blaue Autos als VWs unterwegs.
c) Die relative Häufigkeit für einen Fiat ist größer als für ein rotes Auto.
d) Der Anteil der Renaults war größer als der Anteil roter Autos.

6 Erstelle jeweils eine Strichliste mit Häufigkeitstabelle. Bestimme Durchschnitt und Median und vergleiche die beiden Werte.
a) Anzahl der Haustiere in befragten Familien
1; 0; 0; 2; 1; 0; 1; 0; 0; 2; 1; 3; 0; 1; 1; 2
b) Anzahl der Geschwister von befragten Schülerinnen und Schülern
3; 2; 0; 2; 4; 1; 1; 0; 2; 1; 1; 2; 1; 0; 0; 1; 0; 2; 4; 1; 0; 1; 3; 2; 1; 1; 0; 1; 4; 1; 0; 3
c) Das Alter von Neuntklässlern
14; 15; 14; 13; 15; 15; 16; 15; 14; 15; 14; 14; 13; 15; 16; 15; 15; 14; 15
d) Schuhgrößen von Lehrkräften
38; 44; 42; 40; 39; 44; 42; 39; 45; 38; 42; 40; 45; 38; 38; 39; 41; 39; 45; 40; 41; 41

7 Führe eine Befragung in deiner Klasse durch zu einem Thema, das dich interessiert.
a) Lege eine Urliste mit den Ergebnissen an.
b) Bestimme – soweit dies möglich ist – Minimum, Maximum, Spannweite und einen Mittelwert.
c) Zeichne zu den Daten ein Säulendiagramm.
d) Stelle die gesamten Ergebnisse deiner Klasse vor.

ZUM WEITERARBEITEN

www 102-1

Eine fast unerschöpfliche Fundgrube möglicher Höchst- und Tiefstwerte ist das „Guinness-Buch der Rekorde“. Unter dem Webcode 102-1 findest du hilfreiche Links. Suche interessante Beispiele heraus. Du kannst sie auch in der Klasse vorstellen.

5 Die Zusammensetzung von Nahrungsmitteln wird in Eiweiß, Fett und Kohlenhydraten angegeben.

	Eiweiß in g	Fett in g	Kohlenhydrate in g	Energie in kcal
125 g Butter	1,25	100	1,25	955
250 g Bananen	2	–	36	162
60 g Chips	3	24	28	318
100 g Würstchen	15	26	–	296
20 g Schnittkäse	5	6	1	79
250 g Brötchen	23	5	125	657

a) Welches dieser Lebensmittel beinhaltet am meisten (am wenigsten) Eiweiß, Fett und Kohlenhydrate?
b) Sortiere die Nahrungsmittel nach ihrem relativen Energiegehalt und erstelle dazu ein Diagramm.

6 Gib zu jeder Datenreihe Maximum, Minimum, Spannweite, das arithmetische Mittel, den Zentralwert und – falls möglich – den Modalwert an.
a) 4; 8; 9; 9; 12; 14; 14; 15; 29; 31; 32; 35
b) 12; 26; 29; 51; 52; 79; 86
c) 17; 8; 45; 29; 48; 20; 48; 28; 34; 35; 14
d) 1,43; 1,03; 1,43; 2,29; 3,71; 2,29; 2,29
e) 0,8; 2,09; 4,5; 1,38; 2,46; 1,99; 5,12

7 Für die gleiche Menge Marmelade wurden in verschiedenen Läden folgende Preise verlangt:
1,39 €; 1,45 €;
1,95 €; 0,99 €;
1,09 €; 1,49 €
Ermittle Durchschnitt, Spannweite und Zentralwert.

8 Zwei Datenreihen werden verglichen.
Hat immer diejenige Datenreihe, die das größere arithmetische Mittel hat, auch den größeren Zentralwert?
Gib, falls möglich, ein Gegenbeispiel an.

Daten in Diagrammen darstellen

Erforschen und Entdecken

1 Daten von Umfrageergebnissen lassen sich besonders anschaulich in Kreisdiagrammen darstellen.
100 Schülerinnen und Schüler wurden befragt …

… nach ihrem Hobby:

Hobby	Stimmen
Sport	50
Computer	30
Freunde treffen	10
Sonstiges	10

… nach ihrem Lieblingsfach:

Lieblingsfach	Stimmen
Sport	30
Mathe	25
Biologie	25
Sonstiges	20

①

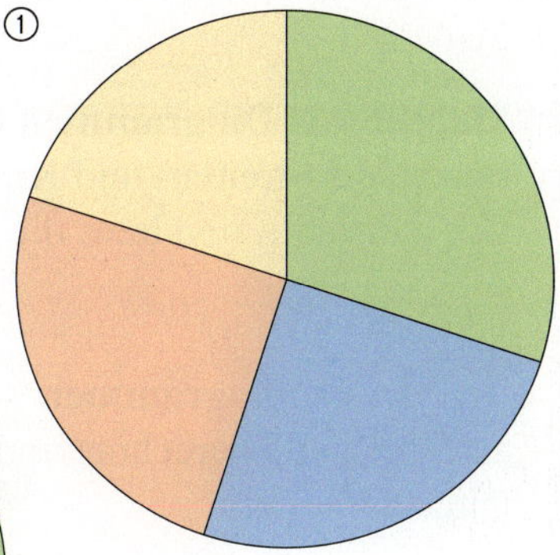

②

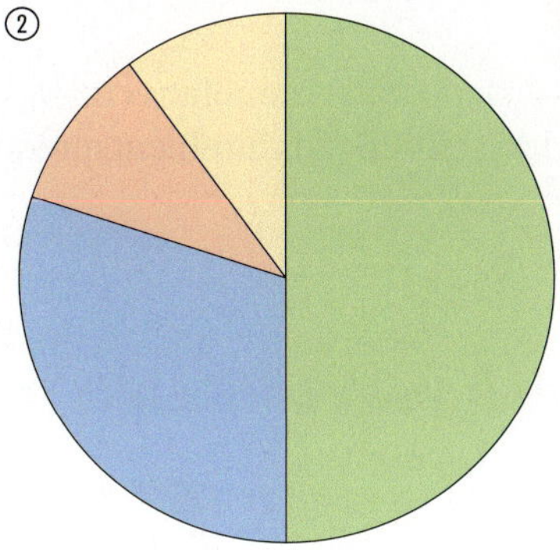

Ordne den Umfrageergebnissen das zugehörige Kreisdiagramm zu.
Übertrage Tabelle und zugehöriges Kreisdiagramm mit einer Überschrift in dein Heft und beschrifte die Kreissegmente.

2 Wahlergebnisse werden oft in Kreisdiagrammen dargestellt.

Wahlergebnisse

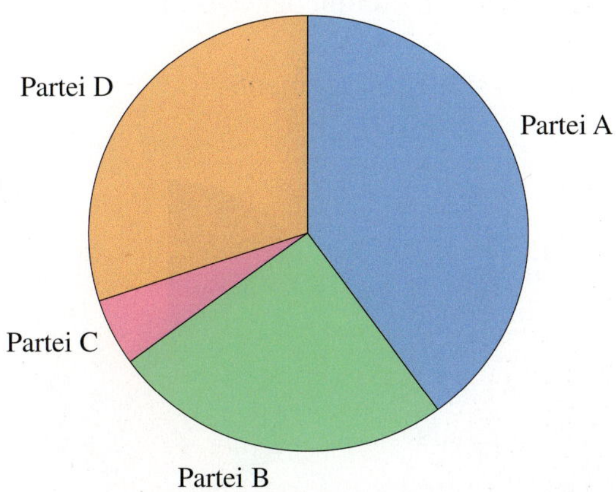

Wahlergebnisse

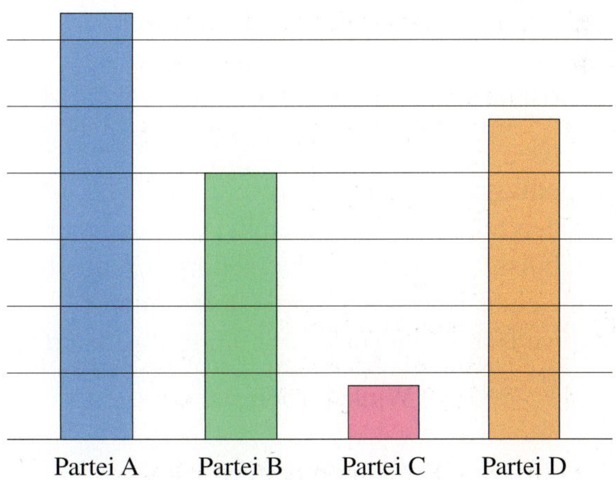

a) Betrachte das Kreisdiagramm. Welche Partei hat die Wahl gewonnen?
b) Schätze, wie groß die Stimmanteile der Parteien A, B, C und D sind.
c) Überlege und beschreibe, wie du vorgehen musst, um den Stimmanteil der Parteien genau zu bestimmen. Berechne mit deiner Methode den Stimmanteil der einzelnen Parteien. Vergleiche deine Ergebnisse mit der Schätzung aus Aufgabenteil b).
d) Das Säulendiagramm oben rechts gibt ebenfalls die Wahlergebnisse wieder. Vervollständige das Säulendiagramm und vergleiche die beiden Diagramme. Welches Diagramm ist für die Darstellung von Wahlergebnissen geeigneter? Begründe.

ERINNERE DICH
*Neben **Säulen-** und **Kreisdiagrammen** gibt es noch weitere Diagrammarten. In **Liniendiagrammen** z. B. werden die Daten durch Punkte in einem Koordinatensystem dargestellt und durch Linien miteinander verbunden. Dadurch lassen sich besonders gut zeitliche Verläufe darstellen.*

Lesen und Verstehen

Jan und Marie haben in ihrer Schule eine Umfrage zu den Lieblingsfächern durchgeführt. Sie haben 250 Schülerinnen und Schüler befragt und folgende Ergebnisse erhalten:
Sport: 75-mal; Deutsch: 70-mal; Mathe: 60-mal; Englisch: 30-mal; sonstige: 15-mal

> Mithilfe von **Diagrammen** können Umfrageergebnisse veranschaulicht werden.
> Besonders Streifen- und Kreisdiagramme sind hierfür geeignet.
> Der ganze Streifen bzw. die ganze Kreisfläche entspricht dabei genau 100 %.

> Bei **Streifendiagrammen** werden zuerst die relativen Häufigkeiten der einzelnen Ergebnisse als Bruchteile berechnet und anschließend durch entsprechende Bruchteile der Streifenlänge dargestellt.

HINWEIS
Oft ist es günstig, wenn man eine Streifenlänge von 10 cm (100 mm) wählt, dann lassen sich die Längen für die einzelnen Anteile leicht berechnen.

BEISPIEL 1
Für die Umfrage von Jan und Marie ergibt sich folgendes Streifendiagramm.

Dabei entspricht die ganze Länge des Streifens 100 %, also allen 250 Befragten.

75 der 250 Befragten gaben Sport als ihr Lieblingsfach an, das sind $\frac{75}{250} = \frac{3}{10}$, also 30 % der Befragten.

Es müssen also $\frac{3}{10}$ des Streifens für Sport markiert werden.

> Auch bei **Kreisdiagrammen** werden zuerst die relativen Häufigkeiten der einzelnen Ergebnisse berechnet und in Prozent angegeben.
> Anschließend berechnet man den entsprechenden Winkel des Kreissegments.

HINWEIS
Der gesamte Kreis entspricht 100 %, also 100 % entsprechen 360°. 1 % entspricht 3,6°. Also entsprechen z. B. 7 % gerade $7 \cdot 3{,}6° = 25{,}2°$.

Kreisdiagramme zeichnen
Aus den relativen Häufigkeiten verschiedener Ergebnisse erhält man die zugehörige Winkelgröße eines Kreisdiagramms, indem man die relative Häufigkeit (in %) mit 3,6 multipliziert.

Winkelgröße
: 3,6 ↓ ↑ · 3,6
relative Häufigkeit (in %)

BEISPIEL 2
30 % der Befragten hatten Sport als Lieblingsfach.
$30 \cdot 3{,}6 = 108$
Der Winkel zu diesem Ergebnis beträgt 108°.

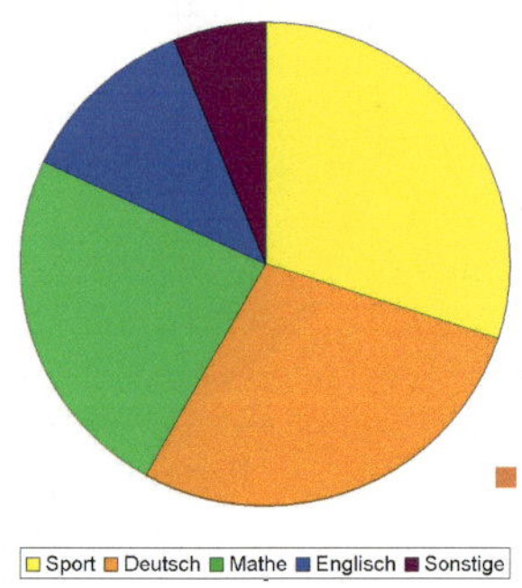

HINWEIS
Die Winkel im Kreisdiagramm lassen sich auch mithilfe der absoluten Häufigkeiten berechnen. Ist z. B. 250 die Gesamtanzahl und 75 der darzustellende Anteil; so gilt: $\frac{360°}{250} = \frac{x°}{75}$

Kreisdiagramme auswerten
Um Kreisdiagramme ohne Zahlenangaben auszuwerten, muss zunächst die Winkelgröße gemessen werden.
Wenn man die Winkelgröße durch 3,6 dividiert, erhält man die relative Häufigkeit des Ergebnisses (in %).

BEISPIEL 3
Durch Messen im Diagramm ergibt sich bei „Deutsch" ein Winkel von 101°.
$101 : 3{,}6 \approx 28$
Also haben etwa 28 % als Lieblingsfach Deutsch, das sind bei 250 Befragten 70 Schülerinnen und Schüler.

Basisübungen

1 Berechne – falls notwendig – die Stimmanteile (in Prozent).
Zeichne jeweils ein Streifen- und ein Kreisdiagramm.

a) Bei den Bürgermeisterwahlen in Kleinfeld entfielen 30 % der Stimmen auf Herrn Jansen und 65 % der Stimmen auf Frau Bongerts.
Die restlichen Stimmen waren Enthaltungen.

b) In Großdorf beteiligten sich 4000 Bürgerinnen und Bürger an der Wahl. Davon wählten 600 Frau Schad und 3000 Herrn Görtz. 400 Bürger enthielten sich der Stimme.

c) In Dörflin wählten 2400 Bürger Herrn Lange und 3000 Herrn Otto.
600 Bürgerinnen und Bürger enthielten sich der Stimme.

2 Die deutsche Waldfläche besteht zu
28,2 % aus Fichten,
9,6 % aus Eichen,
14,8 % aus Buchen und
23,3 % aus Kiefern.
Die restliche Waldfläche entfällt auf andere Baumarten.

a) Berechne den Anteil, der auf die restlichen Baumarten entfällt.

b) Runde alle Anteile auf die Einerstelle.

c) Zeichne ein Streifen- und ein Kreisdiagramm zu den Baumarten des deutschen Waldes.

d) Vergleiche die beiden Diagramme.

3 In einer Schule wurden 200 Schüler nach ihrem Lieblingsessen befragt:

Lieblingsessen	Stimmen
Pizza	60
Nudeln	60
Pommes	50
Sonstiges	30

a) Berechne jeweils die relative Häufigkeit.

b) Stelle die Ergebnisse in einem Säulen- und in einem Kreisdiagramm dar.

c) Welches Diagramm hältst du für geeigneter? Begründe.

1 In der Klasse 8 b der John-Lennon-Oberschule wurde das Alter der Schülerinnen und Schüler ermittelt:

Alter	Strichliste	absolute Häufigkeit	relative Häufigkeit
14	𝍸 𝍸 𝍸	15	$\frac{15}{30} = \frac{1}{2} = \frac{50}{100} = 50\,\%$
15	𝍸 𝍸 ||		
16	|||		
		gesamt: 30	

a) Übertrage die Tabelle in dein Heft und vervollständige sie.

b) Fertige nach den Ergebnissen der Umfrage ein Säulen- und ein Kreisdiagramm an.

c) Nenne Vor- und Nachteile der beiden Darstellungsformen.

d) Bestimme den Zentralwert und berechne das arithmetische Mittel.

2 Bei Landtagswahlen kam es zu folgenden Ergebnissen:
SPD: 28,6 % CDU: 22,4 %
Die Linke: 32,1 % FDP: 4,8 %
Bündnis 90/Die Grünen: 4,1 %
Sonstige: 8 %

a) Stelle die Wahlergebnisse als Streifendiagramm dar.

b) Stelle die Wahlergebnisse in einem Kreisdiagramm dar.

c) Stelle die Wahlergebnisse in einem Säulendiagramm dar.

d) Welches der drei Diagramme ist aussagekräftiger? Begründe.

3 Michael Schumacher war ein sehr erfolgreicher Formel-1-Fahrer.
Von 250 Rennen (Stand 2006) gewann er 91, beendete 43 Rennen als Zweiter und 18 als Dritter.

a) Stelle die Ergebnisse von Michael Schumacher als Säulendiagramm dar.

b) Stelle die Ergebnisse als Streifen- und als Kreisdiagramm dar.

c) Welches der drei Diagramme ist aussagekräftiger?

HINWEIS

www 105-1

Unter dem Mediencode 105-1 kannst du Kreisdiagramme auch mithilfe eines ***Tabellenkalkulationsprogramms*** *erstellen.*

4 Videoclip des Monats

Zuschauerinnen und Zuschauer können per Anruf bei einem Musiksender entscheiden, welches Musikvideo der Videoclips des Monats wird.

ANREGUNG
Diskutiert über Vor- und Nachteile der beiden Diagrammarten.

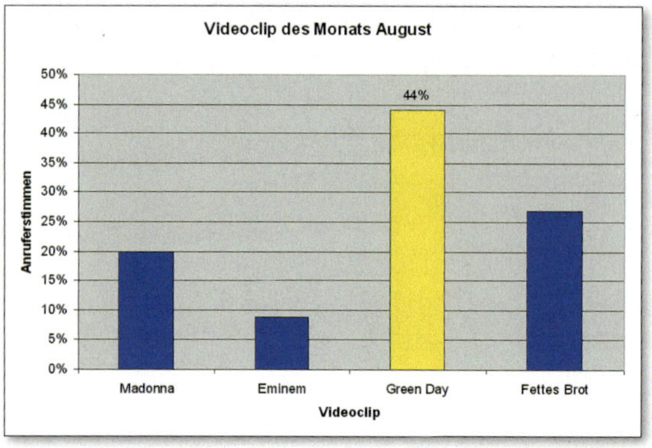

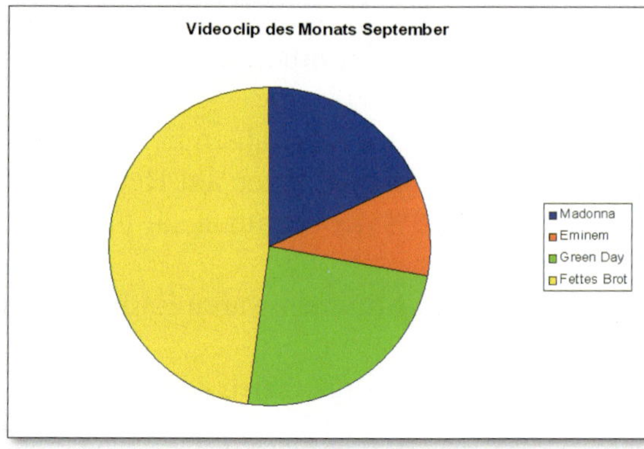

a) Welcher Videoclip wurde Clip des Monats August (des Monats September)?
b) Welcher Videoclip hat im August (im September) die wenigsten Stimmen erhalten?
c) Lies aus dem Säulendiagramm ab, mit welcher relativen Häufigkeit die Zuschauerinnen und Zuschauer für jeden der Videoclips angerufen haben.
d) Ermittle aus dem Kreisdiagramm die relativen Häufigkeiten für die jeweiligen Videoclips. Übertrage dazu das Kreisdiagramm auf Transparentpapier. Verlängere die Schenkel, damit du die Winkel mit dem Geodreieck messen kannst. Berechne die Anteile der farbigen Flächen in Prozent.

BEACHTE
106-1
Unter dem Webcode 106-1 gibt es eine interaktive Übung zum Bestimmen von relativen Häufigkeiten aus Diagrammen.

5 Für viele Tätigkeiten im Haushalt brauchen wir Wasser.

Welchen Anteil am Wasserverbrauch im Haushalt haben die einzelnen Tätigkeiten rechts?

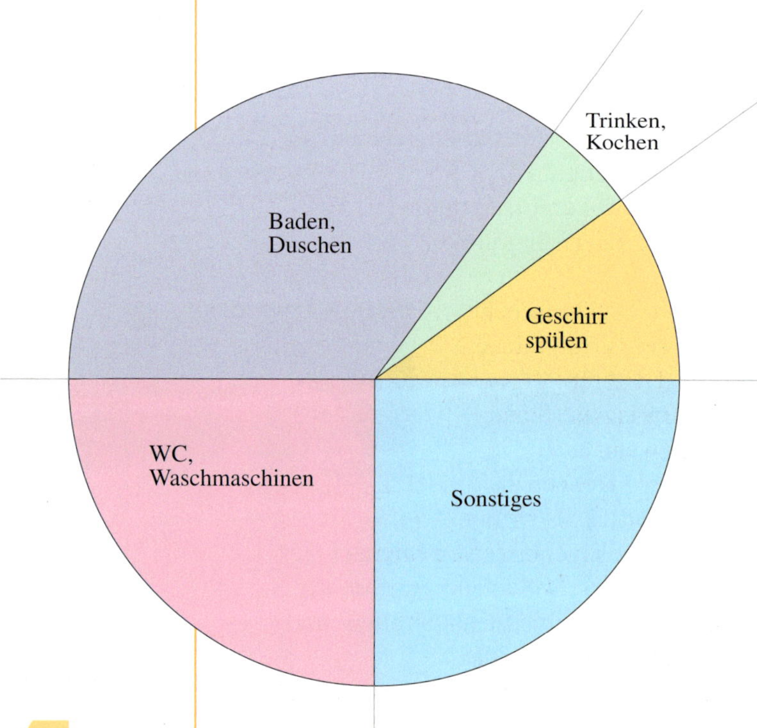

5 Haustiere

a) Das folgende Diagramm zeigt, welche Haustiere besonders beliebt sind.

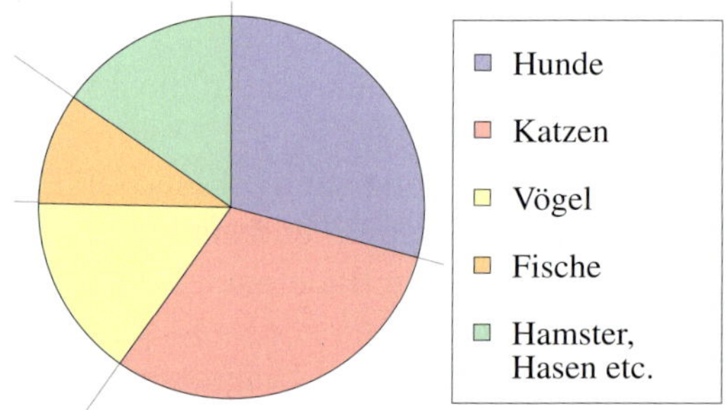

Bestimme jeweils die relative Häufigkeit der einzelnen Tierarten.

b) Wie viel Prozent der Tierbesitzer kaufen wo das Futter für ihre Tiere?

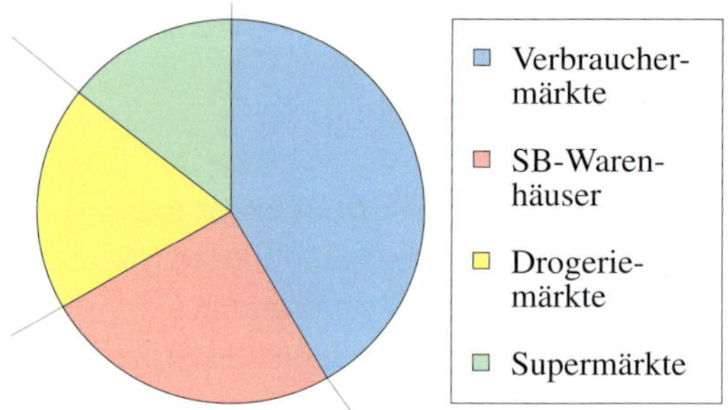

Daten mit dem Computer darstellen

Erforschen und Entdecken

1 Die GfK-Fernsehforschung ermittelt Fernsehnutzungsdaten, u. a. die so genannte Einschaltquote. Was versteht man unter der Einschaltquote?
Benutze bei der Beschreibung des Begriffs das mathematische Fachvokabular.

2 Im Internet werden unter anderem die Tagesmarktanteile der verschiedenen Fernsehsender des Vortages veröffentlicht.
Hier siehst du die Tagesmarktanteile für die Zuschauer vom 07. April:

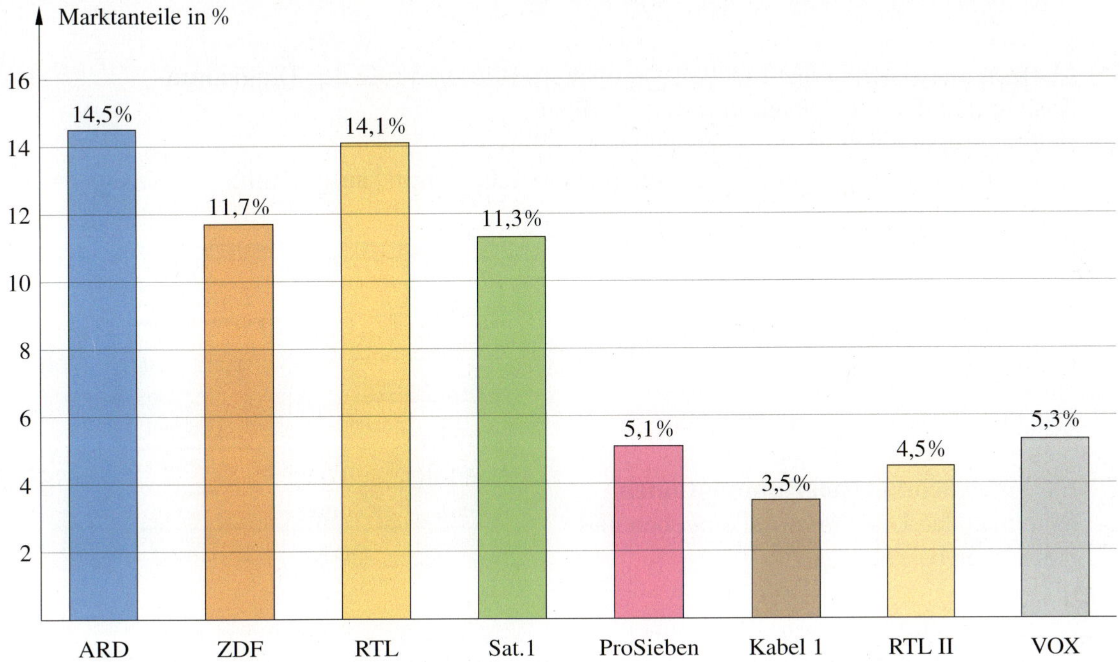

a) Ordne die Sender nach ihrem Marktanteil.
b) Addiere die Marktanteile der angegebenen Sender. Was fällt dir auf?
c) Stelle die Marktanteile vom 07. April in einem Kreisdiagramm dar und erläutere, welche Diagrammart geeigneter ist.

3 Die Abbildung rechts zeigt die Tagesmarktanteile für fünf Fernsehsender im Zeitraum vom 01. bis zum 07. Januar 2009.
a) Recherchiere im Internet die Einschaltquoten für den 01. bis 07. Januar dieses Jahres.
b) Welchen Marktanteil hatte das ZDF (PRO 7) am 03. Januar (02. Januar) dieses Jahres?
c) Ist das Verbinden der Datenpunkte (mathematisch) sinnvoll?
d) Ermittle die ungefähren Marktanteile für den 01. Januar und stelle die Ergebnisse in einem Kreisdiagramm dar.
e) Gib die Marktanteile des 04. bis 07. Januars tabellarisch an und stelle die Daten in einem gemeinsamen Säulendiagramm dar.
f) Der Computer hilft dir bei der Recherche von Daten.
Wie hilft dir der Computer bei der Auswertung von Daten?
Versuche, mit einem Tabellenkalkulationsprogramm (z. B. Excel©) die Daten aus Aufgabe 2 in anderen Diagrammformen darzustellen.

ZUR INFORMATION
GfK bedeutet: Growth from Knowledge.

HINWEIS
www 107-1
Der Webcode 107-1 führt zu einem Link, unter dem du diese Daten finden kannst.

Welche Daten werden dort noch veröffentlicht? Suche dir einen beliebigen Tag heraus und erstelle ein Plakat über Daten, die du auf dieser Internetseite zu diesem Tag findest. Präsentiere das Plakat deinen Mitschülern.

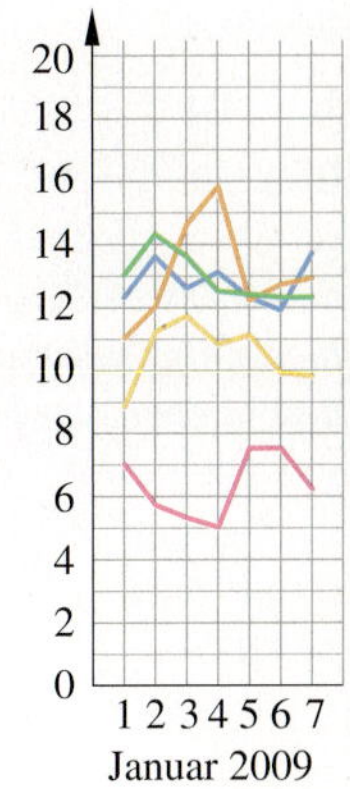

Lesen und Verstehen

HINWEIS
In einem Wörterbuch findet man unter „Kalkulation" die Begriffe „Berechnung" und „Kostenermittlung."

Die folgende Schrittfolge zeigt dir, wie man mithilfe eines Tabellenkalkulationsprogramms von der Auflistung der Kosten zu einem anschaulichen Diagramm kommt.
Alle Centbeträge sind hier der Einfachheit halber auf volle Euro gerundet worden.

⓪ Rufe zunächst ein **Tabellenkalkulationsprogramm**, z. B. Excel© auf.
Erstelle nun eine Tabelle mit den Daten, die du darstellen möchtest.
In Zeile 1 sollte die Überschrift des Tabellenblatts angegeben werden.

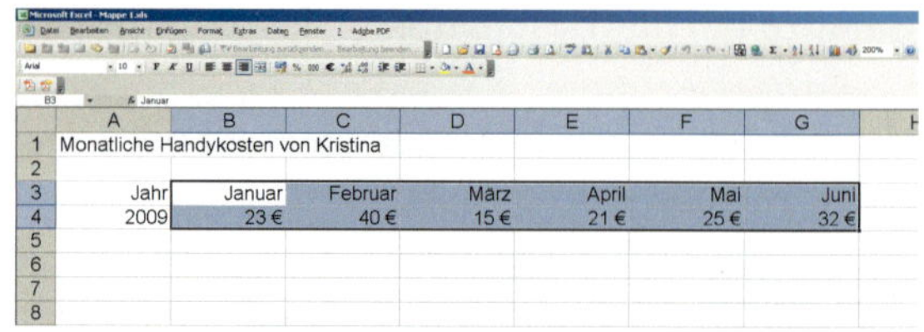

HINWEIS
Zum Markieren von Zellen innerhalb einer Tabelle klickt man auf die erste Zelle und zieht den Mauszeiger bei gedrückter Maustaste bis zur letzten Zelle, die man markieren möchte.

① Markiere die Daten in der Tabelle (wie oben im Bild) und rufe den **Diagramm-Assistenten** durch Klick auf den Button auf.
Wähle im ersten Schritt zunächst den Diagrammtypen.
In unserem Fall wurde der Diagrammtyp „Säulendiagramm" ausgewählt.

② Im zweiten Schritt „**Diagrammquelldaten**" kann man die Zellen angeben, von denen das Diagramm gezeichnet werden soll.
In unserem Fall ist das nicht nötig, weil wir bereits weiter oben den entsprechenden Tabellenbereich markiert haben.

③ Im dritten Schritt „**Diagrammoptionen**" kann man den Diagrammtitel eingeben und die Achsen beschriften.

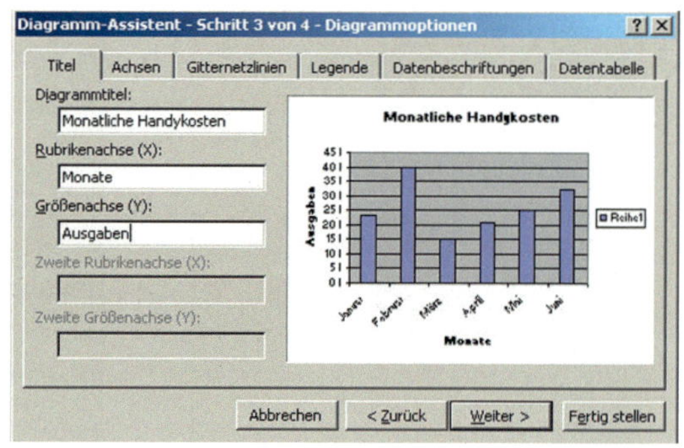

④ Im vierten Schritt soll man sich entscheiden, ob das Diagramm als Extrablatt abgespeichert oder in die Tabelle eingefügt werden soll.
In unserem Fall haben wir die Option „In Tabelle einfügen" gewählt.

Nach dem Klick auf „Fertig stellen" erscheint das fertige Diagramm.

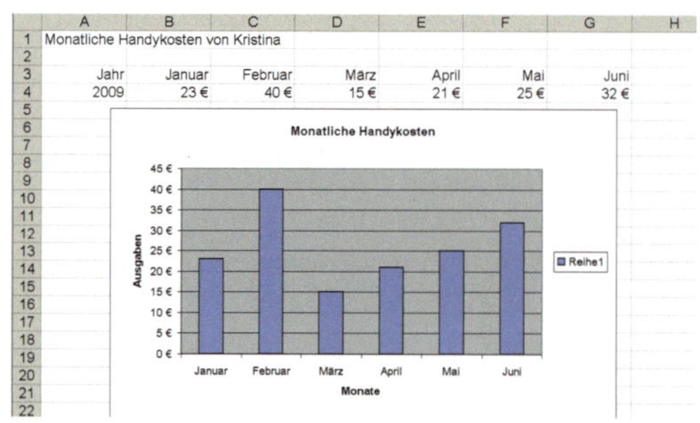

HINWEIS
108-1
Unter dem Webcode 108-1 findest du die Datei, die hier schrittweise beschrieben wurde, so kannst du noch einmal jeden Schritt nachvollziehen.

Möchte man verschiedene Datenreihen vergleichen (z. B. verschiedene Jahre), kann man die Säulendiagramme direkt ineinander verschachteln.
Dazu trägt man auf dem Tabellenblatt die zu vergleichenden Datenreihen untereinander in die Tabelle ein und markiert dann in Schritt ① die betreffenden Zeilen.
Jede Datenreihe wird dann in einer anderen Farbe dargestellt.

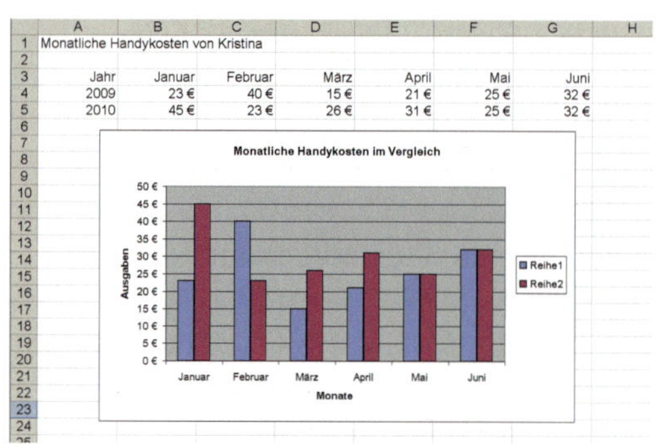

Basisübungen

1 Anna-Maria hat in den ersten sechs Monaten diesen Jahres folgende Handykosten:
Januar 45 €, Februar 23 €,
März 26 €, April 31 €,
Mai 25 €, Juni 32 €
Erstelle mithilfe eines Tabellenkalkulationsprogramms ein Diagramm deiner Wahl für diese Daten.

1 Sicher hast auch du monatliche Kosten. Erstelle eine Tabelle mit diesen Kosten für den Verlauf eines Jahres.
Erstelle nun mithilfe eines Tabellenkalkulationsprogramms ein eigenes Diagramm zu deinen Kosten für dein Handy, dein Hobby oder für deine monatlichen Ausgaben insgesamt.

2 Probiere für die Darstellung der Daten von Aufgabe 1 auch andere Diagrammtypen aus. Nicht alle kann man wählen.
Welche Diagrammtypen sind für die Darstellung der Daten in Aufgabe 1 besonders gut geeignet und welche eignen sich nicht so gut?

3 Erstelle mit einem Tabellenkalkulationsprogramm ein Diagramm zu diesen Daten.

Lieblingsurlaubsziel	Anzahl
Italien	11
Spanien	3
Kroatien	7
Türkei	12
Griechenland	1
Dänemark	7
Österreich	5
USA	4

3 Die folgende Tabelle zeigt Hoch- und Niedrigwasser für einen Nordseeort.
Stelle die Daten mithilfe eines Tabellenkalkulationsprogramms grafisch dar.

Tag	Zeit	Wasser	Wasserstand
14.07	1:33 Uhr	Hochwasser	4,2 m
	7:52 Uhr	Niedrigwasser	0,8 m
	14:02 Uhr	Hochwasser	4,3 m
	20:28 Uhr	Niedrigwasser	0,7 m
15.07	2:33 Uhr	Hochwasser	4,4 m
	8:48 Uhr	Niedrigwasser	0,7 m
	14:48 Uhr	Hochwasser	4,4 m
	21:28 Uhr	Niedrigwasser	0,5 m

HINWEIS
Die Strände an der Nordsee sind nicht immer gleich weit mit Wasser bedeckt. Es gibt sogenannte Gezeiten: Ebbe und Flut. Bei Ebbe geht das Wasser zurück, bei Flut steigt das Wasser an. Niedrigwasser ist der Zeitpunkt des niedrigsten Wasserstandes, Hochwasser ist der Zeitpunkt des höchsten Wasserstandes.

4 Die Tabelle zeigt den jährlichen Wasserverbrauch je Einwohner in verschiedenen Ländern der Welt.

Land	Wasserverbrauch im Jahr pro Einwohner
Algerien	150 m^3
Australien	1300 m^3
Deutschland	650 m^3
Ghana	50 m^3
Indien	600 m^3
Uganda	30 m^3
USA	2200 m^3

a) Stelle die Daten in der Tabelle auf verschiedene Arten grafisch dar. Nutze hierfür ein Tabellenkalkulationsprogramm.
b) Vergleiche die Werte in der Tabelle mit dem geschätzten Fassungsvermögen eines Schwimmbades.

4 Die Schülerinnen und Schüler der 7 a und 7 b wurden nach ihren Hobbys befragt:

7 a: *Tischtennis, Theater, Schach, Fußball, Theater, Tischtennis, Theater, Fußball, Chor, Fußball, Schach, Chor, Chor, Chor, Fußball, Tischtennis, Theater, Schach, Tischtennis, Fußball, Chor, Fußball, Tischtennis, Chor, Theater*

7 b: *Theater, Tischtennis, Theater, Chor, Chor, Fußball, Chor, Tischtennis, Schach, Tischtennis, Schach, Fußball, Theater, Chor, Fußball, Fußball, Chor, Theater, Theater, Tischtennis, Fußball, Tischtennis, Fußball, Schach*

Werte die Umfrageergebnisse mithilfe geeigneter Diagramme aus.
Nutze ein Tabellenkalkulationsprogramm.

5 Erstelle ein Diagramm, bei dem die monatlichen Handykosten für zwei aufeinanderfolgende Jahre verglichen werden.

Jahr	Jan.	Feb.	Mrz.	Apr.	Mai	Juni
2009	23 €	46 €	15 €	21 €	25 €	32 €
2010	45 €	23 €	26 €	31 €	25 €	32 €

5 Erstelle ein Diagramm, bei dem monatliche Kosten über zwei Jahre hinweg oder zwei andere Datenmengen verglichen werden.
Du kannst dabei z. B. deine monatlichen Ausgaben den monatlichen Einnahmen gegenüberstellen oder Daten für Mädchen und Jungen getrennt veranschaulichen.

6 Lege in einem Tabellenkalkulationsprogramm ein neues Dokument (wie rechts im Bild) an und trage die Stunden ein, die du in der letzten Woche wach warst.
Markiere nun die ersten **drei** Zeilen (also eine zusätzliche Leerzeile) und durchlaufe die einzelnen Schritte, die zur Darstellung in einem Säulendiagramm führen.
Füge das Diagramm unter der Tabelle ein.
Wenn du nun in der dritten Zeile die Zellen füllst – die Stunden, die du in dieser Woche wach gewesen bist –, kannst du sehen, wie für jeden weiteren Wert direkt eine neue Säule hinzugefügt wird. Probiere es aus.

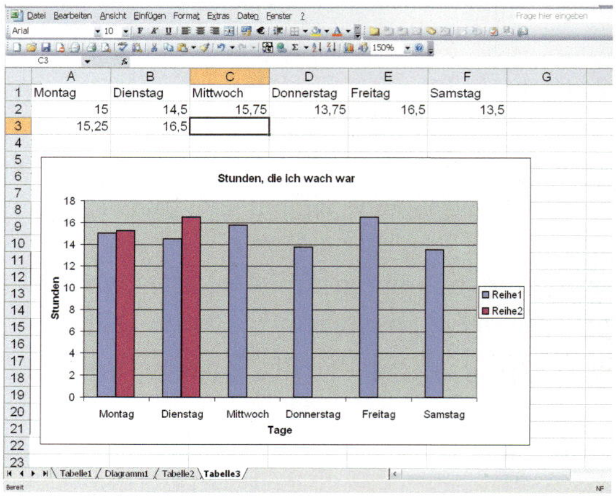

7 An der Beethoven-Schule werden die Klassenarbeiten stets in allen Parallelklassen gleichzeitig geschrieben.
Die Tabelle enthält die Ergebnisse des letzten Mathematiktests der siebenten Klassen:

7a	4 4 5 1 6 6 1 3 3 3 6 1 5 4 4 2 3 2 2 5
7b	1 2 6 4 6 1 4 6 3 4 4 1 1 1 3 6 4 1 6 6 1 3
7c	2 2 5 5 3 1 1 2 5 5 5 2 5 5 6 2 2 2 2 4 5 4 5 4
7d	3 4 3 3 6 6 3 5 3 4 2 6 3 3 2 5 1 4 2 4 5

a) Bestimme für jede Klasse Minimum, Maximum und Zentralwert.

b) Mit welcher relativen Häufigkeit traten die einzelnen Noten auf?

c) Stelle die Ergebnisse der Klassen grafisch dar, sodass man die Klassen gut vergleichen kann. Nutze dafür ein Tabellenkalkulationsprogramm.

7 Die folgende Tabelle zeigt verschlüsselte Angaben für eine Parallelarbeit.

7 a

Ges.	Note	Ges.	Note
M	1	W	3
W	2	M	2
W	6	W	5
M	3	M	1
M	4	M	4
W	5	W	1
W	3	W	2
M	2	M	5
M	2	M	4

7 b

Ges.	Note	Ges.	Note
W	2	M	3
W	3	W	6
W	3	W	6
M	4	W	2
W	3	M	3
M	2	M	5
W	3	W	3
M	4	M	1
M	1	M	2

Erstelle mithilfe eines Tabellenkalkulationsprogrammes geeignete Diagramme zum Vergleich der Klassen 7 a und 7 b bzw. der Jungen und Mädchen.
Welche Klasse bzw. welche Gruppe ist deiner Meinung nach die beste?

Wie viele Personen gehören zu deiner Familie

Wie viele Schuhe hast du?

Wie viele Bücher besitzt du?

Wie viele Telefonnummern hast du im Handy gespeichert?

Wie viele Freunde hast du?

Wie viele Bücher hast du bereits gelesen?

Wie viele Automarken kennst du?

8 Wie unterschiedlich sind Jungen und Mädchen in ihren Gewohnheiten?
Erarbeitet euch einen Fragebogen, mit dem ihr viele Daten zu den Gewohnheiten eurer Mitschüler und Mitschülerinnen sammelt.
Wertet die Ergebnisse dann getrennt nach Jungen und Mädchen aus.

Thema: Diagramme kritisch betrachten

Häufig werden Daten in Diagrammen oder Bildern mathematisch falsch dargestellt.
Oftmals ist es unbeabsichtigt und einfach nicht gut durchdacht.
Diagramme werden aber manchmal auch bewusst irreführend dargestellt, weil ein besonderes Interesse verfolgt wird, z. B. weil man ein bestimmtes Produkt verkaufen will.

1 Betrachte die folgenden Darstellungen. Sie sollen ein und denselben Sachverhalt veranschaulichen: Carina bekommt doppelt so viel Taschengeld wie Stefan.

a) Diskutiert in der Klasse, welche Darstellung ihr für am geeignetsten haltet. Begründet euren Standpunkt.
b) Wie wäre das Verhältnis von Carinas zu Stefans Taschengeld bei den einzelnen Darstellungen, wenn man sie korrekt ablesen würde?
c) Stefan möchte seine Eltern von der Ungerechtigkeit überzeugen, dass er nur halb so viel Taschengeld wie Carina bekommt.
Welche Darstellung sollte er wählen, um seine Eltern zu überzeugen?
d) Carina möchte vor den Eltern als nicht so sehr viel besser als Stefan dastehen. Welche Darstellung sollte sie in diesem Fall wählen?

NACHGEDACHT
Warum werden manchmal solche Bilder zur Darstellung von Sachverhalten verwendet, obwohl sie mathematisch falsch sind?

2 Das Säulendiagramm rechts stellt Marwins Schulden dar, die er jeden Monat neu auf sich nimmt, um seine Handykosten zu decken.
a) In welcher Höhe verschuldet sich Marwin in den einzelnen Monaten?
b) Ist der Verlauf für euch positiv oder negativ zu bewerten? Diskutiert darüber in der Klasse und begründet eure Meinung.
c) Wer hat ein Interesse, die Schuldensituation so darzustellen?
d) Wie würdet ihr sie darstellen?
e) Denkt euch eine eigene Geschichte aus, die man so darstellen könnte.

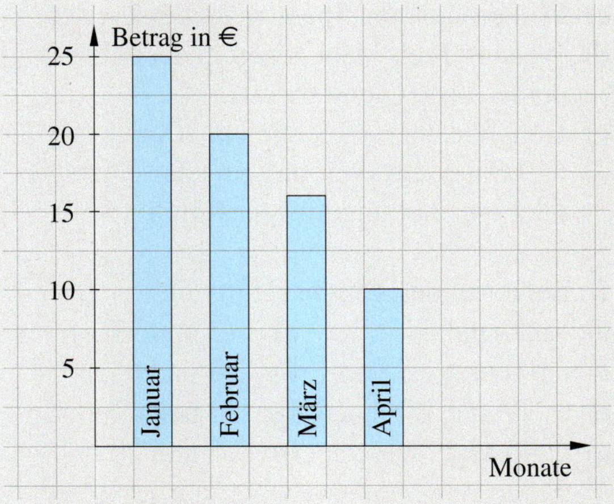

3 Führt eine Umfrage durch, die folgende Möglichkeiten zum Ankreuzen bietet:
Bist du glücklich/zufrieden/unglücklich?
Führt die Umfrage noch einmal durch. Diesmal mit folgenden Antwortmöglichkeiten:
Bist du glücklich/zufrieden/eher zufrieden/eher unzufrieden/unzufrieden/unglücklich.
a) Welche Befragung würdest du wählen, damit du möglichst viele „glückliche" Mitschüler hättest? Woran liegt das?
b) Was lässt sich mit dieser Erkenntnis generell über Befragungen aussagen?

Klar soweit?

→ Seite 100

Daten erheben und auswerten

1 Zähle in diesem Text die Buchstaben „e“, „o“ und „a“.
Bestimme die absolute und die relative Häufigkeit für jeden dieser Buchstaben.
Pferde sind Pflanzenfresser.
Mit ihren Schneidezähnen rupfen sie auf der Weide Gras ab. Bei längeren Pflanzen helfen dabei die Lippen mit. Mit den breiten Backenzähnen zerkauen die Tiere das Gras gründlich, bevor sie es schlucken.
Ihr Magen ist klein und einteilig.
Dafür ist ihr Darm besonders lang.

2 Ein Verbraucherverband vergleicht in einer Stadt die Preise für Camcorder
In sieben verschiedenen Geschäften werden für den gleichen Camcorder folgende Preise genannt:

698 €   632 €   685 €   679 €
659 €   732 €   680 €

a) Ordne die Preise der Größe nach.
b) Gib das Minimum und das Maximum des Preises an.
c) Wie groß ist die Spannweite des Preises?
d) Welcher Preis steht genau in der Mitte deiner Liste (Zentralwert)?
e) Herr Wiesler hat die gleiche Kamera für 679 € gekauft. War das ein eher günstiger oder ein eher ungünstiger Kauf?

3 Berechne den Durchschnitt von …

a) 26 und 44 b) 13 und 37
c) 104 und 12 d) 35 und 65
e) 79 und 18 f) 23 und 12
g) 45 und 31 h) 75 und 20

4 In der Tabelle sind die drei letzten Ergebnisse im Weitsprung aufgeführt.
Wer ist die beste Springerin?

Marie	Katharina	Josephina
2,55 m	2,95 m	2,85 m
3,15 m	2,90 m	2,90 m
3,15 m	3,00 m	2,80 m

1 Während einer Sport-Projektwoche wählten die Schüler folgende Sportarten.
Berechne in einer Tabelle die relativen Häufigkeiten in Prozent.

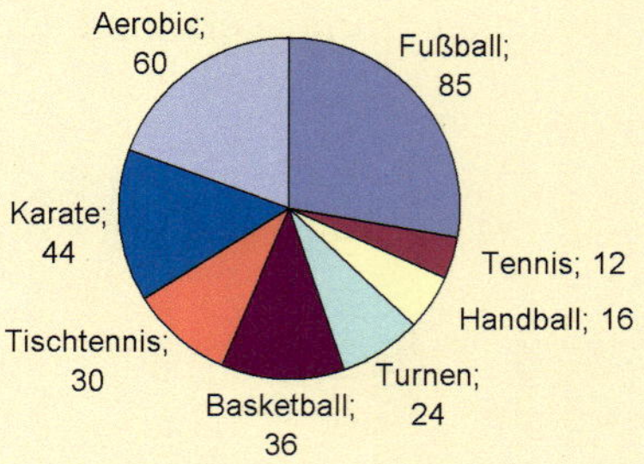

2 Stefanie fragt die Mitschüler ihrer Klasse nach ihren Körpergrößen.
Sie erhält folgende Angaben:
161 cm, 150 cm, 165 cm, 159 cm, 158 cm, 153 cm, 149 cm, 142 cm, 159 cm, 149 cm, 159 cm, 146 cm, 172 cm, 168 cm, 153 cm, 161 cm, 168 cm, 146 cm, 163 cm, 171 cm, 165 cm, 160 cm, 150 cm, 168 cm.

a) Ordne die Messwerte der Größe nach.
b) Gib das Minimum und das Maximum der Messwerte an.
c) Wie groß ist die Spannweite der Messwerte?
d) Welcher Messwert steht genau in der Mitte der Liste (Zentralwert)?
e) Ist Stefanie mit ihrer Größe von 1,60 m eher groß oder klein in ihrer Klasse?

3 Gib das arithmetische Mittel an.

a) 25 mm, 29 mm, 36 mm und 14 mm
b) 125 g, 218 g und 59 g
c) 25 s, 63 s, 48 s, und 24 s
d) 268 m, 143 m und 129 m

4 In den siebten Klassen wurde eine Vergleichsarbeit geschrieben.
Welche Klasse hat am besten abgeschnitten?

Note	1	2	3	4	5	6
Klasse 7 a	4	5	8	6	3	1
Klasse 7 b	4	5	9	7	5	2
Klasse 7 c	4	5	7	8	4	1

Daten in Diagrammen darstellen

→ Seite 104

5 Bei einer Verkehrszählung wurden in einer halben Stunde vor einer Schule folgende Fahrzeuge gezählt.

Fahrzeuge	Anzahl	absolute Häufigkeit
PKW	𝍸 𝍸 𝍸 𝍸 𝍸 ||	27
Motorrad	𝍸 𝍸 |||	14
LKW/Bus	𝍸	5
Fahrrad	𝍸 𝍸 𝍸 𝍸 |||	23
	Gesamtzahl	69

a) Stelle die Ergebnisse in einem Säulendiagramm dar.

b) Berechne die relativen Häufigkeiten und stelle die Ergebnisse in einem Streifendiagramm dar.

5 Bei einer Überprüfung von 400 Unfällen mit Fußgängern haben 68 % der Fußgänger vor dem Überqueren nicht nach links und rechts geschaut, 22 % der Fußgänger kamen plötzlich hinter parkenden Autos hervor und 10 % der Fußgänger haben die Ampel nicht beachtet. Stelle diesen Sachverhalt in einem Kreisdiagramm dar.

6 Das Säulendiagramm zeigt die Niederschläge in Halle für jeden Monat in einem Jahr. Die gleichen Daten wurden auch als Liniendiagramm dargestellt.

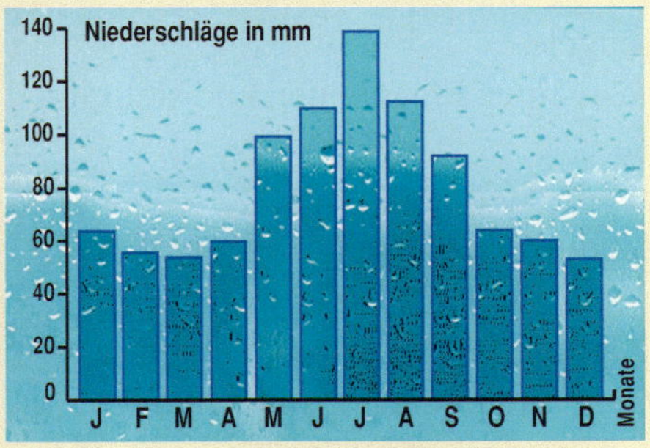

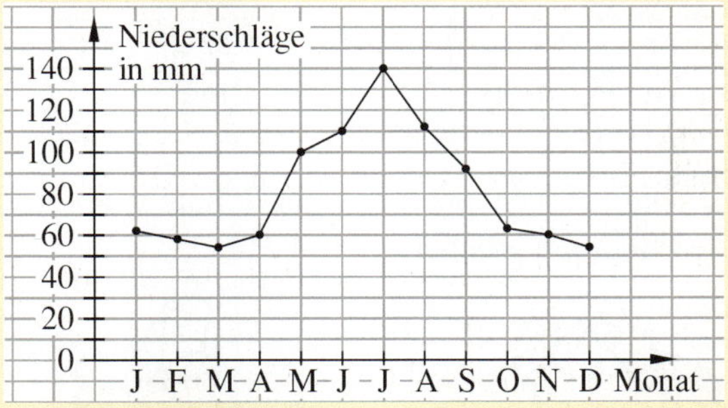

a) Lies ab, wie viel Millimeter Niederschlag monatlich gefallen sind. Wie hoch war der Jahresniederschlag?

b) Erkläre, wie man das Liniendiagramm aus dem Säulendiagramm erhält.

c) Warum lässt sich die Verteilung der Niederschläge nur schwer in einem Kreis- oder Streifendiagramm darstellen?

d) Vergleiche die Darstellungen im Säulendiagramm und im Liniendiagramm. Welches Diagramm zeigt die fortschreitende Entwicklung von Monat zu Monat besser?

Daten mit dem Computer darstellen

→ Seite 108

7 Erstelle mit einem Tabellenkalkulationsprogramm die beiden Diagramme aus Aufgabe 6. Worin unterscheiden sich deine Diagramme von denen in Aufgabe 6?

7 Suche nach aktuellen Niederschlagswerten für deinen Landkreis und vergleiche sie mithilfe des Computers mit den Daten bei Aufgabe 6.

Vermischte Übungen

1 360 Schülerinnen und Schüler einer Schule beteiligten sich an einer Umfrage zum Thema „Schulessen".
Die folgende Tabelle zeigt die Ergebnisse:

sehr gut	gut	mittelmäßig	schlecht	weiß nicht
160	80	60	45	15

a) Gib die relative Häufigkeit der Stimmen für die vorkommenden Wertungen als Bruch und in Prozentschreibweise an.
b) Zeichne zu den Werten ein Kreisdiagramm.
c) Mattis meint: „Um das Kreisdiagramm zu zeichnen, musste ich gar nicht rechnen!" Was meint Mattis damit?

2 Die 7. Klassen haben eine Umfrage zum Thema „Taschengeld" durchgeführt.
Bestimme die durchschnittliche Taschengeldhöhe pro Monat für alle Klassen zusammen.

Klasse	Anzahl der Schüler	durchschnittliche Taschengeldhöhe pro Monat
7a	30	26 €
7b	25	23 €
7c	26	22 €
7d	30	15 €

3 Die Klassensprecher einer Schule wählten den Schülersprecher.

a) Gib die relative Häufigkeit der Stimmen als Bruch und in Prozentschreibweise an.
b) Zeichne ein Kreisdiagramm.

1 Lies den folgenden Zeitungsartikel:

> **Hauptsache weg**
>
> Beliebtestes Urlaubsland der Deutschen blieb auch 2009 Deutschland. 30 Prozent aller Reisen über fünf Tage wurden im eigenen Land unternommen. Unter den ausländischen Reisezielen rangiert Spanien mit 13,5 Prozent vor Italien mit 7,7 Prozent und der Türkei mit 6,6 Prozent. Damit übertrifft die Türkei erstmals Österreich (6,3 %) in der Hitliste der beliebtesten Urlaubsländer der Deutschen.

Stelle die Daten aus dem Zeitungsbericht in einem Diagramm dar.

2 Führt in Kleingruppen eine Befragung in der Klasse oder an der Schule zu einem der folgenden Themen durch:
- Freizeitverhalten
- Fernsehkonsum
- Politik
- Urlaub
- Taschengeld

Erstellt dazu einen Fragebogen und stellt ihn der Klasse vor.
Führt dann die Befragung durch.
Präsentiert die Ergebnisse auf einem Plakat.

3 Die Tabelle zeigt die Anzahl der verwandelten und verschossenen Elfmeter einiger ehemaliger Bundesligaspieler.

Spieler	verwandelt	verschossen
M. Kaltz	53	7
S. Kuntz	30	5
L. Matthäus	30	3
G. Netzer	29	6
R. Bonhof	20	1

a) Bestimme für jeden Spieler die relative Häufigkeit für ein Elfmetertor.
b) Welcher dieser Spieler ist der beste Elfmeterschütze?
c) Recherchiere die erfolgreichsten Elfmeterschützen der letzten Bundesligasaison und vergleiche sie mit diesen hier.

4 Eine Grundschule hat 740 Schülerinnen und Schüler.
Die Anteile der Jahrgangsstufen 1/2, 3/4 und 5/6 zeigt das Kreisdiagramm.
Miss die Winkel und bestimme die jeweiligen Schülerzahlen in den verschiedenen Jahrgangsstufen.

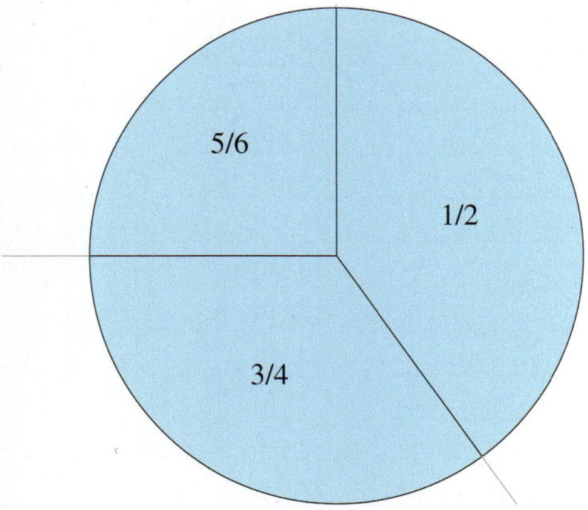

5 Eine Jugendgruppe möchte sich an einem der vier Wochenenden im Mai treffen.
- Kai: „Ich kann am ersten Maiwochenende nicht, aber an allen anderen."
- Rebecca: „Am letzten Maiwochenende habe ich keine Zeit."
- Julia: „Nur am zweiten und vierten Wochenende kann ich kommen."
- Katrin: „Ich habe an jedem Maiwochenende Zeit."
- Clemens: „Die ersten beiden Wochenenden würden mir passen."
- Janine: „Ich habe nur am zweiten und dritten Maiwochenende Zeit."

Erstelle eine Strichliste.
Wann sollte sich die Gruppe am besten treffen?

6 In einer Illustrierten wird der Preisanstieg für Urlaubsreisen in den letzten drei Jahren durch dieses Diagramm veranschaulicht.
Dabei wird der Preis einer 14-tägigen Urlaubsreise von vor drei Jahren als Grundwert (100 %) angesetzt.
Wie viel kostete eine solche Reise, die man vor drei Jahren für 350 € buchen konnte, …

a) vor zwei Jahren? **b)** vor einem Jahr?
c) Wie viel kostet sie jetzt?

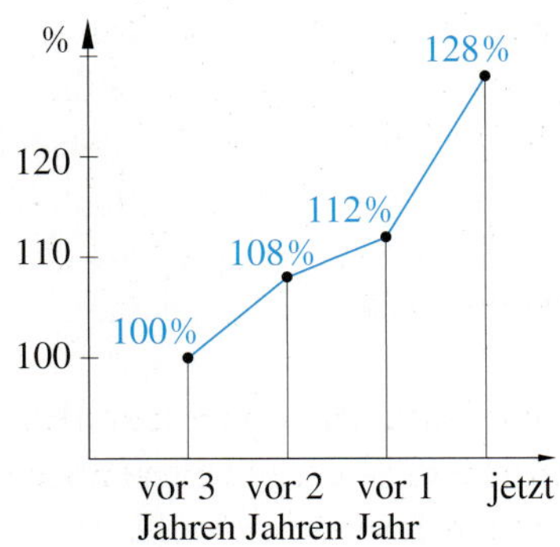

4 Das Diagramm zeigt die Marktanteile einiger Fernsehsender im Jahresdurchschnitt 2009.
Bestimme die Marktanteile der einzelnen Fernsehsender.

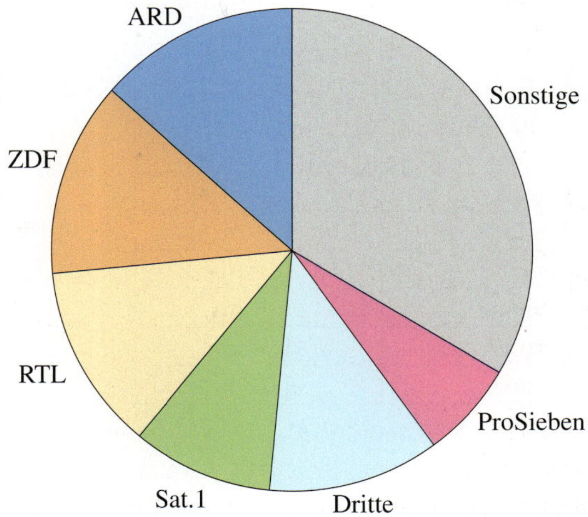

5 Um die voraussichtliche Körperlänge von Kindern als Erwachsene zu ermitteln, bildet man das arithmetische Mittel der Körperlängen beider Eltern.
Für Mädchen wird diese Größe um 6 cm vermindert, für Jungen um 6 cm erhöht.

a) Hannahs Eltern sind 1,81 m und 1,73 m groß. Wie groß wird Hannah voraussichtlich als Erwachsene sein?
b) Henriks Eltern sind 1,78 m und 1,64 m groß. Wie groß wird Henrik voraussichtlich als Erwachsener sein?
c) Die Eltern der Zwillinge Lea und Leon sind 1,68 m und 1,80 m groß.
Wie groß werden Lea und Leon voraussichtlich als Erwachsene sein?

HINWEIS
Zum besseren Ablesen der Winkel aus Kreisdiagrammen kann man das Diagramm auf Transparentpapier übertragen und die Schenkel der Winkel verlängern.

ANREGUNG
Ermittle die Körperlängen deiner Eltern und berechne deine voraussichtliche Körperlänge im Erwachsenenalter.

7 Klasse 7 b misst sich im Hochsprung. Sie notieren ihre Werte in einer Urliste. Bilde jeweils für die Jungen und für die Mädchen das arithmetische Mittel und gib den Zentralwert an.

Name	Höhe
Danilo	1,38 m
Maik	1,29 m
Tobias	1,42 m
Kevin	1,53 m
Patrick	1,42 m
Marius	1,59 m
Torben	1,25 m
Henning	1,44 m
Dennis	1,36 m
Julian	1,34 m

Name	Höhe
Jaqueline	1,30 m
Greta	1,25 m
Larissa	1,41 m
Sina	1,35 m
Jasmin	1,32 m
Svenja	1,18 m
Chantal	1,45 m
Vivian	1,33 m
Jana	1,35 m
Marie	1,38 m
Emily	1,24 m

8 Berechne jeweils das arithmetische Mittel und den Zentralwert.
Gib den Modalwert an.

a) 12; 16; 16; 21; 28; 29; 31; 35; 37; 49
b) 38; 59; 60; 60; 78; 92; 92; 102; 108; 129; 129; 129; 148; 189; 189; 219; 248
c) 2,5; 3,8; 4,25; 4,5; 4,5; 5,74; 6,9; 7,45

9 An einer Oberschule gibt es fünf siebente Klassen:

Klasse	7 a	7 b	7 c	7 d	7 e
Schüleranzahl	30	28	29	28	30

a) Wie viele Schüler sind durchschnittlich in einer Klasse?
b) Untersuche, wie viele Schülerinnen und Schüler an deiner Schule die siebente Klasse besuchen und wie viele es durchschnittlich pro Klasse sind.
c) David hat herausgefunden, dass an seiner Schule durchschnittlich 28 Schülerinnen und Schüler die fünfte Klasse besuchen. Durchschnittlich 29 Schülerinnen und Schüler besuchen die Klassen 6, 7 und 9 und durchschnittlich 29,5 Schülerinnen und Schüler die Klassen 8 und 10.
Lässt sich mit diesen Angaben die durchschnittliche Klassengröße an Davids Schule berechnen? Berechne oder begründe.

8 Betrachte die beiden Reihen.
Gib ohne zu rechnen an, welche der beiden Reihen vermutlich das größere arithmetische Mittel und welche Reihe den größeren Zentralwert hat. Überprüfe deine Vermutung.
① 2; 5; 10; 14; 25; 39; 42; 58
② 2; 5; 9; 21; 35; 39; 42; 58

9 Bei einer Castingshow kam es bei der Zuschauerabstimmung in der Runde der letzten Fünf zu folgendem Ergebnis:

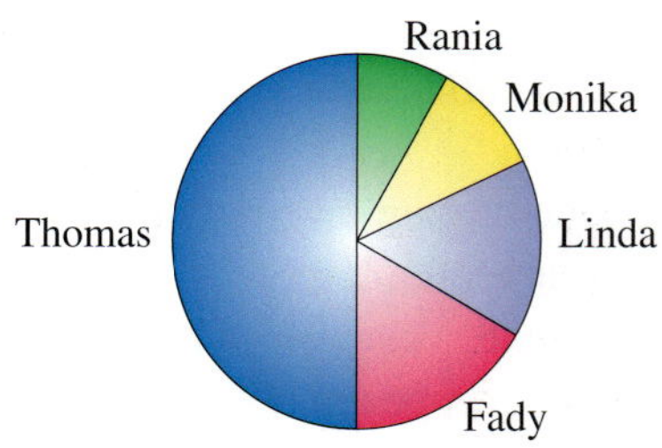

a) Bestimme die Anteile für die einzelnen Kandidaten.
Welcher Kandidat schied aus?
b) In der Runde der letzten Drei erzielten die verbliebenen Kandidaten die folgenden prozentualen Anteile:

Thomas	47 %
Fady	30 %
Linda	23 %

Zeichne ein passendes Kreisdiagramm.

10 Im Bereich des Polizeireviers Wittenberg ereigneten sich in einem Jahr viele Verkehrsunfälle. Eine Analyse der Unfallursachen ergab folgende Aufstellung:

Unfallursache	Zahl der Unfälle insgesamt (alle Verkehrsteilnehmer)	davon Unfälle mit Beteiligung von 15- bis 25-Jährigen
Geschwindigkeit	667	172
Sicherheitsabstand	438	113
Vorfahrt/Vorrang	368	72
Wenden/Rückwärtsfahren	311	44
Wildunfälle	262	27
Abbiegen	172	37
Überholen/Wiedereinordnen	131	34
Fehlverhalten gegen Radfahrer	114	2
Alkoholeinfluss	106	30
Fehlverhalten von Radfahrern	97	13
Anhalten und Anfahren	76	16
Fehlverhalten von Fußgängern	22	1
Fehlverhalten gegen Fußgänger	19	2

Geschwindigkeitskontrolle mit Lasermessgerät

a) Wie viele Verkehrsunfälle ereigneten sich insgesamt?
An wie vielen Unfällen waren 15- bis 25-Jährige beteiligt?
b) Berechne die relativen Häufigkeiten der einzelnen Unfallursachen.
c) Welches ist die häufigste Unfallursache?
d) Stelle die relativen Häufigkeiten aus Aufgabe b) in einem Diagramm dar.
e) Berechne die absoluten Häufigkeiten der Unfallursachen, bei denen Fehlverhalten gegen Fußgänger und Radfahrer die Ursache war.
Welchen Anteil an allen Unfallursachen haben sie?
f) Vergleiche die relativen Häufigkeiten der einzelnen Unfallursachen für die 15- bis 25-Jährigen mit denen aller Verkehrsteilnehmer.
Erstelle dazu ein Säulendiagramm für die Unfälle mit Beteiligung von 15- bis 25-Jährigen.
g) Vergleicht die beiden Diagramme aus den Aufgaben d) und f).

11 Um den Schulweg so sicher wie möglich zu machen, befindet sich vor vielen Schulen ein Fußgängerüberweg. Nicht alle Autofahrer verhalten sich vorbildlich und halten, wenn ein Fußgänger die Fahrbahn überqueren will.
Die Schülerinnen und Schüler einer Schule in Magdeburg haben bei ihrer Untersuchung festgestellt, dass von 150 Fahrzeugen
- 36% sich mit zu hoher Geschwindigkeit näherten,
- 4% gar nicht hielten und
- 60% sich vorschriftsmäßig verhielten.

a) Wie viele Autofahrer verhielten sich vorschriftsmäßig, wie viele näherten sich mit zu hoher Geschwindigkeit und wie viele hielten gar nicht an?
b) Führt an einem Fußgängerüberweg in der Nähe eurer Schule eine entsprechende Untersuchung durch.
Vergleicht eure Ergebnisse mit den Ergebnissen der Schülerinnen und Schüler aus der Magdeburger Schule.
Verwendet für die Auswertung ein Tabellenkalkulationsprogramm.
c) Ist der von euch untersuchte Fußgängerüberweg für Kinder sicher?

Teste dich!

(24 Punkte)

1 Gib zu jeder Datenreihe Maximum, Minimum, Spannweite, das arithmetische Mittel, den Zentralwert und – falls möglich – den Modalwert an.

a) 12; 26; 28; 51; 52; 56; 57; 79; 82; 96
b) 740; 824; 824; 729; 283; 391; 284; 285, 685, 825
c) 86; 2903; 5778; 6209; 7357; 59 872
d) 44; 39,5; 27,2; 14,8; 39; 38,4; 16; 27,2

(24 Punkte)

2 Die Tabelle zeigt die Platzierungen einiger Mannschaften in einer Bundesligasaison nach allen 34 Spielen. Bestimme für jeden Verein die relative Häufigkeit, mit der …

a) ein Spiel gewonnen (g) wurde.
b) ein Spiel unentschieden (u) endete.
c) ein Spiel verloren (v) ging.
d) ein Spiel *nicht* verloren wurde.

Platz	Verein	g	u	v
3	FC Schalke 04	18	10	6
5	VfL Wolfsburg	15	9	10
6	VfB Stuttgart	16	4	14
7	Bayer Leverkusen	15	6	13
14	Energie Cottbus	9	9	16
18	MSV Duisburg	8	5	21

(8 Punkte)

3 Carlos hat unter den Freunden in seiner Klasse eine Umfrage durchgeführt. Er fragte 12 Freunde nach ihrem Lieblingsfußballverein.

Verein	Häufigkeit	
	absolute	relative
FC Bayern München	3	
FC Energie Cottbus	5	
Hertha BSC Berlin	4	

a) Übertrage die Tabelle in dein Heft und vervollständige sie.
b) Fertige nach den Ergebnissen der Umfrage in deinem Heft ein Kreisdiagramm an und beschrifte es.
c) Beschreibe, wie du das Kreisdiagramm angefertigt hast.

(20 Punkte)

4 Miriam fragte 15 Klassenkameradinnen, wo sie ihren Urlaub verbracht haben.

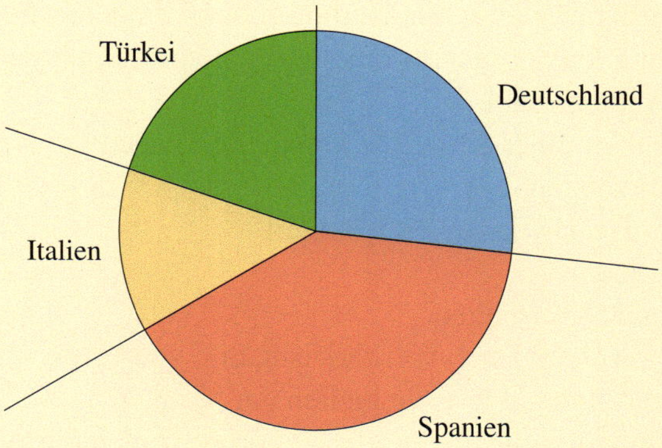

a) Bestimme jeweils die Anteile als Bruch und in Prozent.
b) Wie viele Schülerinnen haben in jedem Land Urlaub gemacht?
c) In diesen vier Ländern haben jeweils auch drei Jungen der Klasse ihren Urlaub verbracht. Wie verändert sich das Kreisdiagramm, wenn die Jungen auch noch im Diagramm berücksichtigt werden sollen?

5 Welche Fragestellung könnte hinter dem Diagramm stehen?
Nenne zwei Möglichkeiten. *(4 Punkte)*

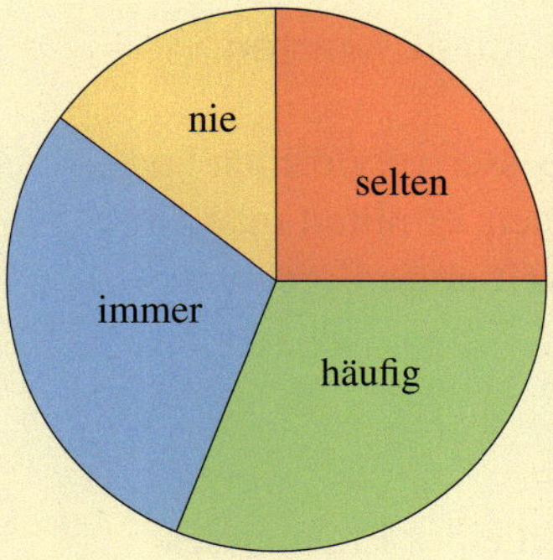

6 In diesem Jahr bekommt Steven zu Weihnachten nur halb so viel Geld von den Großeltern wie im letzten Jahr. Erkläre den Fehler in der Abbildung. *(6 Punkte)*

7 Anna ist Biathletin. Beim Sprint traf sie die Scheibe 8 von 10-mal. *(4 Punkte)*
Auf der längeren Distanz traf sie von 20 Schuss sechsmal nicht das Ziel.

a) Berechne jeweils die relative Häufigkeit für einen Treffer beim Sprint und auf der längeren Distanz.
b) Mit welcher durchschnittlichen relativen Häufigkeit hat Anna das Ziel getroffen?

8 Beschreibe den Inhalt der abgebildeten Diagramme mit deinen Worten. *(10 Punkte)*

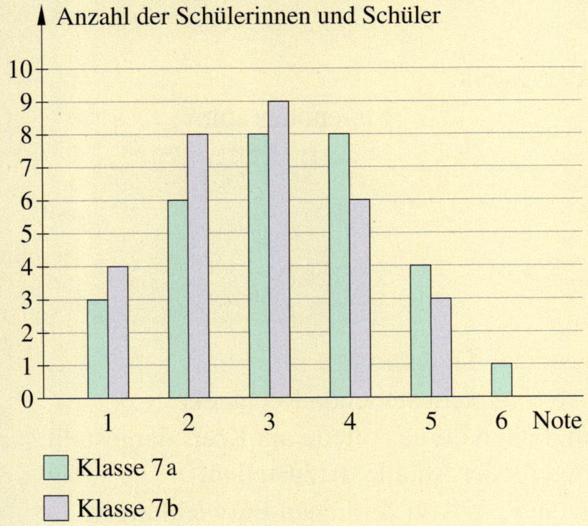

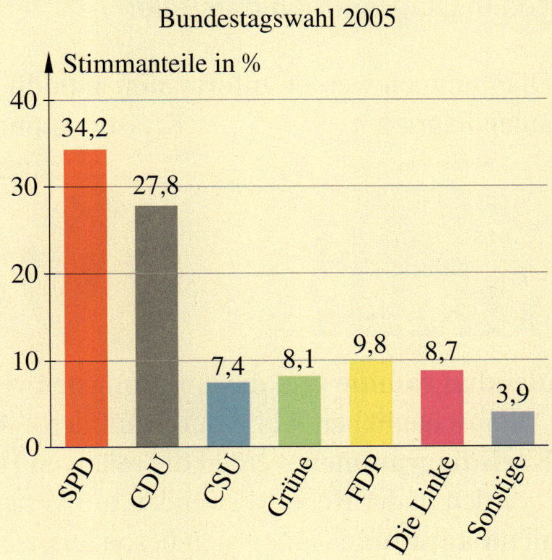

Gold: 96–100 Punkte, Silber: 80–95 Punkte, Bronze: 60–79 Punkte

Zusammenfassung

→ Seite 100

Daten erheben und auswerten

Um Ergebnisse besser vergleichen und bewerten zu können, ermittelt man die **relative Häufigkeit** eines Ergebnisses.

Anzahl der Mädchen pro Klasse

	7 a	7 b	7 c
Anzahl der Mädchen (absolute Häufigkeit)	14	11	11
Schüler insgesamt	28	25	20

relative Häufigkeit eines Ergebnisses

$$= \frac{\text{absolute Häufigkeit des Ergebnisses}}{\text{Gesamtzahl aller Ergebnisse}}$$

Relative Häufigkeit der Mädchen:

Klasse 7 a: $\frac{14}{28} = \frac{1}{2} = 0{,}5 = 50\,\%$

Klasse 7 b: $\frac{11}{25} = \frac{44}{100} = 0{,}44 = 44\,\%$

Klasse 7 c: $\frac{11}{20} = \frac{55}{100} = 0{,}55 = 55\,\%$

In der Klasse 7 c sind relativ die meisten Mädchen.

Bei der Untersuchung von Daten ist die Berechnung des Durchschnitts von Bedeutung. Der Durchschnitt ist ein Mittelwert. Er wird auch als **arithmetisches Mittel** bezeichnet.

$$\text{arithmetisches Mittel} = \frac{\text{Summe aller Werte}}{\text{Anzahl der Werte}}$$

Tageshöchsttemperaturen

Mo	Di	Mi	Do	Fr	Sa	So
18 °C	18 °C	16 °C	18 °C	21 °C	23 °C	26 °C

arithmetisches Mittel:

$$\frac{16 + 3 \cdot 18 + 21 + 23 + 26}{7} = 20$$

Wochendurchschnitt: 20 °C

Auch der **Zentralwert** (**Median**) ist ein Mittelwert einer Datenreihe.
Es ist möglich, dass die Berechnung von arithmetischem Mittel und Median zu unterschiedlichen Werten führt.

geordnete Datenliste:

16 °C, 18 °C, 18 °C, 18 °C, 21 °C, 23 °C, 26 °C

Minimum (16 °C) — Median: 18 °C — Maximum (26 °C)

Spannweite: 26 °C − 16 °C = 10 °C

Der **Modalwert** ist der Wert, der am häufigsten auftritt.

Modalwert: 18 °C

→ Seite 104, 108

Daten in Diagrammen darstellen

In Diagrammen werden Informationen bildlich dargestellt.

Säulendiagramm

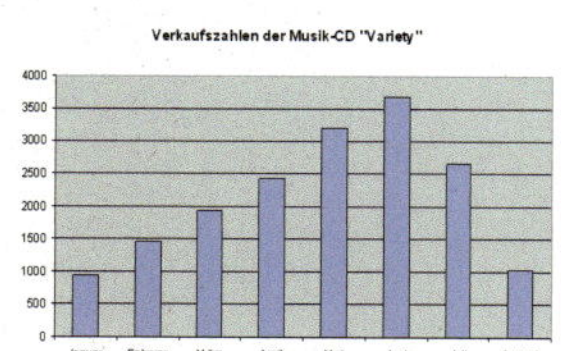

Kreisdiagramm

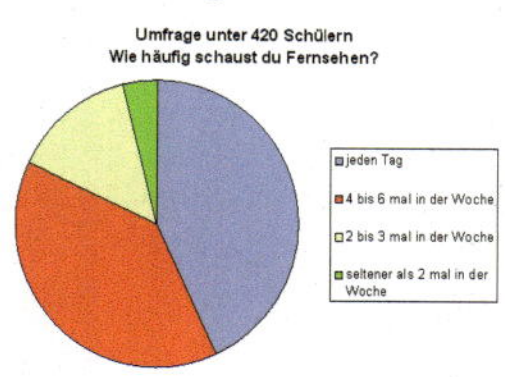

Liniendiagramm

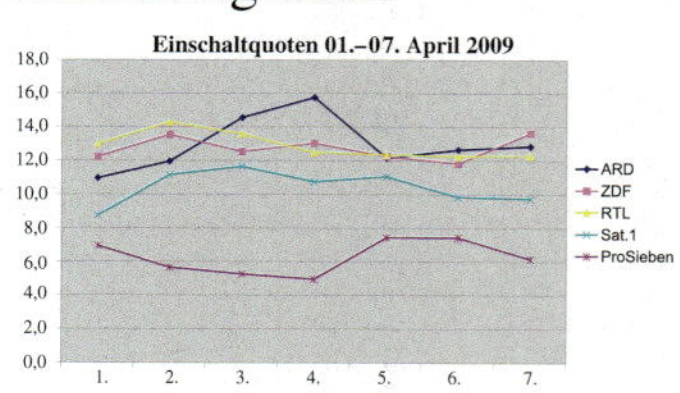

Säulendiagramme sind die am häufigsten verwendeten Diagramme.
Sie veranschaulichen Werte durch auf der x-Achse senkrecht stehende Rechtecke.
In **Kreisdiagrammen** werden die relativen Häufigkeiten durch Anteile am Kreis dargestellt.
Sie werden in der Regel verwendet, um Verteilungen oder Anteile darzustellen.
Liniendiagramme eignen sich besonders zur Darstellung von zeitlichen Entwicklungen.

Lineare Gleichungen

Weltmeisterschaft im Gewichtheben.
Bob Jones hat im letzten Versuch 120 kg gestemmt.
Damit er nicht aus dem Gleichgewicht gerät,
sind die Massestücke rechts und links gleichmäßig verteilt.
Nun will er im nächsten Versuch 125 kg stemmen.
Wie werden dann die Massestücke verteilt?

Noch fit?

Einstieg

1 Zahlenfolgen
Ergänze um drei weitere Zahlen.
a) 17, 34, 51, 68, …
b) 1, 3, 5, 7, 9, …
c) 200, 195, 190, …
d) 4, 9, 14, 19, 24, …

2 Einfache Gleichungen
Setze jeweils geeignete Zahlen ein.
a) $15 \cdot ■ = 105$
b) $14 + 2 \cdot ■ = 24$
c) $121 = ■ \cdot ■$
d) $121 - ■ = 89$
e) $5 \cdot ■ - 12 = 13$

Aufstieg

1 Zahlenfolgen
Formuliere eine Regel.
a) 1, 4, 9, 16, 25, …
b) 1, 3, 6, 10, 15, …
c) $\frac{1}{2}, \frac{1}{4}, \frac{1}{8}, \frac{1}{16}, \dots$
d) $\frac{1}{4}, \frac{1}{2}, 1, 2, \dots$

2 Einfache Gleichungen
Setze jeweils eine geeignete Zahl ein.
a) $125 = 75 + 10 \cdot ■$
b) $63 : ■ = 7$
c) $47 - 3 \cdot ■ = 41$
d) $■ \cdot 8 = 56$
e) $12 + ■ : 6 = 21$

3 Rechenregeln
Ergänze die Regeln zum Rechnen mit Brüchen im Heft.
a) Brüche werden addiert oder subtrahiert, indem man …
b) Zwei Brüche werden multipliziert, indem man …
c) Man dividiert eine Zahl durch einen Bruch, indem man …

4 Rechnen mit Brüchen (Einstieg)
a) $\frac{2}{3} + \frac{4}{5}$ b) $3 - \frac{2}{7}$ c) $-\frac{3}{5} - \frac{5}{6}$
d) $\frac{5}{6} \cdot \frac{18}{25}$ e) $\frac{3}{4} \cdot \left(-\frac{5}{6}\right)$ f) $\frac{12}{7} : \frac{36}{77}$

4 Rechnen mit Brüchen (Aufstieg)
a) $\frac{8}{5} : \frac{12}{15}$ b) $\frac{2}{3} + \frac{4}{7} \cdot \frac{14}{8}$ c) $\frac{9}{8} - \frac{3}{4} : \frac{1}{2}$
d) $\frac{1}{3} : \frac{1}{4} \cdot \frac{4}{6}$ e) $\frac{4}{3} - \frac{2}{3} \cdot \frac{7}{4}$ f) $\frac{7}{5} : \frac{2}{3} \cdot \frac{1}{4}$

5 Berechnungen am Rechteck
Übertrage die Tabelle in dein Heft und ergänze sie.

Länge	Breite	Umfang des Rechtecks	Flächeninhalt des Rechtecks
4 cm	3,5 cm		
7,5 dm	1,5 dm		
1,2 m	3,4 m		
7 cm		22 cm	
	6 cm		102 cm²

6 Kurz und knapp
a) Die Winkelsumme im Dreieck beträgt ______.
b) Welchen Winkel bilden der große und der kleine Zeiger auf einer Uhr um 8 Uhr?
c) Welche Zahlbereiche kennst du? Welche Symbole (z. B. ℕ) gehören dazu?
d) Das Produkt aus der Summe und der Differenz zweier einstelliger Zahlen ist 24. Bestimme die Zahlen durch sinnvolles Probieren.
e) Der Preis für eine Jeans wird um 12 € gesenkt. Das entspricht einer Preissenkung von 25 %. Wie teuer war die Jeans vor der Preissenkung?
f) Wenn 5 Arbeiter 12 Stunden zum Pflastern eines Platzes benötigen, wie viel Zeit brauchen dann 4 Arbeiter?

Terme aufstellen

Erforschen und Entdecken

1 Die Anzahl der jeweils ausgelegten Karten lässt sich mit einem Rechenausdruck beschreiben.

a) Finde verschiedene Möglichkeiten, die Anzahl der Karten zu berechnen.
Hinweis: Du kannst alle möglichen Rechenoperationen und auch Klammern verwenden.

b) Lege ein eigenes Muster mit Karten oder Geldstücken oder ähnlichem Material.
Stellt gegenseitig Terme zu euren Mustern auf.

2 Anna möchte ihrer Großmutter zum Geburtstag einen schönen Blumenstrauß schenken. Nun stellt sie bei einem Online-Blumenversand den Blumenstrauß aus 20 Blumen zusammen.
Sie findet folgendes Angebot:

Rosen: Stück 1,50 €
Gerbera: Stück 0,85 €
Nelken: Stück 0,65 €
Lilien: Stück 1,35 €
Glückwunschkarte: 2,50 €

a) Wie viel muss Anna bezahlen, wenn sie nur Rosen nimmt?

b) Wie viel muss Anna bezahlen, wenn sie 15 Gerbera und 5 Lilien nimmt?

c) Wie viel muss sie mindestens, wie viel höchstens bezahlen?

d) Stelle verschiedene Sträuße für etwa 20 € zusammen.

e) Stelle verschiedene Sträuße zusammen und berechne jeweils den Gesamtpreis.
Notiere deine Beispiele in einer solchen Tabelle:

	Anzahl Rosen	Anzahl Gerbera	Anzahl Nelken	Anzahl Lilien	Karte j/n	Gesamtpreis
①	5	5	5	5	ja	
②						
③						
④						
⑤						

f) Anna hat sich für Rosen und Gerbera plus Glückwunschkarte entschieden.
Stelle einen Rechenausdruck zur Berechnung des Gesamtpreises auf.
x soll für die Anzahl der Rosen stehen und y für die Anzahl der Gerbera.
Vergleicht untereinander eure aufgestellten Rechenausdrücke.

Lesen und Verstehen

Adriana und Jacob sollen die Anzahl der Würfel, aus denen dieses Gebilde besteht, durch einen Term ausdrücken.
Adriana rechnet so: $3 \cdot 5$
Jacob rechnet so: $3 \cdot 3 + 2 \cdot 3$
Welcher der beiden Terme ist richtig?

BEISPIEL
Terme sind z. B. $2 \cdot x + 1$ oder $6 \cdot 7$.
Keine Terme sind z. B. $3 +$ oder $5 \cdot$)

Erinnere dich: In der Mathematik verwendet man **Variablen** für beliebige, veränderbare Zahlen oder Größen.
Sie werden meistens mit kleinen Buchstaben ausgedrückt:
z. B. a oder x.

Ein **Term** ist eine sinnvolle Verbindung von Variablen, Zahlen und Rechenzeichen.

BEISPIEL 1
Die Anzahl der Würfel in dem Gebilde oben lässt sich durch verschiedene Terme ausdrücken:

$3 \cdot 5$ oder $3 \cdot 3 + 2 \cdot 3$ oder $2 \cdot 6 + 3$

Alle diese Terme beschreiben die Anzahl richtig. ■

Durch einen Term kann eine Berechnungsvorschrift kurz und übersichtlich dargestellt werden.

BEISPIEL 2
① Subtrahiere 3 vom Doppelten einer Zahl. Term: $2 \cdot x - 3$
② Dividiere eine Zahl durch die Hälfte dieser Zahl. Term: $a : \left(\frac{a}{2}\right)$ ■

Zu jeder Variablen gehört ein **Variablengrundbereich**.
Er gibt an, welche Zahlen man für die Variable einsetzen darf.

BEISPIEL 3
Den Umfang eines gleichseitigen Dreiecks kann man mit $3 \cdot a$ berechnen.
Der Variablengrundbereich für die Variable a sind die positiven Zahlen, denn eine Seitenlänge kann nicht negativ sein. ■

HINWEIS
*Gehört eine Zahl zu einer Menge, so sagt man, diese Zahl ist **Element** dieser Menge.*

Beispiel:
3 ist Element der Menge der natürlichen Zahlen.

Man schreibt kurz:
$3 \in \mathbb{N}$

Ein Term ohne Variable hat einen Wert, z. B. hat Jacobs Term $3 \cdot 3 + 2 \cdot 3$ den Wert 15.
Wenn man für die Variablen in einem Term mit Variablen Werte aus dem Variablengrundbereich einsetzt, so kann man den **Wert des Terms** berechnen.

BEISPIEL 4
Der Wert des Terms $2 \cdot x - 3$ für $x = 10$ ist 17, denn $2 \cdot 10 - 3 = 17$.
Der Wert des Terms $2 \cdot x - 3$ für $x = 1$ ist -1, denn $2 \cdot 1 - 3 = -1$. ■

Verschiedene Terme können den gleichen Wert haben.

Zwei Terme ohne Variable heißen **gleichwertig**, wenn sie den gleichen Wert haben.
Zwei Terme mit Variablen heißen gleichwertig, wenn sie für jede mögliche Zahl aus dem Variablengrundbereich den gleichen Wert besitzen.

BEISPIEL 5
Die Terme $3 \cdot 5$ und $3 \cdot 3 + 2 \cdot 3$ sind gleichwertig.
Die Terme $x + x + 2$ und $2 \cdot x + 2$ sind gleichwertig. ■

Basisübungen

1 Welcher Term beschreibt die Aussage? Wofür steht in dem Term die Variable?

$2 \cdot x$ $\quad x - 19$ $\quad x \cdot 1{,}40 + 2{,}20$

$x + 2$ $\quad 19 \cdot x$ $\quad 1{,}40 + x \cdot 2{,}20$

a) Paul ist 19 Jahre jünger als Max.
b) Meine Katze ist 2 Jahre älter als mein Hund.
c) Evas Fahrrad kostet doppelt so viel wie das Fahrrad von Sandra.
d) Die Grundgebühr für eine Taxifahrt beträgt 2,20 €. Man zahlt 1,40 € pro Kilometer.
e) Eine SMS kostet 19 Cent.
f) Jede Rose kostet 2,20 €, der Versand kostet 1,40 €.

2 Frau Greta spricht über ihre Familie in Rätseln.
Übersetze ihre Aussagen in Terme.
Benutze für das Alter von Frau Greta die Variable x.
① Mein Mann ist 2 Jahre älter als ich.
② Mein Vater ist doppelt so alt wie ich.
③ Mein Sohn ist halb so alt wie ich.
④ Meine Tochter ist 26 Jahre jünger als ich.
⑤ Ich bin 10-mal älter als meine Katze.
⑥ Wenn ich mein Alter verdoppele und 5 addiere, so erhalte ich das Alter meiner Mutter.

3 Betrachte die Musterfolge.

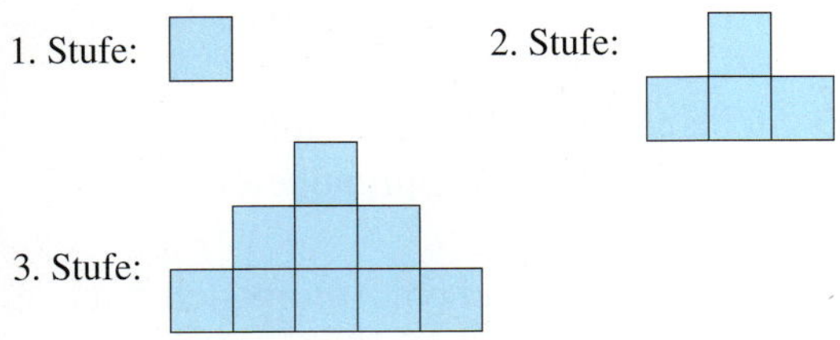

a) Zeichne die nächsten drei Figuren der Musterfolge in dein Heft.
b) Gib einen Term an, mit dem man die Anzahl der Quadrate in jeder Stufe berechnen kann.
c) Berechne die Anzahl der Quadrate in der 10. und in der 100. Stufe.

1 Finde zu jeder Aussage einen passenden Term. Wofür stehen dabei die Variablen?
a) Eine kleine Pizza kostet 3,50 €, eine große Pizza 7,00 €. Für die Fahrt des Pizzataxis werden 2,50 € berechnet.
b) Das Kantenmodell eines Würfels lässt sich aus 12 gleich langen Drahtstücken bauen.
c) Eine Eintrittskarte für das Schwimmbad kostet für Kinder 1,40 € und für Erwachsene 2,20 €.
d) Ein Foto im Format 13 cm × 18 cm kostet 0,39 €. Für den Versand werden 2,20 € berechnet.
e) Wenn man von der Körpergröße (in cm) 100 abzieht, so erhält man das Normalgewicht.

2 Rechenausdrücke gesucht
Ben: „Ich denke mir eine Zahl x aus. Dann addiere ich zu dieser Zahl das Dreifache der Zahl und ziehe anschließend 15 ab.“
Lea: „Ich subtrahiere vom Vierfachen meiner Zahl 15 und addiere dann die Zahl.“
Marie: „Ich addiere zum Zehnfachen meiner Zahl x das Sechsfache der Zahl. Anschließend subtrahiere ich 4.“
a) Welche Ergebnisse erhalten die drei, wenn sie für ihre gedachte Zahl 6 einsetzen?
b) Welche Zahlen haben sie sich jeweils gedacht, wenn sie als Ergebnis 25 erhalten?

3 Die folgenden Aufgaben beziehen sich auf die Abbildung rechts.

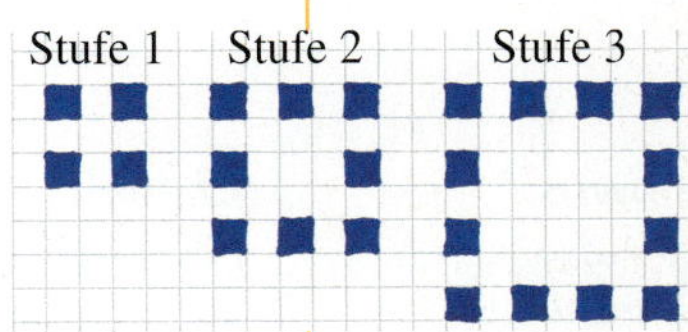

a) Finde einen Term, mit dem man berechnen kann, wie viele Quadrate man für die n-te Stufe des Terms benötigt.
Berechne mit deinem Term die Anzahl der Quadrate in der 9. und 20. Stufe.
b) Gib an, wie viele Quadrate man insgesamt bis zur 1. (2., 3., 4. und 5.) Stufe benötigt.
c) Bestimme einen Term, der angibt, wie viele Quadrate man insgesamt bis einschließlich der n-ten Stufe braucht.

4 Die folgenden Terme geben jeweils den Umfang einer der Figuren an.

$3x + 11$ | $3x + 3$ | $3x + 13$ | $2x + 16$ | $10x$

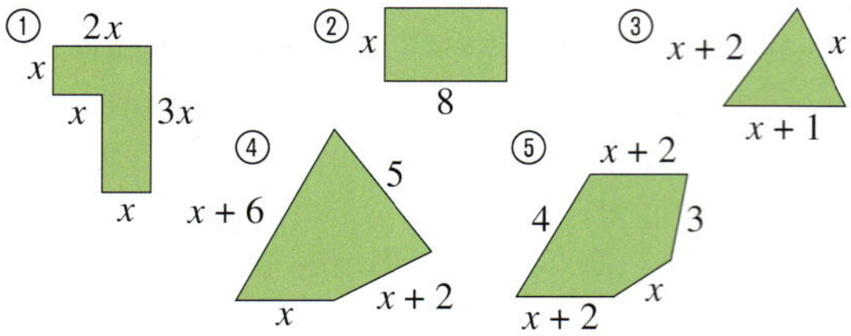

a) Welcher Term gehört zu welcher Figur?
b) Gib jeweils einen zweiten Term für den Umfang der Figur an, der zum ersten Term gleichwertig ist.
c) Gib jeweils den Umfang der Figuren an, wenn $x = 5\,\text{cm}$ ist.
d) Aus welchem Variablengrundbereich stammen alle Werte für x?

HINWEIS
Wenn du nicht mehr so genau weißt, worin sich die einzelnen Zahlbereiche unterscheiden, schaue auf Seite 23 dieses Buches nach.

5 Setze in jeden Term alle möglichen Werte aus dem gegebenen Variablengrundbereich ein und berechne den Wert des Terms.
a) Term: $2x + 6$
Variablengrundbereich: $\{0; 1; 2; 3\}$
b) Term: $5x - 8$
Variablengrundbereich: $\{0; -1; -2; -3\}$
c) Term: $2 : x + 2$
Variablengrundbereich: $\{2; 4; 6; 8; 10\}$
d) Term: $2 : (x + 2)$
Variablengrundbereich: $\{0; 1; 2; 3\}$
e) Term: $2 : (x : x)$
Variablengrundbereich: $\{0; -1; -2; -3\}$

HINWEIS
zu Aufgabe 6: Schreibe z. B. $x \in \mathbb{N}$ *oder* $x \in \mathbb{Z}$ *oder* $x \in \mathbb{Q}$.

6 Stelle jeweils eine Gleichung oder eine Ungleichung mit einer Variablen auf.
Aus welchem Bereich stammt die Variable?
a) Mia soll vor einem Wettkampf täglich mindestens 5 km laufen.
Eine Runde im Stadion ist 400 m lang.
Wie viele Runden muss sie täglich laufen?
b) Sascha möchte ein ferngesteuertes Auto bauen. Der Bausatz kostet 69 €, die Fernsteuerung kostet 148 €.
Sascha hat bisher 187 € gespart.
Wie viel Geld fehlt noch?

4 Gegeben ist der folgende Körper.

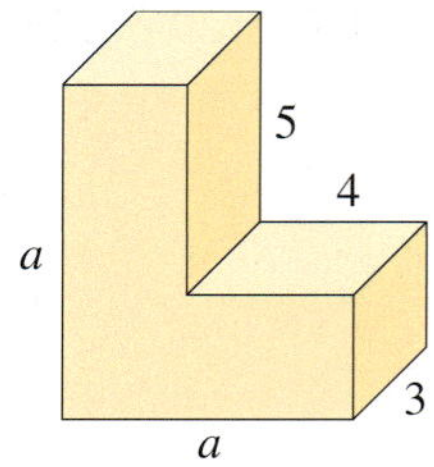

a) Gib die Gesamtkantenlänge K des Körpers als Term an.
b) Stelle einen Term für die Gesamtkantenlänge auf, wenn die Seite a verdoppelt wird und einen, wenn die Seite a verzehnfacht wird.
c) Der Flächeninhalt welcher Seiten wird durch die folgenden Rechenausdrücke berechnet?
① $a \cdot 3$ ② $(a - 5) \cdot 3$
③ $(a - 4) \cdot 3$ ④ $a \cdot a - 4 \cdot 5$
d) Gib jeweils einen gleichwertigen Term für den Flächeninhalt dieser Flächen an.

5 Verschiedene Variablengrundbereiche
a) Gib für alle Variablengrundbereiche mögliche Lösungen an.

Variablengrundbereich	$2x + 6 = 9$	$2x + 6 < 9$
Natürliche Zahlen		
Gebrochene Zahlen		
Negative rationale Zahlen		

b) Begründe, warum sich die einzelnen Lösungsmengen unterscheiden.

6 Stelle eine Gleichung auf und löse sie. Aus welchem Variablengrundbereich stammt die Variable?
Eine Autofirma bietet ein Automodell mit Sonderausstattung für 12 950 € an.
Einzeln zahlt man für diese Sonderausstattung: Zentralverriegelung (270 €), getönte Scheiben (230 €), Schiebedach (495 €) und ein rechter Außenspiegel (60 €).
Der Grundpreis des Autos beträgt 12 290 €.
Um wie viel Euro ist das Sondermodell billiger als im Einzelkauf?

$\frac{x+y}{2}$

Terme vereinfachen und berechnen

Erforschen und Entdecken

1 In einem dreistöckigen Haus wohnen im 1. Stockwerk doppelt so viele Leute wie im Erdgeschoss. Im 2. Stockwerk wohnen doppelt so viele Leute wie im 1. Stock.

a) Wie viele Leute wohnen in dem Haus, wenn im Erdgeschoss sechs Personen wohnen?
b) Kann es sein, dass 21 Leute in dem Haus wohnen?
c) Wie viele Leute könnten insgesamt in dem Haus wohnen? Gib verschiedene Lösungen an.
d) Gib einen Term an für die Gesamtzahl der Bewohner des Hauses.
e) Erfinde eine ähnliche Geschichte für die folgenden Terme:
① $2x + 4x + 5$
② $0{,}5x + x + 5x$

2 Herr Meier möchte sein Haus für Weihnachten mit Lichtschläuchen verschönern.
An jeder Kante des Hauses soll eine Lichterkette angebracht werden.

a) Die Vorderfront des Hauses ist doppelt so breit wie hoch. Die Seitenfläche ohne Giebel ist 2 m breiter als hoch.
Der Dachgiebel ist ein gleichseitiges Dreieck.
Zeichne das Haus und beschrifte es mit Variablen für die Längen.
b) Gib einen Term für die gesamte Länge des benötigten Lichtschlauchs an.
c) Rechne mit deinem Term aus, wie lang der Leuchtschlauch insgesamt sein muss, wenn das Haus 8 m breit ist.

3 Übertrage die Tabelle in dein Heft.

a	b	$2 \cdot a + 3 \cdot b$	$5 \cdot a + 3$	$b + 2 \cdot a + 2 \cdot b$	$2 \cdot a + 3 + 3 \cdot a$	$7 \cdot b + 2 \cdot a - 4 \cdot b$
6	12					
−4	5					
$-\frac{3}{4}$	$-\frac{1}{2}$					
1,5	2,5					

HINWEIS
Für den Term $7 \cdot x$ darf man auch verkürzend $7x$ schreiben, also $7 \cdot x = 7x$.

a) Berechne jeweils den Wert der Terme, wenn du die in der Tabelle gegebenen Zahlen für a und b in den Term einsetzt.
b) Vergleicht untereinander die Ergebnisse der Spalten.
Was beobachtet ihr, wenn ihr die einzelnen Spalten vergleicht?
c) Vereinfache die folgenden vier Terme und berechne ihre Werte für die gegebenen Zahlen. Setze die Zahlen auch in die ursprünglich gegebenen Terme ein und kontrolliere so, ob du die Terme richtig zusammengefasst hast.
① $7x + 13x - 12x + 17x - 5x$ für $x = 3$
② $15a + 3b - 7a + 10b - 3a - 12b$ für $a = 3$ und $b = 2$
③ $20m - 5n - 12n - 12{,}5m + 21n$ für $m = 4$ und $n = -2$
④ $26k - 5 + 3{,}5k - 3l - 8 - 4l$ für $k = 2$ und $l = 1{,}5$
d) Finde geeignete Zahlen für die Variablen bei c), sodass der Wert des Terms jeweils 100 ist.

Lesen und Verstehen

Für die Berechnung der Anzahl der Bewohner bei Aufgabe 1 auf der vorigen Seite eignen sich verschiedene Terme, z. B. $x + 2 \cdot x + 2 \cdot 2 \cdot x$ oder auch $7 \cdot x$.

> Durch **Termumformungen** lassen sich viele komplizierte Terme in einfachere Terme umwandeln.
> Der Ausgangsterm und der umgeformte Term sind dabei stets gleichwertig, d. h. der Wert der beiden Terme ist stets gleich.

HINWEIS
*Die Zahl vor einer Variablen nennt man **Koeffizient**. Beispiel: 4a hat als Koeffizient 4. Steht keine Zahl vor einer Variablen, so ist der Koeffizient 1, z. B. x hat als Koeffizient 1, weil x = 1 · x.*

BEISPIEL 1

Tessa und Max sollen mit einem Kantenmodell aus Draht das nebenstehende Haus herstellen.
Die Kantenlänge kann so berechnet werden:

$$\underbrace{a+a+a+a}_{\text{Boden}} + \underbrace{h+h+h+h}_{\text{Seiten}} + \underbrace{a+a+a+a}_{\text{Dachboden}} + \underbrace{a+a+a+a}_{\text{Dachschrägen}}$$

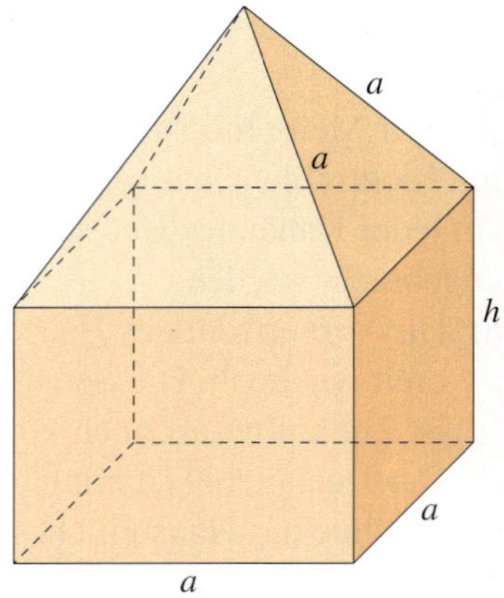

Einfacher und kürzer kann man wie folgt rechnen:
$4a + 4h + 4a + 4a = 12a + 4h$
Man berechnet die Kantenlänge des Modells, indem man den Wert des Terms berechnet.
Mit Seite $a = 15\,\text{cm}$ und Höhe $h = 8\,\text{cm}$ gilt:
$12 \cdot 15 + 4 \cdot 8 = 212$
Man benötigt 212 cm Draht. ■

HINWEIS
Für Terme mit Variablen gelten auch:
Kommutativgesetz
$a + b = b + a$
bzw.
$a \cdot b = b \cdot a$
Assoziativgesetz
$(a + b) + c = a + (b + c)$
bzw.
$(a \cdot b) \cdot c = a \cdot (b \cdot c)$
Distributivgesetz
$a \cdot (b + c) = a \cdot b + a \cdot c$

> In Summen und Differenzen kann man gleiche Variablen zusammenfassen.
> Dabei addiert bzw. subtrahiert man die Koeffizienten der Variable.
> Die Koeffizienten von unterschiedlichen Variablen dürfen nicht addiert bzw. subtrahiert werden.

BEISPIEL 2

$5x + 4x = 9x$, denn $5 + 4 = 9$
Aber:
$5x + 4y$ lässt sich nicht vereinfachen, denn x und y sind zwei verschiedene Variablen. ■

Es gibt noch weitere Möglichkeiten, Terme zu vereinfachen. Beispielsweise kann man die Faktoren in einem Produkt vertauschen und die Koeffizienten miteinander multiplizieren. Z. B. ist $3x \cdot 4$ das Gleiche wie $4 \cdot 3x$ und das wiederum ist das Gleiche wie $12x$.

> In Produkten aus Zahlen und Variablen kann man die Koeffizienten und die Variablen getrennt miteinander multiplizieren, z. B. $3x \cdot 2x = (3 \cdot 2) \cdot x \cdot x = 6x^2$.
>
> Das Produkt gleicher Variablen kann man mithilfe der Potenzschreibweise kürzer schreiben, z. B. $x \cdot x = x^2$ oder $x^3 \cdot x^2 = x \cdot x \cdot x \cdot x \cdot x = x^5$.

BEISPIEL 3

$2x \cdot 3 = 2 \cdot 3 \cdot x = 6 \cdot x = 6x$ oder $3a \cdot 7b = 3 \cdot 7 \cdot a \cdot b = 21ab$ ■

Basisübungen

1 Fasse zusammen.

a) $m+m+m+m+m+m+m$
b) $s+s+s+s+s+s+s+s+s+s+s$
c) $y+y+y+y-y-y$
d) $-a+a+a+a-a+a-a$
e) $b-b-b-b-b$
f) $a+b+b+a+a+b+b+a$

2 Der Variablengrundbereich ist $\{0; 3; 5\}$. Berechne jeweils den Wert des Terms.

a) $6a+13a+12a$
b) $7b+25b+4b$
c) $23x-16x+2x$
d) $12x+45-28x$
e) $15a+7a-a$
f) $x+19x+27x-50x$
g) $10y-25y-12y$

3 Vereinfache die Terme, falls möglich.

a) $3x+4y+2x+19y+13x$
b) $4x+17x+5+18x+9$
c) $7a+12b+10a+13b-4b$
d) $17a+19b+26c+4$
e) $25m-45n-19m-55n+7$
f) $0{,}5a+1{,}3b+2{,}8a$
g) $44z-33a-44z+33a$
h) $a+a+2\cdot 3b$

4 Ergänze die Termmauern, indem du jeweils die zwei benachbarten Terme addierst.

a)
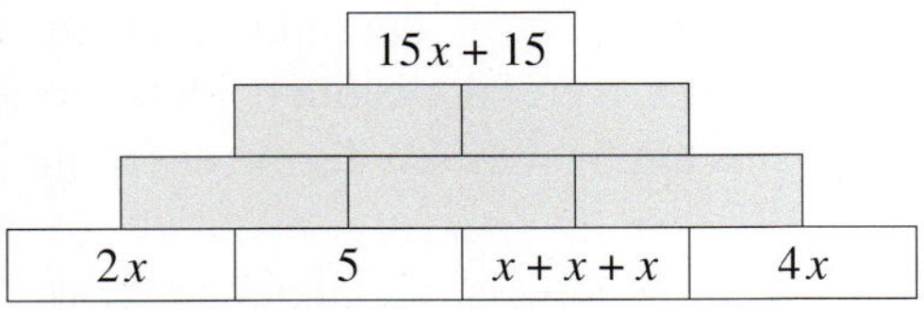

b)
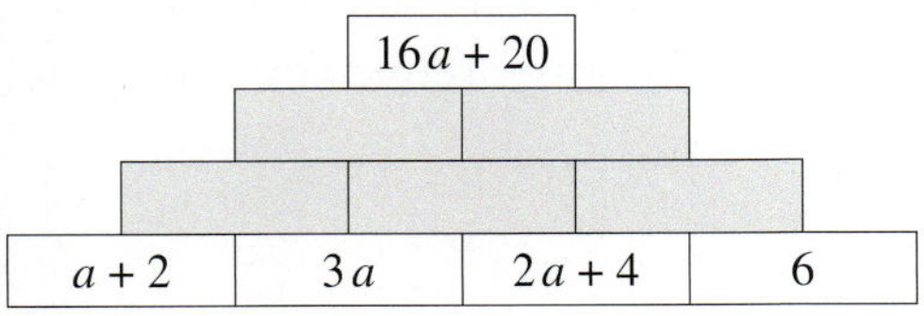

c)
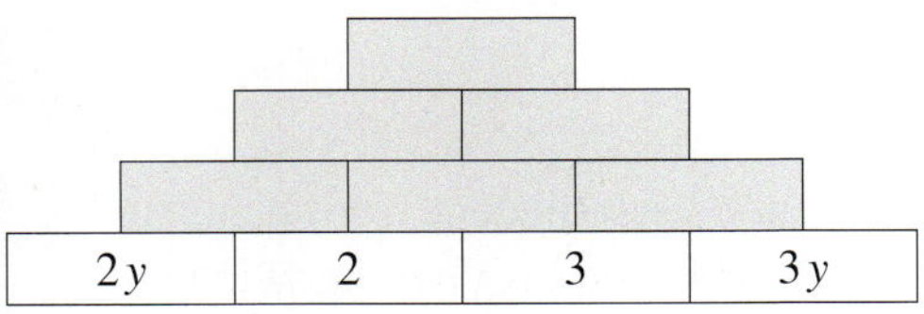

1 Ordne die Variablen und fasse zusammen.

a) $x+y+y+x+y+y+x+x$
b) $c+d+c+c+d+d+c+d$
c) $m+k+k+m-k-m+k$
d) $x+y+z+x+z+y+z+z+x$
e) $r+s+t+r+s+t+r-s-s$
f) $a+a+b+c-a-b-c-b+a$

2 Berechne die Werte des Terms für den Variablengrundbereich $\{-2; 0; 13; 50\}$.

a) $3x$
b) $2x+5$
c) $7x-3x-12+14$
d) $5x+4x+6+12+x$
e) $2{,}5x+\frac{1}{2}x-5x+x$
f) $24x+36x-24x+36$
g) $3+4z-8z+1$

3 Finde die Fehler und erkläre sie.

a) $13x+18x=21x$
b) $6y+5=11y$
c) $9b-7=2b$
d) $m+7m+5=7m+5$
e) $20a+20b=20ab$
f) $-12x-13x=25x$
g) $30x+6y=36y$

4 Ergänze die Termmauer durch Addition.

a)
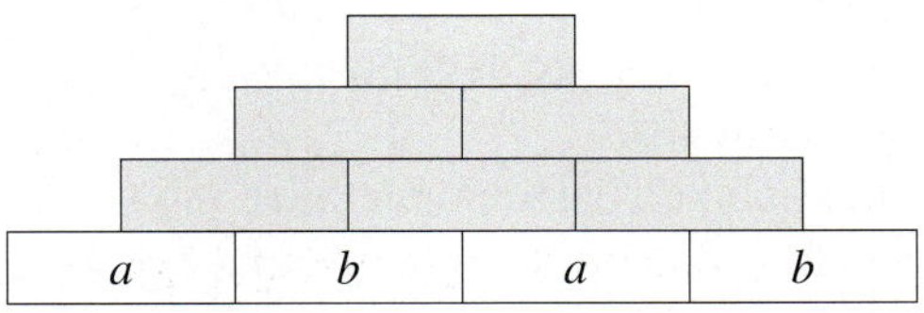

b) Sebastian behauptet, dass die Zahl an der Spitze immer durch 4 teilbar ist. Überprüfe seine Behauptung.
c) Welcher Term ergibt sich an der Spitze, wenn man die beiden mittleren Steine in der untersten Zeile vertauscht?
d) Ergänze unter der gegebenen Termmauer eine fünfte Reihe (mit 5 Steinen). Fülle sie mit a; b; a; b; a und rechne erneut. Erkennst du ein Prinzip?

ERINNERE DICH
Wenn z. B. x aus dem Variablengrundbereich {0; 3; 5} stammen soll, kann man auch schreiben $x \in \{0; 3; 5\}$

ANREGUNG
Verändere die Termmauer weiter und weiter und beobachte, was mit dem Term an der Spitze passiert.

5 Zahlenspielereien

Christina: „Ich denke mir eine Zahl x aus. Dann addiere ich zu dieser Zahl das Doppelte der Zahl und ziehe anschließend 5 ab."

Arno: „Ich ziehe vom Vierfachen meiner Zahl 15 ab und addiere dann die Zahl."

Anna: „Ich addiere zum Fünffachen meiner Zahl x das Achtfache der Zahl. Anschließend subtrahiere ich 14."

a) Gib jeweils einen Term für die Rätsel an.

b) Welche Ergebnisse erhalten die Kinder, wenn sie 6 einsetzen?

c) Welche Zahlen haben sie sich jeweils ausgedacht, wenn sie als Ergebnis 25 erhalten?

HINWEIS

Wenn kein Variablengrundbereich angegeben ist, so sollen die Variablen aus dem Bereich der rationalen Zahlen stammen, also z. B. $a \in \mathbb{Q}$

6 Bei magischen Quadraten ist die Summe in den Zeilen, Spalten und Diagonalen stets gleich.

a) Überprüfe, ob es sich hier um magische Quadrate handelt.

$a+b$	$a-b-c$	$a+c$
$a-b+c$	a	$a+b-c$
$a-c$	$a+b+c$	$a-b$

$c+a$	$c-2\cdot a$	$c+b+a$
$c+b$	c	$c-b$
$c-b-a$	$c+2\cdot b$	$c-a$

b) Denke dir Zahlen für a, b und c aus und setze sie in ein magisches Quadrat ein.
Lass deine Klassenkameraden raten, welche Zahlen du eingesetzt hast.

BEACHTE

www 130-1

Unter diesem Webcode gibt es vorbereitete Spielkarten, mit denen ihr das Vereinfachen von Termen üben könnt.

7 Ergänze die Additionsmauern im Heft.

a)

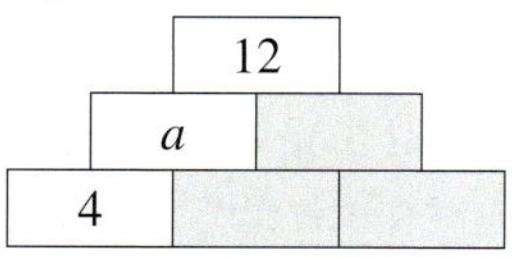

b)

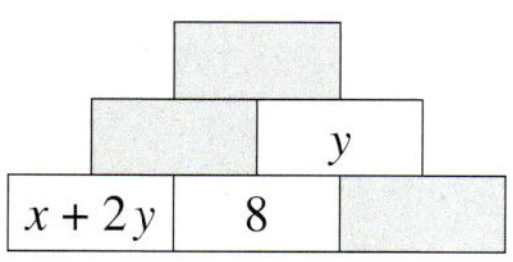

5 Beim Triathlon der Junioren ist die Schwimmstrecke 4,25 km kürzer als die Laufstrecke. Die Radfahrstrecke ist viermal so lang wie die Laufstrecke.

a) Mit welchem Term berechnet man die Länge der Gesamtstrecke, wenn die Laufstrecke mit x bezeichnet wird?

b) Wie lang ist die gesamte Strecke, die zurückgelegt werden muss, wenn die Laufstrecke 5 km lang ist?

c) Bei der olympischen Distanz ist die Radfahrstrecke auch viermal so lang wie die Laufstrecke. Die Länge der Schwimmstrecke beträgt $\frac{3}{20}$ der Laufstrecke.
Die Gesamtstrecke ist 51,5 km lang.

6 Mit wachsendem x wächst auch der Wert des Termes.

x	1. Term $2x+4$	2. Term $3x-1$	3. Term	4. Term
1				
2				
3				
4				
5				
6				

a) Überlege zuerst: Welcher Term wird wohl schneller wachsen? Begründe.

b) Berechne nun die Werte der Terme.

c) Wann holt der Term 2 den Term 1 ein?

d) Finde einen 3. Term, der von Anfang an den höchsten Wert hat.

e) Finde einen 4. Term, der anfangs einen niedrigeren Wert hat als die beiden Terme und anschließend beide Terme überholt.

7 Das Term-Mobile ist im Gleichgewicht, wenn an beiden Enden eines Balkens insgesamt gleichwertige Terme vorhanden sind.

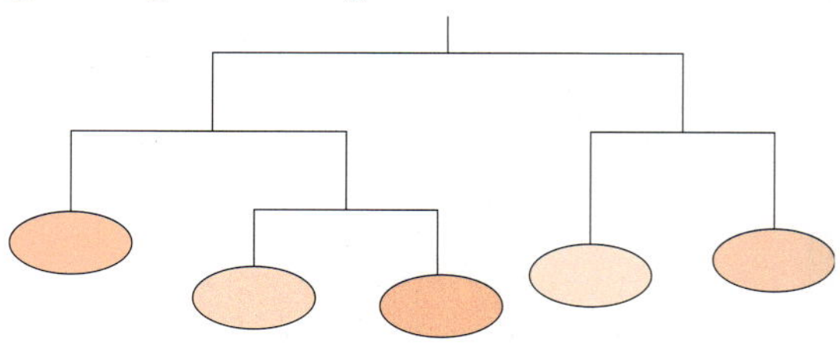

Denkt euch verschiedene Terme aus und bringt das Mobile ins Gleichgewicht.

Lineare Gleichungen

Erforschen und Entdecken

Bildet Gruppen aus zwei bis fünf Personen und sucht euch mindestens zwei Knobelaufgaben aus, die ihr lösen wollt.
Vergleicht anschließend eure Lösungen und Lösungswege mit denen der anderen Gruppen. Begründet, ob sich alle Aufgaben auf die gleiche Weise lösen lassen.

Fußballaufgabe
In einem Fußballstadion sind alle Plätze ausverkauft. Die Gesamteinnahmen aus den Eintrittsgeldern der 52 000 Besucher betragen 1 150 000 €.
Wie viele Sitz- bzw. Stehplätze hat das Stadion, wenn der Eintritt zum Spiel 25 € auf den Sitzplätzen und 15 € auf den Stehplätzen beträgt?

Zylinderaufgabe
Wie schwer ist der rote Zylinder?

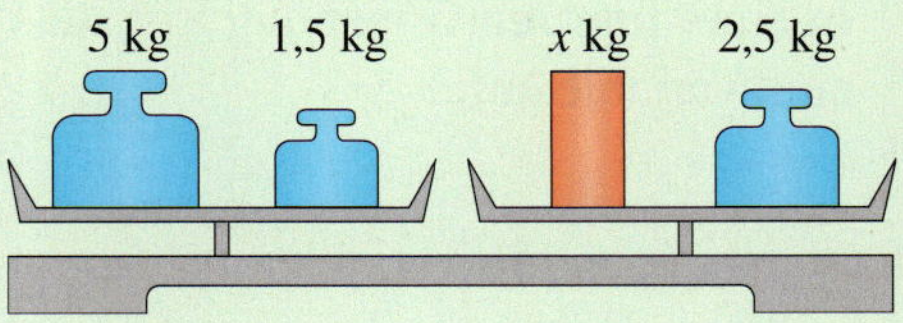

Waageaufgabe

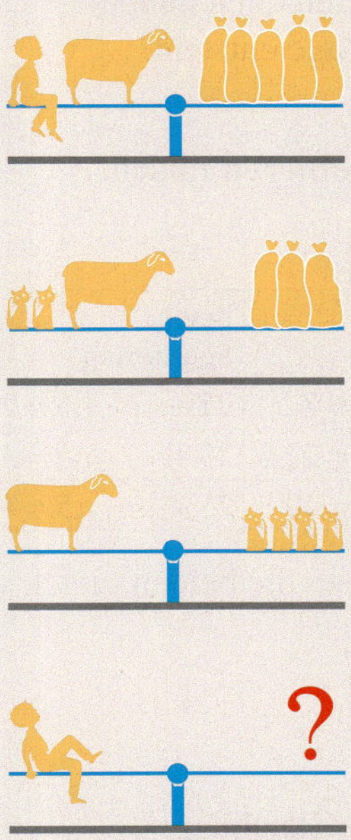

Altersaufgabe
Eine alte Frau wird nach ihrem Alter gefragt. Sie antwortet: „Mit meiner Tochter bin ich zusammen 115 Jahre alt. Mit meiner Enkelin bin ich zusammen 95 Jahre alt. Meine Tochter und meine Enkelin sind zusammen 70 Jahre alt.“
Wie alt ist die Frau?

Rechteckaufgabe
Ein Rechteck hat einen Flächeninhalt von 48 cm^2 und einen Umfang von 38 cm.
Welche Seitenlängen hat das Rechteck?

Waffelaufgabe
Frau Tekolf hat eine Packung mit Schokoladenwaffeln gekauft. Sie möchte die Waffeln gerecht unter ihren Kindern aufteilen. Dabei stellt sie allerdings fest: Wenn sie jedem Kind 3 Waffeln gibt, dann bleiben 3 Waffeln übrig. Wenn sie aber jedem Kind 4 Waffeln geben will, dann fehlt ihr eine Waffel.
a) Wie viele Kinder hat Frau Tekolf?
b) Wie viele Waffeln sind in der Packung?

Einkaufsaufgabe
Sabrina hat 5 Filzstifte und 3 Gelstifte gekauft. Ihre Mutter möchte wissen, wie viel die Stifte jeweils gekostet haben. Sabrina kann sich aber nur erinnern, dass sie insgesamt 8,80 € zahlen musste.
a) Wie viel könnten die Stifte jeweils gekostet haben?
b) Sabrinas Freundin meint, dass die Filzstifte jeweils 1,20 € gekostet hätten. Überprüft, ob das sein kann.
c) Sabrina kann sich noch erinnern, dass die Gelstifte doppelt so viel wie die Filzstifte gekostet haben. Wie viel kosteten die Stifte dann?

NACHGEDACHT
Überlege bei jeder Aufgabe, aus welchem Variablengrundbereich die Lösung stammen kann.

Lesen und Verstehen

ERINNERE DICH
Eine Gleichung besteht aus zwei Termen, die durch ein Gleichheitszeichen miteinander verbunden sind.

Die Aufgabe mit der Waage auf der vorigen Seite kann man lösen, indem man für jede Seite einen Term bildet und diese beiden Terme gleich setzt: $5\,\text{kg} + 1{,}5\,\text{kg} = x\,\text{kg} + 2{,}5\,\text{kg}$

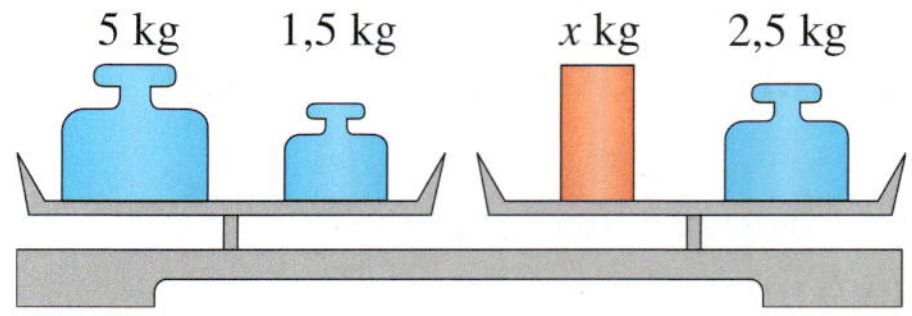

> Jede Gleichung der Form $a \cdot x = b$ oder einer anderen Form, die man zu $a \cdot x = b$ umformen kann, heißt **lineare Gleichung**.
>
> In einer linearen Gleichung tritt stets nur eine Variable auf.

BEISPIEL 1

Lineare Gleichungen sind z. B.
$3x = 10$; $2a + 5 = 7$; $3 + z = 5z - 4$

Keine linearen Gleichungen sind z. B.:
$x^2 = 4$; $5 : m = m + 5$; $3a + 2b = 5$ ■

In Gleichungen mit Variablen kann man Zahlen einsetzen und auf beiden Seiten den Wert ausrechnen. Haben die Terme auf beiden Seiten den gleichen Wert, so ergibt sich eine **wahre Aussage**. Sind die Werte nicht gleich, so ergibt sich eine **falsche Aussage**.

> Eine Zahl aus dem Variablengrundbereich heißt **Lösung** einer linearen Gleichung, wenn beim Einsetzen dieser Zahl in die Gleichung eine wahre Aussage entsteht.

HINWEIS
Beim Probieren ist es häufig sinnvoll, sich eine Tabelle anzulegen. Man setzt verschiedene Werte ein und probiert so lange, bis man die richtige Lösung gefunden hat.

Bei vielen Gleichungen lässt sich die Lösung durch systematisches **Probieren** finden.

BEISPIEL 2

Kevin und Marco sparen für ein Handy.
Kevin hat bereits 25 € gespart. Jede Woche spart er weitere 1,50 €.
Marco hat erst 5 € in seiner Spardose. Er spart aber jede Woche 3,50 €.
Kevin behauptet: „Das dauert doch mindestens ein halbes Jahr, bis du genauso viel Geld gespart hast wie ich.“ Stimmt das?

Anzahl Wochen	Marcos Sparbetrag	Kevins Sparbetrag
1	$5 + 1 \cdot 3{,}5 = 8{,}5$	$25 + 1 \cdot 1{,}5 = 26{,}5$
5	$5 + 5 \cdot 3{,}5 = 22{,}5$	$25 + 5 \cdot 1{,}5 = 32{,}5$
10	$5 + 10 \cdot 3{,}5 = 40$	$25 + 10 \cdot 1{,}5 = 40$

Nach 10 Wochen haben die beiden gleich viel Geld gespart. ■

HINWEIS
Bei Äquivalenzumformungen ändert sich die Lösung der Gleichung nicht.

ERINNERE DICH
Um ein Ergebnis zu überprüfen, kann man es in die Ausgangsgleichung einsetzen.

> Eine Gleichung kann durch **Äquivalenzumformungen** gelöst werden.
> Dazu wird eine Gleichung schrittweise so umgeformt, dass man die Lösung direkt ablesen kann.
>
> Folgende Umformungen sind erlaubt:
> - Seiten vertauschen
> - Terme vereinfachen
> - auf beiden Seiten denselben Term addieren oder subtrahieren
> - auf beiden Seiten mit demselben Term multiplizieren oder durch denselben Term ($\neq 0$) dividieren

BEISPIEL 3

Gegeben ist folgende Gleichung:
$5 + 3x = 25 + x$.

Diese Gleichung lässt sich wie folgt lösen:

$$\begin{aligned}
5 + 3x &= 25 + x & &\mid -x \\
5 + 3x - x &= 25 + x - x & & \\
5 + 2x &= 25 & &\mid -5 \\
5 + 2x - 5 &= 25 - 5 & & \\
2x &= 20 & &\mid :2 \\
2x : 2 &= 20 : 2 & & \\
\underline{\underline{x}} &\underline{\underline{= 10}} & &
\end{aligned}$$

Probe: $5 + 3 \cdot 10 = 25 + 10 = 35$
(wahre Aussage) ■

Basisübungen

1 Bei welcher Teilaufgabe steht eine lineare Gleichung?

a) $x - 7 = 38$
b) $2x = 18$
c) $4x + 5$
d) $3 + (x - 2) = 8$
e) $\frac{1}{2}x + 13 = 28$
f) $8y - 3 = 4x + (11 - 3y)$
g) $18 - (8a - 12)$

2 Übertrage die Tabelle ins Heft und fülle sie aus. Welche der Zahlen ist jeweils Lösung der linearen Gleichung?

x	$2 \cdot x = 12$	$2 \cdot x + 1 = 9$	$3 \cdot x = 13$
4	$8 = 12$ f		
5			
6			
7			

3 Überprüfe durch Einsetzen, ob im gegebenen Variablengrundbereich die Lösung der Gleichung ist.

a) $2x = 14;$ $x \in \{1; 3; 5; 7; 9\}$
b) $x + 5 = 17;$ $x \in \{15; 14; 13; 12; 11\}$
c) $x + 12 = 15;$ $x \in \{2; 3; 4; 5; 6\}$
d) $3x + 4 = 5x - 4;$ $x \in \{1; 2; 3; 4; 5\}$

4 Überprüfe, ob die angegebene Lösung richtig ist.

a) $x + 2 = 11;$ $x = 9$
b) $x + 1 = 3;$ $x = 0$
c) $x + 4 = 10;$ $x = 5$
d) $2x = 10;$ $x = 5$
e) $16 + x = 19;$ $x = 3$
f) $6x = 60;$ $x = 0$
g) $2x + 2 = 6;$ $x = 2$
h) $3x + 5 < 19;$ $x = 1$

5 Welche der natürlichen Zahlen von 0 bis 10 sind Lösungen der folgenden Gleichungen und Ungleichungen?

a) $x + 11 = 24$ b) $x + 11 < 24$
c) $x + 40 = 50$ d) $x + 40 < 50$
e) $16 - x = 9$ f) $16 - x < 9$
g) $2x + 1 = 5$ h) $2x + 1 < 5$

1 Bei welcher Teilaufgabe handelt es sich um eine lineare Gleichung?

a) $6(5 + 2x) = -42$
b) $\frac{1}{3}(-9 + 12x) = -15x - 1$
c) $5(n + 2) = -\frac{1}{2}(-9m + 8)$
d) $-\frac{1}{5}(2y - 3) - 4y^2 = 8$
e) $\frac{1}{6}(8 - 2m) = -8(8m - 7)$
f) $(x + 3)^2 = x^2 - 27$
g) $-\frac{4}{x}(1{,}5 + 2x) = -2$

HINWEIS
Schau dir noch einmal auf der vorigen Seite an, was genau man unter einer linearen Gleichung versteht.

2 Übertrage die Tabelle ins Heft und fülle sie aus. Welche der Zahlen ist jeweils Lösung der linearen Gleichung?

x	$3 \cdot x + 2 = 8$	$3 \cdot x - 2 = 0$	$8 : x = 8$
0	$2 = 8$ f		
2			
4			
6			

HINWEIS
Denke an die Vorrangregeln:
1) Klammern zuerst berechnen
2) Punktrechnung geht vor Strichrechnung

3 Liegt die Lösung der Gleichung im Variablengrundbereich?

a) $2(x + 2) = 24;$ $x \in \{9; 10; 11; 12\}$
b) $x : 5 = 7;$ $x \in \{15; 20; 25; 30; 35\}$
c) $12x + 1 = 11(x + 1);$ $x \in \{7; 9; 11; 13\}$
d) $30x = 33(x - 1);$ $x \in \{13; 12; 11; 10; 9\}$
e) $5(x + 5) = 125;$ $x \in \{15; 16; 17; 18; 19\}$

4 Überprüfe, ob die angegebene Lösung richtig ist.

a) $2x + 2 = 18;$ $x = 9$
b) $3x + 10 = 37;$ $x = 7$
c) $4(x + 4) = 16;$ $x = 1$
d) $2(x - 5) = 10;$ $x = 5$
e) $16 + 3x = 40;$ $x = 8$
f) $6x - 3 = 63;$ $x = 10$
g) $45 : x = 5;$ $x = 8$
h) $17x = 15x;$ $x = 1$

5 Suche alle ganzen Zahlen, die beim Einsetzen für x wahre Aussagen ergeben. Beachte den Hinweis am Rand.

a) $2x + 12 = 48$ b) $2x + 12 < 24$
c) $3(x + 40) = 120$ d) $3(x + 40) < 120$
e) $150 : x = 50$ f) $150 : x > 50$
g) $12x - 5 = 67$ h) $12x - 5 > 67$

HINWEIS
Wenn mehrere Zahlen Lösung einer Gleichung oder Ungleichung sind, so kann man z. B. schreiben:
L = {2; 3; 4} oder
L = {0; 1; ...; 9}
L = {5; 6; ...}

HINWEIS

134-1

Der Webcode 134-1 führt auf ein Arbeitsblatt zum Lösen von Gleichungen.

6 Beschreibe, was von Bild ① zu Bild ② jeweils passiert.

a) 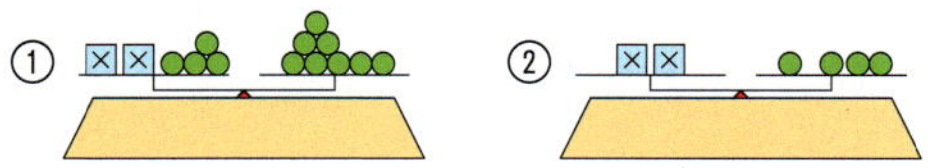

b) 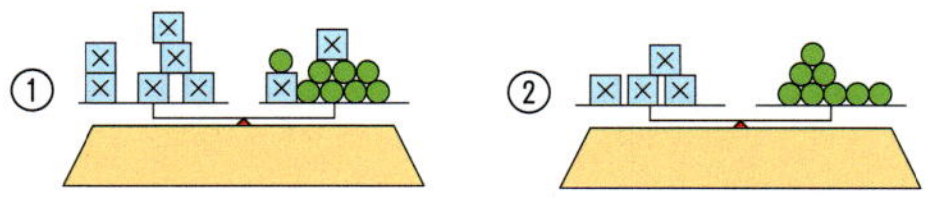

c) 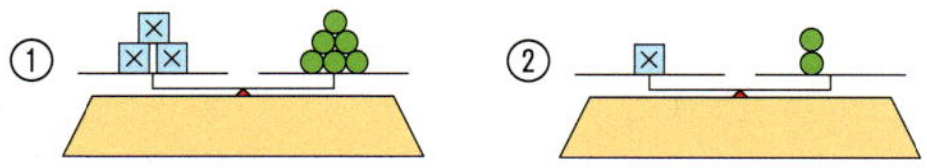

7 Welche Gleichungen werden durch die Waagemodelle dargestellt? Gib mögliche Lösungsschritte an.

a) 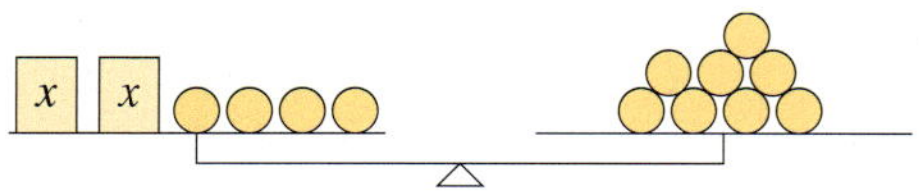

b) 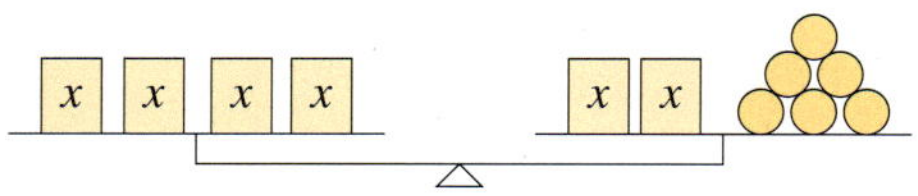

c) 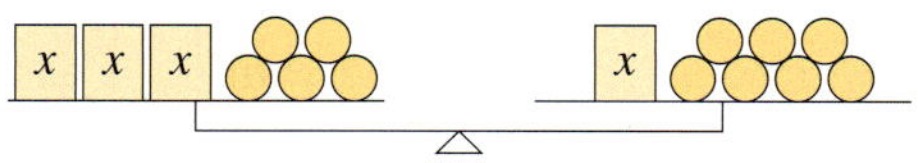

HINWEIS

Wenn du die Lösung einer Gleichung nicht gleich findest, denke an die Waage und nimm z. B. auf beiden Seiten das Gleiche weg oder füge das Gleiche hinzu. Du darfst auch auf beiden Seiten mit der gleichen Zahl multiplizieren oder durch die gleiche Zahl dividieren.

8 Finde die Lösungen der Gleichungen. Überprüfe dein Ergebnis.

a) $x - 38 = 2$ b) $x + 111 = 2100$
c) $203 - x = 23$ d) $375 = 284 + x$
e) $425 = x + 75$ f) $93 = 613 - x$
g) $4x = 448$ h) $112 = 7x$
i) $252 = 21x$ j) $17x = 221$
k) $52 = 14x$ l) $6x = 900$
m) $2x + 3 = 9$ n) $3x + 8 = 20$
o) $7x + 5 = 47$ p) $6x + 7 = -5$
q) $5 + 2x = -23$ r) $29 + 5x = -21$

9 Überprüfe, ob die folgenden Gleichungen richtig gelöst wurden.
Untersuche dazu die Lösungsschritte und entscheide, ob das Ergebnis richtig oder falsch ist. Korrigiere gegebenenfalls.

a)
$$4x + 7 = 36 \quad |:4$$
$$x + 7 = 9 \quad |-7$$
$$x = 2$$

b)
$$-4x + 12 = -24 \quad |-12$$
$$-4x = -36 \quad |:4$$
$$x = -9$$

6 Welche Gleichungen werden durch die Balkenwaagen dargestellt?
Gib mögliche Lösungsschritte an.

a) 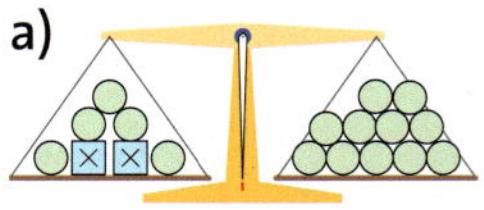

b) 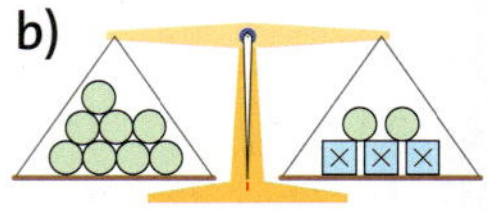

c) 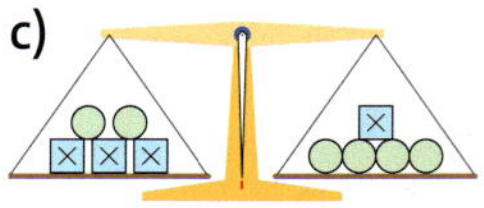

d) 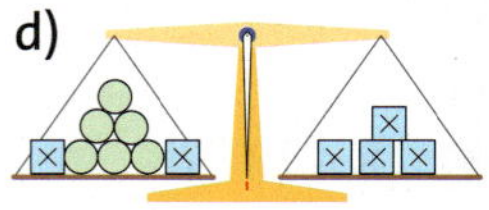

7 Übertrage die Gleichungen in dein Heft. Gib jeweils an, welche Äquivalenzumformungen vorgenommen wurden.

a)
$$8x - 5 = 19$$
$$8x = 24$$
$$x = 3$$

b)
$$14x + 4 = 11x + 13$$
$$14x = 11x + 9$$
$$3x = 9$$
$$x = 3$$

c)
$$-4x + 8 = 3x - 6$$
$$8 = 7x - 6$$
$$14 = 7x$$
$$2 = x$$

d)
$$2{,}5x + 7 = 9 - x - 23$$
$$2{,}5x + 7 = -x - 14$$
$$3{,}5x + 7 = -14$$
$$3{,}5x = -21$$
$$x = -6$$

8 Finde die Lösungen der Gleichungen. Überprüfe dein Ergebnis.

a) $3x + 5 = -6x + 32;$ $x \in \mathbb{N}$
b) $5{,}4x + 9 = -2{,}6x + 65;$ $x \in \mathbb{Z}$
c) $4x + 7 = -2x - 17;$ $x \in \mathbb{Z}$
d) $2x - 13{,}25 = -4x - 14{,}25;$ $x \in \mathbb{N}$
e) $9x - 2 = -5x - 23;$ $x \in \mathbb{Q}$
f) $7x - 3 = -8x + 9;$ $x \in \mathbb{Q}$
g) $5x + 11{,}3 = 3x + 17{,}3;$ $x \in \mathbb{Q}$
h) $9x - 23 = 25 - 3x;$ $x \in \mathbb{N}$
i) $35x + 25 = 47x - 155;$ $x \in \mathbb{Q}$

9 Mit welchen Äquivalenzumformungen wurden die Gleichungen gelöst?

a)
$$\frac{x}{3} = \frac{2}{7}$$
$$x = \frac{6}{7}$$

b)
$$\frac{a}{4} - 5 = 3$$
$$\frac{a}{4} = 8$$
$$a = 32$$

c)
$$1\tfrac{1}{2}x + 4 = x + 8$$
$$1\tfrac{1}{2}x = x + 4$$
$$\tfrac{1}{2}x = 4$$
$$x = 8$$

d)
$$\tfrac{1}{3}x + 2 = \tfrac{1}{2}x - 3$$
$$\tfrac{1}{3}x = \tfrac{1}{2}x - 5$$
$$\tfrac{2}{6}x - \tfrac{3}{6}x = -5$$
$$-\tfrac{1}{6}x = -5$$
$$x = 30$$

Anwendungsaufgaben mit Gleichungen lösen

Erforschen und Entdecken

1 Arbeitet zu zweit oder zu dritt.
Nehmt ein Stück Draht mit einer Länge von 24 cm und löst die folgenden Aufgaben.

a) Formt aus dem Draht ein Rechteck, bei dem eine Seite 5 cm länger als die andere Seite ist. Gebt die beiden Seitenlängen des Rechtecks an.
Gibt es mehrere Möglichkeiten?

b) Formt aus dem Draht ein Rechteck, bei dem eine Seite dreimal so lang wie die kürzere Seite ist. Wie lang ist die kürzere Seite?

c) Formt aus dem Draht ein gleichschenkliges Dreieck, bei dem jeder Schenkel 3 cm länger als die Basis ist.
Gebt die Seitenlängen des Dreiecks an.

2 Das Kantenmodell des Quaders wurde aus einem 240 cm langen Draht gebaut.

a) Erkläre, wie sich die Höhe und Breite des Quaders von der Länge x des Quaders unterscheiden.

b) Ermittle die Länge der Seite x.

c) Wie groß ist das Volumen des Quaders?

d) Wie groß ist die Oberfläche des Quaders?

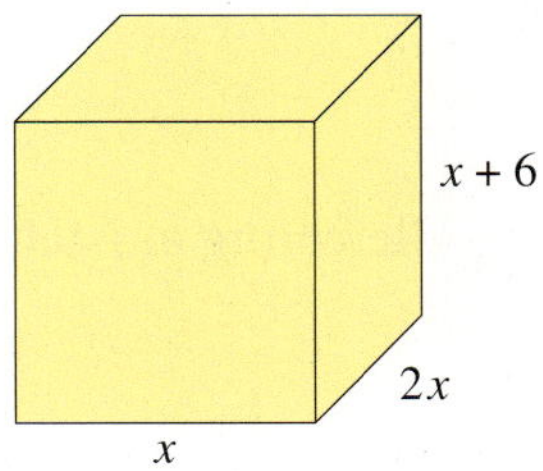

3 Melina hat ein Rechteck gezeichnet und sich dazu ein Rätsel überlegt.

a) Zeichne Melinas ursprüngliches Rechteck und das veränderte Rechteck.

b) Welchen Flächeninhalt haben die Rechtecke?

c) Gibt es mehrere Lösungen?

4 Opa Hermann verspricht seinem Enkelsohn Maurice, ihm für jede richtig gelöste Mathematikaufgabe 50 Cent in die Spardose zu geben. Allerdings muss Maurice für jede fehlerhafte Aufgabe 30 Cent zurückzahlen. Nachdem Maurice 25 Aufgaben gelöst hat, erhält er von seinem Opa 3,70 € für die Spardose.

a) Wie viele Aufgaben hat Maurice richtig gerechnet? Stelle eine Gleichung auf und löse sie.

b) Erfinde eine ähnliche Aufgabe und löse sie. Tauscht eure Aufgaben (ohne Lösungen natürlich) untereinander, berechnet sie und gebt sie zum Kontrollieren zurück.

c) Erkläre, wie man aus solchen Textaufgaben Gleichungen erstellen kann.

Lesen und Verstehen

Herr Ott ist heute 4-mal so alt wie seine Enkelin Sarah.
Vor 10 Jahren war er sogar 10-mal so alt wie sie.
Wie alt sind Sarah und ihr Großvater?

Diese und viele andere Problemstellungen lassen sich mithilfe von linearen Gleichungen beschreiben und lösen.

Sachprobleme kann man mit dem **Sechs-Schritte-Verfahren** lösen.

TIPP
Bei geometrischen Problemen hilft häufig eine Skizze.

1. Variable festlegen

BEISPIEL
Alle Informationen in der Aufgabe oben beziehen sich auf das Alter von Sarah heute. Also wird dafür die Variable festgelegt:
Alter von Sarah heute: x

2. Terme bilden

Alter von Herrn Ott heute: $4x$
Alter von Herrn Ott vor 10 Jahren: $4x - 10$
Alter von Sarah vor 10 Jahren: $x - 10$

BEACHTE
Bevor die Gleichung durch Äquivalenzumformungen gelöst wird, sollten die Klammern aufgelöst werden.

3. Gleichung aufstellen

Herr Ott war vor 10 Jahren 10-mal so alt wie Sarah:
$10 \cdot (x - 10) = 4x - 10$

4. Gleichung lösen

$$\begin{aligned} 10 \cdot (x - 10) &= 4x - 10 \\ 10x - 100 &= 4x - 10 && \mid +100 \\ 10x &= 4x + 90 && \mid -4x \\ 6x &= 90 && \mid :6 \\ x &= 15 \end{aligned}$$

HINWEIS
Die Lösung einer Gleichung kann man manchmal auch durch systematisches Probieren (gezieltes Einsetzen) finden.

5. Lösung prüfen

Probe durch Einsetzen in die Gleichung:

$$\begin{aligned} 10 \cdot (15 - 10) &= 4 \cdot 15 - 10 \\ 10 \cdot 5 &= 60 - 10 \\ 50 &= 50 && \text{(wahre Aussage)} \end{aligned}$$

Probe am Sachproblem:
Sarahs Alter heute: 15 Jahre
Herrn Otts Alter heute: 60 Jahre
Herr Ott ist heute 4-mal so alt wie Sarah.

Sarahs Alter vor 10 Jahren: 5 Jahre
Herrn Otts Alter vor 10 Jahren: 50 Jahre
Herr Ott war also 10-mal so alt wie Sarah.
(Die Aussagen stimmen.)

6. Antwort formulieren

Sarah ist heute 15 Jahre und ihr Großvater ist 60 Jahre alt. ■

Basisübungen

1 Gib Terme für das Alter der Familienmitglieder an.
Das Alter von Tim Matoni ist x Jahre.
a) Herr Matoni ist 30 Jahre älter als Tim.
b) Frau Matoni ist 2 Jahre jünger als ihr Mann.
c) Laura ist 4 Jahre jünger als Tim.
d) Kevin ist halb so alt wie sein Bruder Tim.
e) Oma Matoni ist doppelt so alt wie Herr Matoni.
f) Opa Matoni ist drei Jahre älter als das Sechsfache von Tims Alter.

2 Ordne die Gleichungen aus dem oberen Feld den Texten aus dem unteren Feld zu.

① $2[x + (x + 4)] = 60$ ② $x + x + 4 = 60$
③ $x(x - 4) = 60$ ④ $3(x + 4) = 60$

Ⓐ Ein Rechteck ist 4 cm kürzer als breit. Sein Flächeninhalt beträgt 60 cm².
Ⓑ Anja ist 4 Jahre älter als Robert. Zusammen sind sie 60 Jahre alt.
Ⓒ Die Summe aus einer Zahl und 4 wird mit 3 multipliziert. Es ergibt sich 60.
Ⓓ Ein Rechteck ist 4 cm länger als breit. Sein Umfang beträgt 60 cm.

3 Löse die Altersrätsel jeweils mit einer Gleichung.
a) Franziska hat zwei Brüder.
Ein Bruder ist 2 Jahre jünger, der andere Bruder 4 Jahre älter als Franziska.
Zusammen sind sie 98 Jahre alt.
Wie alt ist jedes der Geschwister?
b) Linas Schwester ist 3 Jahre älter als Lina.
Ihr Vater ist 36 Jahre älter als Lina.
Ihre Großmutter ist 5-mal so alt wie Lina.
Zusammen sind sie 158 Jahre alt.
Wie alt ist Lina?

4 Denke dir jeweils eine Sachaufgabe aus, die zu den Gleichungen passt, und löse sie.
a) $2x + 4 = 40$ b) $x + (x - 2) + 2x = 18$
c) $2(x - 5) = x$ d) $2(x + 3x) = 64$

1 Entscheide, ob die Gleichung richtig aufgestellt wurde. Korrigiere gegebenenfalls.
a) Die Summe einer Zahl und 7 ist halb so groß wie 24.
Gleichung: $2(x + 7) = 24$
b) Das Produkt aus einer Zahl und ihrem Vorgänger ist 156.
Gleichung: $x : (x - 1) = 156$
c) In einem gleichschenkligen Dreieck sind die Basiswinkel 15° kleiner als der dritte Winkel.
Gleichung: $2(x - 15) + x = 180$

2 Felix ist heute vier Jahre älter als seine Schwester Hannah. Verdoppelt man sein Alter, so erhält man das Dreifache von Hannahs Alter. Wie alt ist Hannah?

Vervollständige die Lösung mit dem Sechs-Schritte-Verfahren.

1. Variable festlegen
x = Alter von Hannah
2. Terme bilden
Alter von Felix: $x + 4$
Das doppelte Alter von Felix: $2(x + 4)$
Das dreifache Alter von Hannah: $3x$
3. Gleichung aufstellen

3 Löse die Aufgaben mit einer Gleichung.
a) Das Hochzeitsgeschenk für Frau Kammer kostet 200 €. Drei Kolleginnen legen zusammen. Frau Wiese gibt 20 € mehr als Frau Hartmann. Die Chefin Frau Brücker zahlt doppelt soviel wie Frau Wiese.
Wie viel zahlt jede der drei Kolleginnen?
b) In einem Viereck ist Winkel β um 20° kleiner als α. Winkel γ ist dreimal so groß wie β und δ ist dreimal so groß wie α.
Berechne die Größe der Winkel.
Zeichne ein solches Viereck.

4 Gib drei verschiedene Gleichungen mit der angegebenen Lösung an. Verwende mindestens eine Klammer in der Gleichung.
a) $x = 5$ b) $a = 2$
c) $y = -2$ d) $x = -3$
e) $l = 0$ f) $b = 1$ Mio.

ANREGUNG
Schreibe mit eigenen Worten ins Heft, wie man Sachaufgaben mithilfe von Gleichungen lösen kann.

5 Ein Paket wiegt 487 g.
Die Verpackung wiegt 55 g.
Wie viel wiegt der Inhalt des Pakets?

6 Marwin will sich ein neues Fahrrad für 299,99 € kaufen.
Er hat schon 177,75 € gespart.
Berechne den Rest, den er noch sparen muss.

7 Maren und Hanka haben zusammen 500 € gespart. Maren hat 38 € mehr gespart.
Wie viel hat jedes Mädchen gespart?

8 Eine Holzlatte von 150 cm Länge soll so in drei Stücke gesägt werden, dass das zweite Stück 3 cm länger als das erste und das dritte Stück 3 cm länger als das zweite ist.

9 Tina und Kara machen eine mehrtägige Radwanderung.
Das Gepäck wiegt insgesamt 38 kg.
Kara nimmt 7 kg mehr mit als Tina.
Wie viel Gepäck hat jeder?

10 Im Vergnügungspark zahlen Erwachsene doppelt so viel wie Kinder.
Für zwei Erwachsene und drei Kinder bezahlt eine Familie 56 €.
Wie viel kostet der Eintritt für ein Kind und einen Erwachsenen?

11 Eine Klassenfahrt kostet insgesamt 5340 €.
Der Förderverein des Landkreises gibt 300 € hinzu.
Wie viel muss jeder der 28 Mitreisenden bezahlen?

12 Mark lässt Fotos drucken.
Er bezahlt für 24 Fotos und die Bearbeitung 6,51 €.
Die Bearbeitung kostet 1,95 €.
Berechne den Preis für ein Foto.

5 Löse zunächst die Klammern auf und fasse zusammen. Löse dann die Gleichung.

BEISPIEL $3 \cdot (x-5) = 8 \cdot (x-3)$
$3 \cdot x - 15 = 8 \cdot x - 24 \ldots$ ■

a) $6 \cdot (x-6) = 2 \cdot (x+6)$
b) $5 \cdot (x+9) = 7 \cdot (x-5)$
c) $3 \cdot (1-x) = 5 \cdot (x-2)$
d) $7 \cdot (x+8) = -2 \cdot (-x-5)$
e) $-3 \cdot (-x-9) = -9 \cdot (-x-3)$

6 Summiert man eine Zahl einmal mit 2 und einmal mit 3 und multipliziert die Summen miteinander, dann ergibt sich das gleiche Ergebnis, als wenn man die Zahl einmal mit 4 und einmal mit 5 summiert und diese Summen miteinander multipliziert.
Stelle eine Gleichung auf und löse sie.
Wie lautet die Zahl?

7 Zwei Quadrate werden verglichen.
Die Seitenlänge des einen Quadrates ist um 6 cm länger als die des anderen Quadrates.
Der Flächeninhalt des ersten Quadrates ist um 120 cm² größer als der des zweiten Quadrates.
Welche Seitenlängen haben die Quadrate?

8 Entlang zweier Ränder einer quadratischen Rasenfläche wird ein 1 m breiter Bürgersteig angelegt. Dadurch wird die Rasenfläche um 50 m² kleiner.

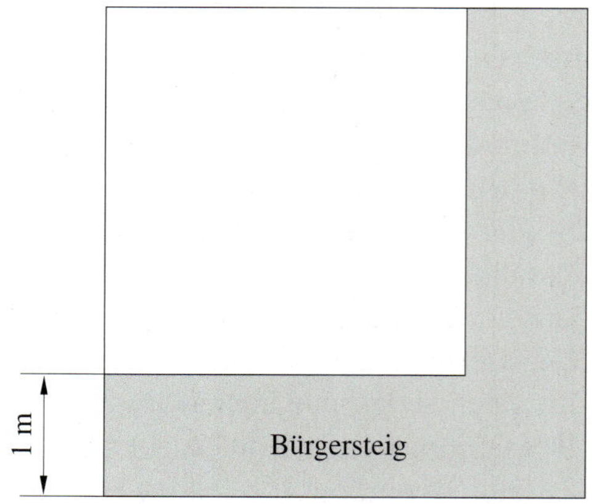

Welche Größe hatte die Rasenfläche vorher?

9 Wenn man alle Kanten eines Würfels um 2 cm verlängert, dann vergrößert sich die Oberfläche um 288 cm².
Welche Seitenlänge hatte der Ausgangswürfel?

$\frac{x+y}{2}$

Methode: Terme berechnen mit Tabellenkalkulation

Janina soll für das Grillfest ihres Vereins den Einkauf erledigen. Jedes Vereinsmitglied bestellt für sich und seine Familie Getränke in 0,5 l Flaschen und Bratwurst oder Fleisch.
Janina trägt die Bestellungen in ein **Tabellenblatt** eines Tabellenkalkulationsprogrammes ein. Dieses Blatt ist wie ein Koordinatensystem aufgebaut. Die Spalten werden mit Großbuchstaben und die Zeilen mit Zahlen bezeichnet. Jedes einzelne Feld der Tabelle, man sagt auch **Zelle**, kann durch den Spaltennamen und die Zeilennummer genau angegeben werden.

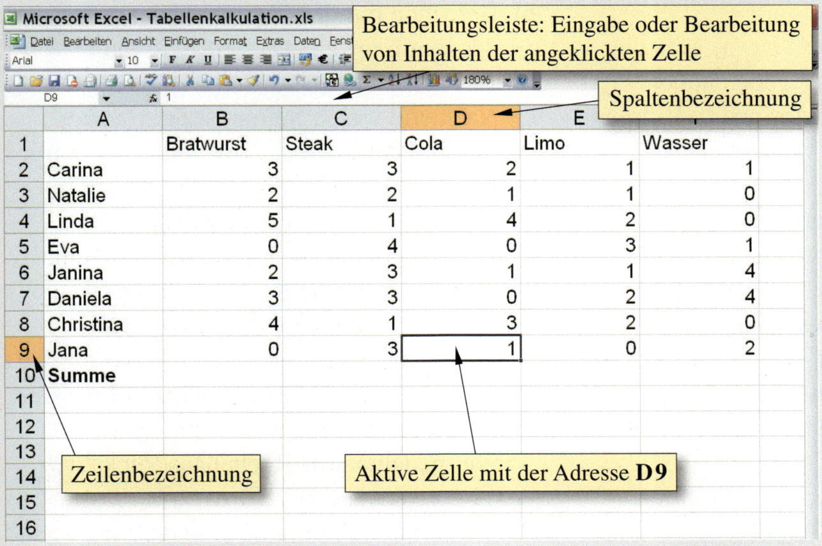

	A	B	C	D	E	F
1		Bratwurst	Steak	Cola	Limo	Wasser
2	Carina	3	3	2	1	1
3	Natalie	2	2	1	1	0
4	Linda	5	1	4	2	0
5	Eva	0	4	0	3	1
6	Janina	2	3	1	1	4
7	Daniela	3	3	0	2	4
8	Christina	4	1	3	2	0
9	Jana	0	3	1	0	2
10	**Summe**					
11						
12						
13						
14						
15						
16						

1 Anlegen einer Tabelle

a) Lege in einem Tabellenkalkulationsprogramm eine neue Datei an und speichere sie unter dem Namen „Grillfest“.

b) Übertrage die Bestellungen genau in die entsprechenden Felder. Dazu musst du die entsprechende Zelle mit der linken Maustaste anklicken. Dann kannst du in der Eingabezeile das Wort oder die Zahl eingeben.

2 Rechnen in der Tabelle

Janina möchte nun ausrechnen, wie viele Getränke und Fleisch insgesamt eingekauft werden müssen. Dazu klickt sie die Zelle **B10** an und gibt in der Bearbeitungsleiste die Formel „**=B2+B3+B4+B5+B6+B7+B8+B9**“ ein.

a) Gib die Formel in das Feld **B10** ein. Sobald du die Return-Taste gedrückt hast, berechnet das Programm die Summe der bestellten Bratwürste.

b) Um die Summe der anderen Spalten zu berechnen, kannst du genauso vorgehen (du musst aber beachten, dass die Zellen anders heißen).
Es geht aber auch einfacher:
Klicke auf das Feld **B10**. Es zeigt einen Rahmen mit einer „Ecke“ unten rechts. Wenn man diese „Ecke“ mit der linken Maustaste anfasst und nach rechts in die Felder **C10** bis **F10** zieht, werden diese Felder automatisch mit der zugehörigen Formel ausgefüllt.
Überprüfe, ob du alles richtig gemacht hast, indem du selbst die Spaltensumme einer Spalte berechnest.

c) Christina möchte ihre Bestellung ändern, weil ihr Bruder krank ist. Sie bestellt nun nur 2 Bratwürste, 1 Steak, 1 Cola und 2 Limos.
Ändere ihre Bestellung in der Tabelle. Was passiert in Zeile 10?

HINWEIS
Noch schneller lässt sich die Summe wie folgt bestimmen: Klicke die Zelle B10 an und klicke dann auf das Summenzeichen Σ, das du in der Symbolleiste findest.

Klar soweit?

→ Seite 124

Terme aufstellen

1 Der Eintritt in einen Freizeitpark kostet 7,50 €. Für jede Karussellfahrt zahlt man zusätzlich 1,20 €.

a) Gib einen Term an für die Gesamtkosten bei x Karussellfahrten.

b) Berechne mit dem Term aus a), was die Kinder insgesamt ausgegeben haben.
Aileen: 6 Fahrten; Moritz: 12 Fahrten,
Nicole: 8 Fahrten; Sabine: 10 Fahrten

2 In einem kleinen Theater hat die erste Reihe 15 Plätze, die zweite Reihe hat 17 Plätze, die dritte Reihe hat 19 Plätze usw.

a) Wie viele Sitzplätze befinden sich in Reihe 7?

b) Jana und ihre 26 Klassenkameraden passen genau in eine Sitzreihe. Welche Reihe ist das?

c) Die Anzahl der Plätze in der Reihe x kann man mit einem Term bestimmen. Welcher der Terme ist richtig?
① $15x + 2$ ② $2x + 13$
③ $2x + 15$ ④ $15x + 13$

d) Gibt es eine Reihe mit 35 Plätzen? Begründe.

1 Ein Baum ist 2,20 m hoch. Er wächst jedes Jahr um weitere 5 cm.

a) Gib einen Term an, mit dem man die Höhe des Baums nach n Jahren berechnet.

b) Berechne mit dem Term, wie hoch der Baum jeweils nach 3, 7, 12 und 15 Jahren ist.

c) Nach wie vielen Jahren ist der Baum 3,50 m hoch?

2 Rechenausdrücke verstehen

a) Jana ist a Jahre alt und Rico b Jahre alt. Was bedeuten die Rechenausdrücke?
① $b + 2 = a$ ② $a + b = 15$
③ $b = 2 \cdot a$ ④ $2 \cdot b - 2 = a$

b) Samy hat x Euro gespart, Timo y Euro und Julia z Euro.
Was bedeuten die Rechenausdrücke?
① $2x = y$ ② $x + y = z$
③ $z - 8 = x$ ④ $x + y + z = 24$
⑤ $y + 4 = z$ ⑥ $x = y - 4$
Finde heraus, wie viel Geld jeder der drei gespart hat.

c) Finde zu jedem Term bei a) und b) einen gleichwertigen anderen Term.

→ Seite 128

Terme vereinfachen und berechnen

3 Vereinfache die Terme so weit wie möglich.

a) $5a - 7 + 6a$

b) $14y + 2y - 5y$

c) $17x - 3x + 8x - 5x + 3$

d) $-66b - 38b - 15 + 12b + 1$

e) $17a + (3a - 8a)$

f) $8r - (3r + 9r)$

3 Vereinfache die Terme so weit wie möglich.

a) $-6b - \frac{1}{2} + \left(5 - \frac{1}{4}b\right)$

b) $9x - 5x - (x - 2{,}2x)$

c) $15 + (-3u - 1{,}2 + u)$

d) $1{,}2u - (3{,}6 + 1{,}5u - 5)$

e) $9a - (15 + 3a) + (5a - 5)$

f) $\frac{1}{10} - \left(-3v + \frac{1}{5}\right) - \left(\frac{1}{4}v - 1\right)$

4 Je zwei Terme sind gleichwertig.
Ergänze zu jedem Termpaar mindestens zwei weitere gleichwertige Terme.

$3a - b + 3a$ $(12b - 12a) : 2$ $-6a - b$

$6 \cdot (b - a)$ $-b + 3 \cdot 2a$ $-(6a + b)$

Lineare Gleichungen

5 Setze in die Gleichungen nacheinander die Zahlen 2, 3, 4, 5 ein.
Welche Zahl ist die Lösung der Gleichung?

a) $52x - 18 = 44x + 14$
b) $100 - 72x = -22x$
c) $5 \cdot (x + 3) = 30$
d) $2 \cdot (x - 4) = 4x - 12$
e) $3 \cdot (x + 2) = 4 \cdot (x + 1)$

6 Löse die Gleichungen.

a) $3x + 5 = -6x + 32$
b) $5x + 9 = -3x + 65$
c) $4x + 7 = -2x - 17$
d) $2x - 13 = -4x - 14$
e) $9x - 2 = -5x - 23$
f) $7x - 3 = -8x + 9$

7 Bringe die Gleichungen in die Form $a \cdot y = b$.

a) $-8y - 7 = 4y + 29$
b) $-5y - 16 = 9y + 12$
c) $-2y - 5 = 5y + 9$
d) $-3y + 5 = 2y + 4$
e) $-17y + 4 = 3y - 66$
f) $-6y + 35 = 7y + 41$

5 Kai hat einige komplizierte Gleichungen gelöst. Überprüfe durch Einsetzen, ob er richtig gerechnet hat. Korrigiere falls nötig.

a) $100x - 300 = 0{,}5x - 1{,}5$ $\quad x = 2$
b) $-45x - 15 = 45x - 60 - 15x$ $\quad x = \frac{3}{5}$
c) $\frac{1}{2} - \frac{3}{5}x = 2 - \frac{1}{2}x$ $\quad x = -15$
d) $\frac{1}{2}x - 4 = 3x + 1$ $\quad x = -4$
e) $\frac{2}{3}x - 2 = -\frac{5}{3}$ $\quad x = \frac{1}{2}$

6 Löse die Gleichungen.

a) $\frac{x}{2} + 4 = 12$
b) $\frac{x}{3} - 6 = 35$
c) $\frac{x}{4} + 2 = 4$
d) $\frac{x}{5} + 3 = -27$
e) $14 = \frac{x}{7} + 7$
f) $-2 = \frac{x}{9} + 14$
g) $-4 = \frac{x}{8} - 5$
h) $-31 = \frac{x}{13} - 31$
i) $\frac{x}{12} + 37 = 49$
j) $\frac{x}{18} - 27 = 2{,}5$
k) $\frac{x}{2} + 5 = 8$
l) $\frac{1}{3}x + \frac{1}{3} = 10$

7 Bestimme die Lösung der Gleichungen.

a) $\frac{2}{3}x = \frac{4}{9}$
b) $\frac{4}{5}x = 8$
c) $\frac{x}{3} - 2 = 13$
d) $-\frac{1}{4}x + \frac{1}{5} = 9$
e) $\frac{z}{9} + 7 = 11$
f) $\frac{a}{5} + \frac{1}{5} = 10$
g) $\frac{x}{45} + 7 = 12$
h) $-\frac{c}{9} - \frac{1}{9} = 11$
i) $6 - \frac{x}{3} = 33$
j) $24 - \frac{x}{95} = 5$

Anwendungsaufgaben mit Gleichungen lösen

→ Seite 136

8 Der Lehrer zeigt mit einer 60 cm langen „Endlosschnur“ verschiedene Rechtecke.

Wie lang ist die zweite Seite, wenn eine Seite 6 cm (10 cm; 12 cm) lang ist?
Löse mit einer Gleichung.

9 Für ein Mountainbike kostet ein Reifen mit Felge 72 €. Die Felge allein kostet 12 € mehr als der Reifen. Berechne den Preis für den Reifen und die Felge.

8 Ein Rechteck ist viermal so lang wie breit. Der Umfang beträgt 60 cm.

a) Welchen Flächeninhalt hat das Rechteck?
b) Wie ändert sich der Flächeninhalt bei gleichem Umfang, wenn das Rechteck fünfmal (doppelt, dreimal) so lang wie breit ist?

9 Eine Jugendgruppe möchte eine viertägige Wanderung unternehmen. Die geplante Strecke beträgt insgesamt 190 km. Um eine gleichmäßige Leistungssteigerung zu erreichen, vereinbaren die Teilnehmer, jeden Tag 9 km mehr als am Vortag zurückzulegen. Wie viel Kilometer wandert die Jugendgruppe an jedem einzelnen Tag?

Vermischte Übungen

1 Übertrage die Tabelle in dein Heft und berechne den Wert der Terme.

x	4	6	8		12	15
$x+9$	13					
$x-9$						
$5x$						
$3x+9$						
$3x-9$						
$2x-1$						
$70-3x$						
$99+x$				109		

2 Vereinfache den Term und berechne seinen Wert für $x \in \{2; 3; 5; 8\}$.

a) $23x + 17x + 37x$
b) $75x - 33 - 12x$
c) $17x + 35x + 16 + 80x$
d) $44x - 19x + 98 - 4x$
e) $-3x + 5x + 12x - 36$
f) $3x - 5 + 12 - 2x - 21$
g) $8x + 9x - 5x - 13x$
h) $18 - 9 \cdot 3 + 4x + 10 - x$

3 Beim Start des „Term-Flippers" hat die Kugel den Wert $x = 0$.
Bei jedem Anstoß der Kugel wird der Wert dem Term entsprechend verändert.
Berechne nacheinander die Termwerte, die erreicht werden.

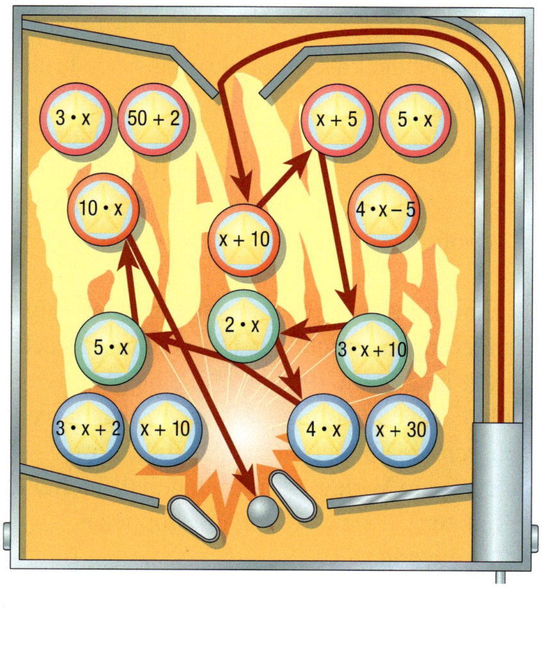

1 Übertrage die Tabelle in dein Heft und berechne den Wert der Terme.

x	4	6	8	10	12	15
$11x+11$						
$10:x+\frac{1}{2}$						
$5x-35x$						
x^2-x						
$3(x+2)$						
$(x+2)(x-2)$						
$5x-5:x$						
$x(x^2+5x)$						

2 Fasse die Terme zusammen.
Wähle für a, b zwei bzw. drei Zahlen aus $\{2; 3; 6; 9; 11\}$ und berechne den Wert des Terms.

a) $4a + 3b + 2a + 10a + 5b + 8b$
b) $4a + 7b + 8c + 3a + 4b + 6a$
c) $9a - 1{,}1b + 13b + 5a - 1{,}1b + 23a$
d) $6a + 34b + 3 + 37a + 51a + 32b + 15$
e) $751a + 643b + 12 + 456a + 864 + 114b$
f) $367a + 872b + 421a + 467b + 578 + a$
g) $100{,}3a + 98{,}1b + 75{,}3a + 178{,}2b + 32{,}1$

3 Zeichne die Figuren in dein Heft.
Bezeichne gleich lange Seiten mit der gleichen Variable und gib einen Term an, mit dem man den Umfang der Figuren berechnen kann.

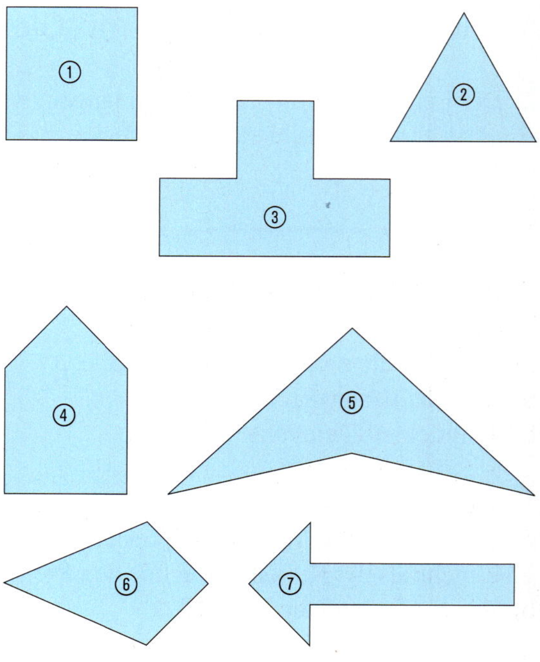

4 Die Mathematiklehrerin stellt sich vor:

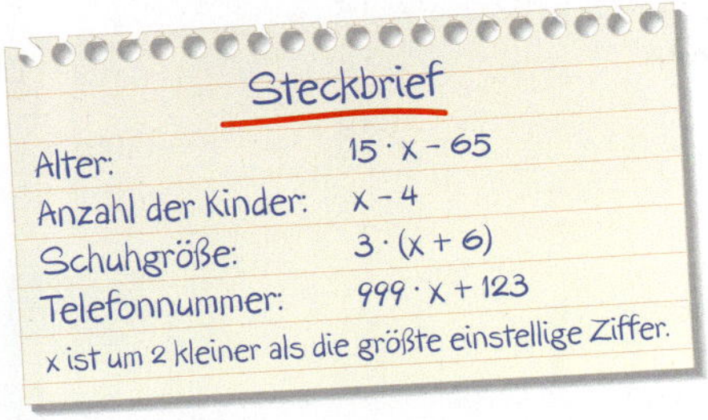

5 Vereinfache die Terme.

a) $24x + 36x + 48x$
b) $6y + 9y + 12y$
c) $14u - 21u - 42u$
d) $75k + 125k - 50k$
e) $21m - 7m + 49$
f) $18 - 24n - 12n + 36$

6 Löse die Gleichungen.
Prüfe dein Ergebnis.

a) $x + 8 = 33$
b) $x - 17 = 54$
c) $101 = x + 71$
d) $7 - x = 3$
e) $33 - y = 14$
f) $7x - 25 = 45$
g) $7x - 94 = 25$
h) $13 + 3x = 28$
i) $27 + 6x = 87$
j) $67 = 4x + 31$

7 Berechne jeweils die Variable x in dem Gleichungsring.

a)

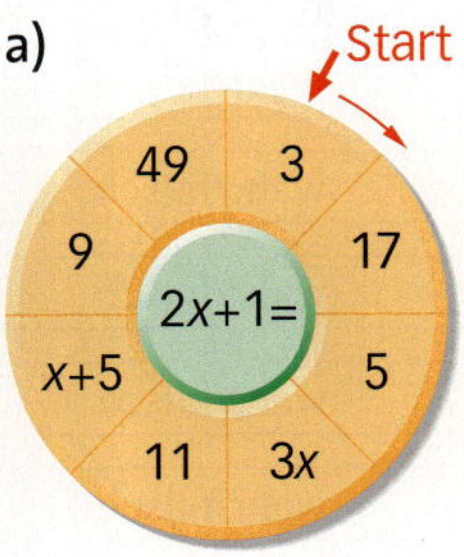

b)

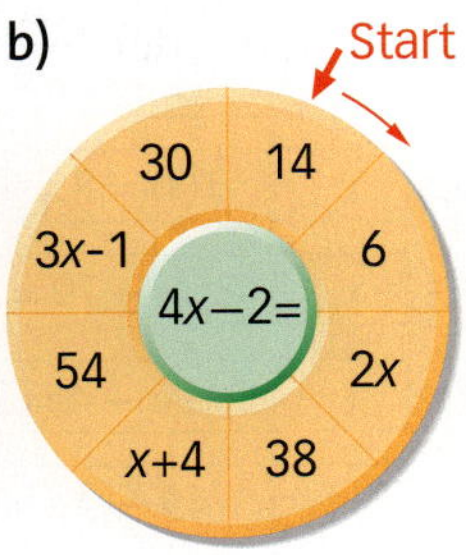

8 Fasse erst zusammen, dann löse die Gleichung und führe die Probe durch.

a) $3x + 7 + 2x - 8 - 4x = 0$
b) $81 = 2x + 69 + 2x$
c) $14 + 5x - 42 - x = 0$
d) $x + 2x + 3x + 4x = 100$
e) $x + 2x + 3x - 4x = 28$
f) $82 - 7x + 5x = 100 + x - 84$
g) $5 + 14x + 1 = 17x - 4 + 2x$
h) $-10x - 35 + 24x = 6x + 13$

4 Sina hat noch Probleme beim Vereinfachen der Terme.
Erkläre ihr, welche Fehler sie gemacht hat.

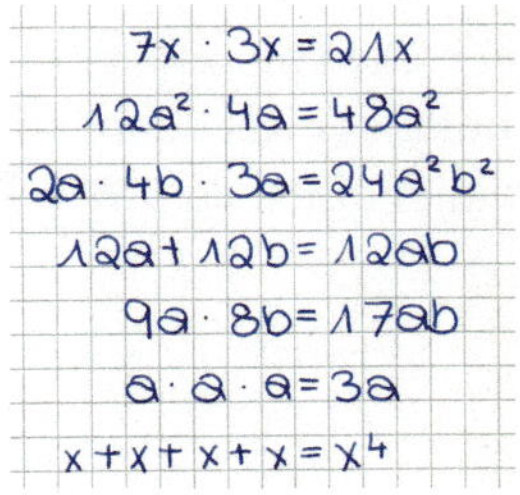

5 Berechne den Wert des Terms für $y = 18$.

a) $10y + 12y - 9y$
b) $45y - 28y + 12y - 23y$
c) $9y + 12y + 21y + 5y$
d) $10y + 20y + 35y + 65y$
e) $15y + 35y - 49y$
f) $17y + 62y - 79y$

6 Löse die Gleichungen.
Prüfe dein Ergebnis.

a) $x + 2{,}3 = 5{,}4$
b) $x + 4{,}12 = -0{,}08$
c) $x + 1{,}8 = -3{,}2$
d) $3{,}84 + x = 2{,}75$
e) $x + \frac{1}{4} = \frac{5}{4}$
f) $x + \frac{5}{12} = -\frac{7}{12}$
g) $x + \frac{2}{7} = \frac{5}{7}$
h) $x - \frac{1}{6} = \frac{1}{3}$
i) $x + \frac{5}{11} = \frac{3}{11}$
j) $x + \frac{1}{2} = \frac{7}{8}$

7 Schreibe jeweils die Gleichung auf wie im Beispiel und löse sie.

BEISPIEL: $0{,}3a - 1{,}5 = 0{,}6a - 1{,}2$ ■

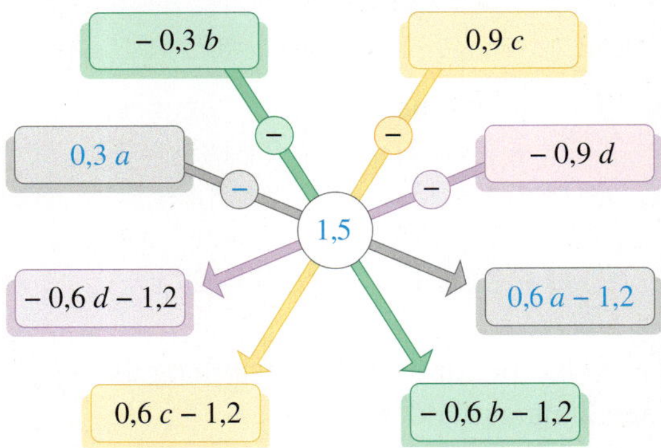

8 Fasse erst zusammen, dann löse die Gleichung und führe die Probe durch.

a) $5{,}1b + 39 - 0{,}9b = 2{,}7b - 6$
b) $1{,}5 - 2b = 0{,}5b + 0{,}5 + 2{,}5b$
c) $1{,}6b - 4{,}9 + 0{,}4b = -3{,}5 + 0{,}8b - 3{,}8$
d) $4{,}7 + 9b - 1{,}9 = 20b + 1{,}8 - b$
e) $12{,}6b + 4{,}9 - 7{,}2b = -24{,}6b - 4{,}1$
f) $45b - 0{,}41 + 27b = 0{,}79 + 48b$

9 Übertrage die Rechenbäume ins Heft. Welche Gleichungen werden dargestellt? Fülle die Rechenbäume schrittweise von oben angefangen aus. Wie groß ist x?

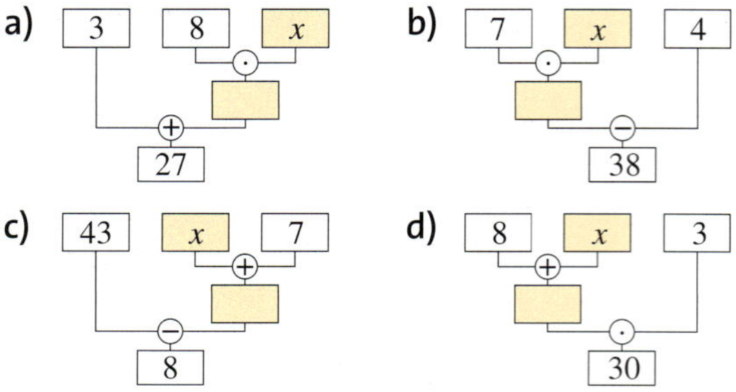

10 Schreibe die Gleichung und löse sie.

a) Die Differenz aus dem 8-Fachen einer Zahl und 8 ergibt 24.

b) Die Summe aus dem Zweifachen einer Zahl und 10 ergibt 14.

c) Die Differenz aus dem Fünffachen einer Zahl und 87 ist – 12.

11 Gleichungen lösen durch Probieren

a) Setze in die Gleichung $2x + 7 = 17$ für x die Zahlen von 1 bis 6 ein und bestimme die Lösung der Gleichung.

x	$2x + 7 = 17$	wahr/falsch
1	$2 \cdot \mathbf{1} + 7 = 17$	falsch
2		
…		

b) Löse durch inhaltliche Überlegungen.

① $2x + 9 = 19$ ② $24 + 5x = 34$
③ $7x + 5 = 33$ ④ $8 = 2x - 2$
⑤ $28 - 2x = 16$ ⑥ $19 + x = 19$
⑦ $11 - 2x = 1$ ⑧ $81 - 27x = 0$

BEISPIEL
zu Aufgabe 11 b) (grün):
Gleichung ①:
$2x + 9 = 19$
Wenn $2x + 9 = 19$, so muss $2x = 10$ sein, denn $10 + 9 = 19$.
Wenn $2x = 10$, so muss $x = 5$ sein, denn $2 \cdot 5 = 10$.

12 Schreibe für jede Zeigerstellung die Gleichung auf und löse sie.

BEISPIEL $-4 - \frac{x}{3} = 8$ ■

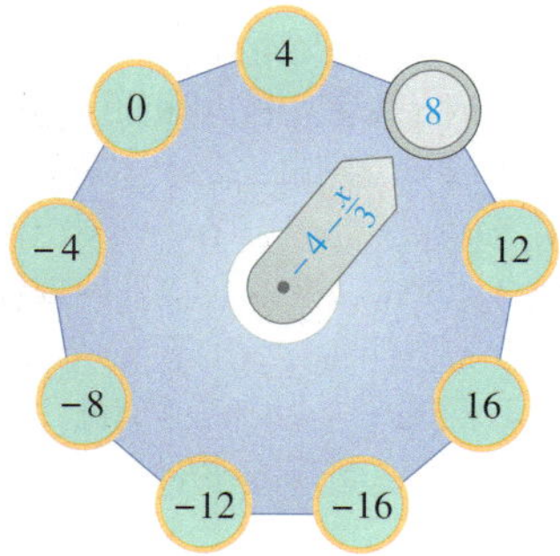

9 Schreibe jeweils wie im Beispiel die Gleichung auf und löse sie.

BEISPIEL $0{,}001f - 4 = 15$ ■

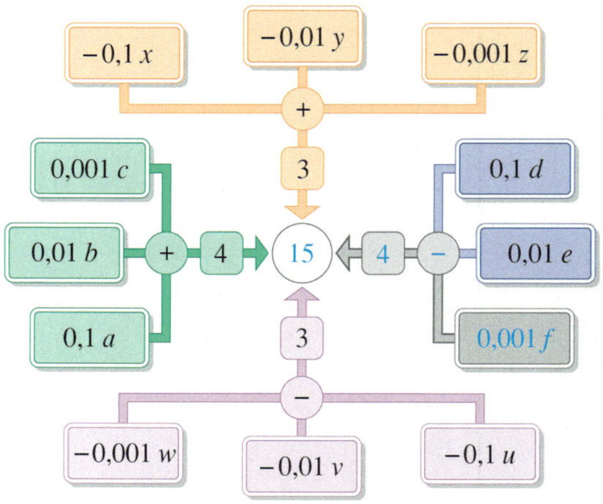

10 Schreibe die Gleichung und löse sie.

a) Die Summe aus dem Sechsfachen einer Zahl und 13 ist – 161.

b) Wenn du 15 zum Produkt aus einer Zahl und 4 addierst, erhältst du 363.

c) Addiert man zum 5-Fachen einer Zahl 9, so erhält man die Differenz aus 21 und der Zahl.

11 Probiere aus, für welchen Wert von x die Gleichungen wahr sind.
Zeichne Tabellen wie in Aufgabe 11 grün.

a)

x	$12 + 4x = 40$	wahr/falsch

b)

x	$100 = 8x - 20$	wahr/falsch

c)

x	$25x - 79 = 196$	wahr/falsch

d)

x	$2x + 4 = 34$	wahr/falsch

e)

x	$45 - 3x = 0$	wahr/falsch

f)

x	$100 - 3x = 64$	wahr/falsch

g)

x	$2x + 7 - x = 14$	wahr/falsch

12 Schreibe Gleichungen auf und löse sie.

BEISPIEL $3{,}2y - 2{,}4 = -1{,}6$ ■

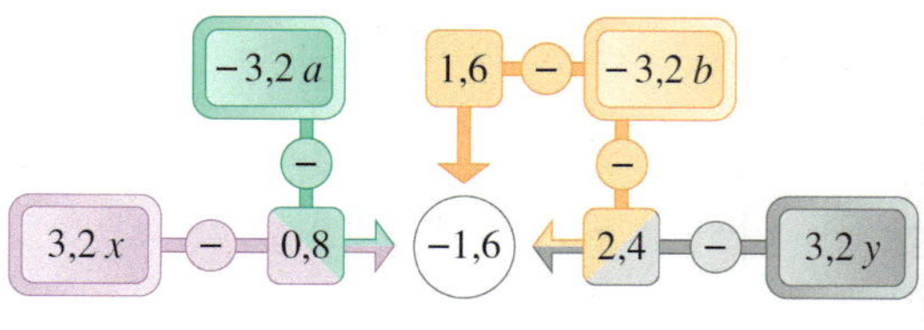

13 Bei der Lösung der Gleichung $\frac{4}{5}x = \frac{8}{3}$ gehen Laura, Fabian, Dennis und Anna unterschiedlich vor.
Vervollständige jeweils die Lösungswege und vergleiche sie.
Welchen Weg würdest du wählen? Begründe.

Laura
$\frac{4}{5}x = \frac{8}{3}$ | $\cdot 5$
$4x = \frac{40}{3}$

Fabian
$\frac{4}{5}x = \frac{8}{3}$ | $: \frac{4}{5}$
$x = \frac{8}{3} : \frac{4}{5}$

Dennis
$\frac{4}{5}x = \frac{8}{3}$ | $\cdot \frac{5}{4}$
$x = \frac{8}{3} \cdot \frac{5}{4}$

Anna
$\frac{4}{5}x = \frac{8}{3}$ | $:4$
$\frac{1}{5}x = \frac{2}{3}$

14 Löse die Gleichungen.

a) $\frac{x}{4} = 5$ b) $\frac{x}{3} = 9$ c) $\frac{x}{7} = -1$
d) $\frac{x}{9} = 11$ e) $\frac{x}{7} = 5$ f) $\frac{x}{3} = 5$
g) $-\frac{x}{100} = -14$ h) $-\frac{x}{8} = 13$ i) $-\frac{x}{25} = -7$

15 Verschiedene Gleichungen, aber nur eine Lösung. Begründe, warum das so ist.

$x + 1 = 5$	$2x + 1 = 5 + x$
$0{,}5x + 0{,}5 = 2{,}5$	$5x + 5 = 25$
$7x + 21 = 25 + 6x$	$12x + 101 = 105 + 11x$

16 Schreibe zu jeder Skizze eine Aufgabe.

a)

45 kg	
x kg	37 kg

b)

350 km		
x km	x km – 40 km	x km + 270 km

c)

72 €		
x €	$2x$ €	$3x$ €

17 Die Gleichungen haben Lösungen von 1 bis 10. Ordne durch Probieren den Gleichungen die richtigen Lösungen zu.

a) $7 + n = 15 - 4$ b) $27 - 6 \cdot y = 15$
c) $19 - d = 2 \cdot 8$ d) $49 : z = z$
e) $7 \cdot \square - 12 = 44$ f) $2a + 5a = 42$

13 Eva hat in ihr Heft eine Regel für das Lösen von Gleichungen geschrieben.

1. *Alle Zahlen ohne x auf eine Seite der Gleichung bringen.*
2. *Alle x auf die andere Seite der Gleichung bringen.*
3. *Wenn vor x eine Zahl steht, muss man durch diese Zahl teilen.*

a) Muss man in dieser Reihenfolge vorgehen?
b) Welche Schritte kann man tauschen?
c) Finde Beispiele, wo man auf einen der Schritte verzichten kann.

14 Löse die Gleichungen.

a) $\frac{2}{3}x = \frac{4}{9}$ b) $\frac{4}{5}x = 8$ c) $\frac{3}{5}x = \frac{9}{20}$
d) $\frac{6}{7}x = 42$ e) $\frac{1}{7}x = \frac{3}{5}$ f) $\frac{1}{3}x + 2 = 3$
g) $\frac{5}{6}x = \frac{15}{24}$ h) $\frac{4}{9}x = \frac{2}{9}$ i) $\frac{3}{4}x + \frac{3}{4} = 1$

15 Löse die Gleichungen.

a) $\frac{y}{4} + 7 = \frac{y}{3} + 6$
b) $1 - \frac{y}{5} = 2 + \frac{y}{3}$
c) $\frac{y}{7} - 3 + \frac{y}{4} = -\frac{y}{2} + 2$
d) $\frac{y}{6} + 6 - \frac{y}{3} = \frac{y}{5} - 5$
e) $\frac{1}{4}x + 1 = \frac{1}{5}x + 2$
f) $\frac{1}{9}x - 11 = \frac{1}{5}x - 3$
g) $-4 - \frac{1}{20}x = \frac{1}{10}x - 6$
h) $5\frac{3}{4}x + 14 = 3\frac{1}{3}x - 15$
i) $1 - \frac{2}{7}x = 4\frac{2}{3}x - 51$

16 Erfinde zu den folgenden Gleichungen eine Sachaufgabe.

a) $7 \cdot x = 84$ b) $3 \cdot x + 5 = 11$
c) $x - 13 = 14$ d) $27 = 2 \cdot x + 7$
e) $x : 5 = 3$ f) $2{,}5 \cdot x + 4 = 64$
g) $17 + x = 32$ h) $3 \cdot x - 7 = 23$
i) $x \cdot 9 = 81$ j) $44 - 1{,}5 \cdot x = 38$
k) $85 = 10 \cdot x + 5$ l) $54 = 7 \cdot x - 2$

17 Welche Zahl ist es?

a) Ein Drittel einer Zahl ist 18.
b) Die Hälfte einer Zahl ist –4.
c) Ein Achtel einer Zahl ist $-\frac{3}{4}$.
d) Zwei Siebtel einer Zahl ist –9.
e) Zehn Elftel einer Zahl ist 0.

18 Eine Taxifahrt kostet 1,60 € pro Kilometer. Die Grundgebühr beträgt 2,50 €.

a) Gib einen passenden Term für den Gesamtpreis an.

b) Was kostet die Fahrt bei 4 km (7 km, 9 km) gefahrener Strecke?

c) Wie weit kann man für 15,30 € fahren?

19 Zwei Partner eröffnen gemeinsam ein Geschäft und zahlen zusammen das Startkapital in Höhe von 60 000 € ein.
Ein Partner zahlt um 8000 € mehr ein.
Wie viel zahlt jeder ein?

20 Ein rechteckiges Gartengrundstück wurde mit 60 m Maschendraht neu eingezäunt.
Das Grundstück ist 4-mal so lang wie breit.
Wie lang und breit ist das Grundstück?

21 Ein quadratischer Tisch wird mit neuen Kanten umleimt. Das Umleimerband hat eine Länge von 4 m.
Nach dem Umleimen bleiben von dem Band 80 cm übrig.
Welche Seitenlänge hat der Tisch?
Stelle eine Gleichung auf und löse sie.

22 Ein Drachenviereck hat den Umfang $u = 144$ cm. Die längeren Seiten sind zweimal so lang wie die kürzeren Seiten.
Berechne die Länge der Seiten.
Verwende für die Länge der kürzeren Seite die Variable x.

23 Ein Dreieck hat den Umfang $u = 68$ cm. Seite b ist 5 cm länger als a, Seite c ist 12 cm kürzer als a.
Wie lang sind die einzelnen Seiten?

18 Zwischenstand beim Kegeln:
In der Mädchenmannschaft haben Seren, Kaja und Gesine zusammen 24 Kegel geworfen. Seren warf einen Kegel mehr und Kaja einen Kegel weniger als Gesine.
In der Jungen-Mannschaft haben Jannik, Noah und Niklas zusammen 14 Kegel geworfen. Noah warf doppelt so viele Kegel, Niklas halb so viele Kegel wie Jannik.
Wie viele Kegel wurden jeweils geworfen und wer hatte das beste Einzelergebnis?

19 Wie alt ist jeder zurzeit?

a) Hanna wurde 4 Jahre vor ihrer Schwester Jutta geboren. In 6 Jahren sind beide zusammen 104 Jahre alt.

b) Otto ist heute 10-mal so alt wie Sara. In 4 Jahren sind sie zusammen 85 Jahre alt.

20 Ein 52 cm langes Glasrohr muss für ein Chemieexperiment so in zwei Teile geschnitten werden, dass das längere Rohr viermal so lang ist wie das kürzere.
Wie lang sind beide Rohrteile?

21 Eine 800-m-Läuferin lief mit einer Zeit von 2:04,2 (2 min 4,2 s) durch das Ziel.
Die erste Runde lief sie 4,7 s langsamer als die zweite.
In welcher Zeit lief sie die zweite Runde?

22 In einer 3 × 7,5-km-Skilanglaufstaffel der Frauen lief die zweite Läuferin 3 Sekunden langsamer als die erste. Die dritte Läuferin lief 9 Sekunden schneller als die zweite. Als Gesamtzeit erreichte die Staffel eine Zeit von 1:27:00 (1 h 27 min 0 s).
Wie schnell lief jede Läuferin?

23 Bei den Bundesjugendspielen will Ole im 1000-m-Lauf eine Zeit von 3:05,0 (3 min 5,0 s) laufen.
Um diese Zeit zu schaffen, plant er die Zwischenzeiten: Die erste Runde will er 5 s schneller laufen als die zweite. Die restliche Strecke hofft er in der Hälfte der Zeit der ersten Runde zurückzulegen.
Welchen Zeitplan hat Ole aufgestellt?

24 Ein Trapez hat den Umfang $u = 1{,}22\,\text{m}$. Seite c ist 8 cm kürzer als a, die Seiten b und d sind jeweils doppelt so lang wie a.
Wie lang sind die einzelnen Seiten?

25 Löse die Sachaufgaben.

a) Ein Paket wiegt 205 g.
Die Verpackung wiegt 22 g.
Wie schwer ist der Inhalt des Pakets?

b) Füller und Kugelschreiber kosten zusammen 17 €. Der Füller kostet 5 € mehr.

c) Christine gab in drei Urlaubswochen 390 € aus. In der zweiten Woche gab sie doppelt so viel wie in der ersten Woche aus. In der dritten Woche waren es 120 €.

26 Familie Drews hat in einem Preisausschreiben 3600 € gewonnen. Das Geld soll aufgeteilt werden, sodass die Eltern doppelt so viel Geld erhalten wie die drei Kinder zusammen. Jedes Kind erhält gleich viel von dem entsprechenden Anteil.
Wie viel Euro bekommt jedes Kind?

27 In einem Mehrfamilienhaus fallen jährlich 477 € Abfallgebühren an. Diese werden auf alle Mieter verteilt und pro Haushalt abgerechnet.
In der Familie Gratini sind fünf Personen, in der Familie Pomorin drei Personen.
Herr Gerber lebt alleine.
Wie viel Gebühren zahlt jeder Haushalt?

28 In Mirkos Terrarium sitzen genauso viele Käfer wie Spinnen.

Die Käfer haben jeweils sechs, die Spinnen acht Beine.
Insgesamt krabbeln dort 112 Beine.
Wie viele Käfer und wie viele Spinnen sind in dem Terrarium?

24 Stefan und Emma lieben Verfolgungsjagden mit dem Fahrrad.

Emma, die mit durchschnittlich 18 km/h fährt, erhält einen Vorsprung von 3 km, Stefan jagt ihr mit 24 km/h nach.
Als Stefan Emma eingeholt hat, rufen sie Stefans Mutter an, damit sie beide mit dem Wagen abholt. Stefan und Emma fahren aber gemütlich mit durchschnittlich 15 km/h weiter.

– Wann holt Stefan Emma ein und wie viel Kilometer sind sie bis dahin gefahren?
– Wie viel Kilometer muss die Mutter fahren, um die Radfahrer zu erreichen, wenn sie durchschnittlich mit 65 km/h fährt?
– Wie lange hat die Radtour von Stefan und Emma insgesamt gedauert?

25 Moritz und Enno nahmen an einem 100-m-Lauf teil. Moritz gewann in 12,5 s, während Enno 13,5 s benötigte.

a) Wie weit musste Enno noch bis ins Ziel laufen, als Moritz durch das Ziel lief?

b) Wie viel Meter Vorsprung hätte Enno am Start bekommen müssen, damit bei diesen Laufleistungen beide gleichzeitig das Ziel erreichen?

26 Ein Nussverkäufer hat in seinem Sortiment unter anderem Haselnüsse zu 11,50 € pro kg und Walnüsse zu 14,70 € pro kg. Weil inzwischen die Nachfrage nach Nussmischungen groß geworden ist, will er 36 kg Nussmischung aus Haselnüssen und Walnüssen herstellen, die er für 13 € pro kg verkaufen will.
Jeweils 125 g der Nussmischung sollen in Tütchen verpackt werden.

a) Wie muss der Verkäufer Haselnüsse und Walnüsse mischen, um den angestrebten Preis halten zu können?

b) Wie viel kostet ein Tütchen der Nussmischung?

HINWEIS
www 147-1
Anwendungsaufgaben zum Thema „Einkaufen im Nachbarland" findest du unter dem Webcode 147-1.

Teste dich!

(12 Punkte)

1 Schreibe mit Termen und berechne den Wert der Terme.

a) Gesucht ist die Summe der Zahlen 78 und 56.
b) Gesucht ist das Doppelte von 5 vermehrt um 8.
c) Gesucht ist die Differenz der Zahlen 356 und 58.
d) Gesucht ist das 3-Fache der Summe aus 78 und 79.
e) Gesucht ist der Quotient aus 75 und dem 5-Fachen von 5.
f) Gesucht ist das Produkt aus 45 und 2 vermehrt um 10.

(6 Punkte)

2 Bestimme den Wert der Terme.

a) $3x + 4y$ für $x = 4$ und $y = -2$
b) $120 - 3z + 4w$ für $z = 6$ und $w = 23$
c) $15a - 12 + 13b - 25$ für $a = 5$ und $b = -4$
d) $10y - 3x$ für $x = -5$ und $y = \frac{1}{2}$
e) $3a \cdot (5b - 7a + 4)$ für $a = 2$ und $b = -5$
f) $(7x - 3y) \cdot (8y - 2x)$ für $x = -0{,}5$ und $y = 0{,}25$

(4 Punkte)

3 Vereinfache die Terme.

a) $a + a + b + b + a + a + b$
b) $23b - b$
c) $45x - 26y - 32x - 24y$
d) $100 - 25a + 36b - 72b - 40a$

(4 Punkte)

4 Ergänze die Platzhalter.

a) $15x + 27x + 39x = ■$
b) $27b - ■ - 5b = 11b$
c) $23x - 26y - 45x - ■ = -22x - 50y$
d) $98a - 27b - a + 59b - 4b = ■$

(8 Punkte)

5 Löse die Gleichung.

a) $4x + 5 - x = 8$
b) $31 - 7x = 41 - 8x$
c) $\frac{x}{7} = 4$
d) $\frac{x}{5} + 8 = 13$

(8 Punkte)

6 Drei Kaufleute haben eine Boutique gegründet.
Kaufmann A stellte 60 000 €, Kauffrau B stellte 100 000 € und Kaufmann C stellte 80 000 € zur Verfügung.
Nach einem Jahr wird der Gewinn von 40 000 €, der in der Boutique erwirtschaftet wurde, nach dem eingebrachten Kapital anteilmäßig aufgeteilt.
Gib auf Cent gerundet an, wie viel jeder Teilhaber erhält.

(4 Punkte)

7 Der Umfang eines gleichschenkligen Dreiecks beträgt 105 m.
Die Basis ist dreimal so lang wie die Hälfte eines Schenkels.
Wie lang sind die Seiten des Dreiecks?

(6 Punkte)

8 Ein Rechteck soll den gleichen Flächeninhalt haben wie ein Quadrat.
Allerdings ist eine Rechteckseite 1,6 cm länger, die andere Rechteckseite 1,2 cm kürzer als die Quadratseite.
Zeichne das Rechteck und das Quadrat.

9 Gib jeweils zwei verschiedene Terme an …
a) für den Flächeninhalt der Figur.
b) für den Umfang der Figur.

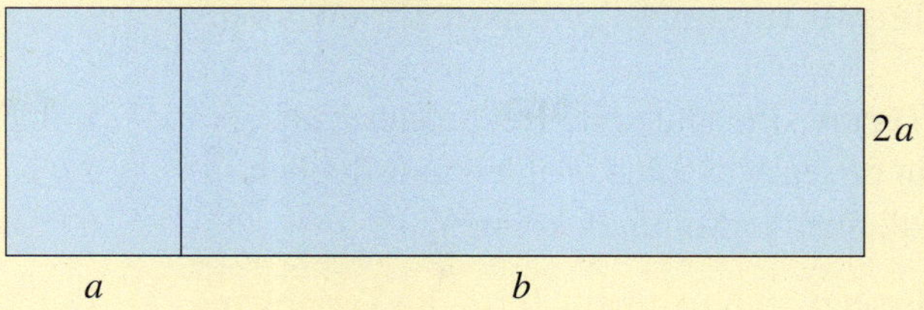

(8 Punkte)

10 Bestimme die Lösung der Gleichung. *(20 Punkte)*

a) $5 + 2z = -41$
b) $3z + 9 = 0$
c) $3y - 9 = y + 5$
d) $-4 - x = 17 - 8x$
e) $-8 + 9z = -2z + 3$
f) $8(2 - 5z) = 16 + 35z$
g) $5(x + 2) = 6(x - 3)$
h) $-(x - 9) = 3(x - 1)$
i) $19x - 18 = 7(x - 3)$
j) $9(x - 2) = 4(-4x - 5)$

11 Welche Zahl hat sich Lara gedacht? *(5 Punkte)*

12 Anne ist 15 Jahre älter als Boris und Boris ist 12 Jahre älter als Eva. *(5 Punkte)*
Zusammen sind sie 42 Jahre alt.
Wie alt sind die drei?

13 Familie Meier hat drei Kinder, die im Abstand von jeweils zwei Jahren zur Welt kamen. *(5 Punkte)*
Die älteste Tochter ist also genau vier Jahre älter als der jüngste Sohn.
Wie alt sind die drei Kinder jeweils, wenn sie zusammen 33 Jahre alt sind?

14 Tanja kauft für ihre Sprachreise Bücher ein: einen Reiseführer über London, ein Handwörterbuch und einen Roman. Der Reiseführer ist 2 € teurer als der Roman und 5 € billiger als das Wörterbuch. Sie zahlt 30 €. *(5 Punkte)*
Wie viel kosten die einzelnen Bücher?

Gold: 96–100 Punkte, Silber: 80–95 Punkte, Bronze: 60–79 Punkte

Zusammenfassung

→ Seite 124, 128

Terme aufstellen und berechnen

Terme sind sinnvolle Rechenausdrücke, in denen Variablen, Zahlen und Rechenzeichen vorkommen können.

Beispiele für Terme:
$2a + 2b$; $3x - 5$; 45; $3z + 4w + 7$
$6 = 3x$ ist kein Term.

Ersetzt man in einem Term die Variablen durch Zahlen, so erhält man den **Wert des Terms**.

Der Wert des Terms $2a + 2b$ für $a = 3$ und $b = 5$ ist
$2 \cdot 3 + 2 \cdot 5 = 6 + 10 = 16$.

Durch **Termumformungen** lassen sich viele komplizierte Terme in einfachere Terme umwandeln. Der Ausgangsterm und der umgeformte Term sind dabei stets gleichwertig.

$5x + 4x$ lässt sich vereinfachen zu $9x$, aber $5x + 4y$ lässt sich nicht vereinfachen. Die Variablen sind nicht gleich.

→ Seite 132, 136

Lineare Gleichungen

Jede Gleichung der Form $a \cdot x = b$ oder einer anderen Form, die man zu $a \cdot x = b$ umformen kann, heißt **lineare Gleichung**.
In einer linearen Gleichung tritt stets nur eine Variable auf.

Lösen einer Gleichung:

1. *Möglichkeit*
   Man findet durch Probieren eine Zahl, die man für die Variable einsetzen kann, sodass eine wahre Aussage entsteht.

$3x + 9 = 99$

$x = 5$;	$3 \cdot 5 + 9 = 24$	$24 < 99$
$x = 15$;	$3 \cdot 15 + 9 = 24$	$54 < 99$
$x = 30$;	$3 \cdot 30 + 9 = 99$	(wahre Aussage)

2. *Möglichkeit*
   Die Gleichung wird schrittweise durch Äquivalenzumformungen so umgeformt, dass die Lösung direkt ablesbar ist.
   Man sagt, dass zwei Gleichungen **äquivalent** zueinander sind, wenn sie die gleiche Lösung haben.

$3x + 9 = 99 \quad | -9$
$3x = 99 \quad | :3$
$x = 30$
Alle drei Gleichungen sind äquivalent.

Äquivalenzumformung:
Man ändert die Lösung der Gleichung nicht, wenn man …
- Terme vereinfacht,
- die Seiten der Gleichung vertauscht,
- auf beiden Seiten denselben Term addiert oder subtrahiert,
- auf beiden Seiten der Gleichung mit demselben Term multipliziert bzw. durch denselben Term (außer Null) dividiert.

$4x - 25 = 95 \quad | +25$
$4x - 25 + 25 = 95 + 25$
$4x = 120 \quad | :4$
$4x : 4 = 120 : 4$
$x = 30$

Mit der **Probe** überprüft man seine Rechnung. Erhält man beim Einsetzen der ermittelten Lösung in die Gleichung eine wahre Aussage, so ist die Gleichung richtig gelöst.

Probe:
$4 \cdot x - 25 = 95 \quad x = 30$
$4 \cdot 30 - 25 = 95$
$120 - 25 = 95$
$95 = 95$ (wahre Aussage)

Prismen

Das Dockland steht seit 2005 in Hamburg an der Elbe.
Das Gebäude ist ein Prisma mit
einem Parallelogramm als Grundfläche.

Noch fit?

Einstieg

1 Schrägbild vervollständigen
Übertrage ins Heft und vervollständige zum Schrägbild eines Quaders.

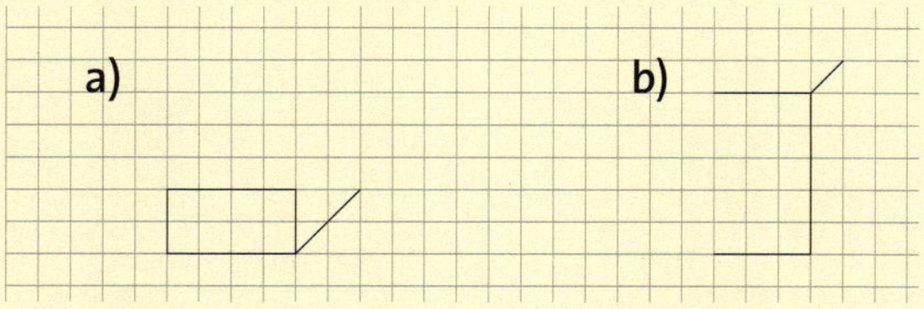

2 Würfelnetz zeichnen
Zeichne zwei verschiedene Netze eines Würfels mit der Kantenlänge $a = 3\,\text{cm}$.

3 Volumen und Oberflächeninhalt
Zeichne das Schrägbild eines Würfels mit einer Kantenlänge von 5 cm.
Berechne das Volumen des Würfels.
Berechne seinen Oberflächeninhalt.

4 Einheiten umrechnen
Rechne in die in Klammern gegebene Einheit um.

a) 4 cm (mm) b) 2500 m (km)
c) $4\,\text{cm}^2$ (mm^2) d) $300\,\text{m}^2$ (dm^2)
e) $4\,\text{cm}^3$ (mm^3) f) $9000\,\text{m}^3$ (dm^3)

Aufstieg

1 Schrägbild vervollständigen
Übertrage ins Heft und vervollständige zum Schrägbild eines Quaders.

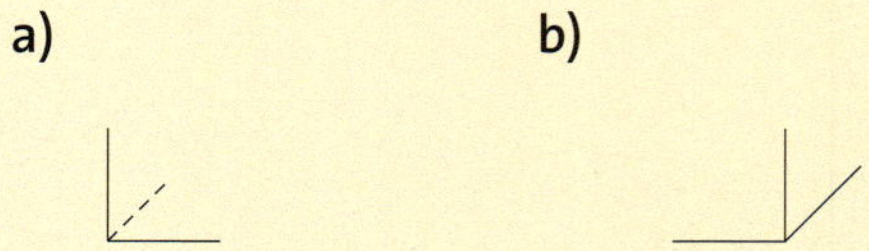

2 Quadernetz zeichnen
Zeichne verschiedene Netze eines Quaders mit $a = 3\,\text{cm}$, $b = 2\,\text{cm}$ und $c = 1{,}5\,\text{cm}$.

3 Volumen und Oberflächeninhalt
Zeichne das Schrägbild eines Quaders mit den Kantenlängen 4,2 cm, 2,3 cm, 70 mm.
Berechne das Volumen und den Oberflächeninhalt des Quaders.

4 Einheiten umrechnen
Rechne in die in Klammern gegebene Einheit um.

a) 4,3 cm (dm) b) 67 mm (cm)
c) $51\,\text{cm}^2$ (dm^2) d) $382\,\text{cm}^2$ (m^2)
e) 3,81 l (cm^3) f) $56\,\text{mm}^3$ (cm^3)

ERINNERE DICH
Zeichnen eines Schrägbildes:
- *Vorderseite zeichnen*
- *nach hinten verlaufende Kanten z. B. mit halber Länge und α = 45° antragen*
- *verdeckte Kanten stricheln*

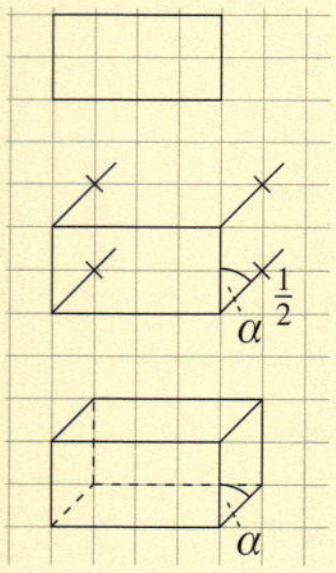

5 Umfänge und Flächeninhalte verschiedener Figuren
Bestimme die Umfänge und Flächeninhalte der folgenden Flächen.
Miss die notwendigen Maße der Figuren in der Zeichnung nach.

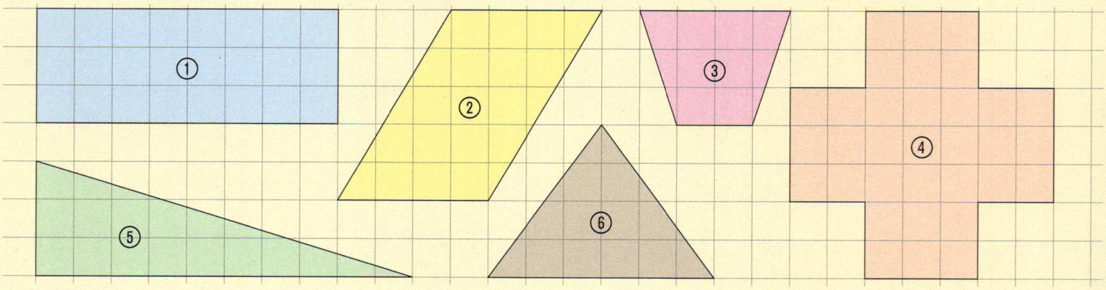

6 Kurz und knapp
a) Nenne Eigenschaften von Schrägbildern.
b) Nenne die Eigenschaften eines Parallelogramms.
c) Ist 0,24 : 0,6 = 24 : 6? Begründe.
d) Nenne zwei Formeln zur Berechnung des Flächeninhalts eines Trapezes.
e) Gib die Flächengrößen Hektar und Ar in m^2 und km^2 an.

Prismen erkennen und zeichnen

Erforschen und Entdecken

1 Betrachtet die folgenden Verpackungen.

a) Nennt Gemeinsamkeiten und Unterschiede der Verpackungen.
b) Saskia behauptet, dass die Verpackungen hauptsächlich aus Rechtecken bestehen. Kann das sein? Begründet und diskutiert darüber.
c) Nennt weitere Dinge aus eurer Umgebung (z. B. andere Verpackungen, Möbel und Gebäude), die eine ähnliche Form besitzen.

ZUM WEITERARBEITEN
Überlege, warum die Hersteller solche Formen als Verpackungen verwendet haben.

2 Welcher Körper passt nicht in die Reihe? Begründet eure Auswahl.

a)

b)

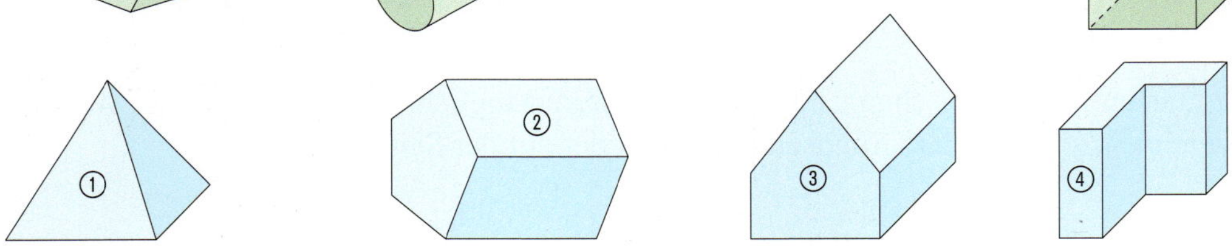

3 Mika möchte eine Dreiecksäule mit einem gleichseitigen Dreieck zeichnen. Er zeichnet die Säule in drei Perspektiven.

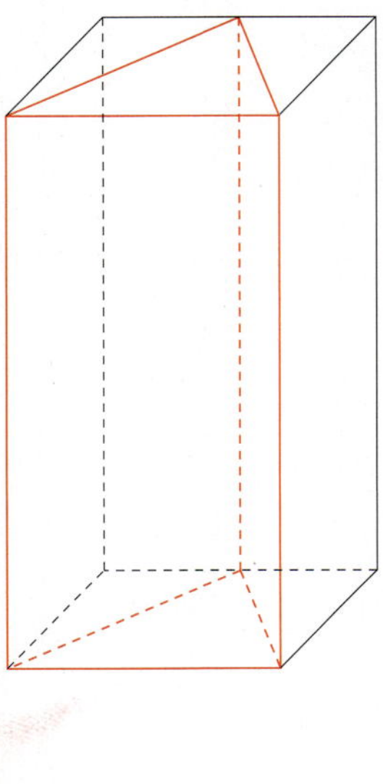

a) Erkläre jeweils, wie er vorgegangen sein könnte und zeichne die Säulen nach.
b) Worin unterscheiden sich die Zeichnungen?
c) Welche Kantenlängen haben die gezeichneten Körper in der Wirklichkeit?
d) Welche Vorgehensweise findest du am einfachsten?

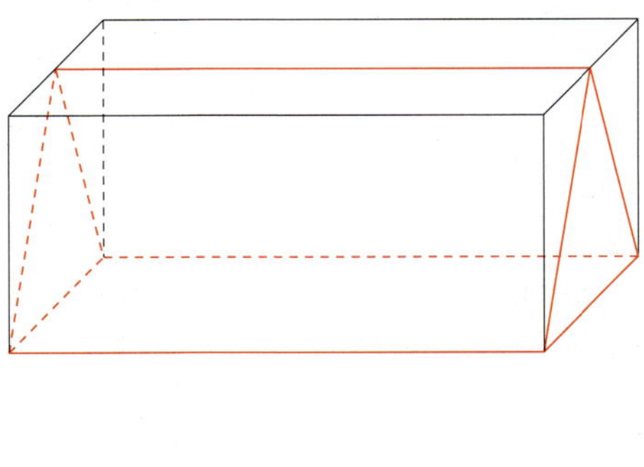

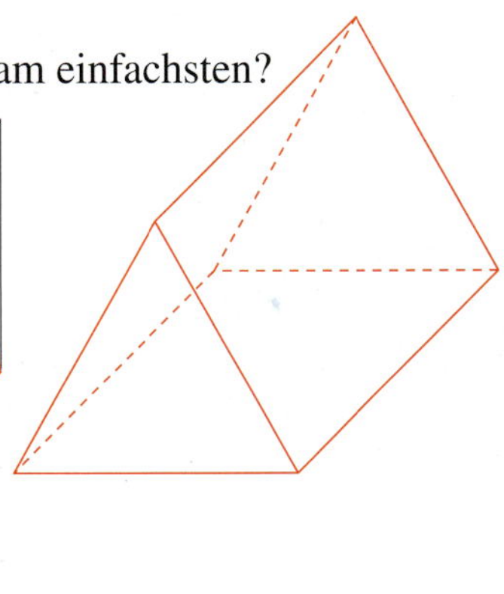

TIPP
Um die Höhe des gleichseitigen Dreiecks zu ermitteln, kann man zunächst ein gleichseitiges Dreieck zeichnen und dann die Höhe messen.

Lesen und Verstehen

Die meisten Verpackungen sind quaderförmig. Um nicht so gewöhnlich auszusehen und schnell wiedererkannt zu werden, sollen die Verpackungen oft eine besondere Form erhalten. Hierzu werden manchmal Prismen mit verschiedenen Grundflächen verwendet.

BEACHTE
Stehen die Seitenflächen nicht senkrecht auf der Grund- und Deckfläche, so spricht man von einem „schiefen Prisma".

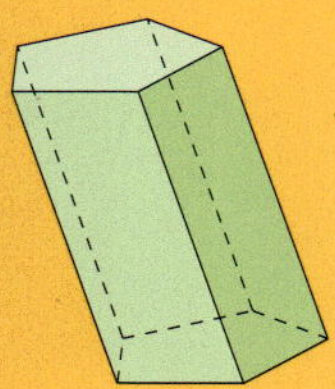

Ein **Prisma** ist ein geometrischer Körper, der von ebenen Flächen begrenzt wird.

Grund- und **Deckfläche** sind deckungsgleiche Vielecke, die zueinander parallel sind.

Die **Seitenflächen** sind Rechtecke, die senkrecht auf der Grund- und der Deckfläche stehen.

Der Abstand zwischen Grundfläche G und Deckfläche heißt **Körperhöhe h**.

Die Seitenflächen bilden den **Mantel** M des Prismas.

BEISPIEL 1 *Schrägbild:*

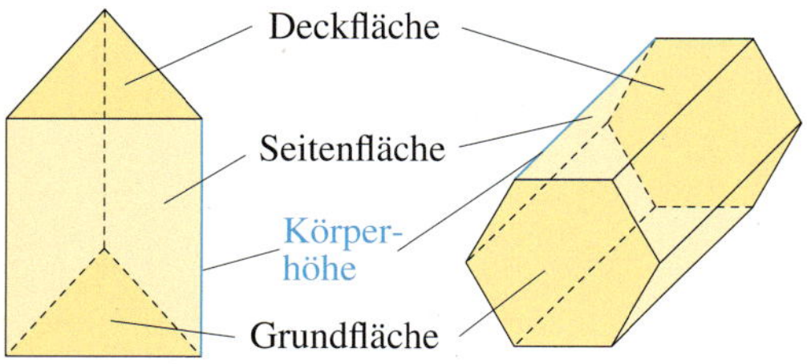

Körpernetz:

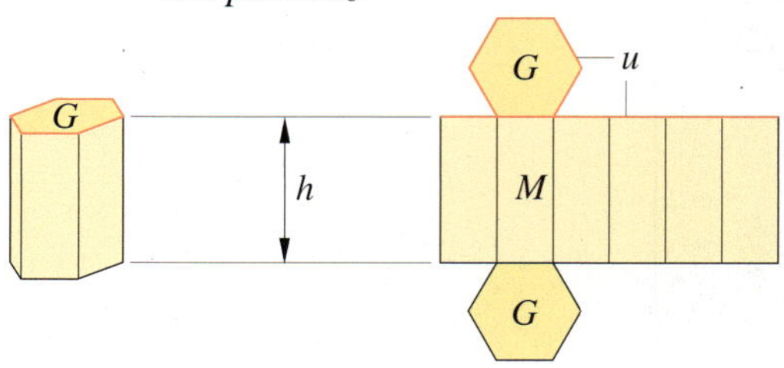

Wie man an Beispiel 1 sehen kann, gibt es mehrere Möglichkeiten, Schrägbilder von Prismen zu zeichnen, z. B. auf der Grundseite stehend oder auf der Seite liegend.

ERINNERE DICH
Bei einem Schrägbild werden die nach hinten verlaufenden Kanten im Winkel von 45° angetragen. Die Länge dieser Kanten wird halbiert.

BEISPIEL 2

Jedes Prisma kann von einem Quader eingeschlossen werden.
Den Quader zeichnet man im Schrägbild.
Anschließend zeichnet man in den Quader das Prisma ein.

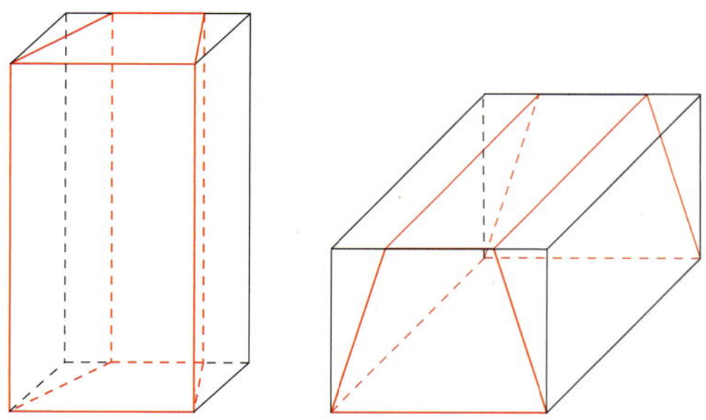

BEISPIEL 3

Man kann ein Prisma auch zeichnen, wie wir es vom Quader schon kennen:
Zuerst mit der Vorderansicht (Grundfläche) beginnen.
Die Höhe wird dann von den Eckpunkten in einem Winkel von 45° und in halber Länge abgetragen.

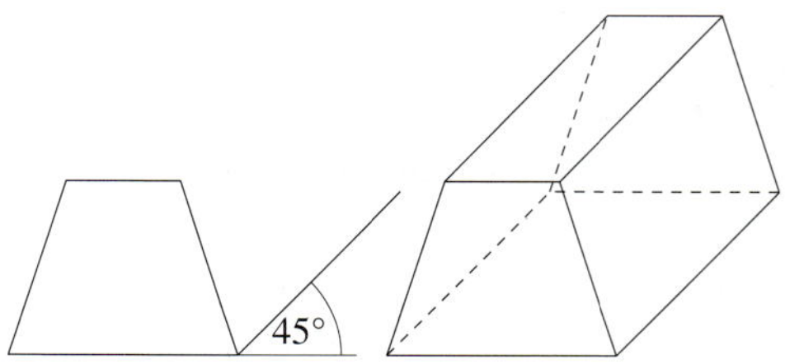

Basisübungen

1 Welche der Körper sind Prismen?
Stehen sie auf der Grundfläche oder liegen sie auf einer Seitenfläche? Begründe.

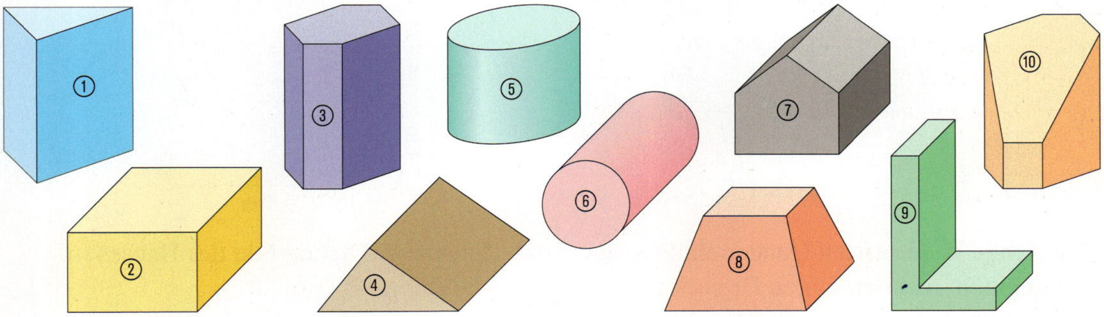

2 Handelt es sich bei dem Schuttcontainer bzw. den Goldbarren um Prismen?
Begründe deine Meinung.

3 In dieser Abbildung eines Prismas mit dreieckiger Grundfläche sind die Ecken rot und die Kanten grün gefärbt.

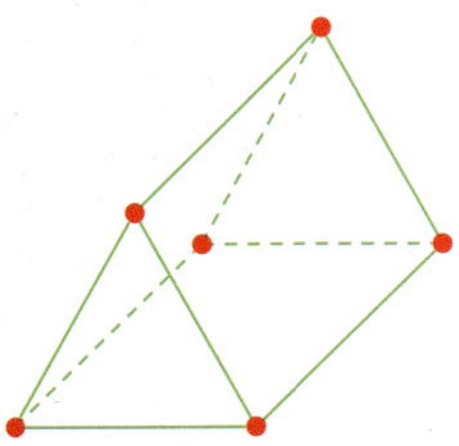

a) Wie viele Ecken, Kanten und Flächen hat das Prisma mit dreieckiger Grundfläche?
b) Wie viele Ecken, Kanten und Flächen hat ein Prisma mit fünfeckiger Grundfläche?

2 Wenn man aufmerksam durch Wohngebiete geht, kann man sehr unterschiedliche Hausformen entdecken.
Die verschiedenen Dachformen haben sogar eigene Namen.

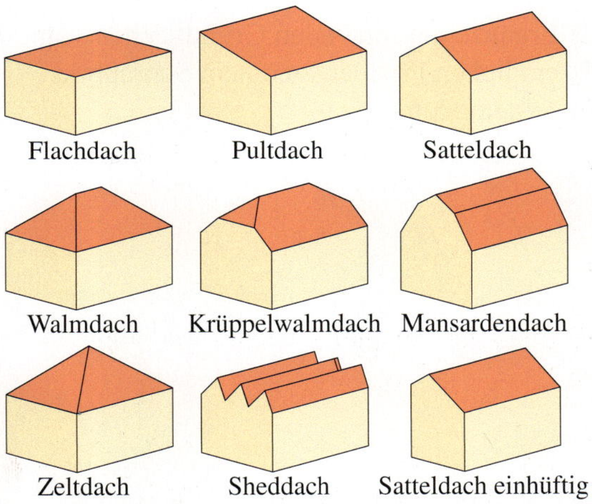

Mit welchen Dachformen handelt es sich bei den Häusern um Prismen?
Begründe deine Meinung.

3 Wie verhält sich die Anzahl der Ecken, Kanten und Flächen bei Prismen?
Ergänze die folgende Tabelle im Heft.

Grundfläche des Prismas	Anzahl am Prisma		
	Ecken (E)	Kanten (K)	Flächen (F)
Dreieck	6		
Viereck		12	
Fünfeck			7
Sechseck			
Siebeneck			
Achteck			

NACHGEDACHT
Bei welchen Verpackungen auf dem Foto von Seite 153 handelt es sich um Prismen?
Gib auch die Form ihrer Grundfläche an.

4 Übertrage das folgende Schrägbild eines Quaders dreimal in dein Heft.

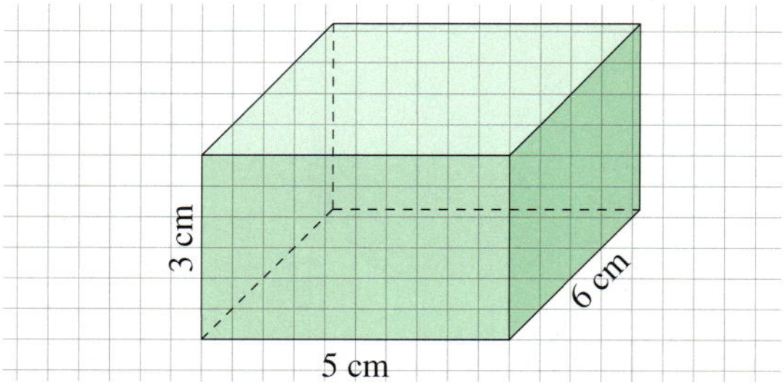

a) Zeichne in den ersten Quader ein Prisma mit einem rechtwinkligen Dreieck als Grundfläche.
b) Zeichne in den zweiten Quader ein Prisma mit einem gleichschenkligen Dreieck als Grundfläche.
c) Zeichne in den dritten Quader ein Prisma mit einem Trapez als Grundfläche.

ZUM KNOBELN
Hier stimmt was nicht! Was ist es? Kannst du selbst so einen unwirklichen Körper zeichnen?

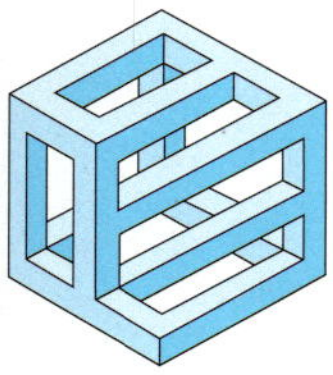

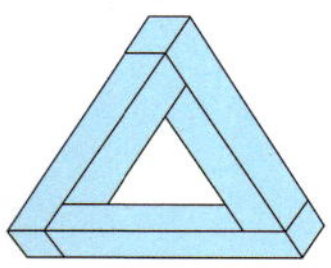

5 Ergänze die folgenden Grundflächen von 10 cm hohen Prismen zu einem Schrägbild in deinem Heft.

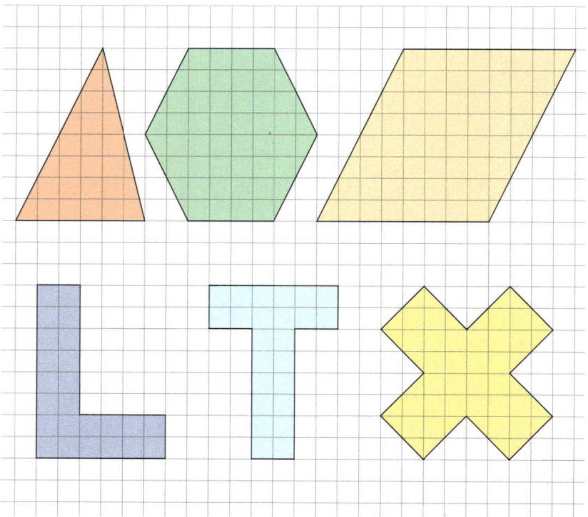

6 Die Firma „Elektro-Trapp" möchte ihr Logo „ET" für einen Messeauftritt aus einem Styroporblock mit den Abmessungen 90 cm × 120 cm × 60 cm ausschneiden.
a) Zeichne ein Schrägbild des Styroporblocks im Maßstab 1 : 10.
b) Zeichne in das Quaderschrägbild das Logo der Firma „Elektro-Trapp". Vergleiche in der Klasse untereinander eure Lösungen. Welchen Vorschlag haltet ihr für besonders gut geeignet?

ERINNERE DICH
Maßstab 1:10 bedeutet: 1 cm im Bild sind 10 cm im Original.

4 Dieses Haus ist 11 m lang.

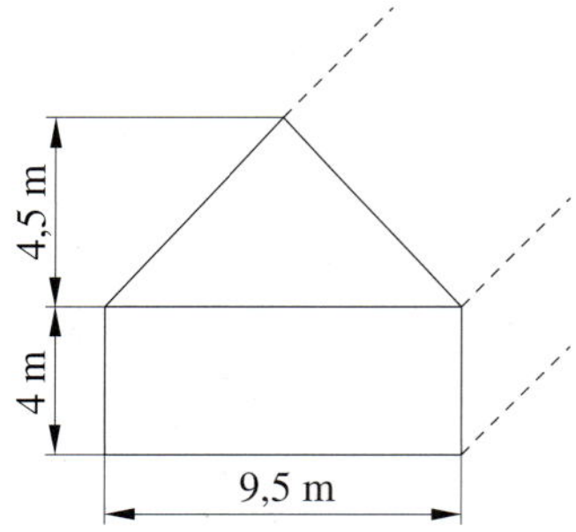

a) Zeichne ein Schrägbild des Hauses im Maßstab 1 : 100.
b) Ergänze in deiner Zeichnung Fenster und Türen.
Denke an eine ausreichende Höhe und Breite von Fenstern und Türen.

5 Sind die folgenden Aussagen wahr?
a) Jedes Prisma hat mindestens drei Rechtecke als Seitenflächen.
b) In einem Prisma sind Deck- und Seitenflächen parallel.
c) In einem Prisma steht die Grundfläche senkrecht auf allen Seitenflächen.
d) Es gibt kein Prisma mit 10 Ecken.
e) Ein Prisma besitzt immer mehr Ecken als Kanten.
f) Bei einem Quader kann man nicht genau sagen, ob er auf der Grund- oder Seitenfläche steht.
g) Es gibt kein Prisma, das doppelt so viele Ecken wie Flächen besitzt.

6 Die abgebildeten Körper stehen auf einer Rechteckfläche.

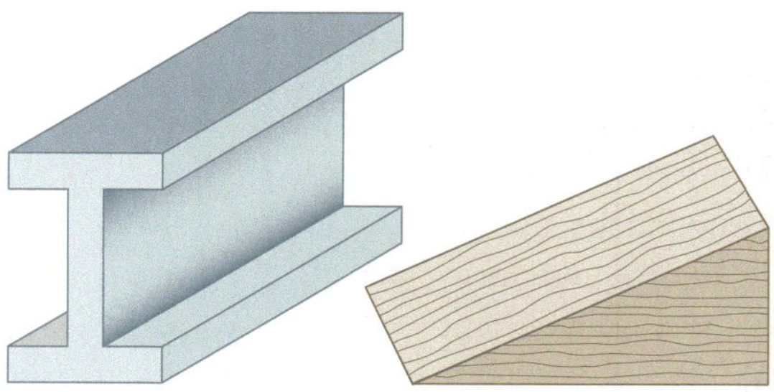

a) Begründe, dass auch diese Körper Prismen sind.
Welche Fläche ist die Grundfläche?
b) Zeichne Schrägbilder der Körper, wenn diese auf der Grundfläche stehen.

Zweitafelbilder

Erforschen und Entdecken

1 Manche Bilder sind aus so ungewöhnlicher Perspektive gezeichnet, dass man nicht sofort erkennt, was hier dargestellt werden sollte.
Schaut euch die folgenden Bilder an und überlegt gemeinsam, was auf ihnen zu sehen ist.
Tipp: Das erste Bild heißt „Mexikaner auf dem Fahrrad“.

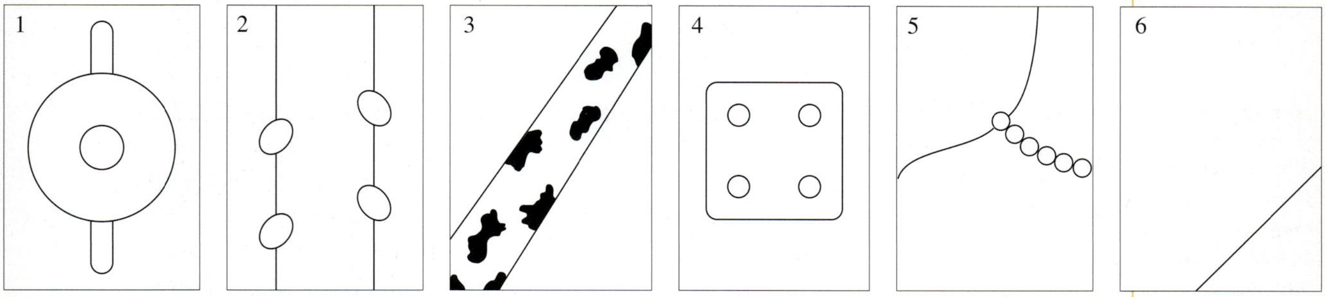

2 Die Figuren ①, ② und ③ am Rand könnten die unten abgebildeten Körper 1 bis 10 von oben gesehen sein.

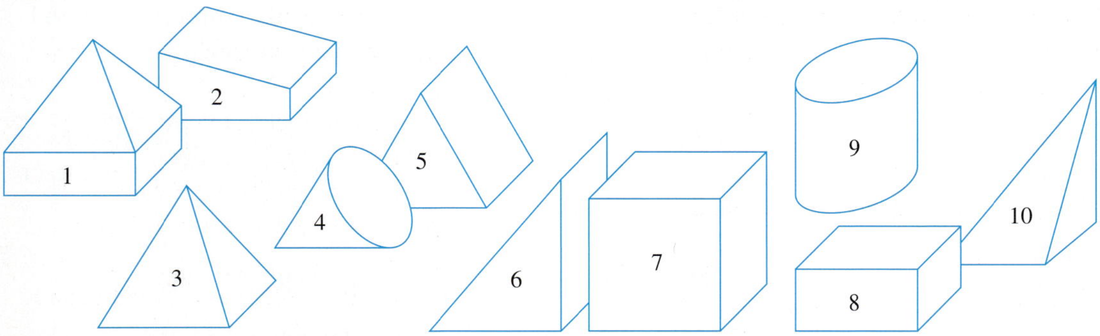

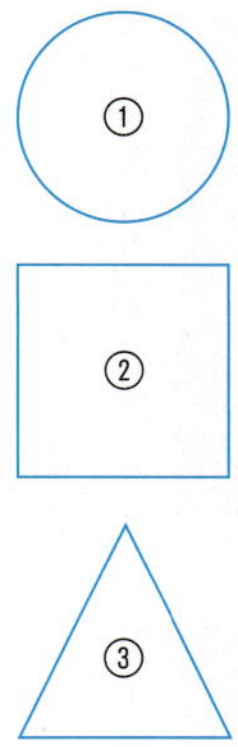

a) Welcher der Körper 1 bis 10 passt zu welcher Figur am Rand?
Bedenke die verschiedenen Lagemöglichkeiten der Körper.

b) Kennst du weitere Körper, die von oben gesehen mit einer, zwei oder sogar drei der Figuren ①, ② und ③ übereinstimmen? Beschreibe oder skizziere diese Körper.

3 Im folgenden Bild siehst du zwei Prismen. Zeichne das Bild, welches du sehen würdest, wenn du das dreiseitige Prisma (das vierseitige Prisma) genau von oben bzw. genau von vorn betrachtest.

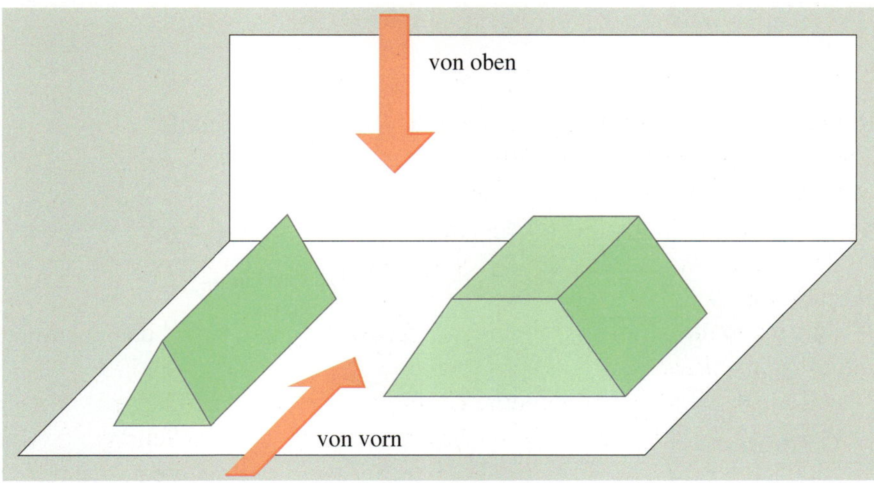

Lesen und Verstehen

HINWEIS
„Projizieren" kommt von dem Begriff „Projektion" und bedeutet soviel wie abbilden oder ein Bild auf eine Leinwand werfen.

Projiziert man einen Körper mit parallelem Licht senkrecht auf eine Bildebene, so hat jeder Punkt P des Körpers einen Bildpunkt P'.
Das folgende Bild zeigt ein Prisma, seine Draufsicht und seine Vorderansicht mit den Bezeichnungen für die Eckpunkte und deren Bildpunkte.

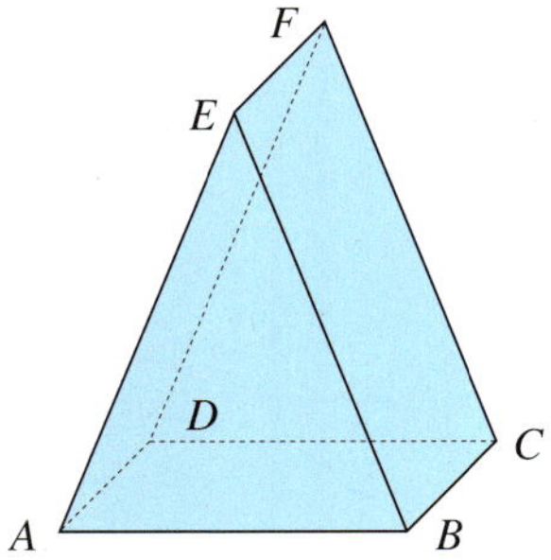

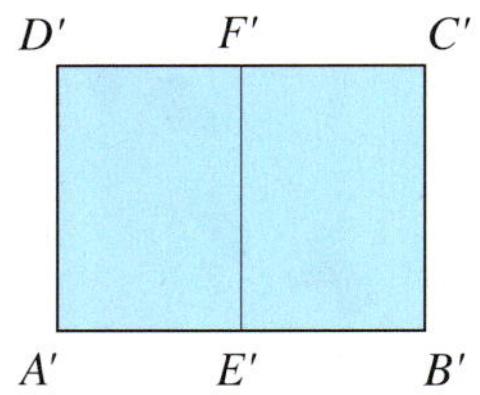

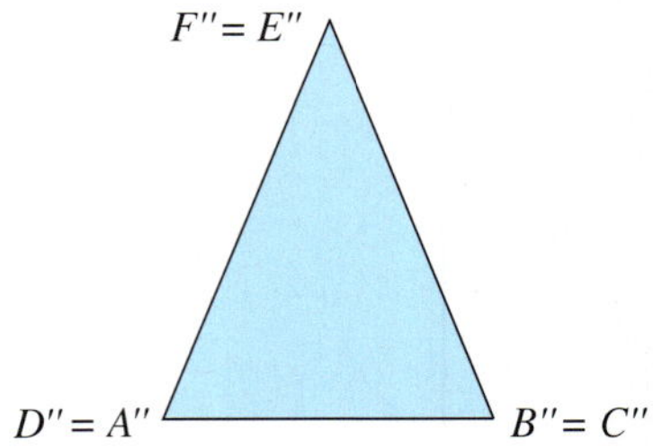

Betrachtet man einen Körper genau von oben, so entsteht die **Draufsicht**.
Betrachtet man den Körper genau von vorn, so entsteht die **Vorderansicht**.

Für die Herstellung von Gegenständen fertigt man oft Zeichnungen an, die Vorderansicht und Draufsicht des Gegenstandes in einer Zeichnung **(Zweitafelbild)** zusammenfassen.

Das **Zweitafelbild** besteht aus senkrechten Projektionen auf zwei zueinander senkrecht stehenden Ebenen: Die horizontale Bildebene wird **Grundrissebene** genannt, die zu dieser Ebene senkrechte Bildebene heißt **Aufrissebene**.

Dementsprechend nennt man die Draufsicht eines Körpers auch **Grundriss** und die Vorderansicht **Aufriss**.

Das Herunterklappen der Grundrissebene liefert das Zweitafelbild.
Die Faltlinie zwischen Grund- und Aufrissebene wird als **Rissachse** bezeichnet.

Grund- und Aufriss eines Punktes liegen auf einer Geraden, die senkrecht zur Rissachse verläuft. Diese heißt **Ordnungslinie**.

HINWEIS
Sind nicht alle benötigten Maße der Grundfläche gegeben, dann zeichne die Fläche und entnimm die Maße deiner Zeichnung.

BEISPIEL

Räumliche Darstellung:

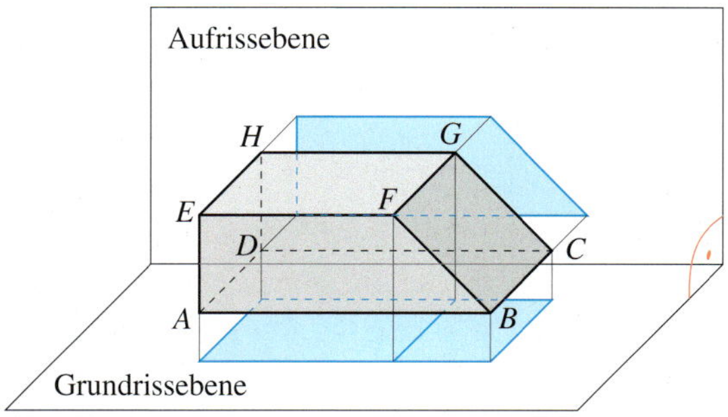

Zweitafelbild:

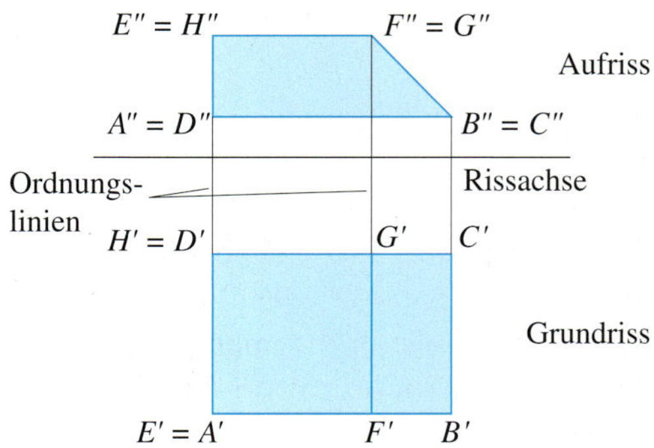

Basisübungen

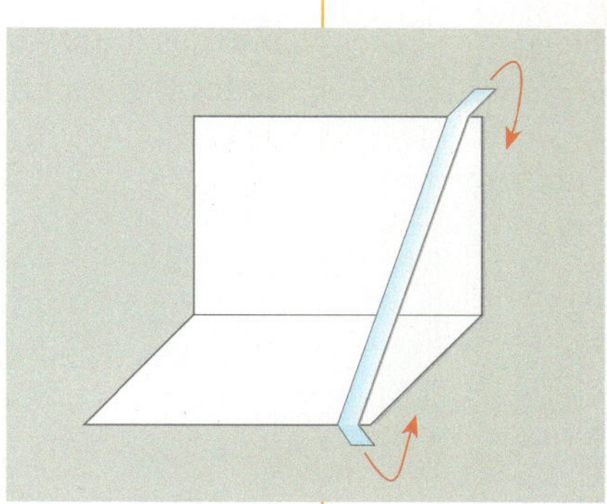

1 Falte ein weißes Stück Pappe zur Hälfte und fertige dir so eine „Klapptafel“ an (siehe Bild in der Randspalte).
Gib ihr durch einen Pappstreifen Standfestigkeit.

a) Wähle einen kleinen Körper (z. B. einen Radiergummi) und stelle ihn auf die Grundrisstafel.
Zeichne den Grundriss des Körpers (wenn möglich durch „Umfahren“ des Körpers).
Zeichne dann den Aufriss des Körpers auf die Aufrissebene.

b) Benenne die Eckpunkte im Grundriss mit A', B', … .
Benenne die Eckpunkte im Aufriss mit A'', B'', …

c) Verbinde einander entsprechende Punkte aus Grundriss und Aufriss durch gerade Linien.
Welche Lage haben diese „Ordnungslinien“ gegenüber der Rissachse?

2 Im folgenden Bild sind vier Körper im Schrägbild und zwei Grundrisse dargestellt.

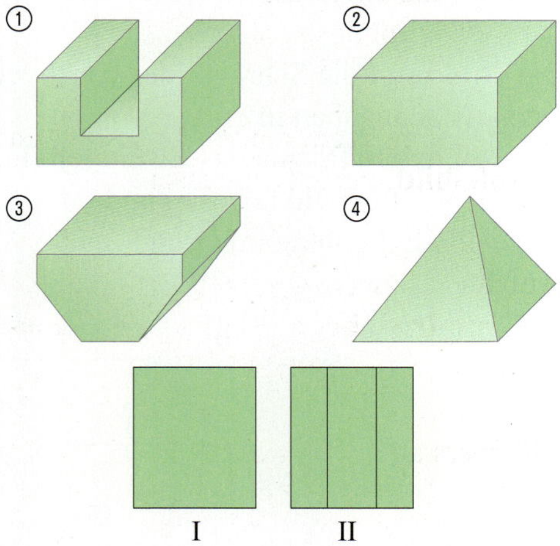

a) Welcher Körper könnte zu welchem Grundriss gehören?

b) Skizziere den Aufriss der Körper.

c) Skizziere den Grundriss der Körper.

2 Im folgenden Bild sind vier Körper im Schrägbild und zwei Grundrisse dargestellt.

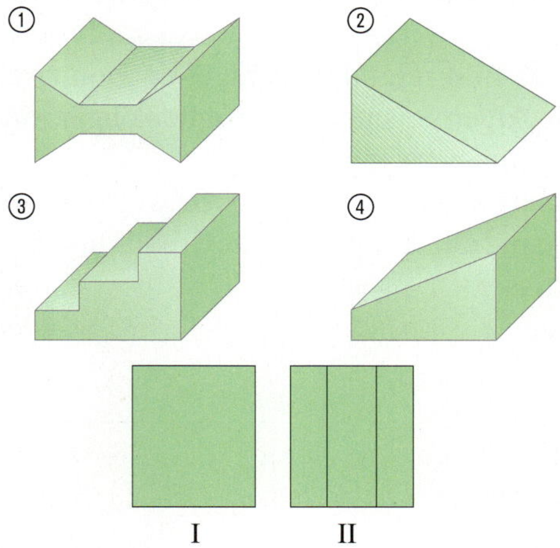

a) Ordne richtig zu.

b) Begründe, warum du aus dem Grundriss allein den Körper nicht eindeutig bestimmen kannst.

3 Im folgenden Bild sind verschiedene Körper im Grundriss dargestellt.

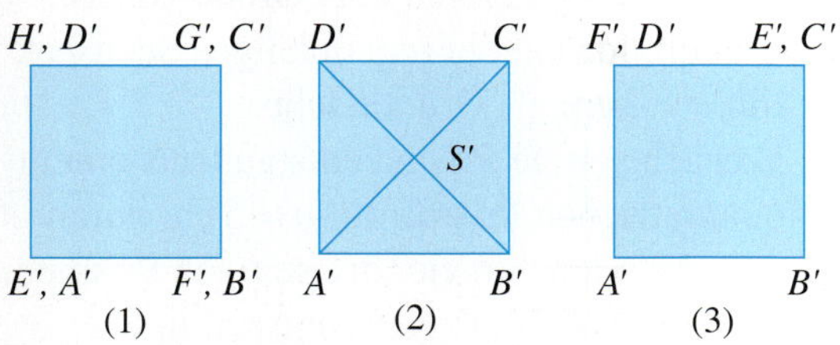

a) Bei welchem Grundriss (1) bis (3) handelt es sich um Prismen?

b) Skizziere von diesen Prismen jeweils den Aufriss. Die Eckpunkte A und B liegen dabei stets vorn.

3 Im folgenden Bild sind verschiedene Körper im Grundriss dargestellt.

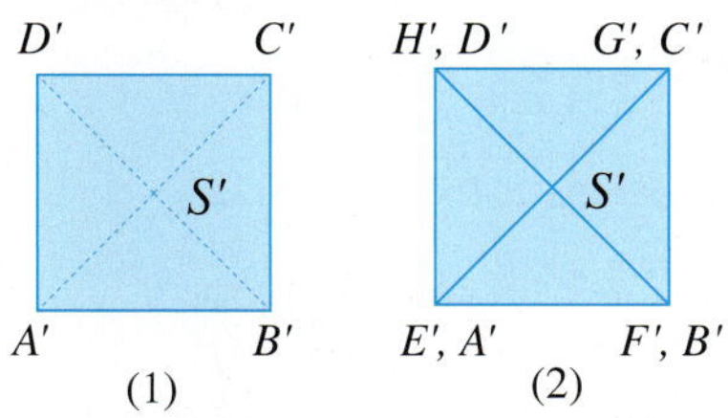

a) Im Grundriss (1) wurden unsichtbare Kanten gestrichelt eingezeichnet.
Um welchen Körper kann es sich dabei handeln?

b) Zu welchem Körper gehört Grundriss (2)?

Grundrisse zu Aufgabe 4

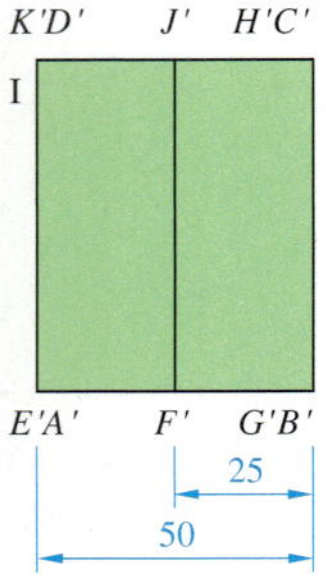

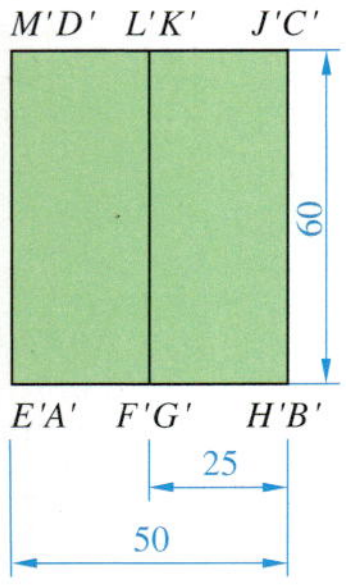

4 Das folgende Bild zeigt drei Prismen im Aufriss. (alle Maße in mm)
Jedes Prisma ist 60 mm hoch.

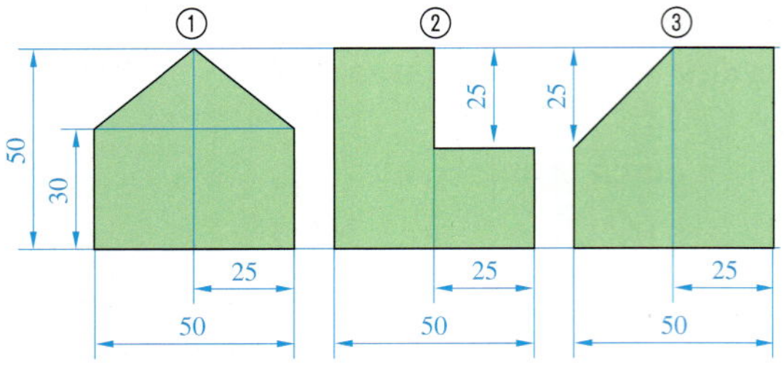

a) Übertrage jeweils den Aufriss mit passendem Grundriss (Randspalte) ins Heft.
b) Skizziere das Prisma jeweils im Schrägbild.
c) Benenne im Schrägbild, im Aufriss und im Grundriss alle Eckpunkte.

5 Das Bild zeigt die Schrägbilder von zwei dreieckigen Prismen. Die Kantenlängen sind in Zentimetern angegeben.
Zeichne zu jedem Prisma das Zweitafelbild. Benenne alle Eckpunkte im Grund- und im Aufriss.

a)

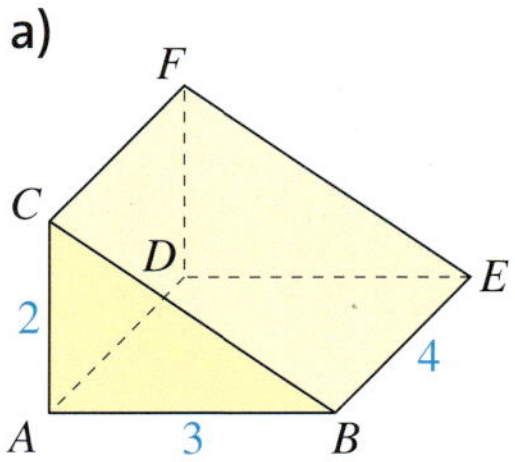

b)

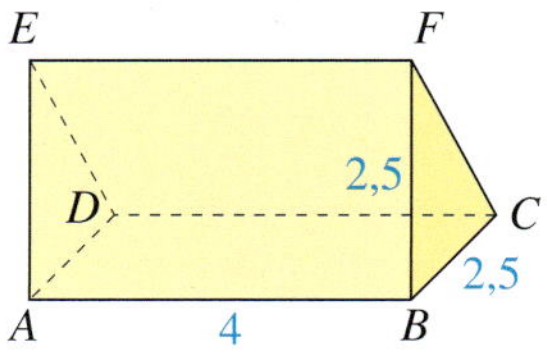

6 Zeichne die folgenden Prismen im Zweitafelbild.

a)

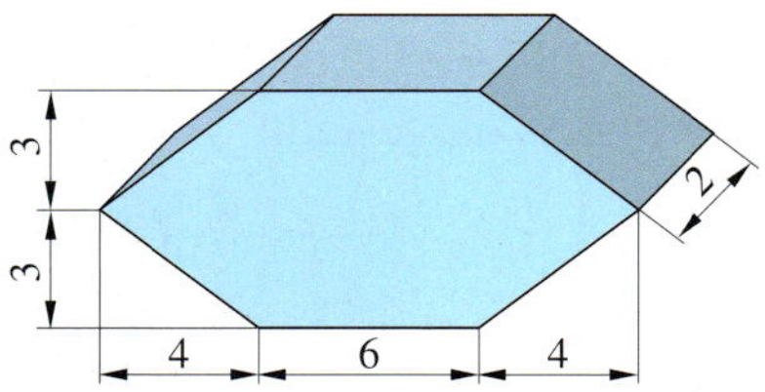

b)

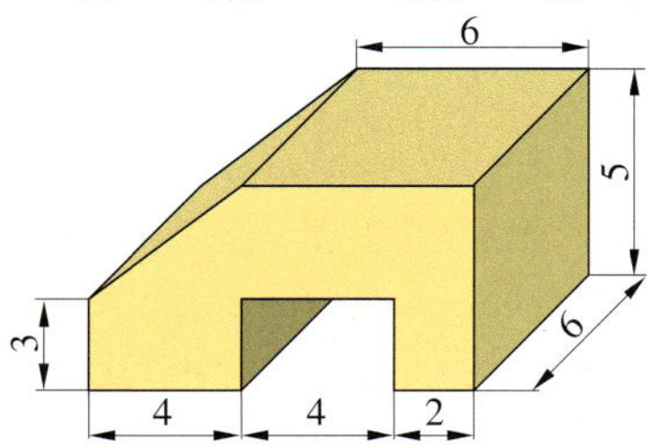

4 Das folgende Bild zeigt drei Prismen im Aufriss. (alle Maße in mm)
Jedes Prisma ist 80 mm hoch.

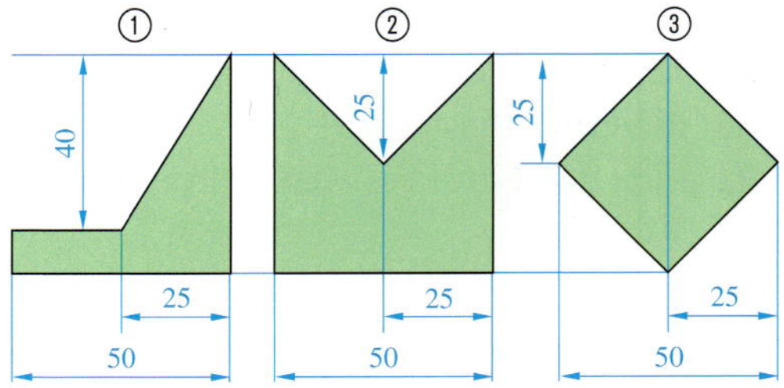

a) Übertrage jeweils den Aufriss und einen passenden Grundriss ins Heft.
b) Skizziere das Prisma jeweils im Schrägbild.
c) Benenne im Schrägbild, im Aufriss und im Grundriss alle Eckpunkte.

5 Das Bild zeigt die Schrägbilder von zwei Prismen (Maßangaben in cm).
Zeichne zu jedem Prisma das Zweitafelbild. Bezeichne die Eckpunkte bei b) und benenne alle Eckpunkte im Grund- und im Aufriss.

a)

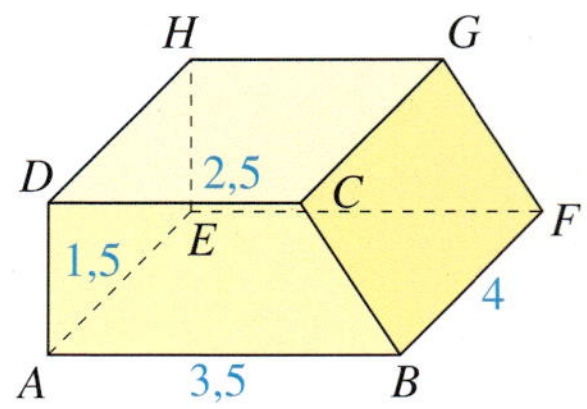

b)

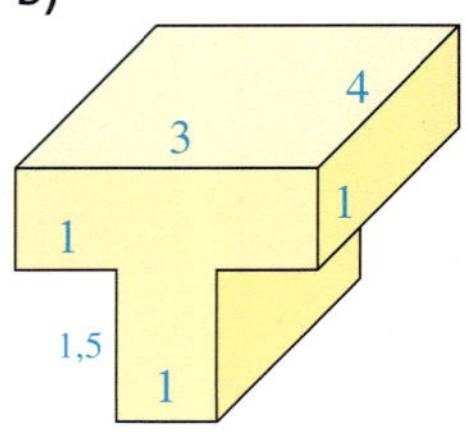

6 Zeichne die Zweitafelbilder folgender Prismen, die alle 4 cm hoch sind.
a) Die Grundfläche ist ein Parallelogramm mit $a = 4\,\text{cm}$, $b = 3\,\text{cm}$. Der Winkel zwischen a und b hat eine Größe von 70°.
b) Das Prisma hat ein regelmäßiges Sechseck mit $a = 3\,\text{cm}$ als Grundfläche.
c) Das achtseitige Prisma entstand aus einem quadratischen Prisma mit $a = 5\,\text{cm}$ durch Abschneiden von vier dreiseitigen Prismen, deren Grundfläche ein rechtwinkliges gleichschenkliges Dreieck mit der Schenkellänge von 1 cm ist.
d) Wähle als Grundfläche einen großen Buchstaben, z. B. das L, mit einer Balkenbreite von 1 cm.

Oberflächeninhalt von Prismen

Erforschen und Entdecken

1 Im Schrägbild eines 2 cm breiten, 3 cm tiefen und 6 cm hohen Quaders wurde ein Prisma mit einem rechtwinkligen Dreieck als Grundfläche eingezeichnet (siehe Randspalte). Sophia ist der Meinung, dass der Oberflächeninhalt des Quaders doppelt so groß ist wie der des Prismas. Tom ist anderer Ansicht. Welcher Ansicht bist du?

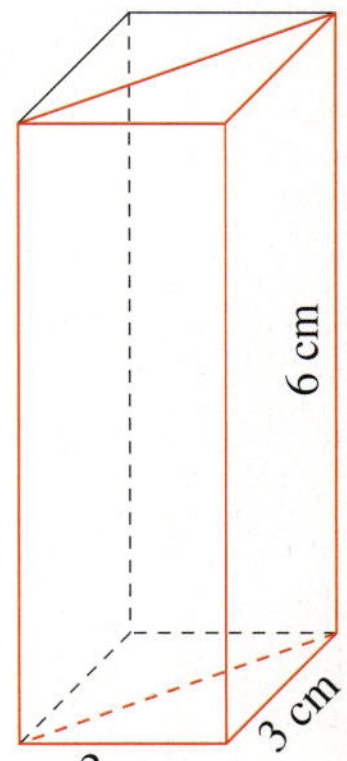

Um den Oberflächeninhalt zu vergleichen, haben Tom und Sophia Netze des Quaders und des Prismas gezeichnet.

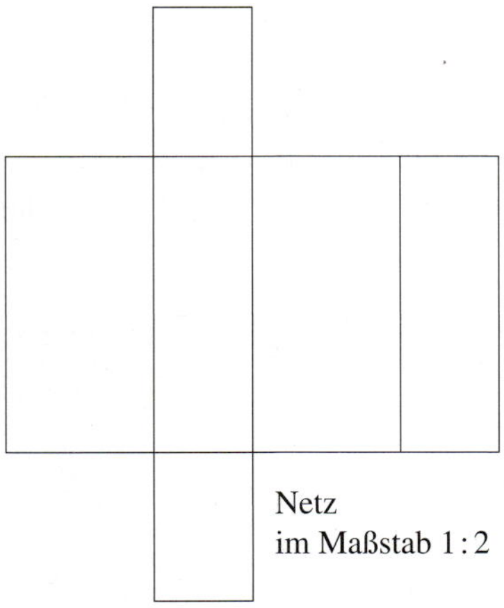

Netz
im Maßstab 1 : 2

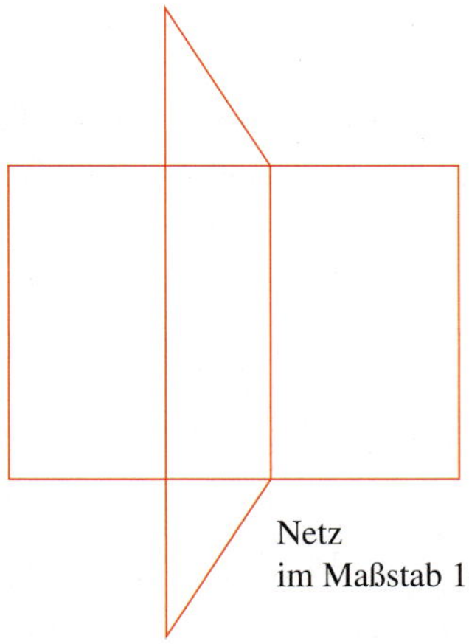

Netz
im Maßstab 1 : 2

a) Welches Netz gehört zum Dreiecksprisma, welches zum Quader? Begründe.
b) Zeichne die Netze mit den gegebenen Längen in dein Heft.
c) Markiere gleich große Flächen im Netz des Quaders und des Dreiecksprismas in den gleichen Farben.
d) Begründe mithilfe des entstandenen Netzes, warum Sophias Meinung falsch ist.
e) Berechne die Flächeninhalte der Dreiecke und Rechtecke in den Netzen.
f) Bestimme den Oberflächeninhalt des Quaders und den des Dreiecksprismas.

2 Dies ist die aufgeschnittene Schachtel einer auf Seite 153 abgebildeten Süßigkeit.

a) Um welche Verpackung handelt es sich? Begründe.
b) Bei welchen Flächen handelt es sich um Klebelaschen? Welche Flächen besitzen die gleichen Abmessungen?
c) Die Verpackung ist im Original 20,8 cm hoch und hat eine Seitenlänge von 3,5 cm.
Zeichne das Netz der Verpackung in einem geeigneten Maßstab in dein Heft. Klebelaschen müssen nicht mitgezeichnet werden.
d) Bestimme den Oberflächeninhalt der Verpackung (ohne Klebelaschen). Vergleicht die Lösungen im Klassenverband.

Lesen und Verstehen

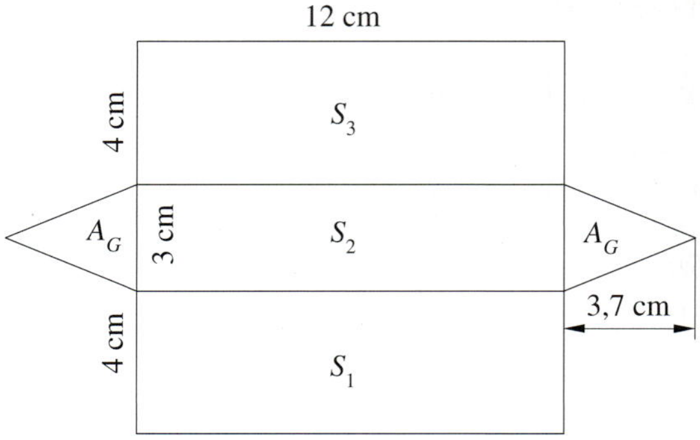

Herr Meyer hat für einen Süßwarenhersteller eine neue Verpackung für Schokolinsen entworfen.
Der Süßwarenhersteller möchte nun wissen, wie viel Pappe für die reine Oberfläche der Verpackung mindestens benötigt wird.

Alle Seitenflächen eines Prismas zusammen bilden den Mantel des Prismas.
Um den Flächeninhalt des Mantels zu berechnen, muss also der Flächeninhalt jeder rechteckigen Seitenfläche berechnet und anschließend summiert werden.
Die Anzahl der Seitenflächen ist abhängig von der geometrischen Form der Grundfläche.

> Der **Mantelflächeninhalt** A_M eines Prismas lässt sich nach folgender Formel berechnen:
>
> $A_M = S_1 + S_2 + \ldots + S_n$
>
> Der Mantel eines Prismas ist immer ein aus den Seitenflächen zusammengesetztes Rechteck. Eine Seitenlänge dieses Rechtecks ist der Umfang der Grundfläche, die andere die Höhe des Prismas. Es gilt demnach auch: $A_M = u_{A_G} \cdot h$

HINWEIS
Sind nicht alle benötigten Maße der Grundfläche gegeben, dann zeichne die Fläche und entnimm die Maße deiner Zeichnung.

BEISPIEL 1
Gesucht ist der Mantelflächeninhalt der Verpackung oben.

1. Möglichkeit:

Teilflächenberechnung:
$S_1 = 4\,\text{cm} \cdot 12\,\text{cm} = 48\,\text{cm}^2$
$S_2 = 3\,\text{cm} \cdot 12\,\text{cm} = 36\,\text{cm}^2$
$S_3 = S_1 = 48\,\text{cm}^2$

Mantelflächeninhalt:
$A_M = S_1 + S_2 + S_3$
$A_M = 2 \cdot 48\,\text{cm}^2 + 36\,\text{cm}^2$
$A_M = 132\,\text{cm}^2$

2. Möglichkeit:

Umfang der Grundfläche:
$u_{A_G} = 4\,\text{cm} + 3\,\text{cm} + 4\,\text{cm}$
$u_{A_G} = 11\,\text{cm}$

Mantelflächeninhalt:
$A_M = u_{A_G} \cdot h$
$A_M = 11\,\text{cm} \cdot 12\,\text{cm}$
$A_M = 132\,\text{cm}^2$ ■

Für die Berechnung des Oberflächeninhalts des Prismas muss man zum Mantelflächeninhalt noch den Flächeninhalt der Grund- und der Deckfläche hinzurechnen.

> Die Oberfläche eines Prismas besteht aus dem Mantel sowie der Grund- und der Deckfläche. Der **Oberflächeninhalt** A_O berechnet sich deshalb so:
> $A_O = A_M + 2 \cdot A_G$ bzw. $A_O = S_1 + S_2 + \ldots + S_n + 2 \cdot A_G$

BEISPIEL 2
Gesucht ist der Oberflächeninhalt der Verpackung oben.

Flächeninhalt der Grundfläche: $A_G = \frac{g \cdot h}{2} = \frac{3\,\text{cm} \cdot 3{,}7\,\text{cm}}{2} = 5{,}55\,\text{cm}^2$

Oberflächeninhalt des Prismas: $A_O = A_M + 2 \cdot A_G = 132\,\text{cm}^2 + 2 \cdot 5{,}55\,\text{cm}^2 = 143{,}1\,\text{cm}^2$
Für die Verpackung werden $143{,}1\,\text{cm}^2$ Pappe (plus Klebelaschen) benötigt. ■

Basisübungen

1 Übertrage die Netze von Prismen ins Heft. Kennzeichne die Mantelfläche blau und die Grund- und Deckfläche rot.

a)
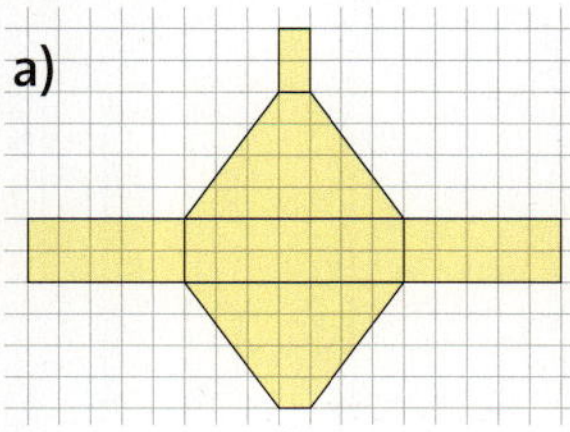

b)
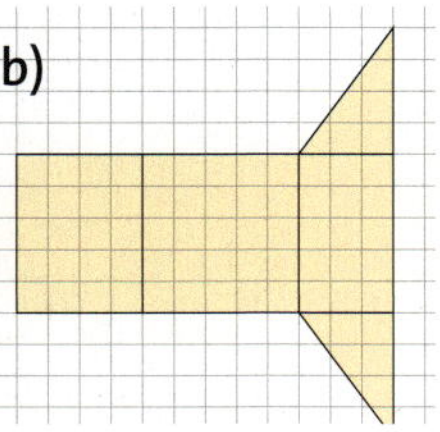

2 Zeichne das Schrägbild eines Prismas, zu dem das folgende Netz gehört:
- auf einer Grundfläche stehend
- auf einer Seitenfläche stehend.

Entnimm die Maße (in cm) der Zeichnung. Wie groß ist der Mantelflächeninhalt?

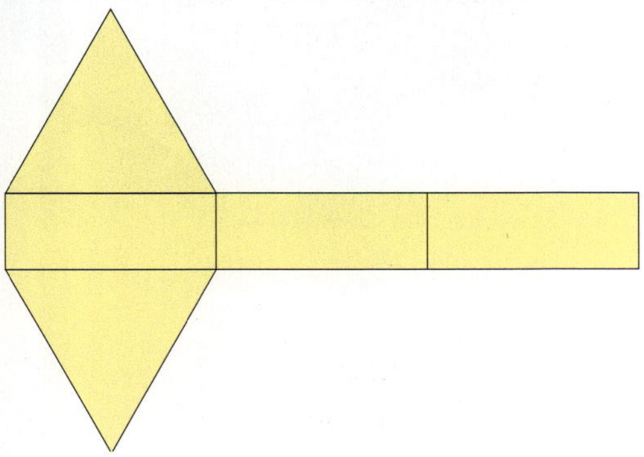

3 Berechne den Umfang der Grundfläche und den Mantelflächeninhalt (Maße in cm).

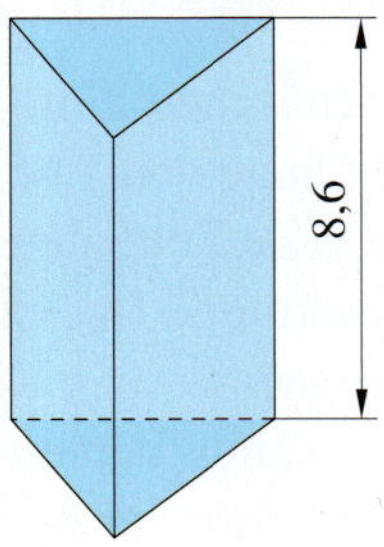

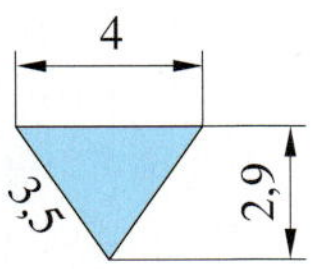

Grundfläche

4 Zeichne folgende Prismen. Berechne ihren Mantelflächeninhalt.

a) Grundfläche: Dreieck, mit $a = 2{,}8\,\text{cm}$, $b = 3{,}5\,\text{cm}$ und $c = 4{,}5\,\text{cm}$; Höhe: $h = 6\,\text{cm}$

b) Grundfläche: gleichseitiges Dreieck, mit $a = 3{,}8\,\text{cm}$; Höhe: $h = 3{,}5\,\text{cm}$

1 Zeichne je zwei verschiedene Netze der folgenden Prismen mit $h = 3\,\text{cm}$ und der gegebenen Grundfläche.

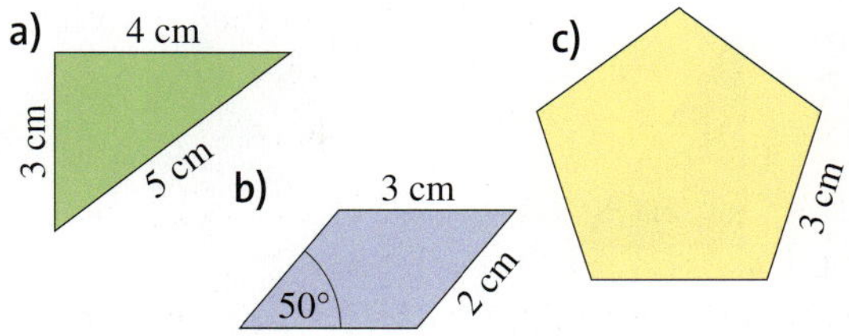

2 Zeichne das Schrägbild eines Prismas, zu dem das folgende Netz gehört:
- auf einer Grundfläche stehend
- auf einer Seitenfläche stehend.

Entnimm die Maße (in cm) der Zeichnung. Wie groß ist der Mantelflächeninhalt?

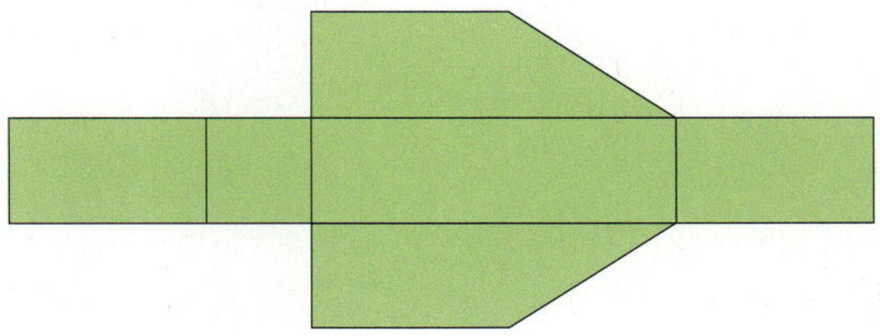

3 Berechne den Oberflächeninhalt und die Gesamtlänge aller Kanten (Maße in cm).

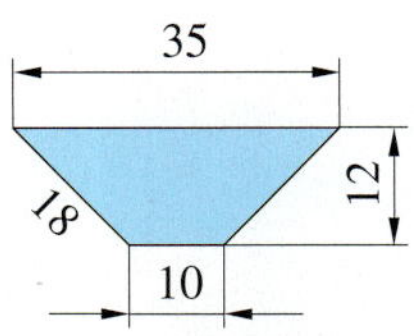

Grundfläche

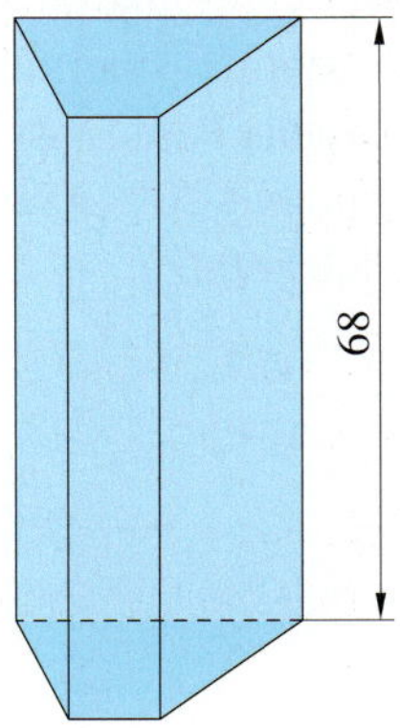

4 Ein 10 cm hohes Prisma besitzt eine dreieckige Grundfläche mit einem Umfang von 15 cm.

a) Zeichne drei Dreiecke, die Grundflächen des Prismas sein könnten.

b) Begründe, warum die Mantelflächen der Prismen gleich groß sein müssen.

c) Ist der Oberflächeninhalt der Prismen ebenfalls gleich groß? Begründe.

ZUM WEITERARBEITEN
Bastle die Häuser aus Aufgabe 2 (orange) auf Seite 155 nach. Zeichne jeweils zuerst ein Netz mit Klebefalzen. Das folgende Beispiel könnte ein Netz zum Flachdach darstellen.

NACHGEDACHT
Welche Würfel können nicht aus dem Körpernetz gebastelt werden?

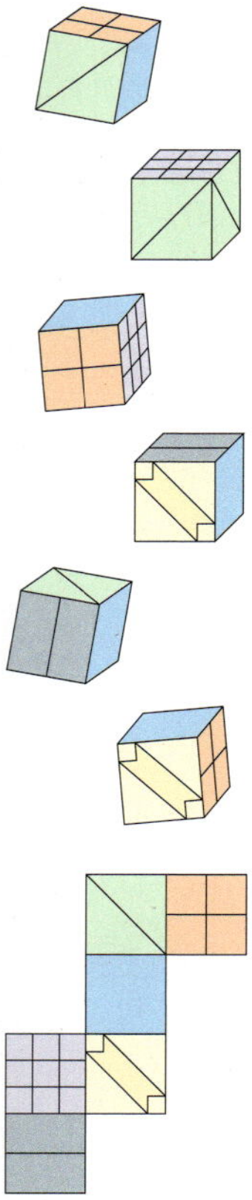

5 Berechne den Oberflächeninhalt von Prismen, die jeweils eine Körperhöhe von 8 cm und folgende Grundfläche haben (Angaben in cm).

a)

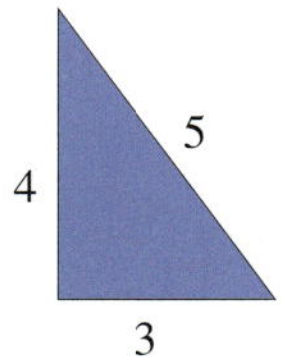

b)

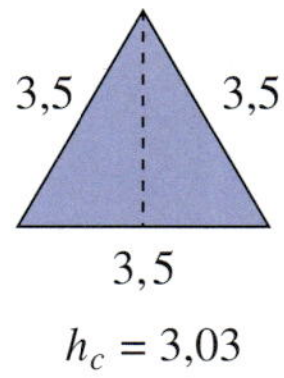

c)

6 Zeichne Netze der Prismen und berechne ihren Oberflächeninhalt (Maße in cm).

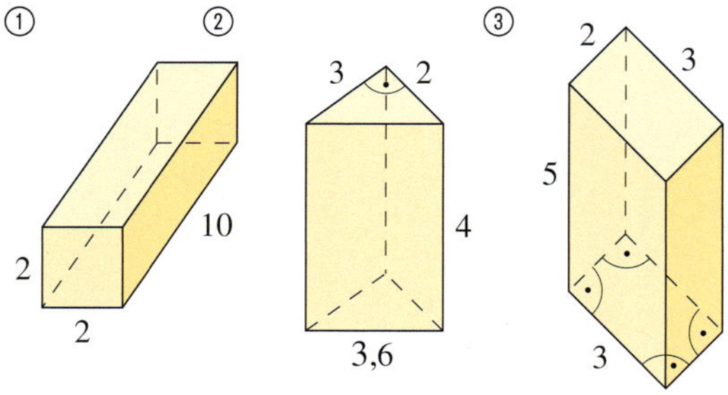

7 Wie viel Quadratzentimeter Klarsichtfolie benötigt man für die Umhüllung eines Päckchens Papiertaschentücher?
Rechne mit 20 % Aufschlag für Verschnitt und Klebefalze.

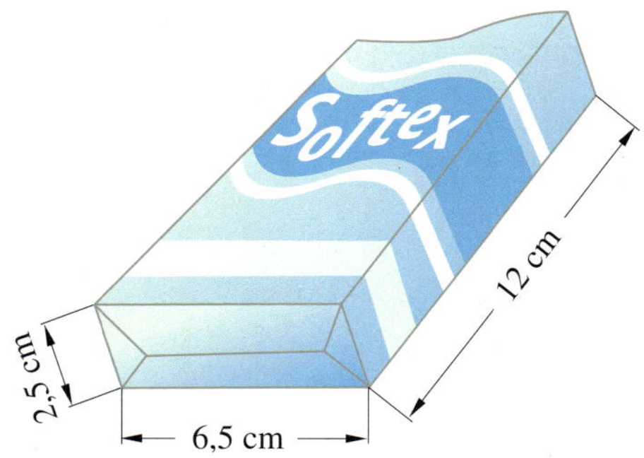

8 Berechne den Oberflächeninhalt dieses Körpers.

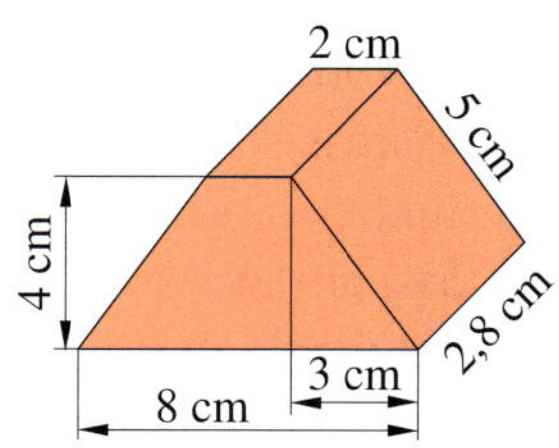

5 Zeichne die Netze der Prismen.
Berechne ihren Oberflächeninhalt und die Gesamtlänge ihrer Kanten (Maße in cm).

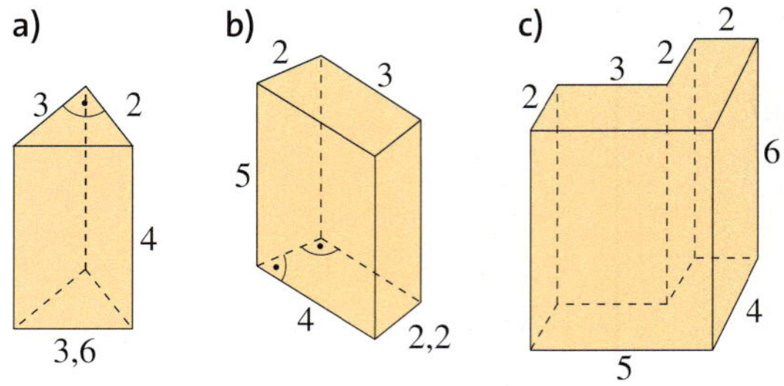

6 Der Gotthard ist eine Zeltart, die von Pfadfindern vor allem zum Lagern in großen Höhen verwendet wird.

Querschnitt
(Maße in cm)

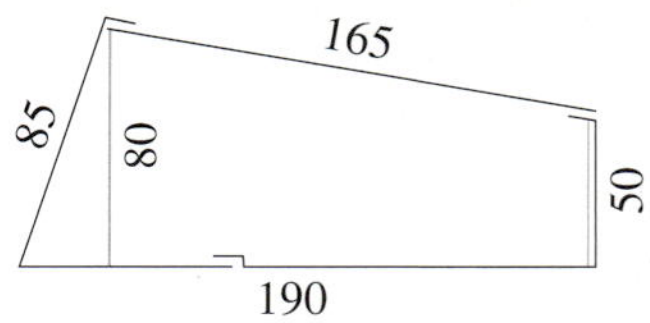

a) Übertrage den Querschnitt maßstäblich in dein Heft.
b) Handelt es sich bei der Zeltform um ein Prisma? Begründe.
c) Das Zelt wird aus quadratischen Zeltbahnen mit einer Seitenlänge von 1,65 m zusammengebaut. Wie viele Zeltbahnen benötigt man, wenn Grund- und Deckfläche nicht verschlossen werden?
d) Erkundige dich, welche Zeltaufbauten es in der Art noch gibt. Sind darunter noch andere Prismen zu finden?

7 Zeichne das Netz eines Prismas mit einem Oberflächeninhalt von 80 cm², wenn …
a) die Grundfläche ein Dreieck ist.
b) die Grundfläche ein Parallelogramm ist.
c) die Grundfläche ein Trapez ist.
d) das Prisma 5 Seitenflächen hat.
e) die Mantelfläche 50 cm² einnimmt.

Volumen von Prismen

Erforschen und Entdecken

1 Die Kantenlänge der abgebildeten Würfel beträgt immer 1 cm.

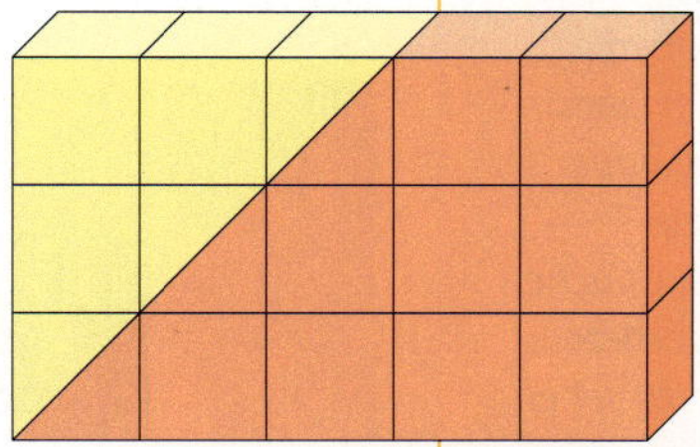

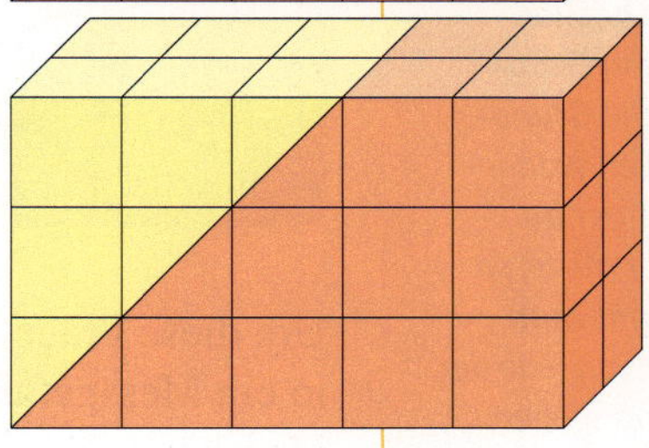

a) Welche Körperform hat der gelb (rot) gefärbte Teil des Quaders?
b) Aus wie vielen Würfeln besteht der gelb (rot) gefärbte Teil des Quaders?
c) Aus wie vielen Würfeln besteht der gelb (rot) gefärbte Teil des Quaders, wenn zwei Schichten hintereinander stehen?
d) Übertrage die folgende Tabelle in dein Heft und vervollständige sie.

Anzahl Schichten	Anzahl gelbe Würfel	Anzahl rote Würfel
1	4,5	
2		
3		
4		
5		

2 Diese „Trapez-Plus-Verpackung“ wurde entwickelt, um die Portokosten gering zu halten. Sie ist 430 mm lang. Die anderen Maße lassen sich der Zeichnung entnehmen.

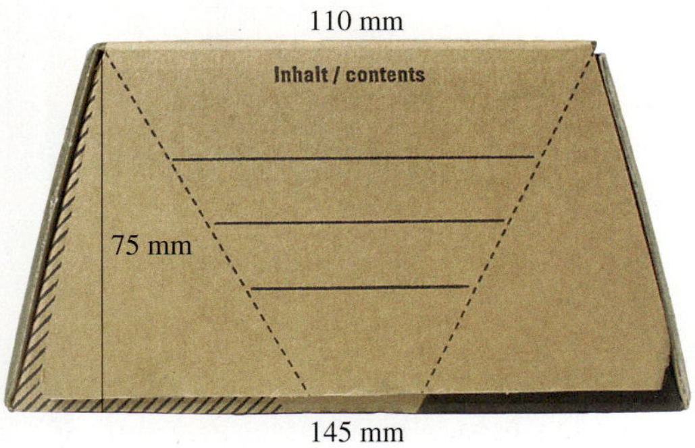

a) Welcher der folgenden Quader besitzt das gleiche Volumen wie die „Trapez-Plus-Verpackung“? Begründe deine Meinung und bestimme den Rauminhalt des Quaders und der Trapezverpackung.
Quader 1: 110 mm × 75 mm × 610 mm Quader 2: 145 mm × 110 mm × 75 mm
Quader 3: 127,5 mm × 75 mm × 610 mm Quader 4: 127,5 mm × 75 mm × 430 mm
b) Die „Trapez-Plus-Verpackung“ gibt es – bei gleichen Trapezabmessungen – auch in einer Länge von 860 mm. Was muss für das Volumen der 430 mm und 860 mm langen Verpackungen gelten?
c) Für Poster gibt es auch die Tripac-Verpackungen. Die Grundfläche ist ein gleichseitiges Dreieck. Die Seitenlänge beträgt 139 mm, die Höhe 120 mm. Die Länge der Verpackung beträgt 610 mm. Gib einen Quader an, der das gleiche Volumen wie die Tripac-Verpackung besitzt.
Erläutert in der Klasse, wie ihr dabei vorgegangen seid.
Gibt es verschiedene Lösungswege?

Lesen und Verstehen

HINWEIS
Alle diese Fläschchen haben die Form eines Prismas, dabei ist jeweils die Grundfläche in der Vorderansicht zu sehen. Zerschneidet man in Gedanken die Grundflächen waagerecht genau in der Mitte, so erkennt man, dass sich jede der Grundflächen aus zwei Trapezen zusammensetzt.

Eine Parfümfirma hat folgende Fläschchen im Angebot.
In welches der Fläschchen passt die meiste Flüssigkeit?

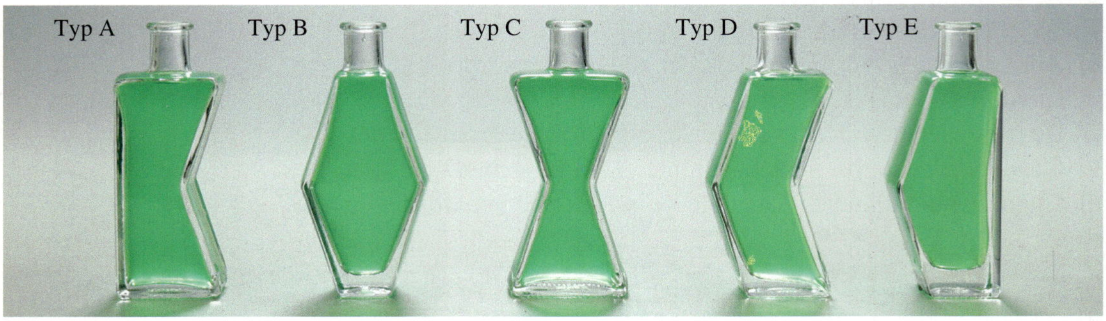

Um diese Frage zu klären, kann man z. B. die Fläschchen mit Wasser füllen, das Wasser dann in ein Messgefäß schütten und die Wassermenge ablesen.
Man kann aber auch das Volumen der Flaschen berechnen.

Das **Volumen V eines Prismas** bestimmt man, indem man den Flächeninhalt A_G der Grundfläche G mit der Höhe h des Prismas multipliziert.

Es gilt also: $V = A_G \cdot h$

Kurz gesagt:
Volumen eines Prismas = Grundfläche mal Höhe

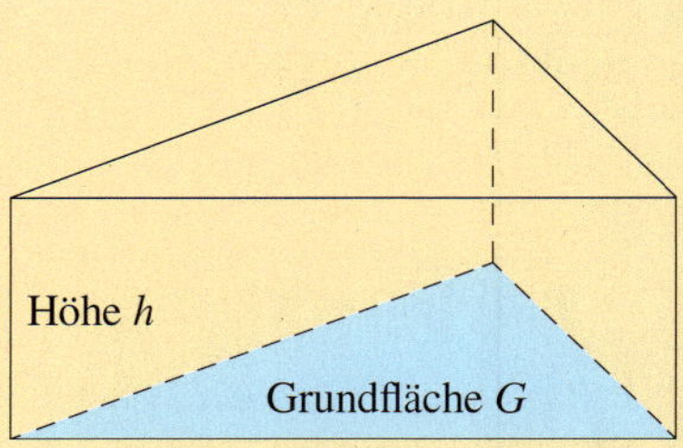

HINWEIS
Ein Quader ist ein Prisma, deshalb gilt die Volumenformel „Grundfläche mal Höhe". Im Quader wird die Höhe h oft mit c bezeichnet.

BEISPIEL 1

Wie groß ist das Volumen des abgebildeten Prismas?

Flächeninhalt der Grundfläche:

$A_G = \frac{g \cdot h_g}{2} = \frac{11{,}2\,\text{cm} \cdot 10\,\text{cm}}{2} = 56\,\text{cm}^2$

Volumen des Prismas:

$V = A_G \cdot h = 56\,\text{cm}^2 \cdot 25\,\text{cm} = 1400\,\text{cm}^3$

Das Volumen des Prismas beträgt $1400\,\text{cm}^3$.

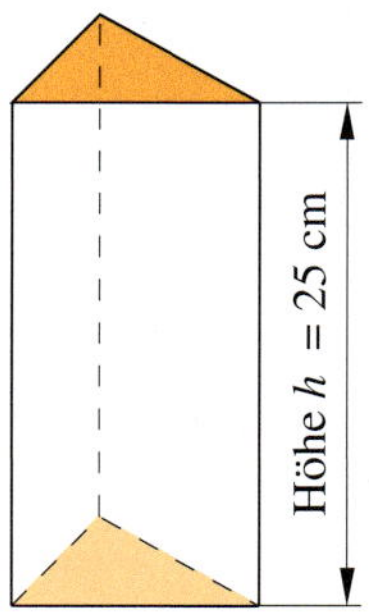

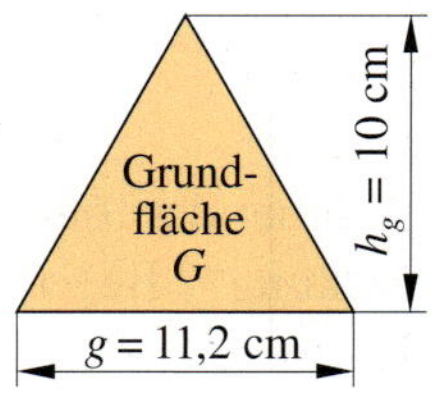

BEISPIEL 2

Jonas und Julia überlegen, wie sie das Volumen eines Prismas mit trapezförmiger Grundfläche berechnen können.
(Alle Angaben in cm.)
Die Körperhöhe h des Prismas beträgt 4 cm.

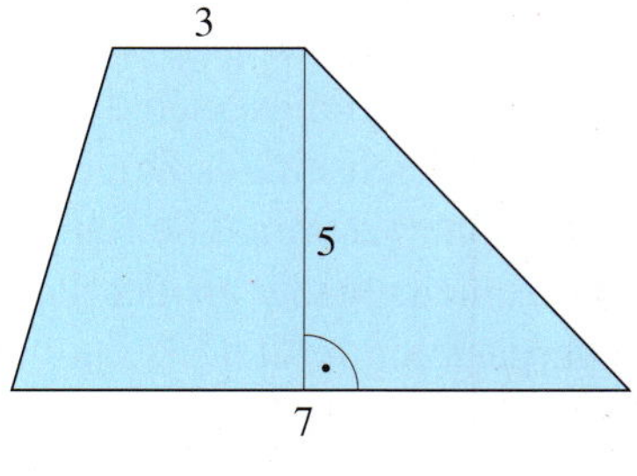

Sie berechnen zuerst den Flächeninhalt des Trapezes:

$A_{\text{Trapez}} = \frac{7\,\text{cm} + 3\,\text{cm}}{2} \cdot 5\,\text{cm} = 25\,\text{cm}^2$

Daraus lässt sich dann das Volumen des Prismas berechnen:

$V = A_G \cdot h = 25\,\text{cm}^2 \cdot 4\,\text{cm} = 100\,\text{cm}^3$

Das Volumen des Prismas beträgt $100\,\text{cm}^3$.

Basisübungen

1 Berechne das Volumen des Prismas.
a) $A_G = 25\,cm^2$; $h = 8\,cm$
b) $A_G = 12{,}5\,m^2$; $h = 10\,m$
c) $A_G = 49{,}5\,m^2$; $h = 12\,m$
d) $A_G = 17{,}5\,dm^2$; $h = 23\,cm$

2 Der Flächeninhalt der Grundfläche eines Prismas beträgt $12\,cm^2$, die Höhe 4 cm. Gib das Volumen an.

3 Berechne das Volumen des Prismas.
a) b)

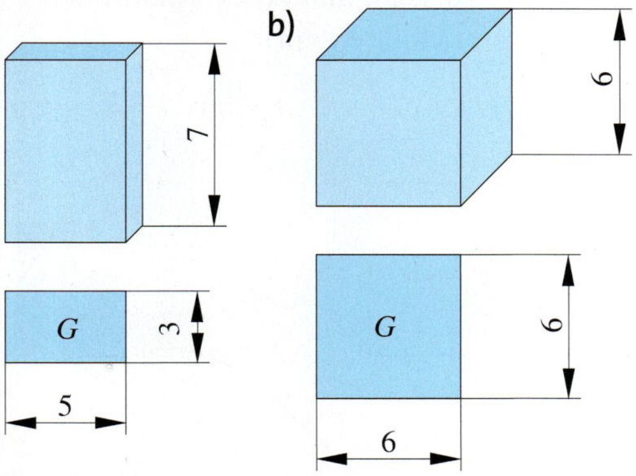

4 Berechne das Volumen des Prismas.
a) Grundfläche: Quadrat mit $a = 2{,}4\,cm$
Höhe: $h = 8{,}5\,cm$
b) Grundfläche: Rechteck mit $a = 3{,}2\,cm$; $b = 1{,}2\,cm$
Höhe: $h = 14{,}2\,cm$
c) Grundfläche: Parallelogramm mit $a = 7{,}8\,cm$; $h_a = 2{,}5\,cm$
Höhe: $h = 25\,cm$
d) Grundfläche: rechtwinkliges Dreieck mit $\gamma = 90°$; $a = 4{,}2\,m$; $b = 5{,}1\,m$
Höhe: $h = 20\,m$

5 Der „Stein des Südens“ ist der größte bisher bekannte von Menschen geschaffene Quader.
Er liegt in einer Tempelanlage im Libanon.

Die Länge des Steins beträgt 21,40 m, die Breite 4,60 m und die Höhe 4,30 m.
Berechne das Volumen des Quaders.

1 Gib das Volumen des Dreiecksprismas an.

	a)	b)	c)	d)
Grundseite	8 m	13 cm	3,5 dm	13,1 m
Dreieckshöhe	6 m	9 cm	2,4 dm	17,4 m
Körperhöhe	10 m	17 cm	67 cm	120 m

2 Ein Prisma hat ein Volumen von $V = 120\,cm^3$.
Gib das Volumen eines Prismas mit gleicher Grundfläche und doppelter (dreifacher, anderthalbfacher) Höhe an.

3 Ein Prisma mit dreieckiger Grundfläche hat bei einer Höhe von 14 cm ein Volumen von $392\,cm^3$. Wie groß ist die Grundfläche? Welche Formen und Maße könnte die Grundfläche haben?
Stellt eure Ergebnisse in der Klasse vor.

4 Berechne das Volumen des Prismas.
a) Grundfläche: gleichschenkliges Dreieck mit Basis $c = 6{,}5\,dm$; $h_c = 5{,}2\,dm$
Höhe: $h = 9{,}4\,dm$
b) Grundfläche: Dreieck mit $b = 4{,}5\,cm$; $h_b = 3{,}6\,cm$
Höhe: $h = 15\,cm$
c) Grundfläche: Trapez mit $a \parallel c$; $a = 7{,}8\,dm$; $c = 2{,}5\,dm$; $h = 3\,dm$
Höhe: $h = 12\,dm$
d) Grundfläche: Drachenviereck mit $e = 6{,}5\,cm$; $f = 9{,}7\,cm$
Höhe: $h = 3{,}8\,cm$

5 Familie Jansen will das Dachgeschoss ihres Hauses mit einem Kaminofen beheizen. Das Dachgeschoss ist am Boden 8 m breit und hat 12 m Länge.
Der Giebel ist 4 m hoch.

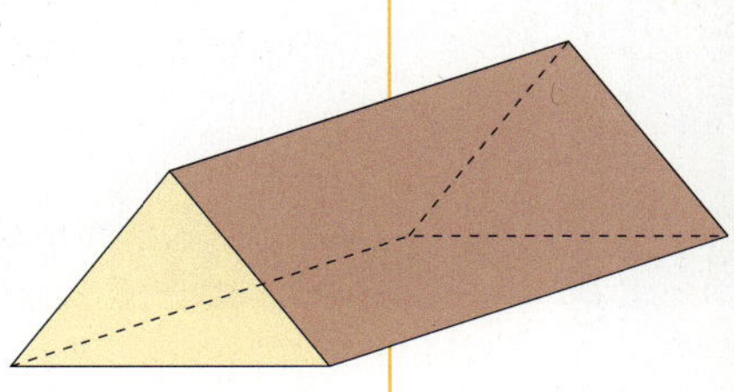

Für das Heizen mit einem Kaminofen müssen bei einem Kilowatt Heizleistung mindestens $4\,m^3$ Raum vorhanden sein.
a) Welches Volumen hat das Dachgeschoss?
b) Welche Leistung darf der Ofen höchstens haben?

NACHGEDACHT
Ein Prisma hat ein Volumen von $216\,cm^3$ und eine Grundfläche von $12\,cm^2$.
Wie hoch ist das Prisma?
Kannst du seinen Oberflächeninhalt angeben?

Hey Mein Snape

6 Berechne das Volumen des Prismas.

a)

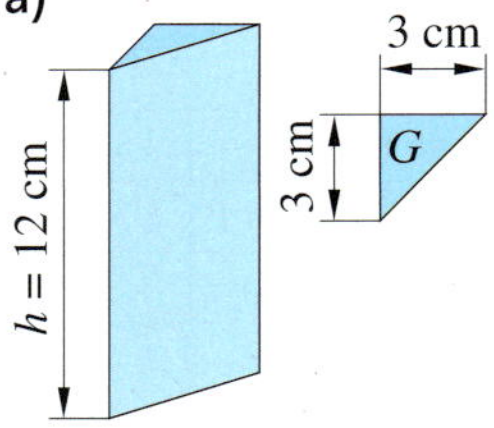

b)

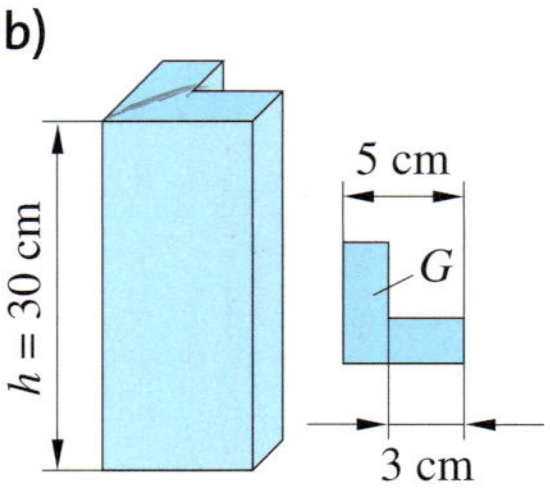

7 Dieses Prisma hat eine trapezförmige Grundfläche.

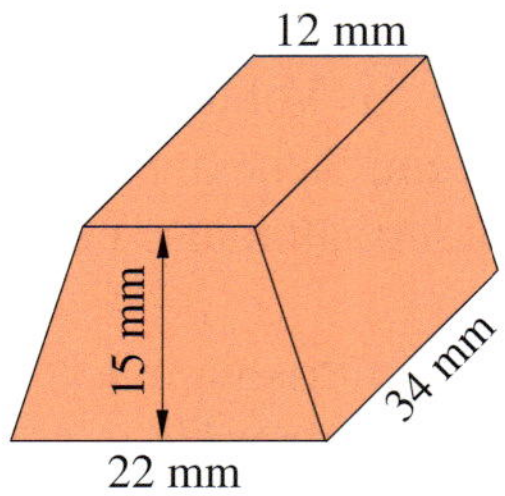

a) Berechne den Flächeninhalt A_G der Grundfläche des Prismas.

b) Gib die Höhe h des Prismas an.

c) Berechne das Volumen des Prismas. Runde auf volle cm³.

8 Berechne das Volumen des Prismas.
Die Grundfläche ist ein Trapez.
1. und 2. Grundseite sind die zwei zueinander parallelen Seiten des Trapezes.

	a)	b)	c)
1. Grundseite	6 m	20 dm	4,5 cm
2. Grundseite	2 m	30 dm	1,5 cm
Trapezhöhe	5 m	8 dm	9 cm
Körperhöhe	10 m	40 dm	11 cm

HINWEIS

168-1

Der Webcode 168-1 führt auf eine Datei einer dynamischen Geometrie-Software. Damit kannst du ausprobieren, wie sich die Höhe und die Grundfläche eines Prismas auf das Volumen auswirken.

9 Die gewaltigen Decksteine zum Eingangsstollen der Cheopspyramide sind Prismen mit trapezförmigen Grundflächen. Berechne ihr Volumen.

	Grundfläche ($a \parallel c$)			
	a	c	h_a	h
oben links	4,70	2,98	1,85	2,24
unten links	3,83	2,28	2,13	2,07
oben rechts	4,93	3,07	2,56	2,24
unten rechts	4,25	2,73	2,35	2,07

(Maße in m)

6 Berechne das Volumen des Prismas.

a)

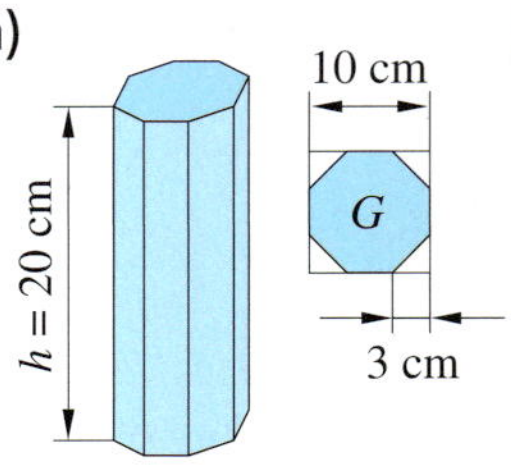

b)

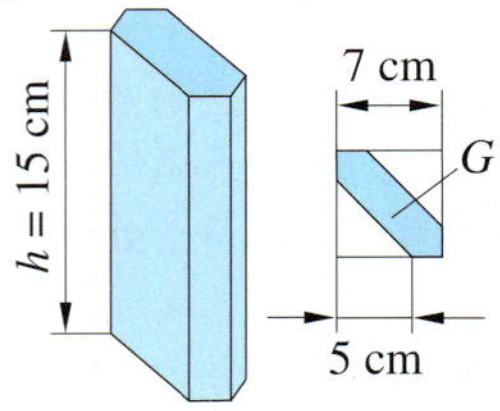

7 Berechne das Volumen des Körpers, indem du ihn zunächst in verschiedene Teilkörper zerlegst und deren Rauminhalt berechnest. (Maße in cm)

a)

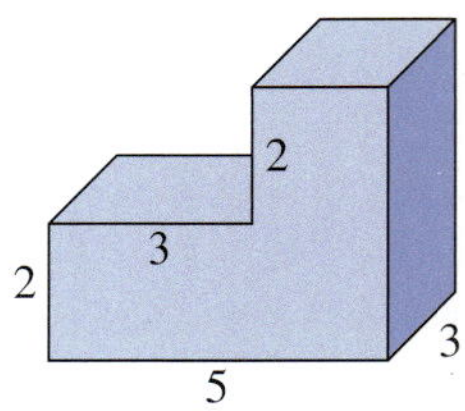

b)

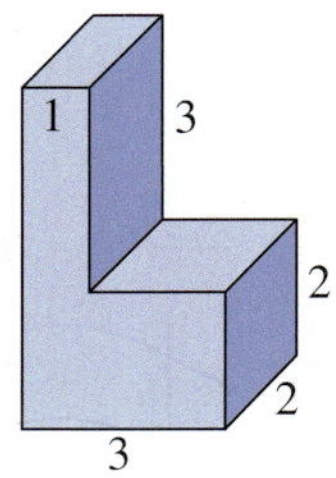

c)

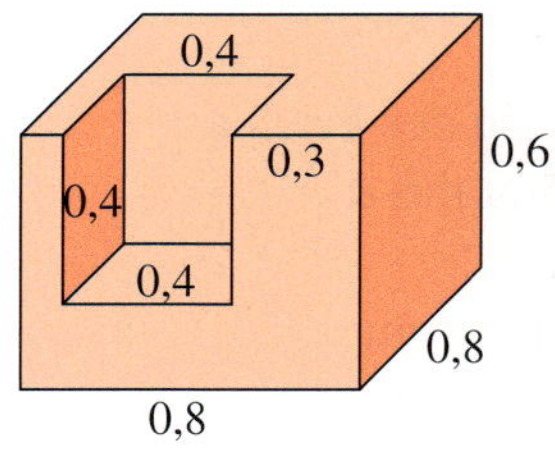

d)

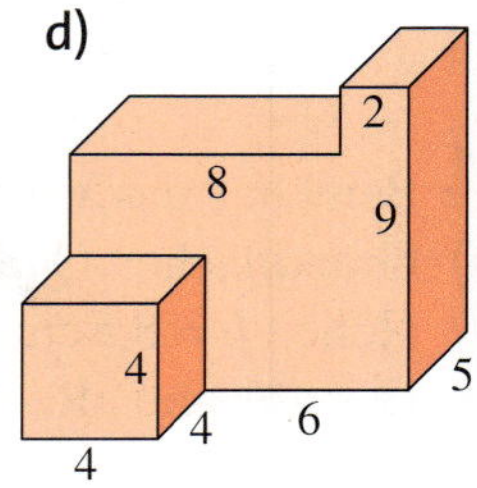

8 Tilo, Mark, Ole und Hannes gehen zusammen zelten.

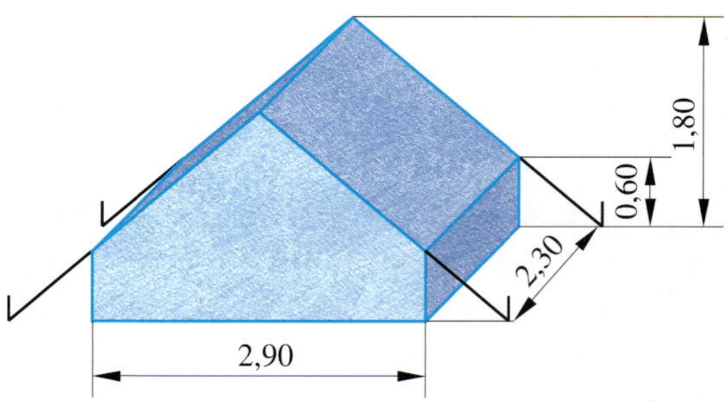

a) Wie viel Kubikmeter Luft beinhaltet ihr Zelt?

b) Schätze ab, wie viel Kubikmeter Luft noch im Zelt sind, wenn alle vier im Zelt liegen. Vergleicht untereinander.

Thema: Ungewöhnliche Verpackungen

Beim Schenken kann auch eine ungewöhnliche Verpackung Freude bereiten.
Oft werden besondere Verpackungen noch lange aufgehoben und zur Aufbewahrung verschiedener Dinge genutzt.
Manche Geschenkverpackungen lassen sich mit einfachen Mitteln leicht selbst herstellen.

Bei Schachteln für kleinere Geschenke wie Freundschaftsringe, Glücksbringer oder Steine erhält man schöne Effekte, wenn man Kalenderblätter aus dickerem Papier zum Falten der kleinen Schachteln verwendet.

1 Dreieckige Prismen kennst du wahrscheinlich von Schokoladenverpackungen.
Ein solches Prisma kannst du zum Beispiel für die Verpackung eines Stiftes verwenden.

a) Zeichne wie vorgegeben auf die Rückseite eines festeren Kalenderblatts oder auf Tonpapier einen Bastelbogen für das dreiseitige Prisma und bastele die Schachtel.

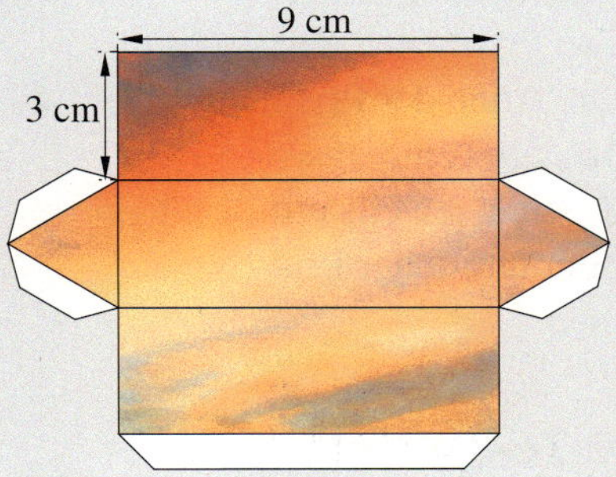

b) Bestimme das Volumen des Prismas.

c) Falls diese Verpackung im Handel für Süßigkeiten verwendet werden würde, müsste sie mindestens zu 70 % gefüllt sein, damit keine Mogelpackung entsteht.
Bis zu welcher Höhe müsste ein solches Prisma dann gefüllt werden?

2 Diese Schachtel ist ein aus einem Kalenderblatt gefaltetes Prisma mit trapezförmiger Grundfläche.
Die parallelen Seiten des Trapezes sind 10 cm und 4 cm lang, die Höhe des Trapezes beträgt 4 cm.

a) Zeichne die Grundfläche und berechne den Flächeninhalt und den Umfang.
Bestimme die Mantelfläche, wenn die Schachtelhöhe 9 cm beträgt.
Berechne die Oberfläche und das Volumen des Prismas.

b) Zeichne ein Netz des Prismas und ergänze es mit Klebelaschen an den notwendigen Stellen.
Bastele die Schachtel.

3 Für die Verpackung einer CD kannst du einen Quader mit den Maßen 13 cm, 15 cm und 1,5 cm basteln.

a) Zeichne ein Netz des Quaders.

b) Berechne die Oberfläche und das Volumen.

c) Wie viel Prozent Abfall entstehen bei einem DIN-A4-Blatt, wenn man die Klebelaschen vernachlässigt?

Klar soweit?

→ Seite 154

Prismen erkennen und zeichnen

1 Entscheide und begründe, ob der jeweilige Körper ein Prisma ist.

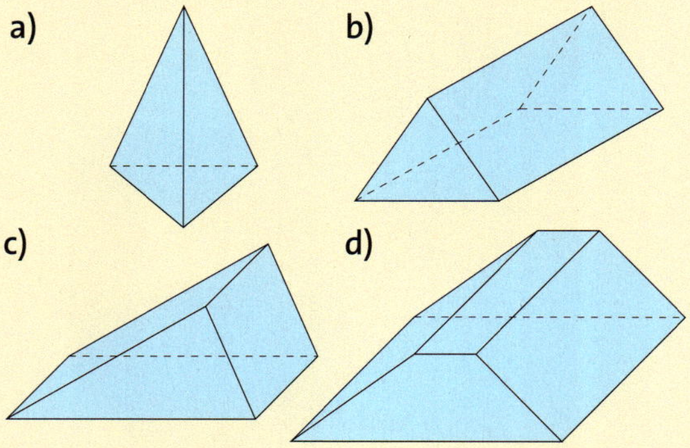

1 Entscheide und begründe, ob der jeweilige Körper ein Prisma ist.

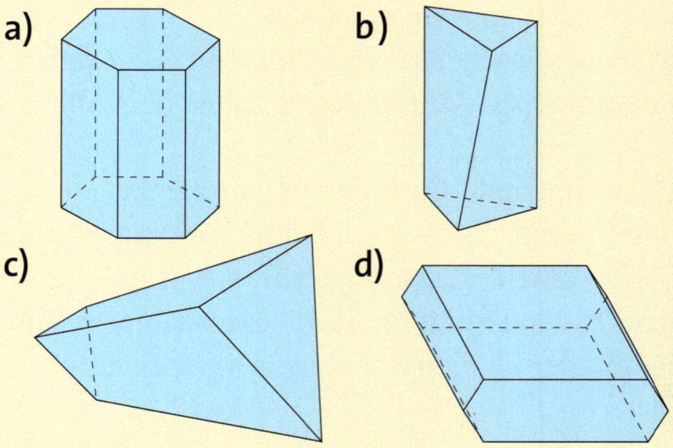

2 Die Figuren im folgenden Bild sind Grundflächen von Prismen.
Die Höhe der Prismen beträgt 4 cm.
Zeichne jeweils ein Schrägbild der Prismen.

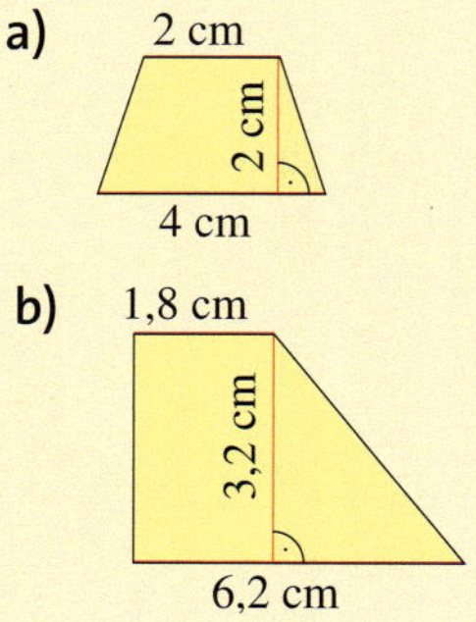

2 Skizziere je zwei Schrägbilder eines Prismas mit parallelogrammförmiger und eines Prismas mit trapezförmiger Grund- und Deckfläche.
Wähle als Auflagefläche einmal die Grundfläche und einmal eine Seitenfläche.
In welchem Schrägbild sind die Eigenschaften des Prismas besser zu erkennen?

→ Seite 158

Zweitafelbilder

3 Ein Quader ist 5 cm lang, 4 cm breit und 6 cm hoch.
Zeichne ein Schrägbild und ein Zweitafelbild dieses Quaders.
Benenne jeweils die Eckpunkte.

3 Konstruiere jeweils ein Zweitafelbild eines dreiseitigen Prismas mit $a = 3\,\text{cm}$, $b = 4\,\text{cm}$, $a \perp b$, $h = 6\,\text{cm}$ einmal auf der Grundfläche liegend, einmal auf einer Seitenfläche liegend.

4 Im folgenden Bild sind neun Körper in Zweitafelbildern dargestellt.
a) Welche der neun Körper sind Prismen? Begründe.
b) Wähle zwei Prismen aus und zeichne sie im Schrägbild im Maßstab 2 : 1.

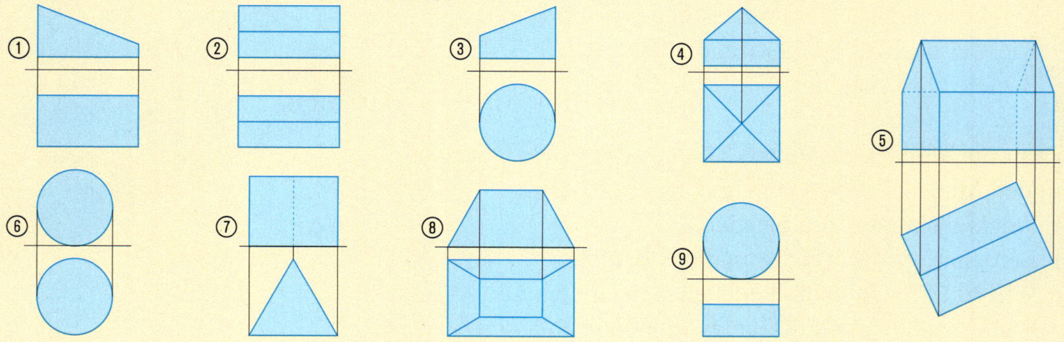

Oberflächeninhalt von Prismen

→ Seite 162

5 Gegeben ist das Netz eines Prismas.

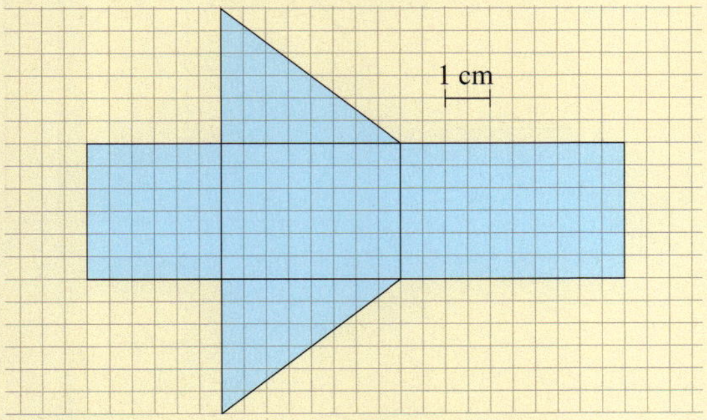

a) Bestimme aus der Zeichnung alle Längen und berechne den Umfang der Grundfläche.
b) Wie groß ist die Mantelfläche des Prismas?
c) Berechne den Oberflächeninhalt.

6 Ein Werbeprisma hat ein gleichseitiges Dreieck als Grundfläche. Eine Kante an der Grundfläche ist 1,90 m lang. Die Höhe des Prismas beträgt 2,25 m.
Berechne den Mantelflächeninhalt und den Oberflächeninhalt dieses Prismas.

5 Für ein Frühbeet wurde ein Kasten aus Plexiglas gebaut (siehe Skizze).
Wie viel Quadratmeter Plexiglas waren dazu mindestens nötig?

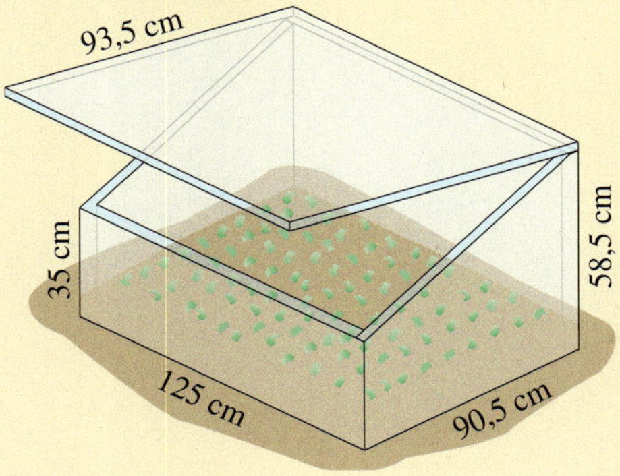

6 Ein sechsseitiges Prisma ist 13,9 cm hoch und hat eine regelmäßige sechseckige Grundfläche mit 3,6 cm Seitenlänge ($\alpha = 120°$).
a) Zeichne das Netz des Prismas.
b) Berechne den Mantelflächeninhalt des Prismas.
c) Berechne den Oberflächeninhalt. Miss fehlende Seitenlängen in a) nach.

Volumen und Prismen

→ Seite 166

7 Berechne das Volumen der Prismen. Beachte die Maßeinheiten.

	Grundfläche A_G	Höhe h
a)	$70\,cm^2$	8 cm
b)	$0{,}75\,dm^2$	1,2 dm
c)	$7{,}4\,cm^2$	12 mm
d)	$28{,}4\,dm^2$	0,07 m

8 Zerlege die Prismen in Quader und berechne so das Volumen der Prismen.

a)

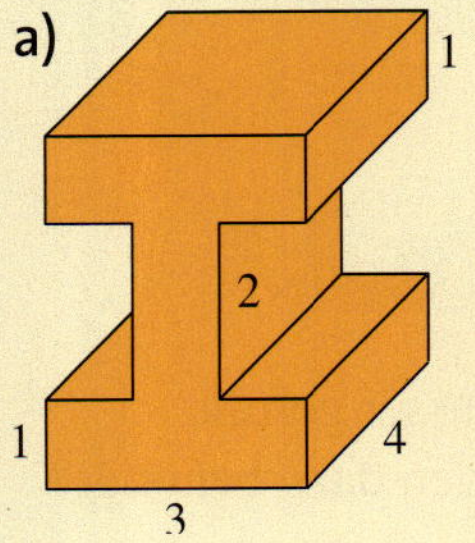

b) (Maße in cm)

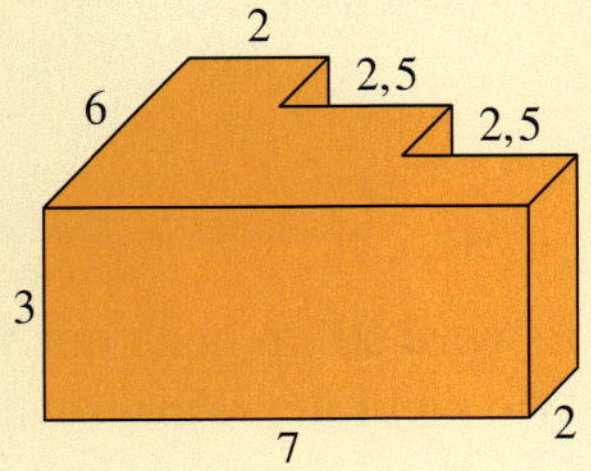

7 Berechne die fehlenden Größen der Prismen und ergänze die Tabelle im Heft.

	Grundfläche A_G	Höhe h	Volumen V
a)	$56\,cm^2$	17 cm	
b)	$3{,}8\,dm^2$		$66{,}5\,dm^3$
c)		12,8 m	$853{,}76\,m^3$
d)	$23\,500\,cm^2$	5,7 dm	

8 Das Holzstück ist 80 cm lang. Berechne das Volumen dieses Holzstücks (Maße in cm).

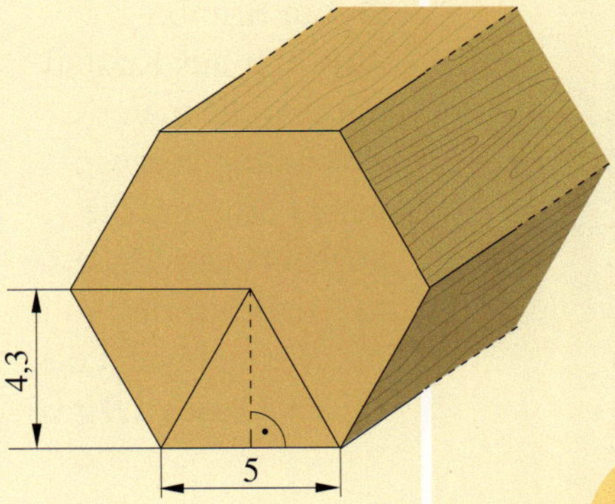

Vermischte Übungen

1 Ist es möglich, aus allen abgebildeten Netzen Prismen zu falten? Begründe.
Kannst du ansonsten die Netze zu Prismennetzen im Heft ergänzen?

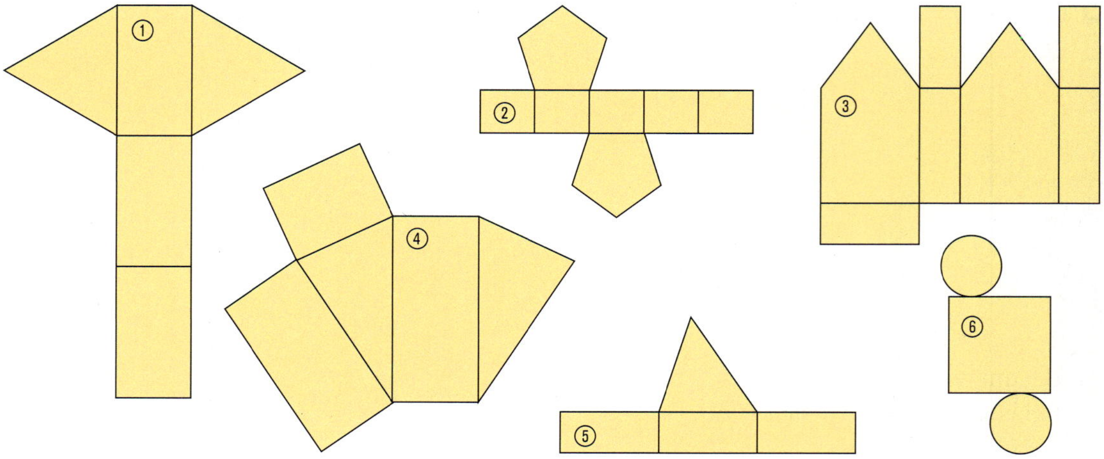

2 Die gegebene Fläche ist Grundfläche eines Prismas mit 6 cm Höhe.

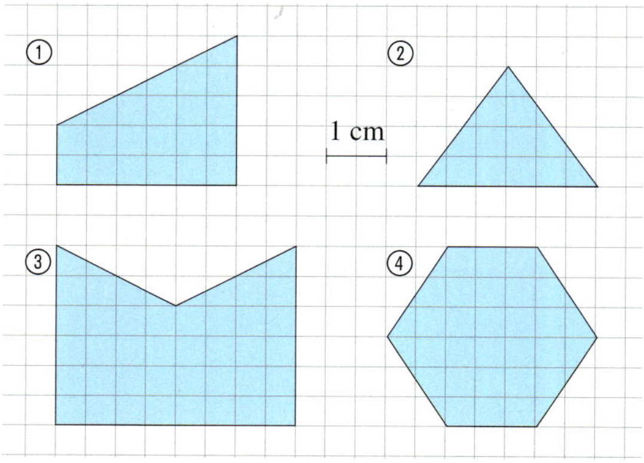

a) Berechne das Volumen des Prismas. Zeichne zunächst die Grundfläche ins Heft, zerlege sie in Dreiecke oder Vierecke und berechne ihren Flächeninhalt.

b) Bestimme den Mantel- und den Oberflächeninhalt des Prismas.

3 Ein Briefbeschwerer aus Kristallglas hat die in der Zeichnung vorgegebene Form und die angegebenen Maße.

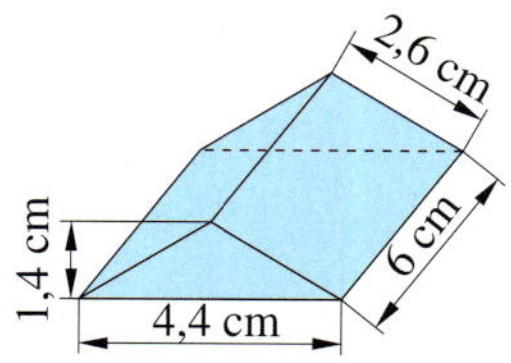

a) Berechne das Volumen.

b) Wie viel wiegt das Prisma, wenn 1 cm^3 des Glases 2,9 g wiegt?

2 Berechne das Volumen und den Oberflächeninhalt der Prismen (Maße in cm).

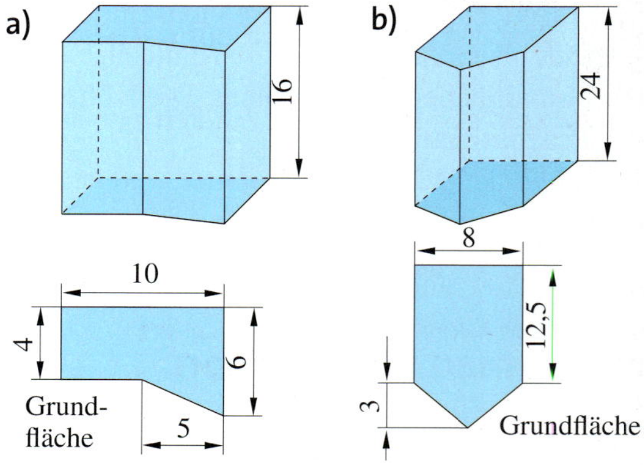

Berechne jeweils auch die Kantenlängen der Prismen.
Wie ändern sich die Kantenlängen, wenn sich die Höhe verdoppelt?

3 Ein Aquarium hat eine wie hier skizzierte Grundfläche.

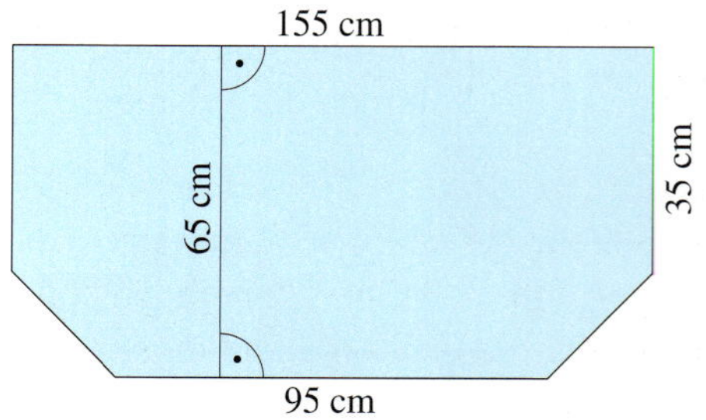

Es wird 60 cm hoch mit Wasser gefüllt.
Wie viel Liter Wasser werden dazu benötigt?

4 Das Bild zeigt einen Hausanbau, einen so genannten Wintergarten. Er ist 6 m breit und 3 m tief und hat vorne eine Höhe von 2,50 m und am Haus eine Höhe von 3 m.

a) Zeichne ein Schrägbild des Wintergartens im Maßstab 1 : 100.
b) Gib das Volumen des Wintergartens an.
c) Zeichne ein maßstäbliches Netz der Glasflächen des Wintergartens (also ohne Boden und Hauswand).
Vernachlässige dabei die Balken.
d) Wie groß ist die Glasfläche?

5 Die Klasse 7 a bastelt aus Strohhalmen Dreiecksprismen. Die Seiten der Grundfläche bestehen jeweils aus einem Strohhalm, die Höhe des Prismas hat die Länge von zwei Strohhalmen. Jede Gruppe hat Strohhalme in einer anderen Länge.

a) Die Strohhalme von Karla und Ella sind 15 cm lang.
Die Höhe ihres Dreiecks beträgt 13 cm.
Wie groß sind Volumen und Oberflächeninhalt des Prismas?
b) Gib eine allgemeine Formel an, mit der jede Gruppe den Oberflächeninhalt und das Volumen ihres Prismas berechnen kann, indem sie nur ihre Strohhalmlänge einsetzen.
Setze a für die Länge des Strohhalms.
Nimm für die Höhe des Dreiecks den ungefähren Wert von $a \cdot 0{,}87$.

4 Das Bild zeigt eine Schubkarre, die im Verkauf mit einem Volumen von 250 l angepriesen wird.

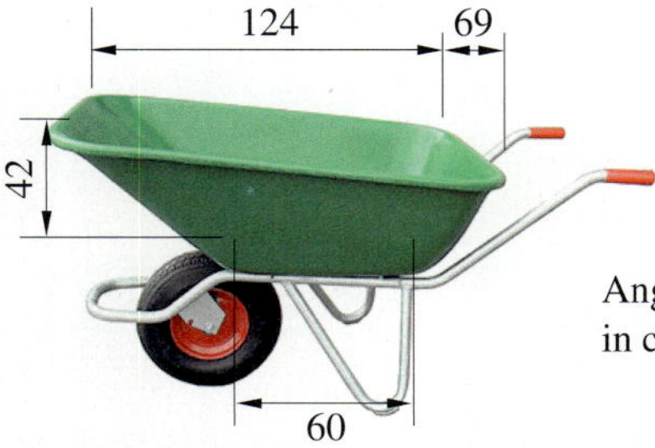

Angaben in cm

a) Überprüfe, ob das Volumen der Schubkarre tatsächlich 250 l beträgt.
b) Wie viel Blech benötigt man zur Herstellung der grünen Wanne?
c) Welche Maße könnte eine 160 l Schubkarre besitzen?
d) Herr Borne legt einen 2,20 m breiten, 3,60 m langen und 1,20 m tiefen Teich an. Die Erde entsorgt er 150 m entfernt. Wie viele Meter legt er zurück, wenn er die 250 l Schubkarre nimmt?

5 Ein Deich hat folgende Maße.

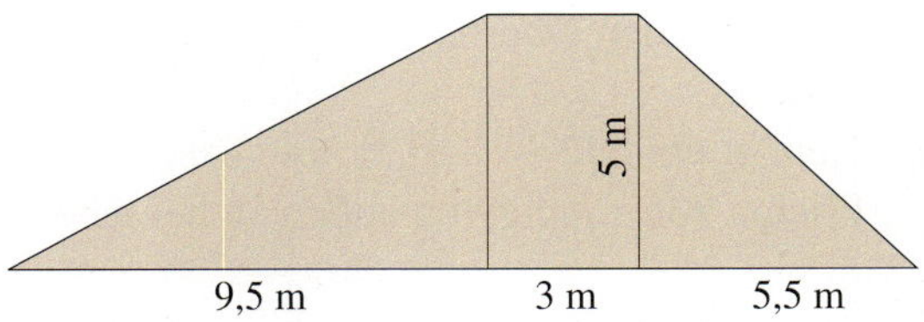

a) Wie viel Kubikmeter Erde mussten für einen 5 km langen Deich aufgeschüttet werden?
b) Der Deich soll mit Gras bepflanzt werden. Empfohlen wird eine Menge von 20 bis 25 g pro m^2. Wie viel Kilogramm Grassamen sind notwendig, um die Oberfläche des 5 km langen Deichs zu bepflanzen? Schätze, wie viele Grassamen das sind.
c) Solche Bagger haben den Deich aufgeschüttet. Schätze das Volumen der Baggerschaufel und berechne, wie viele Baggerschaufeln voll Erde für den Deichbau notwendig waren.

ERINNERE DICH
Oft kann man fehlende Längen aus einer maßstablichen Zeichnung entnehmen.

HINWEIS
Ein regelmäßiges Sechseck lässt sich leicht in einen Kreis zeichnen. Dabei ist der Radius des Kreises gleich der Seitenlänge des Sechsecks.

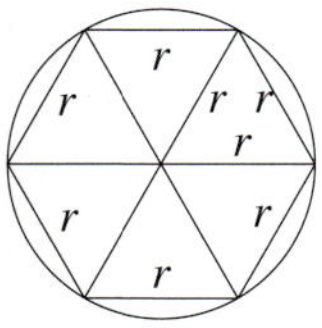

6 Der Luftfrachtcontainer hat die Form eines fünfseitigen Prismas mit den gegebenen Maßen. (Maße in cm)

a) Zerlege die Grundfläche in ein Rechteck und ein Trapez und berechne den Grundflächeninhalt mit dem Taschenrechner.
b) Wie viel Kubikmeter Volumen hat der Container?

7 Ein Prisma hat ein Parallelogramm als Grundfläche, dessen Seiten 4 cm bzw. 7 cm lang sind. Die Höhe des Parallelogramms beträgt 3 cm. Das Prisma ist 10 cm hoch.
a) Berechne den Oberflächeninhalt des Prismas.
b) Genügt ein DIN-A4-Blatt, um dieses Prisma vollständig von außen zu bekleben?

6 Ein Kinderplanschbecken hat eine regelmäßige sechseckige Grundfläche mit 250 cm Seitenlänge und 40 cm Randhöhe.

a) Bestimme mithilfe einer Zeichnung den Flächeninhalt der Grundfläche.
b) Wie viel Liter Wasser sind nötig, um das Becken bis zum Rand zu füllen?
c) Mit wie vielen 10-Liter-Eimern müsste das Becken gefüllt werden, wenn das Wasser mindestens 25 cm hoch stehen soll?

7 Ein Prisma mit quadratischer Grundfläche (a = 2 cm) hat eine Höhe von 8 cm. Das Prisma wird durch zwei Schnitte in vier Prismen mit quadratischer Grundfläche und einer Höhe von 8 cm zerlegt.
a) Skizziere die Zerlegung des Prismas.
b) Um wie viel Prozent vergrößert sich der Oberflächeninhalt der vier Prismen im Vergleich zum Ausgangsprisma?

8 Berechne den Oberflächeninhalt und das Volumen der vier Körper im folgenden Bild. Zeichne von jedem Körper ein Zweitafelbild.

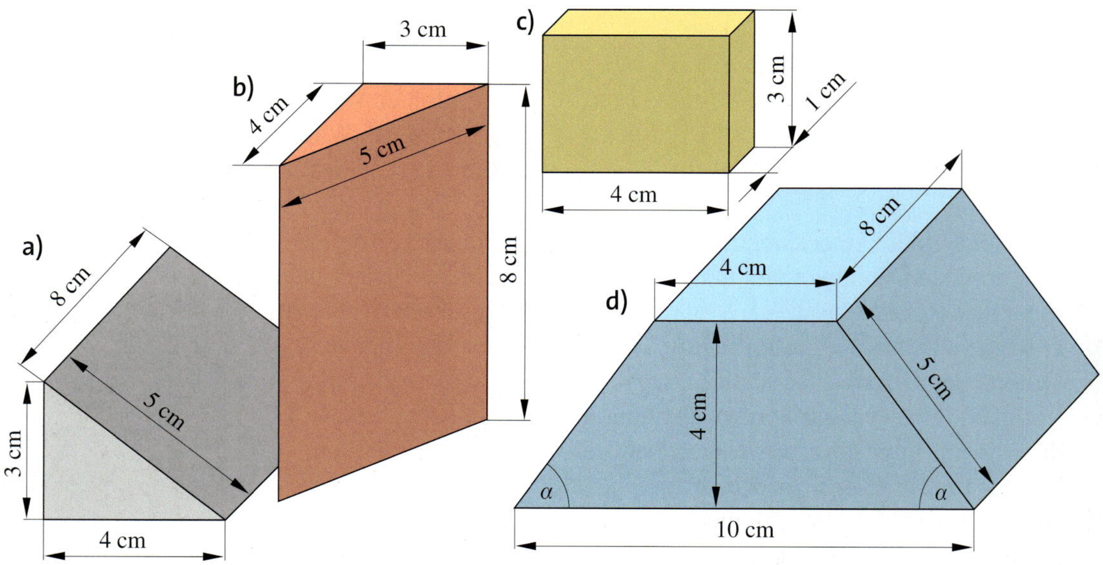

9 Eine Firma verwendet zur sicheren Verpackung von Postern folgende prismenförmige Verpackungsboxen mit einem trapezförmigen Grundriss.

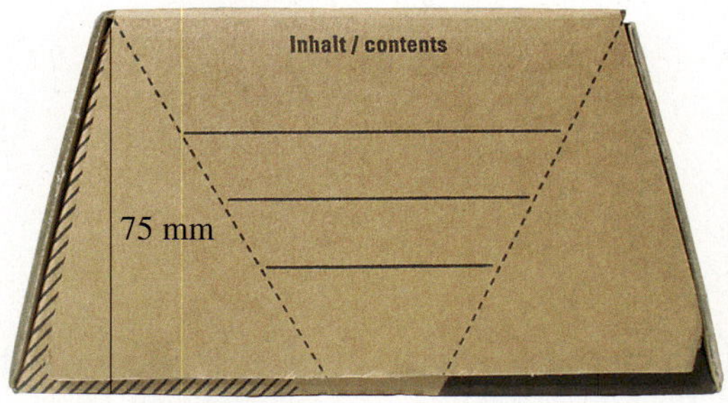

Diese Verpackungsboxen gibt es in unterschiedlichen Größen:

610 × 145/110 × 75 mm	430 × 145/110 × 75 mm
860 × 145/110 × 75 mm	705 × 145/110 × 75 mm
430 × 105/ 55 × 75 mm	705 × 105/ 55 × 75 mm
860 × 105/ 55 × 75 mm	610 × 105/ 55 × 75 mm

Dabei bedeutet z. B. 610 × 145/110 × 75 mm, dass die Verpackungsbox 610 mm lang und das Trapez 75 mm hoch ist sowie die parallelen Seiten 145 mm und 110 mm lang sind.

a) Zeichne das Trapez „610 × 145/110 × 75 mm" in dein Heft. Bestimme alle Seitenlängen.
b) Berechne, wie viel Pappe für je eine Verpackung mindestens benötigt wird.
c) Julius möchte seinem Freund ein 68 cm × 100 cm großes Poster schicken. Welche Box sollte er wählen? Begründe.
d) Paul muss drei zylinderförmige Kerzen mit einem Durchmesser von 40 mm und einer Länge von 40 cm verpacken. Kommt er mit einer Verpackungsbox aus? Begründe.
e) Welche prismenförmige Verpackung fällt dir noch ein, um Poster zu versenden?

10 In einem Garten stehen Betonelemente, die als Sitzmöglichkeit oder auch als Stellmöglichkeit für Blumenschalen genutzt werden können.

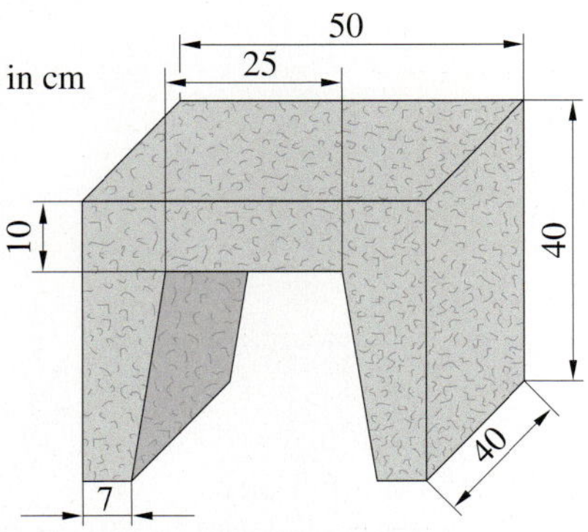

a) Zerlege die Grundfläche in drei Vierecke und berechne ihren Flächeninhalt.
b) Wie viel Kubikmeter Beton wurden für dieses Betonelement verarbeitet? Vergleicht eure Lösungswege.
c) Wie schwer ist das Betonelement, wenn 1 m³ Beton 1200 kg wiegt?

10 Die Abbildung zeigt einen Container von der Seite. Er ist 2 m breit und 0,90 m hoch.

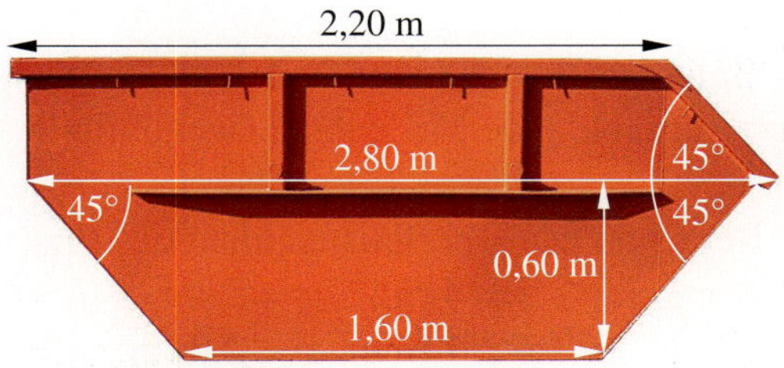

a) Zeichne ein Schrägbild des Containers im Maßstab 1 : 25.
b) Berechne das Fassungsvermögen des Containers.
c) Der Container ist bis zur halben Höhe mit Schutt gefüllt. Ist er jetzt auch „halb voll"?
d) Betrachte die Zuordnung *Schutthöhe* → *Volumen*. Ergänze die folgende Wertetabelle und stelle sie grafisch dar.

Schutthöhe (in cm)	0	15	30	45	60	75	90
Volumen (in m³)	0						

Teste dich!

(5 Punkte)

1 Welche der abgebildeten Körper sind Prismen? Welche Form hat ihre Grundfläche?

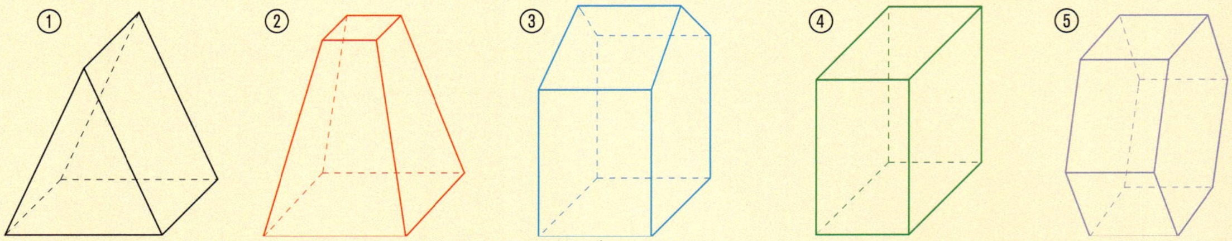

(8 Punkte)

2 Zeichne das Schrägbild eines Prismas mit dreieckiger Grundfläche.

a) Das abgebildete Dreieck ist die Grundfläche. Die Höhe beträgt 8 cm.

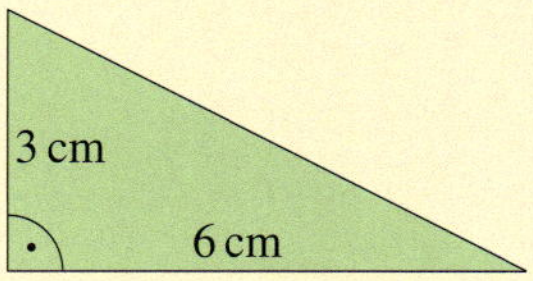

b) Die Grundfläche ist ein rechtwinkliges Dreieck mit den Seitenlängen $b = c = 3{,}8\,\text{cm}$. Die Höhe beträgt 5,6 cm. Zeichne das Prisma einmal auf der Grundfläche stehend und einmal liegend.

(4 Punkte)

3 Zeichne zu jedem Prisma ein passendes Zweitafelbild.

a)

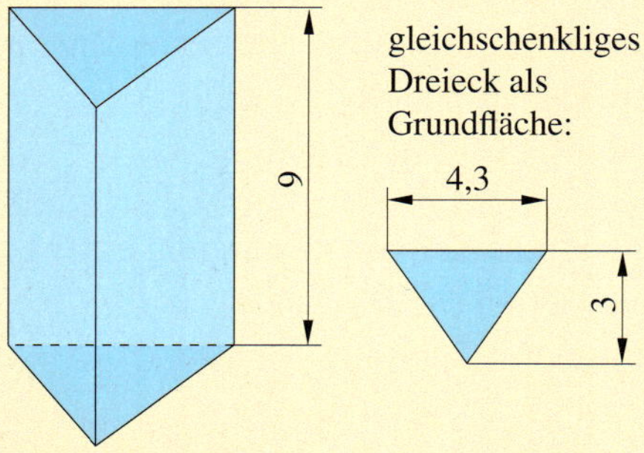

(alle Angaben in cm)

b)

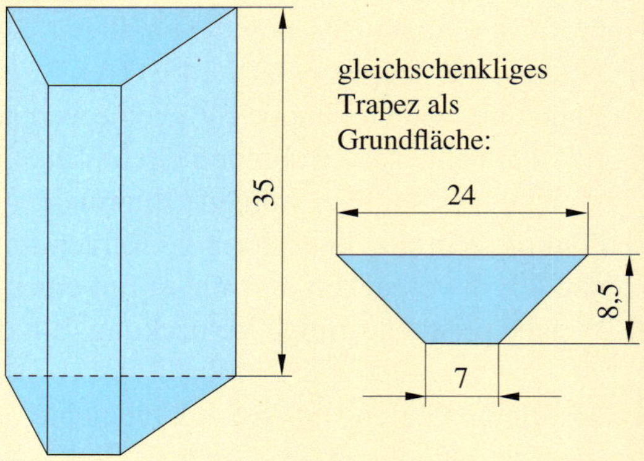

(8 Punkte)

4 Berechne das Volumen und den Oberflächeninhalt der Prismen bei Aufgabe 3. Entnimm fehlende Maße dem Zweitafelbild.

(8 Punkte)

5 Berechne den Oberflächeninhalt des Prismas.

a) $a = 3\,\text{cm}$; $b = 4\,\text{cm}$; $c = 5\,\text{cm}$; $h = 9\,\text{cm}$

b) $a = 1{,}2\,\text{cm}$; $b = 1{,}6\,\text{cm}$; $c = 2{,}0\,\text{cm}$; $h = 3{,}5\,\text{cm}$

c) $a = 21\,\text{mm}$; $b = 2{,}8\,\text{cm}$; $c = 35\,\text{mm}$; $h = 0{,}5\,\text{dm}$

d) $a = 2{,}7\,\text{cm}$; $b = 3{,}6\,\text{cm}$; $c = 4{,}5\,\text{cm}$; $h = 7\,\text{cm}$

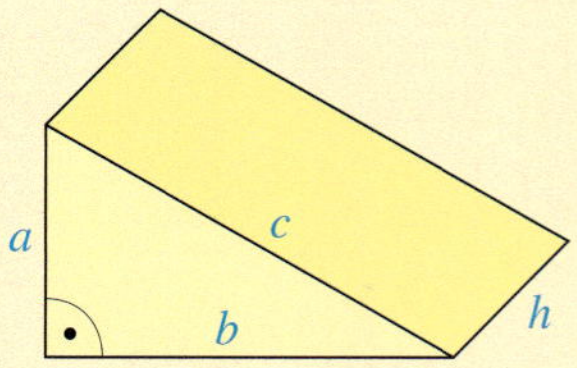

(4 Punkte)

6 Welche der Prismen im Bild haben das gleiche Volumen? Gib die Körper mit dem kleinsten und die mit dem größten Rauminhalt an.

7 Für den Bau eines Hauses wird eine 19 cm dicke Betonplatte gegossen. *(4 Punkte)*
Wie viel Kubikmeter Beton werden benötigt, wenn die Grundfläche des Hauses 51 m^2 beträgt?
Runde auf eine Stelle nach dem Komma.

8 Berechne den Mantelflächeninhalt, den Oberflächeninhalt und das Volumen des mit einer Skizze gegebenen Prismas. *(7 Punkte)*

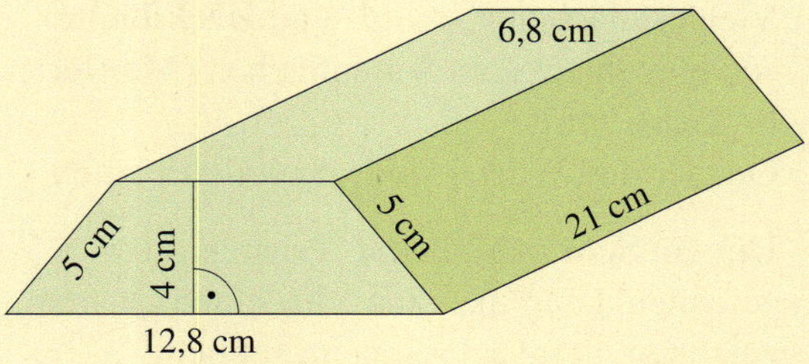

9 Ein größerer Tauchsportverein hat ein Tauchbecken mit einer rechteckigen Grundfläche von 5 m Breite und 8,40 m Länge. *(4 Punkte)*
In dem Tauchbecken können Tauchübungen bis zu 9 m Tiefe durchgeführt werden.
Mit wie vielen Kubikmetern Wasser muss das Tauchbecken gefüllt werden?

10 Ein Werbeprisma hat als Grundfläche ein gleichseitiges Dreieck. *(7 Punkte)*
Eine Kante an der Grundfläche ist 1,90 m lang. Die Höhe des Prismas beträgt 2,25 m.
Berechne den Mantelflächeninhalt, den Oberflächeninhalt und das Volumen dieses Prismas.

11 In dem Bild sind die Maße eines Abfallcontainers angegeben. *(8 Punkte)*
Wie viel Kubikmeter Volumen hat der Container?

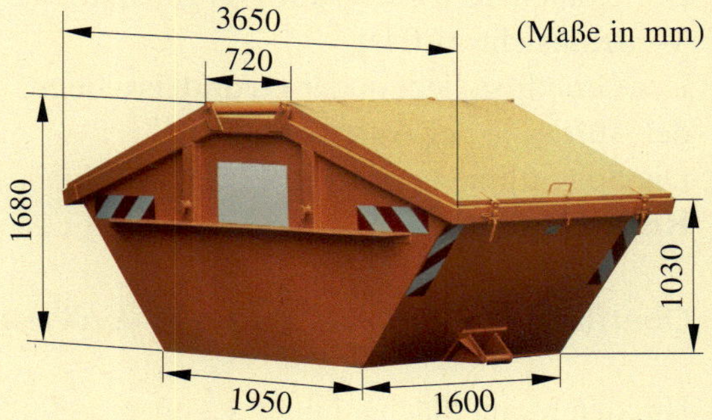

12 Berechne das Volumen und den Oberflächeninhalt der Prismen mit den im folgenden Bild dargestellten Grundflächen. Entnimm die benötigten Größen aus dem Bild. *(25 Punkte)*

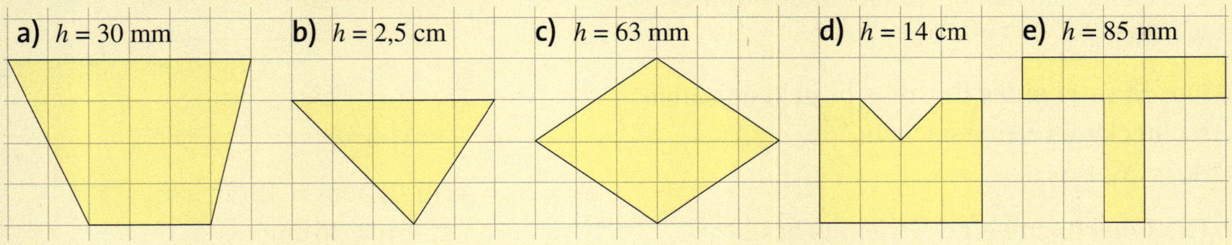

13 Das abgebildete Hauszelt soll aus Stoff gefertigt werden (Maße in Meter). *(8 Punkte)*
Auch der Zeltboden besteht aus beschichtetem Stoff.
a) Zeichne ein Netz des dreiseitigen Prismas (1 m entspricht 1 cm).
b) Berechne den Stoffbedarf.
Gib 10 % für Überlappungen und Nähte hinzu.

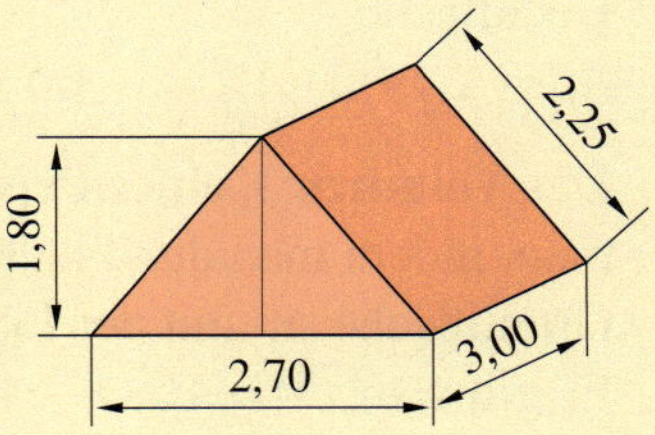

Gold: 96–100 Punkte, Silber: 80–95 Punkte, Bronze: 60–79 Punkte

Zusammenfassung

→ Seite 154, 158

Prismen und ihre Darstellung

Ein **Prisma** ist ein Körper, der von zwei deckungsgleichen und zueinander parallelen Vielecksflächen (**Grund-** und **Deckfläche**) sowie rechteckigen Seitenflächen (**Mantel**) begrenzt wird.
Quader und Würfel sind spezielle Prismen.

Um ein **Schrägbild** eines Prismas zu zeichnen, kann man zunächst einen Quader zeichnen, der das Prisma umschließt. Anschließend wird das Prisma in den Quader hineingezeichnet.
Zu beachten ist: Alle Linien, die nach hinten verlaufen, werden um die Hälfte verkürzt und im Winkel von 45° gezeichnet.

Man erhält ein **Zweitafelbild** eines Prismas, indem man die Draufsicht und die Vorderansicht des Prismas übereinander zeichnet. Die Draufsicht wird **Grundriss** genannt, die Vorderansicht **Aufriss**.
Der Grundriss liegt in der **Grundrissebene**, der Aufriss in der **Aufrissebene**.
Die Schnittlinie der beiden Ebenen ist die **Rissachse**.

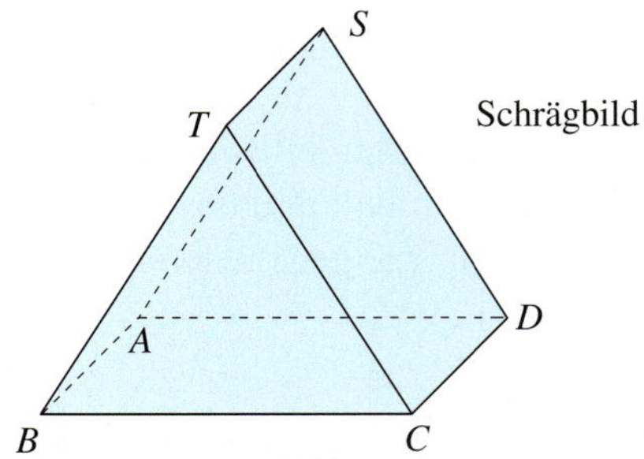

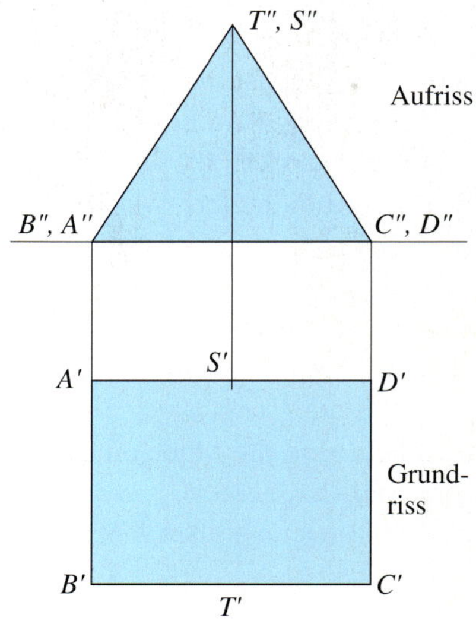

→ Seite 162, 166

Oberflächeninhalt und Volumen von Prismen

Um den Mantelflächeninhalt A_M oder den Oberflächeninhalt A_O eines Prismas zu bestimmen, muss der Flächeninhalt der einzelnen Flächen berechnet und summiert werden.

Der **Mantel eines Prismas** besteht aus allen rechteckigen Seitenflächen.
$A_M = S_1 + S_2 + \ldots + S_n$

Die **Oberfläche eines Prismas** besteht aus dem Mantel sowie der Grund- und der Deckfläche.
$A_O = A_M + 2 \cdot A_G = S_1 + S_2 + \ldots + S_n + 2 \cdot A_G$

Das **Volumen** V **eines Prismas** bestimmt man, indem man den Flächeninhalt der Grundfläche A_G mit der Höhe h multipliziert.
Es gilt also: $V = A_G \cdot h$

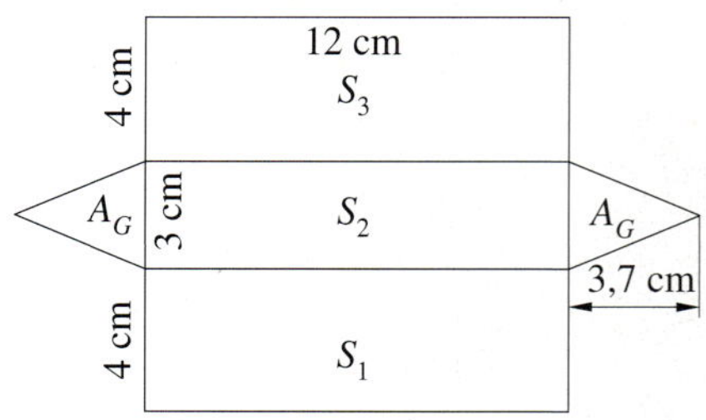

$S_1 = S_3 = 4\,\text{cm} \cdot 12\,\text{cm} = 48\,\text{cm}^2$
$S_2 = 3\,\text{cm} \cdot 12\,\text{cm} = 36\,\text{cm}^2$
$A_G = \frac{1}{2} \cdot 3\,\text{cm} \cdot 3{,}7\,\text{cm} = 5{,}55\,\text{cm}^2$
$A_M = 2 \cdot 48\,\text{cm}^2 + 36\,\text{cm}^2 = 132\,\text{cm}^2$
$A_O = 132\,\text{cm}^2 + 2 \cdot 5{,}55\,\text{cm}^2 = 143{,}1\,\text{cm}^2$

Die Grundfläche ist ein Dreieck mit
$A_G = \frac{1}{2} \cdot 3\,\text{cm} \cdot 3{,}7\,\text{cm} = 5{,}55\,\text{cm}^2$

$V = A_G \cdot h = 5{,}55\,\text{cm}^2 \cdot 12\,\text{cm} = 66{,}6\,\text{cm}^3$

Aufgabenpraktikum

Thema: Zeitzonen

HINWEIS
Nach einer internationalen Vereinbarung ist die Erde in verschiedene Zeitzonen unterteilt. In Gebieten innerhalb einer Zeitzone gilt dieselbe Uhrzeit.

Die folgende Karte zeigt die Zeitzonen der Welt.

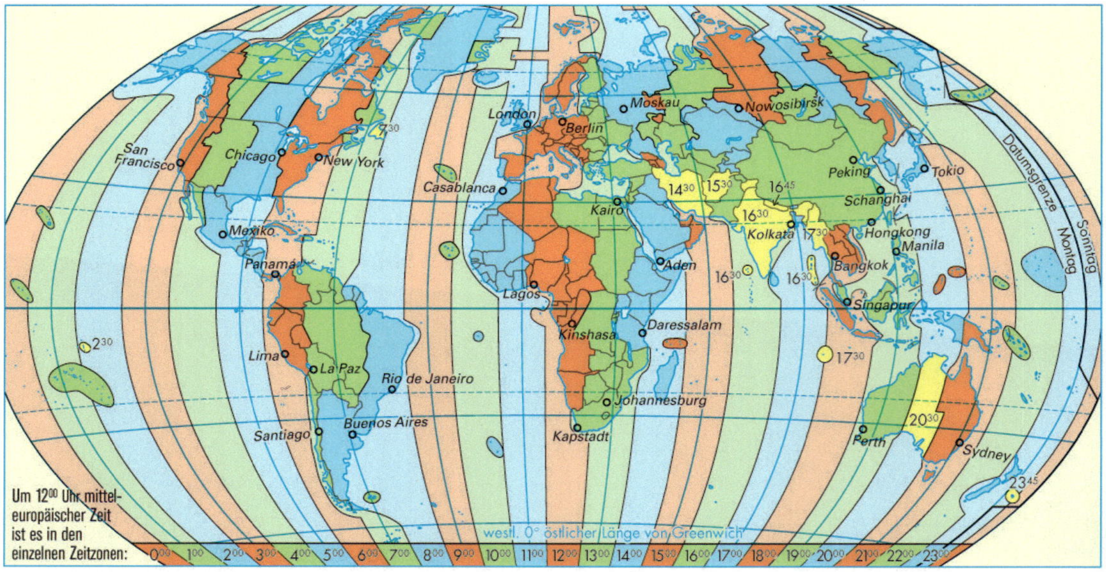

1 Zeitunterschiede

a) Nenne drei europäische Hauptstädte mit derselben Uhrzeit wie Berlin.
b) Gib den Zeitunterschied zwischen Berlin und New York an.
c) Wie groß ist der Zeitunterschied zwischen Deutschland und der Ostküste Australiens?

2 Wie spät ist es in … ?

In Berlin ist es genau 12 Uhr mittags.
Welche Zeit zeigen die Uhren in der folgenden Stadt an?

a) Johannesburg
b) New York
c) Sydney
d) San Francisco
e) Peking
f) Tokio
g) Mexico City
h) Rio de Janeiro
i) Kapstadt

3 Zeitunterschiede zwischen verschiedenen Städten der Welt

Gib den Zeitunterschied zwischen verschiedenen Städten an. Vervollständige die Tabelle im Heft.

	Tokio	Sydney	Peking	San Francisco
Berlin				
New York				
Moskau				
Johannesburg				

4 Die Armbanduhr zeigt nicht die Ortszeit

Herr Kurth fliegt morgens um 11 Uhr von Frankfurt nach New York. Der Flug dauert 7 h.

a) Welche Zeit zeigt die Uhr von Herrn Kurth bei der Ankunft an?
b) Welche Uhrzeit zeigen die Uhren bei der Landung in New York an?

5 Geht die Uhr vor oder nach?

Mrs. Miller fliegt um 2 Uhr mittags von New York nach Tokio. Der Flug dauert 11 h.

a) Welche Zeit zeigen die Uhren bei der Landung in Tokio an?
b) Um wie viele Stunden geht die Uhr von Mrs. Miller vor oder nach?

Thema: Zeitskalen

Die Römer berechneten ihre Jahre immer von der Gründung der Stadt Rom aus.
Sie schrieben z. B.: „Gaius Julius Caesar wurde im Jahre 653 a. u. c. geboren" (a. u. c. bedeutet „ab urbe condita" und heißt übersetzt „seit Gründung der Stadt").

Das römische Reich verlor später immer mehr an Bedeutung und das Christentum breitete sich in Europa aus.
Deshalb wurde die römische durch eine **christliche Zeitrechnung** abgelöst.

Papst Johannes I. beauftragte den römischen Mönch Dionysius Exiguus damit, die Zeitrechnung neu festzulegen. Er legte den Anfang der Zeitrechnung auf das Jahr fest, in dem er die Geburt Christi vermutete. Dieser Zeitpunkt wurde zum Nullpunkt unserer heutigen Zeitskala. Die Festlegung nahm der Mönch im Jahre 525 n. Chr. vor.

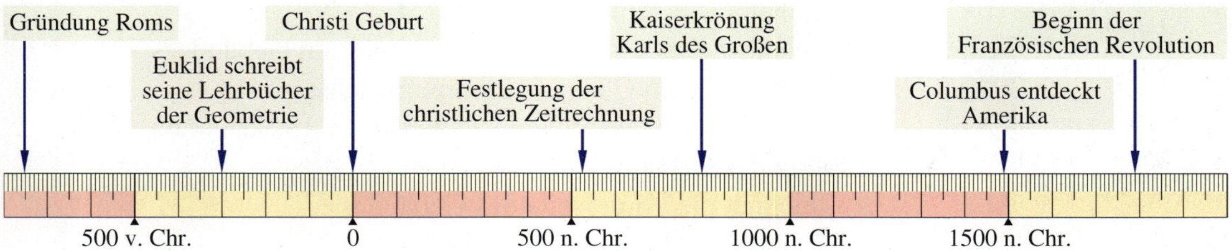

1 Nullpunkt der Zeitrechnung

In der Zeitskala sind verschiedene historische Ereignisse angegeben.
Welche liegen unter dem Nullpunkt der Zeitrechnung, welche darüber?
Gib auch deren Jahreszahlen an.

2 Cäsar und Oktavian

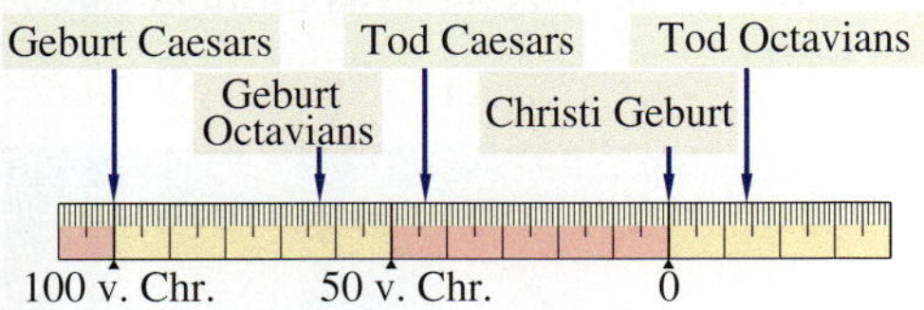

a) Wie alt wurde Caesar?
b) Octavian, der Adoptivsohn Caesars, lebte von 63 v. Chr. bis 14 n. Chr.
Wie alt wurde Octavian?
c) Octavian führte 41 Jahre lang bis zu seinem Tod den Ehrennamen „Augustus". Wann wurde ihm der Ehrenname verliehen?
d) Wie alt war „Augustus", als Christus geboren wurde?

3 Thales und Pythagoras

Der griechische Mathematiker Thales von Milet erkannte als erster die mathematische Begabung des jungen Pythagoras.
Die folgende Zeitskala zeigt die Lebenszeiträume von Thales und Pythagoras.

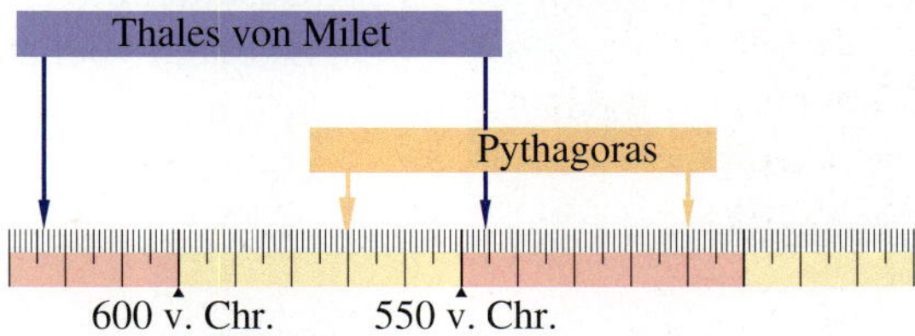

a) Gib die Geburts- und Sterbejahre der beiden Mathematiker an.
b) Wie alt war Thales bei der Geburt von Pythagoras?
c) Wie alt war Pythagoras als Thales starb?

4 Eigene Zeitskalen

Erstelle selbst Zeitskalen von historischen Ereignissen oder Persönlichkeiten oder anderen Sachverhalten, die du gerne deinen Mitschülern vorstellen möchtest.

Thema: Architektur

Name: Hearst Tower
Ort: New York, USA
Funktion: Verlagshaus
Höhe: 182 m
Höhe jedes Dreiecks: 16,5 m

Name: Der schwarze Diamant
Ort: Kopenhagen, Dänemark
Funktion: Öffentliche Bibliothek
Höhe: 29 m
Fassade: 80 m breit

1 Faszinierende Gebäude

Arbeitet zu zweit oder in Kleingruppen.
Wählt eines der Gebäude und bearbeitet die unten stehenden Aufgaben dazu gemeinsam.

- Welche geometrischen Flächen gibt es am Gebäude?
- Gibt es an dem Gebäude Symmetrieachsen?
- Gibt es einen Zusammenhang zwischen Aussehen und Nutzung des Gebäudes?
- Zeichnet die Vorderseite des Gebäudes. Achtet auf einen passenden Maßstab.
- Berechnet oder schätzt den Flächeninhalt der Vorderseite des Gebäudes möglichst genau.
- Überschlagt, wie viel Quadratmeter Glas für das gesamte Gebäude verwendet wurde.
- Skizziert oder baut ein Modell des Gebäudes.
- Recherchiert eventuell in der Bibliothek oder im Internet nach weiteren Informationen zu dem Gebäude.
- Gestaltet ein Poster oder eine Folie für den Overheadprojektor zu eurem Gebäude. Haltet damit eine Präsentation, in der ihr euren Mitschülerinnen und Mitschülern zeigt, was ihr über euer Gebäude herausgefunden habt.

Name: 30 St. Mary Axe
Ort: London, Großbritannien
Funktion: Bürogebäude
Grundriss: Kreis
Höhe: 180 m
Umfang am Boden 82,3 m

Name: La Grande Arche
Ort: Paris, Frankreich
Funktion: Sitz des Handels- und Transportministeriums und der Internationalen Stiftung für Menschenrechte
Höhe: 110,9 m
Breite: 106,9 m
Länge: 112 m
Senkrechte Gebäudeteile: 19 m breit

Thema: Drachen bauen

1 Drachen entwerfen

Im Herbst ist Drachenzeit, dann kann man die schönsten und buntesten Drachen durch die Luft segeln sehen. Hast du auch schon einmal einen Drachen steigen lassen?

Denke dir einen Entwurf für einen eigenen Drachen aus.
Worauf muss man dabei achten?
Beschreibe ganz genau, wie du deinen Drachen konstruiert hast.
Tauscht eure Konstruktionsbeschreibungen untereinander aus und versucht die Idee des anderen zu verstehen und nachzuzeichnen.

2 Einen Schlittendrachen bauen

Meinst du, Drachen müssen immer die Form eines Drachenvierecks haben?
Auch andere symmetrische Figuren eignen sich hervorragend zum Drachenbau.
Und los geht's:

① 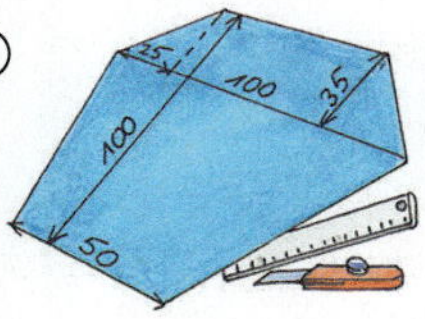

Schneide aus dem Drachenstoff die Form des Schlittendrachens z. B. mit den Maßen aus der Skizze.

② 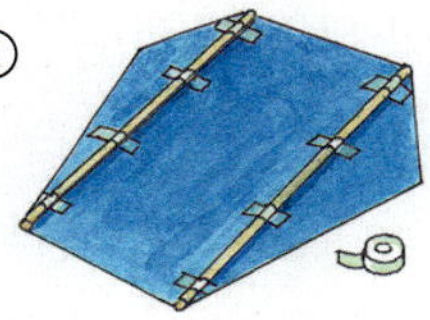

Klebe die Rundhölzer an vier Stellen mit Klebeband auf.

③ 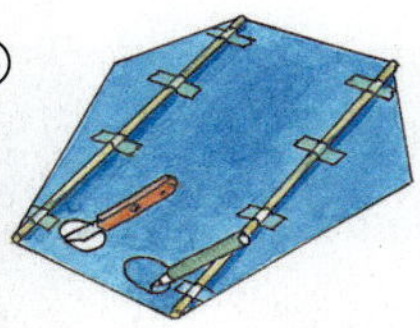

Zeichne zwei Kreise auf die Folie (z. B. mit einer Tasse) und schneide zwei Löcher aus.

④ 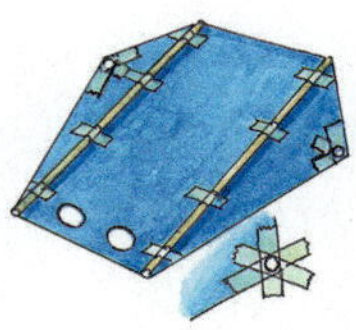

Verstärke die Ecken mit Klebeband.
Stanze mit einem Locher Löcher in die verstärkten Ecken.

⑤ 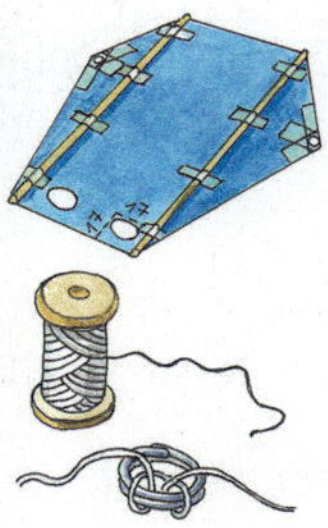

Befestige in der Mitte eines etwa 3 m langen Stücks Drachenschnur einen Metallring wie auf dem Bild.
Knote die Schnurenden an den Löchern in den Ecken fest.

⑥ 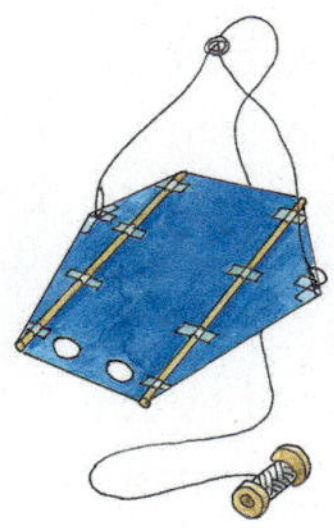

Befestige die restliche Drachenschnur am Metallring.
Fertig ist der Drachen.

Viel Spaß beim Ausprobieren.

HINWEIS
Folgendes Material benötigst du: 2 Rundhölzer mit ca. 6 mm Durchmesser; Drachenstoff, Gewebeklebeband, einen kleinen Metallring, Drachenschnur, Schere, Lineal, Locher

Thema: Der Taschenrechner kann auch schreiben

1 **Mit dem Taschenrechner kann man Wörter schreiben.**
Gib die Zahlen ein und drehe den Taschenrechner auf den Kopf.
Wie heißen die Wörter?

a) 432 b) 343 c) 3553 d) 3713
e) 73 834 f) 55 134 g) 0,5 h) 7 391 335

2 Lies die Geschichte, indem du die Aufgaben mit dem Taschenrechner löst und die Ergebnisse auf den Kopf drehst.

a) Ein Besuch im 97,02 – 97
18 536 – 3021 und 79 360 – 44 043 hatten heute
23 930 263,5 + 7 976 754,5.
Der Tag war 137,18 + 0,82 – 32 + 49 127,27 + 6000 – 99,27.
Am Abend gingen 4312 – 3045,78 – 951,22 in den
9,98 – 9,96.

b) Berechne 34 · 5 + 435 : 3 ohne Taschenrechner.
Worauf musst du achten?
Löse nun die Aufgabe mit dem Taschenrechner.
Gibt er das gleiche Ergebnis an?
Wenn nicht, diskutiert darüber, woran das liegen kann und wie ihr mit dem Taschenrechner auf das richtige Ergebnis kommt.

Dort fütterten 34 · 5 + 435 : 3 den 405 – 12 · 9 : 3 + 6 984, streichelten die 3 · 2 · 2 + 300 · 30 + 300 + 1 500 · 20 und beobachteten einen 4 · 62 · 25 + 397 · 3, der wieder 6883,75 · 8 + 5 · 1,6 in seiner 8,5 · 125 + 3658 · 102,2 – 606,1 schlief. Die beiden Freundinnen wollen 35 · 1 500 000 – 20 592 998 oder 9 664 907 + 9 652 842 + 4 196 423 · 3 oder aber 500 · 66 732,004 – 600 · 2 431,605 studieren.

c) Lass den Taschenrechner für dich Brüche berechnen.
Die Eingabe von Brüchen erfolgt mit: Zähler → a b/c → Nenner.
BEISPIEL: 3 → a b/c → 4 ergibt $\frac{3}{4}$. ■
Gemischte Zahlen gibst du so ein: ganze Zahl → a b/c → Zähler → a b/c → Nenner.
BEISPIEL: 3 → a b/c → 4 → a b/c → 5 ergibt $3\frac{4}{5}$. ■

Doch plötzlich $(2621 + 2827) : 4 : \frac{3}{2}$ $\frac{46\,850}{5}$ um die Ecke. Er trug eine $\frac{85}{3} \cdot 1020 + \frac{2940}{14} : \frac{15}{631}$;
$\frac{2682}{298} \cdot \left(5841 - 4870 - \frac{2}{27}\right) + 30\,000\frac{2}{3}$
$60 \cdot 60 - 56\left(\frac{17}{14} + \frac{1}{2}\right)$, die Haare voller $42\,016\,584 : 69 : \frac{21\,424}{26}$ und hatte ein $\frac{686\,220 + 201\,000}{2 \cdot 6}$
unterm Arm. $1625 \cdot (5 + 3) + 503 \cdot \left(\frac{2}{3} + 4\frac{1}{3}\right)$ fragte: „Was willst du denn damit im $\frac{9}{25} : 18$?
$500 + \frac{14}{2}$ – fahr damit an die $\frac{8157 + 807 + 2386 - 4650}{5 \cdot 2 \cdot 2}$, um auch noch die $\frac{19\,415}{5}$ zu sehen!“

HINWEIS
Mithilfe der Tasten (und) lassen sich Klammern eingeben. Die Taste = schließt alle geöffneten Klammern.

3 Berechne 5 : 3 und 2 : 3 schriftlich. Wie nennt sich jeweils der entstandene Dezimalbruch?
Dividiere nun 5 : 3 und 2 : 3 mit dem Taschenrechner.
Vergleicht die Ergebnisse der Taschenrechner untereinander.
Ergeben sich Unterschiede im Ergebnis? Wie kommen sie zustande?

4 Auf dem Taschenrechner gibt es eine %-Taste.
Probiere an den Aufgaben 10 % von 50 und 2 % von 135 aus, wie du sie benutzen kannst.
Besprecht untereinander eure Vorgehensweisen und Lösungen.

Thema: Urlaub an der See

Peter und Nina verbringen einen Urlaubstag an der niederländischen Nordsee in der Nähe van Hoek von Holland nahe Rotterdam.
Bei einer Strandwanderung kommen sie zur Hafeneinfahrt von Rotterdam, einem der größten Häfen für den Güterumschlag weltweit.

1 Peter und Nina beobachten, wie das Containerschiff „Xin Los Angeles“ einfährt.
Peter zählt die Container an Deck:
19 Container stehen nebeneinander,
7 übereinander und
18 hintereinander.
Von einem Niederländer erfahren sie, dass dieses Schiff trotz seiner vielen Container nicht ganz ausgelastet ist.

a) Wie viele Container befinden sich an Deck des Schiffes?
b) Wie viele Container könnte das Schiff insgesamt befördern (siehe Tabelle und Randspalte)?
c) Wie viel Prozent der insgesamt möglichen Container stehen an Deck der „Xin Los Angeles“?

Baujahr	Schiffsname	TEU
09/2006	Emma Maersk	13 000
07/2006	Xin Los Angeles	9 580
02/2006	Cosco Guangzhou	9 449
07/2005	MSC Pamela	9 178
06/2005	Gudrun-Maersk	9 500
03/2005	Colombo-Express	8 749
12/2004	P&O Nedlloyd Mondriaan	8 450
07/2004	CSCL Asia	8 498

2 Im Rotterdamer Hafen wurden 2005 etwa 350 Mio. Tonnen Güter umgeschlagen.
Die „Xin Los Angeles“ lief 2005 den Hafen von Rotterdam 10-mal mit voller Auslastung an. Dabei befanden sich in jedem Container 14 Tonnen Güter.
Welchen Anteil hatte die „Xin Los Angeles“ am Jahresumschlag 2005?

3 Die „Emma Maersk“ ist nach offiziellen Angaben das größte und modernste Containerschiff der Welt. Sie ist 398 m lang.
Wie viel Prozent mehr Stellplätze hat dieses Schiff als die „Xin Los Angeles“?

4 Peter und Nina bemerkten in ihrem Urlaub, dass die Strandurlauber offenbar nach einem festen Tagesplan an den Strand kamen.
Sie beobachteten einen Strandabschnitt und notierten ihre Beobachtungen in einer Tabelle.

Uhrzeit	8:00	11:00	14:00	17:00	20:00
Badegäste	5	125	145	115	4

a) Um wie viel Prozent hat sich die Zahl der Badegäste zwischen 14 Uhr und 17 Uhr verändert?
b) Stelle die Veränderungen aus der Tabelle in einem Diagramm deiner Wahl dar. Zeichne zunächst die absoluten Veränderungen (Zahl der Badegäste) und danach mit einer neuen Skala in dasselbe Diagramm die relativen Veränderungen (prozentualen Veränderungen) ein. Vergleiche die beiden Darstellungen. Was stellst du fest?
c) Kannst du dir vorstellen, warum sich die Badegäste an diesen Tagesplan halten?
d) Glaubst du, dass es Veränderungen zwischen Wochentagen und Wochenenden und zwischen Urlaubstagen und Arbeitstagen gibt?
Sprich hierüber mit deinen Mitschülern.

HINWEIS
185-1
Unter dem Webcode 185-1 findest du Daten zu den größten Containerschiffen der Welt.

HINWEIS
Die Größe jedes Containerschiffes wird weltweit in TEU-Stellplatzkapazität angegeben.

Schiff in Hongkong mit einer Stellplatzkapazität von 1 TEU.

Thema: Sicher durch den Straßenverkehr

1 Kinder und Jugendliche nehmen am Straßenverkehr aktiv als Fußgänger, Radfahrer oder Mopedfahrer teil. Sie sind eine besonders gefährdete Gruppe von Verkehrsteilnehmern. Das nebenstehende Säulendiagramm zeigt, wie viele Personen im Alter von 15 bis 18 Jahren bei Verkehrsunfällen in einer Stadt mit ca. 50 000 Einwohnern verletzt wurden und mit welchen Verkehrsmitteln dies geschah.

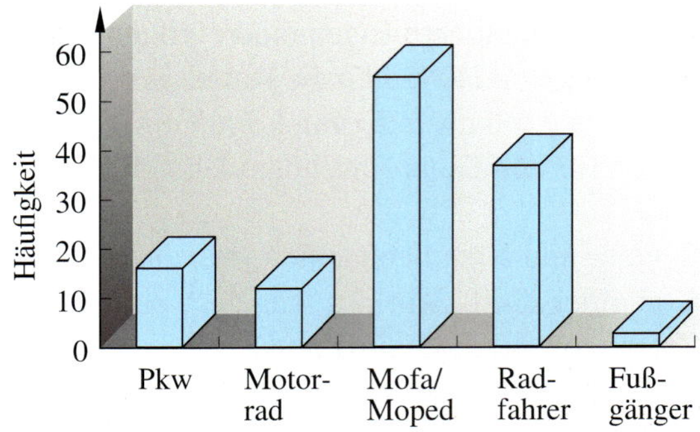

HINWEIS
Du kannst die Diagramme auch mit einem Tabellenkalkulationsprogramm erstellen.

a) Ergänze mithilfe der Angaben im Diagramm die folgende Tabelle.

	absolute Häufigkeit	relative Häufigkeit
Pkw		
Motorrad		
Moped/Mofa		
Radfahrer		
Fußgänger		

b) Wie viele Personen waren insgesamt an den Unfällen beteiligt?
c) Stelle die relativen Häufigkeiten in einem Kreisdiagramm grafisch dar.

2 An vielen Schulen werden jährlich Kontrollen der Fahrräder auf Verkehrssicherheit durchgeführt.

a) Was gehört zu einem verkehrssicheren Fahrrad?
b) Welche Mängel können auftreten? Stellt die Mängel in einer Liste zusammen. Führt eine Kontrolle der Fahrräder in eurer Klasse durch und fertigt dazu eine Häufigkeitstabelle an.
c) Welcher Mangel tritt am häufigsten auf?
d) Berechne die relativen Häufigkeiten, mit denen die einzelnen Mängel an euren Rädern auftreten.
e) Stelle die absoluten Häufigkeiten der Mängel an euren Fahrrädern in einem Säulendiagramm dar.

Thema: Schülerzeitung

1 Für die Schülerzeitung einer Schule wurde in einer Umfrage nach den Lieblingsfächern der Schülerinnen und Schüler gefragt.

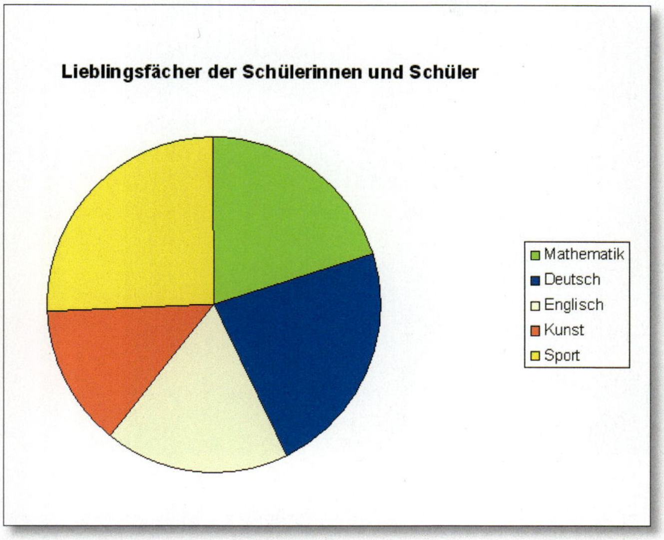

a) Welches Schulfach haben die meisten Schülerinnen und Schüler als Lieblingsfach gewählt?
b) Miss die Winkelgrößen und berechne den jeweiligen prozentualen Anteil der Fächer an allen Lieblingsfächern.
c) Führt selbst eine Umfrage an eurer Schule durch und erstellt jeweils ein Kreisdiagramm. Rechnet dazu die prozentualen Anteile der Antworten aus und berechnet die Winkelgröße im Kreisdiagramm.

BEISPIEL
1 % entspricht im Kreisdiagramm 3,6°.
8 % entspricht $8 \cdot 3{,}6° = 28{,}8°$.
Wenn also 8 % der Schüler in der Umfrage Englisch als Lieblingsfach nennen, muss der zugehörige Kreisanteil einen Winkel von etwa 29° haben.

d) Schreibe für die Schülerzeitung einen kurzen Bericht über die Umfrage.

BEISPIEL
„Das meistgewählte Lieblingsfach ist …“;
„Mathematik ist das Lieblingsfach von … % der Schülerinnen und Schüler unserer Schule.“;
„Als Lieblingsfach gar nicht genannt wurde …“

2 Führt eine eigene Umfrage durch mit einem Thema, das euch interessiert. Anregungen findet ihr in den Kästchen.

Wie viele Mitschüler mögen das Fach Mathematik sehr gern; gern; weniger gern oder überhaupt nicht?

Wie viele Mitschüler sind zur Zeit Single, frisch verliebt oder schon länger in einer Beziehung?

Wer ist der schönste Lehrer an unserer Schule?

Wie viele Mitschüler brauchen für ihren Schulweg weniger als 10 min, 10 min bis 30 min, 30 min bis 60 min oder mehr als 60 min?

Wie viele Mitschüler … ?

Thema: Fußball

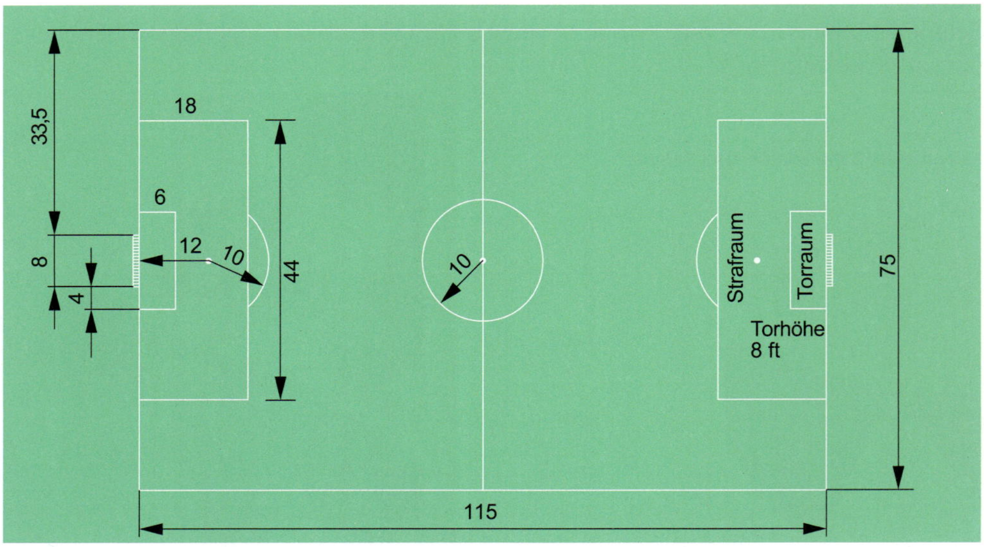

1 Die Längen auf dem Fußballplatz

a) Bestimmt auf einem Fußballplatz mithilfe eurer Fußlängen die verschiedenen Spielfeldmaße und schreibt die Ergebnisse in einer Liste auf.

b) Vergleicht die Ergebnisse mit den Längenangaben in der Skizze.

c) Messt auf dem Fußballplatz das Spielfeld mit einem Bandmaß aus.

2 Wie groß ist das Fußballfeld?

1863 wurde der britische Fußballverband gegründet.
Dieser entwickelte das noch heute gültige Regelwerk für das Fußballspiel.
Das oben abgebildete Fußballfeld enthält Angaben im englischen Längenmaß yard (yd).

a) Recherchiert im Internet nach dem Längenmaß yard.
Wandelt dann die angegebenen Längen in Meter um.
Stimmen die Maße mit den von euch gemessenen überein?

b) Wie groß ist die Fläche des Fußballfeldes?

c) Ist die Fläche größer oder kleiner als 1 ha?

3 Strafraum und Torraum

a) Berechne den Flächeninhalt des Strafraums und des Torraums.

b) Wie oft passt die Fläche des Strafraums ungefähr in das gesamte Spielfeld?

c) Ist der Strafstoß wirklich ein „Elfer“?

4 Der Fußball

Ein Fußball darf zwischen 410 g und 450 g wiegen.

a) Wie viel Prozent darf die Masse von 450 g abweichen?

b) Wiegt eure Fußbälle in der Schule.
Vergleicht mit den zulässigen Massen.

Thema: Ein Besuch im Zoo

Die Klasse 7 c besucht mit 26 Schülerinnen und Schülern den Zoo in einer Großstadt.

Eintritt	Erwachsene	Kinder und Jugendliche 5–17 Jahre
Einzelpreis	20,00 Euro	9,00 Euro
Gruppenkarte (5 Personen)	80,00 Euro	37,50 Euro
Jahreskarte pro Person	120,00 Euro	60,00 Euro

1 Eintrittspreise

a) Berechne den günstigsten Eintrittspreis für die ganze Klasse.
b) Wie viel muss jeder bezahlen?
c) Vergleiche mit dem Einzelpreis.
d) Wie häufig muss der Zoo besucht werden, damit sich eine Jahreskarte für einen Erwachsenen (ein Kind) lohnt?

2 Delphinarium

Mittags besucht die Klasse 7 c eine Vorführung im Delphinarium.
Das Becken des Delphinariums ist quaderförmig mit 60 m Länge, 33 m Breite und 3 m Tiefe.
Das Becken kann in 20 Stunden von mehreren Pumpen gefüllt werden.

a) Die 560 Sitzplätze sind heute nur zu $\frac{3}{5}$ besetzt. Wie viele Besucher sind gekommen?
b) Wie viel Liter Wasser werden von den Pumpen pro Minute eingefüllt?
c) Zeichne die Grundfläche des Beckens im Maßstab 1 : 1000. Markiere die längstmögliche Strecke. Gib ihre Länge in Wirklichkeit an.
d) Welche Kritik an Delphinarien ist euch bekannt?

3 Tierbestand

Betrachtet die Aufstellung des Tierbestands eines Zoos in zwei verschiedenen Jahren.

	Säugetiere	Vögel	Reptilien	Amphibien	Fische	Wirbellose
1999	584	586	192	221	1165	653
2007	650	558	230	137	1516	427

a) Welche Informationen könnt ihr aus der Tabelle ablesen?
b) Präsentiert die Veränderung bei den Säugetieren, Vögeln, Reptilien und den Wirbellosen in einem geeigneten Diagramm.
c) Beschafft euch Zahlen über den Tierbestand eines Zoos in eurer Nähe. Vergleicht die Zahlen untereinander.

4 Ein anderer Zoo

Manuel berichtet: „Am letzten Sonntag waren wir in einem Zoo. Meine Eltern und ich haben zusammen 43 € bezahlt. Mein Freund Axel war mit seiner Schwester Sina, seinen Eltern und seiner Großmutter auch mitgekommen. Sie haben 68 € bezahlt.“
Versucht mithilfe einer Skizze und durch Probieren herauszufinden, wie hoch der Eintrittspreis für einen Erwachsenen und ein Kind war.

Thema: Der Computer hilft beim Abrechnen

1 Erstellen einer Abrechnung

Der Sportverein von Janina hat ein Grillfest gefeiert.
Es gab Bratwurst und Steak vom Grill sowie Cola, Limo und Wasser zu trinken.
Janina möchte für jeden eine eigene Kostenabrechnung erstellen.
Dazu legt sie in einem Tabellenkalkulationsprogramm ein neues Tabellenblatt an.
Dort trägt sie die Bestellungen und die Preise ein.

	A	B	C	D	E
1	**Abrechnung für**	**Carina**			
2					
3	Fleisch u. a.	Anzahl	Stückpreis in €	Preis in €	
4	Bratwurst	3	0,8	=B4*C4	
5	Steak	3	1,65		
6	Cola	2	0,75		
7	Limo	1	0,7		
8	Wasser	1	0,35		
9					
10			Gesamtkosten:		
11					

a) Lege das Tabellenblatt an und fülle es wie oben aus.
b) Gib in das Feld D 5 eine Formel ein, mit der man den Preis für die 3 Steaks berechnen kann.
c) Ergänze auch die Formeln für die Felder D 6, D 7 und D 8.
d) Mit welcher Formel lassen sich die Gesamtkosten in Zelle D 10 berechnen?
e) Erstelle nun eine Abrechnung für Claus (7 Bratwürste, 2 Steaks, 4 Cola), indem du Veränderungen in Spalte B vornimmst.

2 Veränderungen der Abrechnung

a) Wie muss die Formel in Zelle D 10 verändert werden, wenn neben den Getränken und dem Fleisch noch 2,50 € für Brot, Grillsoßen und Salate bezahlt werden müssen?
b) Was wird berechnet, wenn man die Formel „=B4*C4+B5*C5“ eingibt?
c) Was wird berechnet, wenn man die Formel „=B6*C6+B7*C7+B8*C8“ eingibt?
d) Eva hat diese Tabelle erstellt. Erläutere sie.

	A	B	C	D	E	F	G	H	I	J	K
1	**Fleisch**	**Stückpreis**	**Carina**	**Natalie**	**Linda**	**Eva**	**Janina**	**Daniela**	**Christina**	**Jana**	**Anzahl gesamt**
2	Bratwurst	0,80 €	3	2	5	0	2	3	4	0	19
3	Steak	1,65 €	3	2	1	4	3	3	1	3	20
4	Cola	0,75 €	2	1	4	0	1	0	3	1	12
5	Limo	0,70 €	1	1	2	3	1	2	2	0	12
6	Wasser	0,35 €	1	1	0	1	4	4	0	2	13
7		Preis gesamt:	9,90 €	6,70 €	10,05 €	9,05 €	9,40 €	10,15 €	8,50 €	6,40 €	70,15 €

Anhang

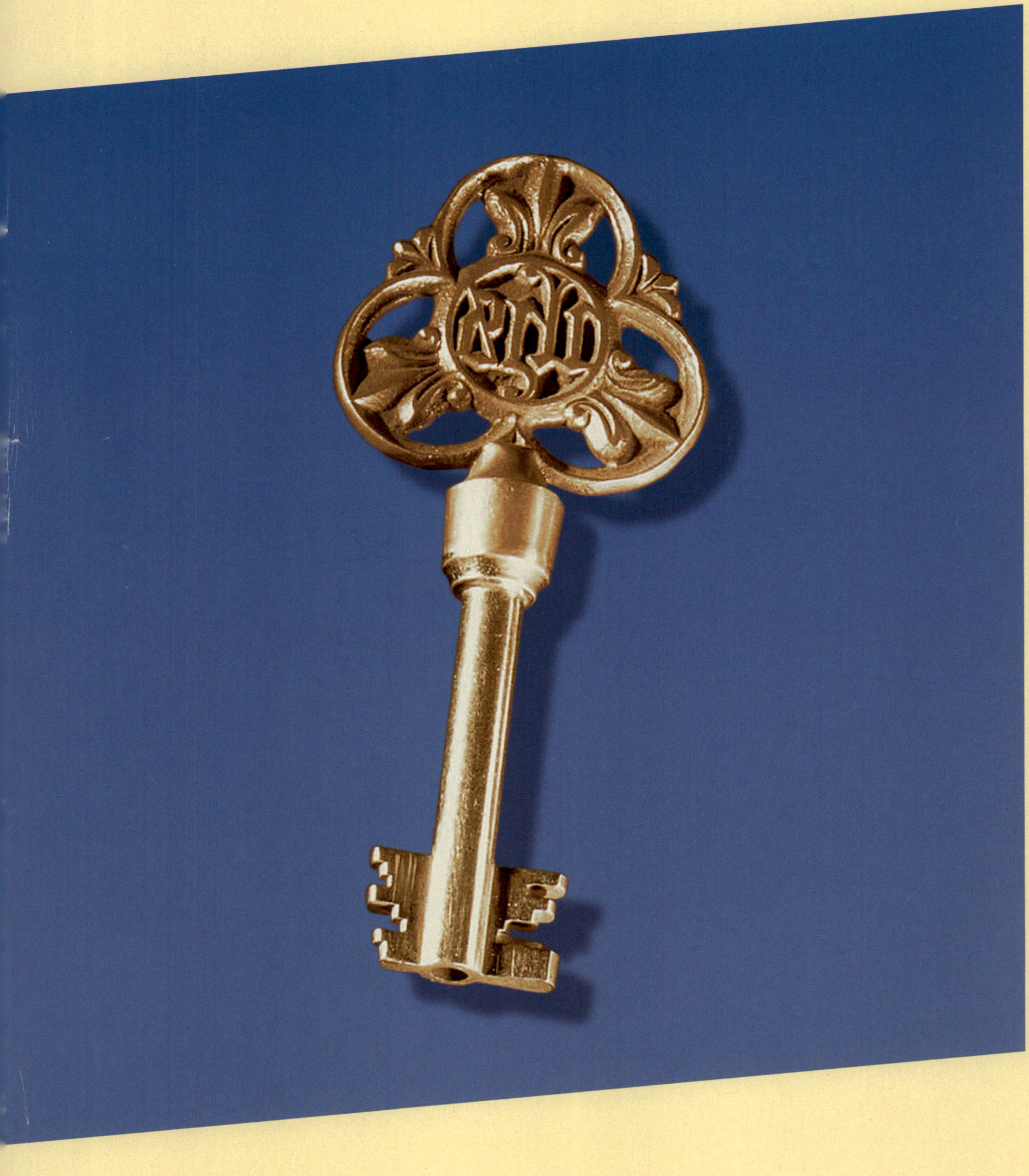

Rationale Zahlen: Seiten 30/31

1 a)

alte Temperatur	Temperaturänderung	neue Temperatur
4 °C	6 Grad kälter	**−2 °C**
−3 °C	9 Grad wärmer	6 °C
−6 °C	**5 Grad kälter**	−11 °C
6 °C	8 Grad kälter	−2 °C

b)

Kontostand alt	Kontostand neu	Bewegung
−17 €	36 €	**+53 €**
−156 €	−117 €	+39 €
23 €	−44 €	−67 €
−73 €	−18 €	+55 €

2 a) Es entsteht ein rechtwinkliges Dreieck.
b) $S(-1|2)$

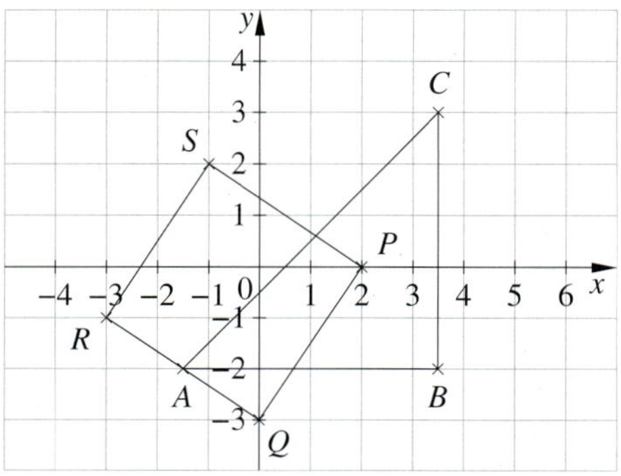

3 a) −16; −13; 0; −4; 300
b) 1; 86; 208; 38; −430;
c) −176; $-9\frac{3}{4}$; 1,5; 1,8; 238
d) −9; −7,3; 7,7; −20; $\frac{4}{3} = 1\frac{1}{3}$

4 a) −16
b) richtig
c) 8
d) 44
e) −114
f) richtig
g) −763
h) richtig

5 a)

−1
−1 | **1**
1 | **−1** | **−1**
−1 | −1 | **1** | **−1**

b)

−54
−18 | **3**
6 | **−3** | **−1**
−2 | **−3** | **1** | **−1**

c)

−72
−12 | **6**
2 | −6 | **−1**
$\frac{2}{3}$ | 3 | **−2** | $\frac{1}{2}$

6 a) −21 < −20
b) 7 > −22
c) 32 < 35
d) −46 > −50
e) −87 < −62
f) −56 > −64
g) −24 < −12
h) −9 < 19
i) 16 > 7
j) −16 > −51
k) −13 < −11
l) −5 < −4

7 231 € − 329 € − 249 € = −347 €
Sein Kontostand beträgt jetzt −347 €.

8 a) +27,00 € b) +32,64 €

9 a) −42
b) richtig
c) richtig
d) −78
e) −165
f) richtig
g) 7
h) 7
i) −9
j) −4

10 a) 340 b) $-\frac{21}{250}$

11 individuelle Lösungen, zum Beispiel:
a) −9 = −12 + 3
b) −15 = 72 − 87
c) −48 = −4 · 12
d) −7 = 84 : (−12)

12 Die tiefste Stelle des Sees liegt auf −794 m.

Vierecke: Seiten 58/59

1 a) ① Parallelogramm: gegenüberliegende Seiten gleich lang, gegenüberliegende Winkel gleich groß
② Trapez: zwei parallele Seiten
③ Rhombus: alle Seiten gleich lang, gegenüberliegende Winkel gleich groß
④ Viereck: Seiten und Winkel sind verschieden.

b) Rhombus → Parallelogramm → Trapez → Viereck

c) zum Beispiel:
Rechteck: gegenüberliegende Seiten gleich lang und parallel, vier rechte Winkel.
Drachenviereck: zwei Paare gleich langer Nachbarseiten, ein Paar gegenüberliegender Winkel gleich groß.

2 ①

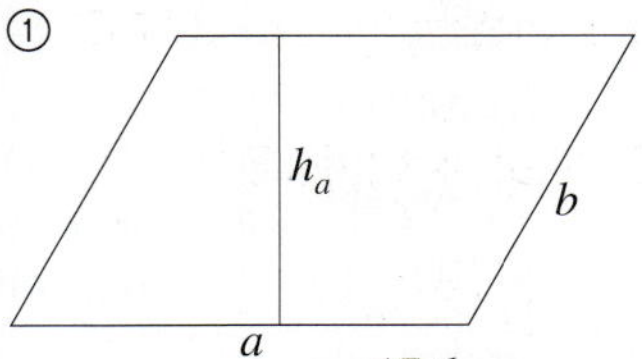

$u = 17{,}6$ cm
$A = 16{,}32$ cm^2

②

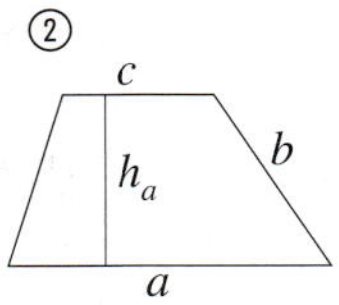

$u = 9{,}6$ cm
$A = 5{,}035$ cm^2

③

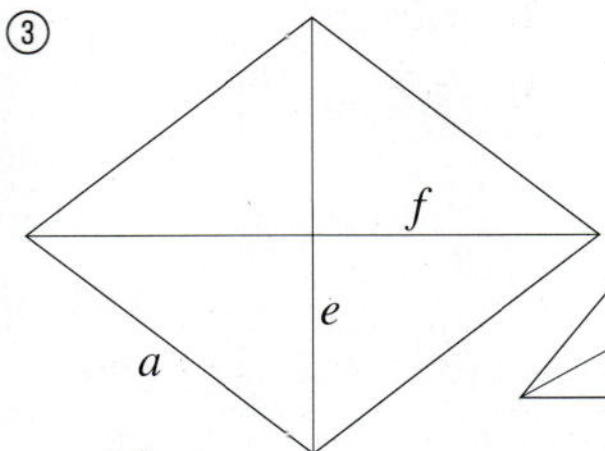

$u = 16$ cm
$A = 15{,}36$ cm^2

④

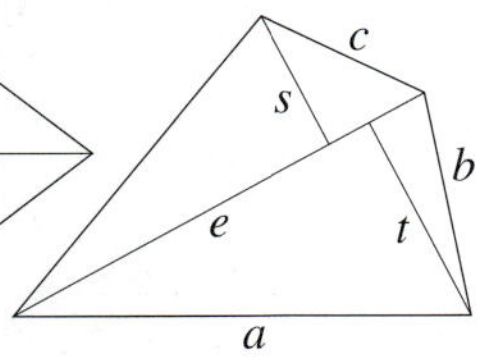

$u = 13{,}9$ cm
$A = 10{,}4$ cm^2

3 a) Falsch: Ein Rechteck ist kein Drachenviereck, weil die Nachbarseiten nicht gleich lang sind.
b) Richtig
c) Richtig
d) Falsch: Es gibt zwei: Quadrat, Rhombus.
e) Richtig
f) Richtig
g) Falsch: Ein Drachenviereck ist nur achsensymmetrisch.

4 a) ① $A = 2 \cdot \left(\frac{3 + 1{,}9}{2} \cdot 1{,}5\right) = 7{,}35$
Die Fläche beträgt $7{,}35\,\text{m}^2$.
② $A = A_{\text{Rechteck}} + 2 \cdot (A_{\text{Trapez}})$
$A = 2{,}52 + (2 \cdot 1{,}305) = 5{,}13$
Die Fläche beträgt $5{,}13\,\text{m}^2$.

b) ① $7{,}35 \cdot 95{,}67 = 703{,}17$
Das Fensterglas kostet 703,17 €.
② $5{,}13 \cdot 95{,}67 = 490{,}79$
Das Fensterglas kostet 490,79 €.

5

	a (in m)	b (in m)	h_a (in m)	u (in m)	A (in m^2)
a)	2,6	1,6	1,4	**8,4**	**3,64**
b)	5,3	2,2	**3,5**	**15**	18,55
c)	**5**	4,1	2,4	18,2	**12**
d)	3,7	**2,6**	**1,7**	12,6	6,29

6 individuelle Lösungen, zum Beispiel:
a) $a = 5\,\text{cm};\ h_a = 9\,\text{cm}$
b) $a = 6\,\text{cm},\ h_a = 11\,\text{cm}$
c) $a = 0{,}3\,\text{dm},\ h_a = 0{,}7\,\text{dm}$
d) $a = 20\,\text{mm},\ h_a = 70\,\text{mm}$

7 a) $\beta = 360° - 112° - 72° - 55° = 121°$
b) $\alpha = 90°;\ \beta = 90°;\ \delta = 90°;\ \gamma = 90°$
c) $\gamma = 55°;\ \beta = 180° - 55° = 125°;\ \delta = 125°$
d) $\gamma = 180° - 90° - 22° = 68°$

8
(1) $u = 10{,}8\,\text{cm}$ $A = 5{,}95\,\text{cm}^2$
(2) $u = 20{,}6\,\text{cm}$ $A = 20{,}72\,\text{cm}^2$
(3) $u = 8\,\text{cm}$ $A = 4{,}08\,\text{cm}^2$
(4) $u = 19{,}6\,\text{cm}$ $A = 22{,}75\,\text{cm}^2$

9 a)

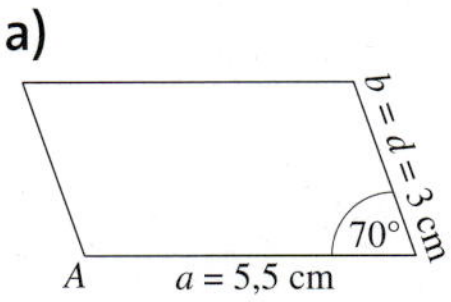

b)

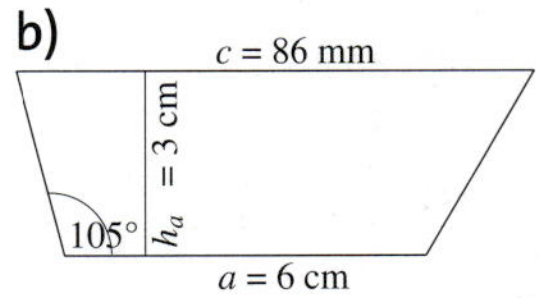

c)

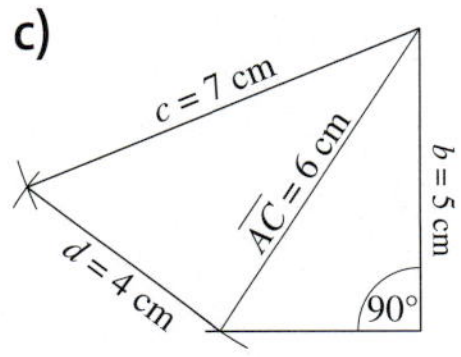

d)

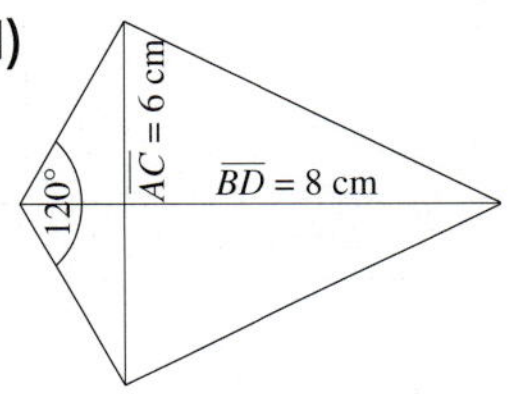

Prozentrechnung: Seiten 94/95

gemeinsamer Teil

1 a) $99\,\% = 0{,}99 = \frac{99}{100}$
b) $68\,\% = 0{,}68 = \frac{17}{25}$
c) $24\,\% = 0{,}24 = \frac{6}{25}$
d) $2\,\% = 0{,}02 = \frac{1}{50}$
e) $2{,}5\,\% = 0{,}025 = \frac{1}{40}$
f) $6{,}3\,\% = 0{,}063 = \frac{63}{1000}$
g) $0{,}8\,\% = 0{,}008 = \frac{1}{125}$
h) $1{,}3\,\% = 0{,}013 = \frac{13}{1000}$

2 a) $0{,}23 = 23\,\%$ b) $0{,}86 = 86\,\%$
c) $0{,}03 = 3\,\%$ d) $1{,}55 = 155\,\%$
e) $\frac{1}{2} = 50\,\%$ f) $\frac{1}{4} = 25\,\%$
g) $\frac{1}{5} = 20\,\%$ h) $\frac{6}{8} = 75\,\%$

3 a) 25 % b) 70 % c) 75 %
d) 100 % e) 30 % f) 0,1 %
g) 11,5 % h) ≈ 86,96 %

4 a) 24 € b) 126 h c) 63 m
d) 7 s e) 1,21 € f) 0,018 l
g) 0,24 m h) 0,0099 s ≈ 0,01 s

5 a) 600 € b) 140 l c) 1500 m
d) 20 s e) 625 € f) 40 l
g) 80 m h) ≈ 217,14 s

6 a) $W = 1{,}5\,\text{cm}$ b) $G \approx 1333{,}33\,\text{kg}$
c) $p\,\% = 37{,}5\,\%$ d) $W = 2{,}04\,\text{cm}$
e) $G = 144\,\text{kg}$ f) $p\,\% = 36\,\%$

7 a) $W = 12$; $G = 34$; $p\,\% \approx 35{,}29\,\%$
Das waren etwa 35,29 % aller Spiele.

b) $W = 1902\,€$; $p\,\% = 60\,\%$; $G = 3170\,€$
Der Motorroller kostete neu 3170 €.

c) $G = 183{,}8\,\text{km}$; $p\,\% = 41{,}5\,\%$;
$W \approx 76{,}28\,\text{km}$
Es waren etwa 76,28 km Dienstweg.

d) $W = 7{,}15\,\text{g}$; $p\,\% = 11\,\%$; $G = 65\,\text{g}$
Das Ei wiegt 65 g.

8 a) gesenkter Grundwert:
100 % – 20 % = 80 %

	Anteil	Preis	
	80	20 €	
:8	10	2,50 €	:8
·10	100	25 €	·10

Die Hose kostete vorher 25 €.

b) gesteigerter Grundwert

	Anteil	Anzahl	
	125	1100	
:125	1	8,8	:125
·100	100	880	·100

Bisher waren 880 Schüler auf der Schule.

c) gesteigerter Grundwert

	Anteil	Anzahl	
	22,5	198	
:22,5	1	8,8	:22,5
·122,5	122,5	1078	·122,5

Nun sind es 1078 Mitglieder.

9 a) $Z = 750$ b) $Z = 270\,€$
c) $K = 10\,000\,€$ d) $p\,\% = 1\,\%$
e) $K = 10\,000\,€$ f) $p\,\% = 10{,}1\,\%$
g) $Z = 693{,}75\,€$

Hauptschulabschlussbezogener Unterricht

10

	K	p%	Z
a)	325 €	3,5 %	**11,38 €**
b)	728 €	7,9 %	**57,51 €**
c)	1080 €	2,3 %	**24,84 €**
d)	2400 €	10 %	**240 €**
e)	28 590 €	**11,8 %**	3373,62 €
f)	13 040 €	**1,2 %**	156,48 €
g)	14 560 €	7,2 %	**1048,32 €**
h)	**2500 €**	2,75 %	68,75 €

11 Am Ende des Jahres hat er 2060 €.

12 Sie muss 81,60 € Zinsen zahlen.

13 a) Nach einem Jahr beträgt das Kapital 2050 €.
b) Nach zwei Jahren hat er 2101,25 €.

14 $K + Z = 21\,800$ €
$K + Z$ entspricht 109 %, also $K = 20\,000$ €.
Die Kreditsumme darf höchstens 20 000 € betragen.

Realschulabschlussbezogener Unterricht

10

	K	p%	Z	t
a)	482 €	8,9 %	**42,90 €**	1 Jahr
b)	4940 €	**5,5 %**	271,70 €	1 Jahr
c)	**840 €**	3,5 %	29,40 €	1 Jahr
d)	3420 €	3 %	**205,20 €**	2 Jahre
e)	**2510 €**	9,8 %	122,99 €	6 Monate
f)	49 445 €	4,9 %	**605,70 €**	3 Monate
g)	3840 €	3 %	**32 €**	100 Tage
h)	**2400 €**	5 %	45 €	135 Tage

11 Sie hat 93 150 € angelegt.

12 Sie muss 433,23 € bezahlen.

13 Das Kapital beträgt nach drei Jahren 2660,92 €.

14 Kosten für den Kredit: 420 €
Zinsen bei Kontoüberziehung:

$$Z = 380\,€ \cdot \frac{12{,}5}{100} = 47{,}50\,€$$

Kosten bei Kontoüberziehung: 427,50 €
Sie sollte sich für den Kredit entscheiden, da der Kredit um 7,50 € günstiger ist als die Kontoüberziehung.

Daten und Häufigkeiten: Seiten 118/119

1

	a)	b)	c)	d)
Max.	96	825	59872	44
Min.	12	283	86	14,8
Spannweite	84	542	59786	29,2
$\bar{x}$	53,9	587	13700,83	30,76
$\tilde{x}$	54	707	5993,5	32,8
Modalwert	–	824	–	27,2

2

Platz	a)	b)	c)	d)
3	53 %	29 %	18 %	82 %
5	44 %	26 %	29 %	74 %
6	47 %	12 %	41 %	59 %
7	44 %	18 %	38 %	62 %
14	26 %	26 %	47 %	53 %
18	21 %	15 %	62 %	38 %

3 a)

Verein	Häufigkeit absolute	Häufigkeit relative
FC Bayern München	3	25 %
FC Energie Cottbus	5	42 %
Hertha BSC Berlin	4	33 %

b)

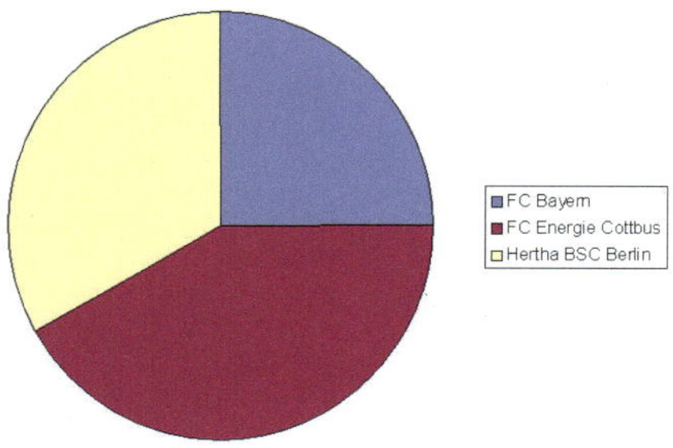

c) Aus den relativen Häufigkeiten erhält man die Winkelgrößen der Kreissegmente. Diese werden vom Mittelpunkt aus gemessen und dann eingetragen.

4 a)

	%	Bruch
Deutschland	27	$\frac{4}{15}$
Spanien	40	$\frac{2}{5}$
Italien	13	$\frac{2}{15}$
Türkei	20	$\frac{1}{5}$

b) In Deutschland haben 4 Kinder Urlaub gemacht. 6 Kinder waren in Spanien, 2 Kinder in Italien und in der Türkei waren 3 Kinder.

c) Da sich die Gesamtzahl und die absolute Häufigkeit ändern, verändert sich auch die relative Häufigkeit und dadurch die Winkelgröße des entsprechenden Segments.
relative Häufigkeiten:

Deutschland: $\frac{7}{27} \approx 26\,\%$
Spanien: $\frac{9}{27} \approx 33\,\%$
Italien: $\frac{5}{27} \approx 19\,\%$
Türkei: $\frac{6}{27} \approx 22\,\%$

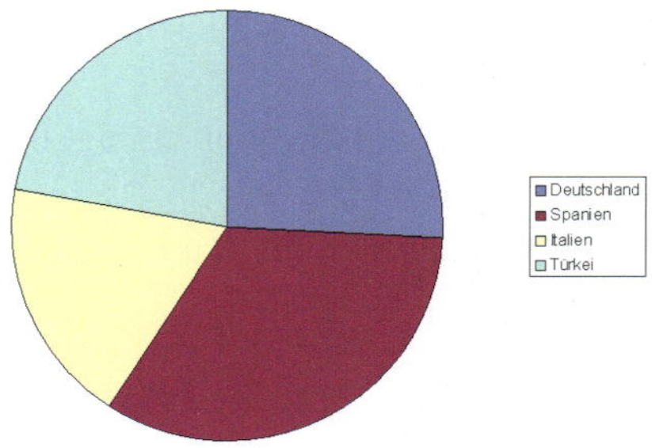

5 individuelle Lösungen

6 Die Darstellung ist nicht richtig, weil die Fläche des Scheins vom letzten zu diesem Jahr geviertelt wurde und nicht halbiert.

7 a) $\frac{8}{10} = 80\,\%$
Beim Sprint traf Anna ihr Ziel mit einer relativen Häufigkeit von 80 %.
$\frac{14}{20} = 70\,\%$
Bei längerer Distanz traf sie zu 70 %.

b) $\frac{22}{30} = 73{,}33\,\%$
Insgesamt hat Anna ihr Ziel mit einer Häufigkeit von 73,33 % getroffen.

8 a) Das Diagramm zeigt die Notenverteilung der Klassen 7 a und 7 b im Vergleich.

b) Das Diagramm zeigt die Stimmenverteilung der Parteien bei der Bundestagswahl 2005.

Lineare Gleichungen: Seiten 148/149

1 a) $78 + 56 = 134$
b) $2 \cdot 5 + 8 = 18$
c) $356 - 58 = 298$
d) $3 \cdot (78 + 79) = 471$
e) $75 : (5 \cdot 5) = 3$
f) $(45 \cdot 2) + 10 = 100$

2 a) $3 \cdot 4 + 4 \cdot (-2) = 4$
b) $120 - 3 \cdot 6 + 4 \cdot 23 = 194$
c) $15 \cdot 5 - 12 + 13 \cdot (-4) - 25 = -14$
d) $10 \cdot \frac{1}{2} - 3 \cdot (-5) = 20$
e) $3 \cdot 2 \cdot (5 \cdot (-5) - 7 \cdot 2 + 4) = -210$
f) $(7 \cdot (-0{,}5) - 3 \cdot 0{,}25) \cdot$
$(8 \cdot 0{,}25 - 2 \cdot (-0{,}5)) = -12{,}75$

3 a) $4a + 3b$ b) $22b$
c) $13x - 50y$ d) $-65a - 36b + 100$

4 a) $81x$ b) $11b$
c) $24y$ d) $97a + 28b$

5 a) $x = 1$ b) $x = 10$
c) $x = 28$ d) $x = 25$

6 gemeinsames Startkapital: 240 000 €
Kaufmann A:
$\frac{60\,000}{240\,000} \cdot 40\,000 = 10\,000$
Kaufmann B:
$\frac{100\,000}{240\,000} \cdot 40\,000 \approx 16\,666{,}67$
Kaufmann C:
$\frac{80\,000}{240\,000} \cdot 40\,000 \approx 13\,333{,}33$
Kaufmann A bekommt 10 000 € des Gewinns, B 16 666,67 € und C 13 333,33 €.

7 x: Länge eines Schenkels (in m)
$2x + 3 \cdot \frac{1}{2}x = 105$; $x = 30$
Die Schenkel des Dreiecks sind jeweils 30 m lang, die Basis 45 m.

8 Flächeninhalt beider Vierecke:
$A = 4{,}8\,\text{cm} \cdot 4{,}8\,\text{cm} = 23{,}04\,\text{cm}^2$
eine Seite des Rechtecks:
$a = 4{,}8\,\text{cm} + 1{,}6\,\text{cm} = 6{,}4\,\text{cm}^2$
andere Seite des Rechtecks:
$b = A : a = 23{,}04\,\text{cm}^2 : 6{,}4\,\text{cm} = 36\,\text{cm}$

9 Es gibt mehrere Möglichkeiten, z. B.
a) $A = (a + b) \cdot 2a$
$A = a \cdot 2a + b \cdot 2a$
b) $u = a + b + 2a + b + a + 2a$
$u = 2 \cdot (a + b) + 2 \cdot 2a$

10 a) $z = -23$ f) $z = 0$
b) $z = -3$ g) $x = 28$
c) $y = 7$ h) $x = 3$
d) $x = 3$ i) $x = -\frac{1}{4}$
i) $z = 1$ j) $x = -\frac{2}{25}$

11 x: gedachte Zahl
$(x + 12) \cdot 2 - 26 = 32$
$2x + 24 - 26 = 32$
$x = 17$
Die gedachte Zahl ist 17.

12 Alter von Eva (in Jahren): x
Alter von Boris (in Jahren): $x + 12$
Alter von Anne (in Jahren): $x + 12 + 15$
$x + (x + 12) + (x + 12 + 15) = 42$
$3x + 39 = 42$
$x = 1$
Eva ist ein Jahr, Boris 13 Jahre und Anne ist 28 Jahre alt.

13 Alter des 3. Kindes (in Jahren): x
Alter des 2. Kindes (in Jahren): $x + 2$
Alter des 1. Kindes (in Jahren): $x + 4$
$x + (x + 2) + (x + 4) = 33$
$3x + 6 = 33$
$x = 9$
Das jüngste Kind ist 9 Jahre, das zweite ist 11 Jahre und das Älteste ist 13 Jahre.

14 Preis des Reiseführers (in €): x
Preis des Romas (in €): $x - 2$
Preis des Wörterbuchs (in €): $x + 5$
$x + (x - 2) + (x + 5) = 30$
$3x + 3 = 30$
$x = 9$
Der Reiseführer hat 9 € gekostet, der Roman 7 € und das Wörterbuch hat 14 € gekostet.

Prismen: Seiten 176/177

1 Prismen sind alle Körper außer ②
① Grundfläche: gleichschenkliges Dreieck
③ Grundfläche: Fünfeck
④ Grundfläche: Rechteck
⑤ Grundfläche: gleichseitiges Sechseck

2 a)

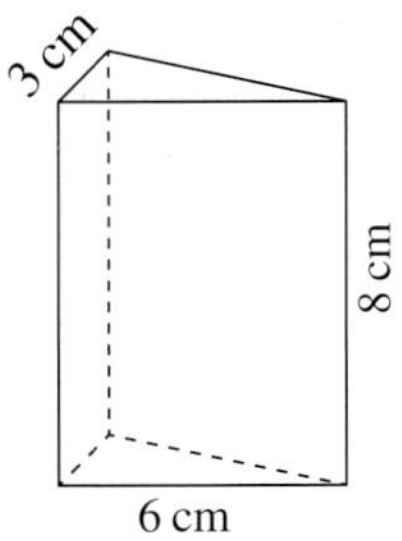

b)

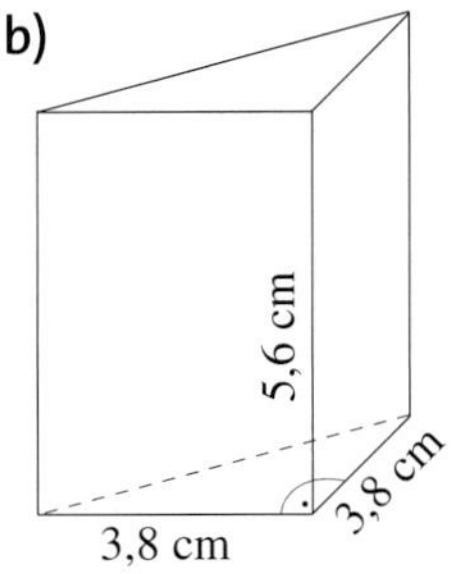

3 a)

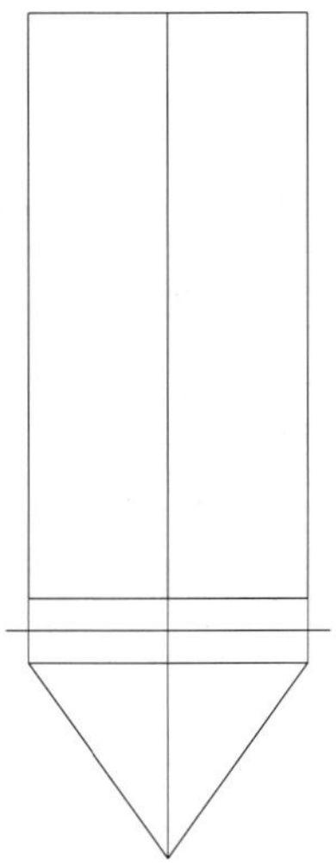

b)

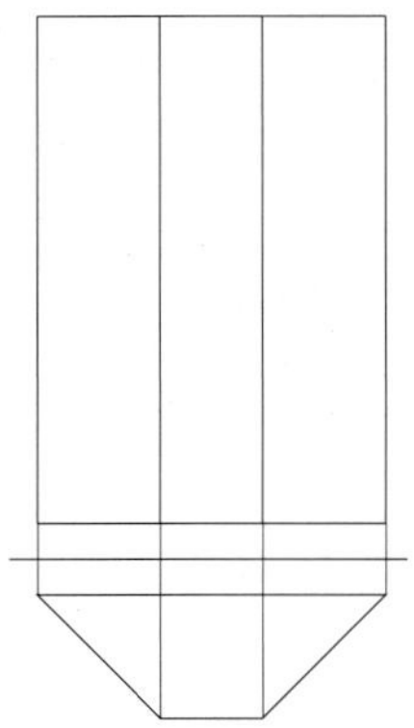

4 a) $V = 58{,}05\,\text{cm}^3$; $A_O \approx 128{,}2\,\text{cm}^2$
b) $V = 4611{,}25\,\text{cm}^3$; $A_O \approx 2188{,}5\,\text{cm}^2$

5 a) $A_O = 114\,\text{cm}^2$ b) $A_O = 17{,}76\,\text{cm}^2$
c) $A_O = 49{,}84\,\text{cm}^2$ d) $A_O = 80{,}46\,\text{cm}^2$

6 ① = ② = ④ = ⑤
③ hat das größte Volumen.
⑥ hat das kleinste Volumen.

7 $V = 9{,}69\,\text{m}^3 \approx 9{,}7\,\text{m}^3$
Es werden ca. $9{,}7\,\text{m}^3$ Beton benötigt.

8 $A_M = 621{,}6\,\text{cm}^2$; $A_O = 700\,\text{cm}^2$;
$V = 823{,}2\,\text{cm}^3$

9 $V = 378\,\text{m}^3$
Das Tauchbecken muss mit $378\,\text{m}^3$ Wasser gefüllt werden.

10 $A_M \approx 12{,}83\,\text{m}^2$; $h_{\text{Dreieck}} \approx 1{,}6\,\text{m}$;
$A_O \approx 15{,}97\,\text{m}^2$; $V \approx 3{,}53\,\text{m}^3$

11 unteres Trapez: $V_1 \approx 4{,}61\,\text{m}^3$
oberes Trapez: $V_2 \approx 2{,}27\,\text{m}^3$
$V \approx 6{,}88\,\text{m}^3$
Der Container hat ein Volumen von ca. $6{,}88\,\text{m}^3$.

12 a) $V = 13{,}5\,\text{cm}^3$; $A_O \approx 36{,}72\,\text{cm}^2$
b) $V \approx 4{,}69\,\text{cm}^3$; $A_O \approx 19{,}8\,\text{cm}^2$
c) $V = 18{,}9\,\text{cm}^3$; $A_O \approx 51{,}36\,\text{cm}^2$
d) $V = 38{,}5\,\text{cm}^3$; $A_O \approx 109{,}38\,\text{cm}^2$
e) $V = 17\,\text{cm}^3$; $A_O = 80{,}5\,\text{cm}^2$

13 a) zum Beispiel:

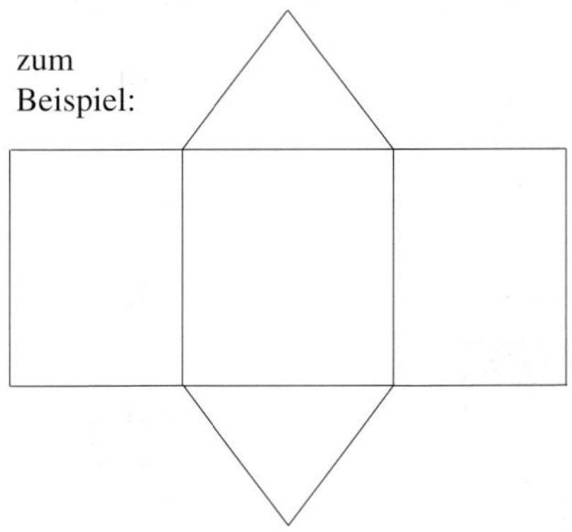

b) $A_O = 26{,}46\,\text{m}^2$
$A_O + 10\,\% \approx 29{,}1\,\text{m}^2$
Man benötigt ca. $29{,}1\,\text{m}^2$ Stoff.